Hanspeter Kraft

Geometrische Methoden in der Invariantentheorie

Aspects of Mathematics
Aspekte der Mathematik

Herausgeber: Klas Diederich

Vol. E1: G. Hector/U. Hirsch, Introduction to the Geometry of Foliations, Part A

Vol. E2: M. Knebusch/M. Kolster, Wittrings

Vol. E3: G. Hector/U. Hirsch, Introduction to the Geometry of Foliations, Part B

Vol. E4: M. Laska, Elliptic Curves over Number Fields with Prescribed Reduction Type

Vol. E5: P. Stiller, Automorphic Forms and the Picard Number of an Elleptic Surface

Vol. E6: G. Faltings/G. Wüstholz et al., Rational Points
(A Publication of the Max-Planck-Institut für Mathematik, Bonn)

Band D1: H. Kraft, Geometrische Methoden in der Invariantentheorie

---

Die in dieser Reihe veröffentlichten Texte wenden sich an graduierte Studenten und alle Mathematiker, die ein aktuelles Spezialgebiet der Mathematik neu kennenlernen wollen, um Ergebnisse und Methoden in der eigenen Forschung zu verwenden oder um sich einfach ein genaueres Bild des betreffenden Gebietes zu machen. Sie sollen eine lebendige Einführung in forschungsnahe Teilgebiete geben und den Leser auf die Lektüre von Originalarbeit vorbereiten.
Die Reihe umfaßt zwei Unterreihen, eine deutsch- und eine englischsprachige.

Hanspeter Kraft

Geometrische Methoden in der Invariantentheorie

Friedr. Vieweg & Sohn Braunschweig/Wiesbaden

Prof. Dr. ***Hanspeter Kraft*** ist ordentlicher Professor am Mathematischen Institut
der Universität Basel, Rheinsprung 21, CH-4051 Basel

1984

ISBN-13: 978-3-528-08525-4 e-ISBN-13: 978-3-322-83813-1
DOI: 10.1007/978-3-322-83813-1

VORWORT

Die vorliegende Einführung in die Invariantentheorie entstand aus einer Vorlesung, welche ich im Wintersemester 1977/78 in Bonn gehalten habe.Wie schon der Titel ausdrückt stehen dabei die geometrischen Aspekte im Vordergrund. Aufbauend auf einfachen Kenntnissen aus der Algebra werden die Grundlagen der Theorie der algebraischen Transformationsgruppen entwickelt und eine Reihe klassischer und moderner Fragestellungen aus der Invariantentheorie behandelt. Der Leser wird dabei bis an die heutige Forschung herangeführt und sollte dann auch in der Lage sein, die entsprechende Originalliteratur zu verstehen.

Ich habe versucht, den algebraisch-geometrischen Apparat klein zu halten, um einen möglichst breiten Leserkreis anzusprechen; die benötigten Definitionen und Resultate sind in einem Anhang zusammengestellt. Für weiterführende Studien wird man allerdings gut daran tun, etwas tiefer in die algebraische Geometrie und die Theorie der halbeinfachen Gruppen einzudringen. Hierfür gibt es inzwischen einige sehr gute Lehrbücher.

Bei der Gestaltung und der Themenauswahl schwebte mir vor, eine solide Grundlage zu schaffen und gleichzeitig klassische und moderne Originalliteratur aufzuarbeiten. Viele Einzelheiten stammen aus Gesprächen und Briefwechseln mit verschiedenen Kollegen, speziell mit Walter Borho, Wim Hesselink, Jens-Carsten Jantzen, Victor Kac, Domingo Luna, Claudio Procesi, Vladimir Popov, Nicolas Spaltenstein und Thierry Vust. Alfred Wiedemann hat die Bonner Vorlesung ausgearbeitet und damit die Grundlage für das vorliegende Buch geschaffen. Gisela Menzel und Christine Riedtmann haben den Text gelesen und viele Unstimmigkeiten behoben. Frau M. Barrón hat die Schreibarbeit übernommen und mit grosser Sorgfalt das Manuskript erstellt, und Mark Aellen hat mir bei der endgültigen Gestaltung geholfen. Ihnen allen möchte ich recht herzlich danken.

Basel, im April 1984 H. Kraft

INHALTSVERZEICHNIS

EINFUEHRUNG

Die Ursprünge der Invariantentheorie reichen bis ins 18. Jahrhundert zurück. J. Lagrange (1736-1813) stellte bei seinen Untersuchungen über die Darstellung ganzer Zahlen durch quadratische Formen $f = aX^2+2bXY+cY^2$ fest, dass sich die Diskriminante $D = ac-b^2$ der Form bei der Variablensubstitution von X durch $X+\lambda Y$ nicht ändert (1773). K.-F. Gauss (1777-1855) betrachtete bereits allgemeine lineare Substitutionen für die Variablen der binären und ternären quadratischen Formen und zeigte, dass sich dabei die Diskriminante mit dem Quadrat der Substitutionsdeterminante ändert (Disquis. arithmeticae 1801). Das allgemeine Resultat für quadratische Formen ergibt sich aus dem Determinanten-Produktsatz von A. Cauchy und J. Binet (1815). Andere Keime der Theorie finden wir in den Untersuchungen über orthogonale Transformationen von quadratischen Formen in eine Summe von Quadraten und vor allem in der damals unter V. Poncelet (1788-1867), F. Möbius (1790-1868), M. Chasles (1793-1880), J. Steiner (1796-1863) und J. Plücker (1801-1868) entstandenen projektiven Geometrie. Als Beispiele seien der Trägheitssatz von Sylvester (1852; ist schon Jacobi um 1847 und Schläfli um 1851 bekannt gewesen) und das Doppelverhältnis von 4 Punkten genannt.

Einen Markstein in der Geschichte der Invariantentheorie bildet die Arbeit von G. Boole aus dem Jahre 1841; sie wird manchmal als der eigentliche Beginn der Invariantentheorie betrachtet. (Man vergleiche hierzu und zum folgenden die Berichte [Me1], [Me2] von F. Meyer aus den Jahren 1892 und 1899.) An der weiteren Entwicklung der Invariantentheorie waren einige der bekanntesten Mathematiker des 19. Jahrhunderts beteiligt, unter ihnen G. Boole (1815-1864), O. Hesse (1811-1874), J. Sylvester (1814-1897), S. Aronhold (1819-1884), A. Cayley (1821-1895), Ch. Hermite (1822-1901), G. Eisenstein (1823-1852), F. Brioschi (1824-1897), A. Clebsch (1833-1872), P. Gordan (1837-1912), S. Lie (1842-1899), F. Klein (1849-1925) und A. Capelli (1858-1916). Cayley entwickelte den "Hyperdeterminantenkalkül", mit dessen Hilfe man beliebig viele Invarianten erzeugen kann, und kennzeichnete die Invarianten durch Differentialgleichungen. Bei Boole, Eisenstein und Hesse findet man in Verallgemeinerung des Invariantenbegriffes sogenannte "Kovarianten" und "Kontravarianten". Sylvester ordnete die Begriffe systematisch und umfasste alle invarianten Bildungen mit dem Begriff "Konkomitanten" (später kurz "Komitanten" genannt). Aronhold, Clebsch und Gordan entwickelten die "symbolische Methode", welche eng mit dem Hyperdeterminantenkalkül von Cayley verwandt ist, und bauten diese zu einem bequemen Handwerkzeug für die Erzeugung von Invarianten und Kovarianten aus. Cayley und Sylvester begründeten den "Abzählkalkül" für Kovarianten, und Cayley formulierte auch schon das allgemeine Problem, eine Basis der Invarianten zu bestimmen, d.h. eine endliche Anzahl von Invarianten, "Grundformen" genannt, aus denen sich alle andern ganzrational kombinieren lassen. Gordan bewies dann 1868 auf einem sehr beschwerlichen kombinatorischen Weg die Existenz einer solchen Basis für binäre Formen. Diese Arbeit war eine grossartige Leistung und einer der Höhepunkte der Vor-Hilbertschen Theorie, vor allem wenn man bedenkt, dass der grosse Cayley kurz vorher behauptet hatte, dass es im allgemeinen keine endliche Basis gibt!

Der eigentliche Durchbruch gelang allerdings erst D. Hilbert (1862-1943) mit seinen beiden berühmten Arbeiten [H1] und [H2] zur Invariantentheorie (1890 und 1893), in denen er mit ganz neuen Methoden die allgemeine Endlichkeitsfrage vollständig klärte. Er löste damit auf einen Schlag eine ganze Reihe der zentralen Probleme der damaligen Invariantentheorie. Dies veranlasste P. Gordan, den "König der Invariantentheorie", zum Ausspruch: "Das ist keine Mathematik, das ist Theologie!" (vgl. hierzu [Fi])

Dieser sehr knappe Abriss der Anfangsgründe der Invariantentheorie soll für uns genügen; ich hoffe, an einer anderen Stelle auf diesen äusserst interessanten Abschnitt der Geschichte der Mathematik zurückzukommen. Einige Bemerkungen zur weiteren Entwicklung findet man im Vorwort zum zweiten Kapitel.

In der vorliegenden Einführung geht es mir vor allem um die geometrischen Aspekte der Invariantentheorie. Dem Uebergang zum Invariantenring entspricht auf der geometrischen Seite ein "algebraischer Quotient", dessen Koordinatenring gerade die invarianten Funktionen sind. Das klassische Problem der Beschreibung des Invariantenringes durch Erzeugende und Relationen tritt zurück hinter der mehr geometrischen Frage nach der Struktur dieses Quotienten. Wir suchen nach einer Kennzeichnung der abgeschlossenen Bahnen, studieren die Struktur der Fasern der Quotientenabbildung, speziell der "Nullfaser", zerlegen sie in Bahnen und wollen einige Zusammenhänge mit Klassifikations- und Normalformproblemen herstellen. Solche waren auch historisch der Ausgangspunkt für invariantentheoretische Untersuchungen. Als Beispiel nennen wir die Frage der Aequivalenz von quadratischen und bilinearen Formen (Sylvester, Cayley), von Paaren quadratischer Formen (Weierstrass, Kronecker), von Formen höheren Grades (Boole, Aronhold, Clebsch) und von Matrizen (Weierstrass, Jordan). Auch für uns bilden solche Fragen die hauptsächliche Motivation; sie werden uns im Laufe des vorliegenden Textes immer wieder begegnen. Zudem gestattet uns der mehr geometrische Standpunkt auch das Studium von Degenerationen und Deformationen; solche Probleme wurden erst in neuerer Zeit genauer betrachtet und finden sich nicht in der klassischen Literatur.

Wir geben noch eine kurze Inhaltsübersicht. Im ersten Kapitel beginnen wir mit einer Serie von geometrisch orientierten einfachen Beispielen; sie dienen der Einführung und der Motivation für das Folgende. An einigen Stellen müssen wir allerdings auf später verweisen und einen strengen Beweis durch ein anschauliches Argument ersetzen. Damit wird klar, dass man für ein tieferes Eindringen in diesen Problemkreis etwas mehr Theorie benötigt.

Das zweite Kapitel enthält eine Einführung in die Theorie der algebraischen Gruppen und ihrer Darstellungen. Anschliessend entwickeln wir die Grundlagen der Invariantentheorie und beweisen den Endlichkeitssatz für linear reduktive Gruppen. Im Vordergrund steht dabei der schon oben angedeutete geometrische Standpunkt, bei dem der Uebergang zum Invariantenring durch den "algebraischen Quotienten" ersetzt wird. Wir studieren seine Eigenschaften und geben einige einfache Anwendungen und Beispiele, so eine geometrische Formulierung des ersten Fundamentaltheorems für GL_n.

Im dritten Kapitel entwickeln wir zunächst die Darstellungstheorie der linear reduktiven Gruppen am Beispiel der GL_n. Anschliessend behandeln wir das Hilbertkriterium, welches schon im ersten Kapitel wertvolle Dienste geleistet hat. Der Hauptteil dieses Kapitels ist der Methode der U-Invarianten und ihren vielfältigen Anwendungen auf Multiplizitäten-Probleme und Strukturfragen von quasihomogenen Varietäten gewidmet. Den Abschluss bildet die Klassifikation der affinen SL_2-Einbettungen, wo die Wirksamkeit der entwickelten Methoden nochmals verdeutlicht wird.

Natürlich spielt bei unserer Betrachtungsweise die algebraische Geometrie eine zentrale Rolle. Im ersten Anhang geben wir die grundlegenden Definitionen und entwickeln die benötigten Resultate, wobei wir ein paar wenige Sätze ohne Beweis aus der Literatur übernehmen. Die zum Teil sehr knappe Darstellung wird durch eine grosse Anzahl von Beispielen ergänzt. Im zweiten Anhang geben wir einen Beweis der linearen Reduktivität der klassischen Gruppen. Wir verwenden dabei den auf Weyl zurückgehenden "unitären Trick".

Neben den bekannten Lehrbüchern zur algebraischen Geometrie und den algebraischen Gruppen (siehe Literaturverzeichnis) habe ich vor allem Originalliteratur benutzt. Der Fundamentalsatz für GL_n in der vorliegenden geometrischen Form findet sich in der Thèse von Vust [V1]. Deformationen und assoziierte Kegel stammen aus einer gemeinsamen Arbeit mit Borho [BK], ebenso das Konzept der Schichten. Die Klassifikation der SL_2-Einbettungen geht auf Popov [P1] zurück; wir folgen hier einer Bearbeitung durch Luna. Von den beiden Beweisen für das Hilbertkriterium ist einer der ursprüngliche von Hilbert [H2], der andere stammt von Birkes und Richardson [Bi]. Die Methode der U-Invarianten wurde von Luna und Vust entwickelt.

Jedem Kapitel und auch den beiden Anhängen ist eine kurze Einführung mit Inhaltsangabe und Literaturverzeichnis vorangestellt. Ein Gesamtverzeichnis der Literatur und eine Zusammenstellung von Notationen und Stichworten findet sich am Schluss des Buches. Bei einem Verweis werden Kapitel und Abschnitt angegeben, z.B. II.4.3 bzw. AI.2.7 für den AnhangI; innerhalb eines Kapitels bzw. eines Anhanges wird die entsprechende Angabe weggelassen, also 4.3 bzw. 2.7 im obigen Beispiel. Das Ende eines Beweises ist durch das Symbol †† markiert.

KAPITEL I

EINFUEHRENDE BEISPIELE

In diesem ersten Kapitel wollen wir an Hand von einfachen und zum Teil wohlbekannten geometrischen Beispielen in die Problemstellung einführen. Da wir die Grundlagen und Methoden erst in den folgenden Kapiteln entwikkeln, müssen wir an einigen Stellen auf später verweisen und uns mit einer anschaulichen Begründung und ad hoc eingeführten Begriffen zufrieden geben. Dennoch lohnt sich schon jetzt ein genaues Studium dieser Beispiele: Man erkennt die Notwendigkeit, die anschaulichen Begriffe und die Grundlagen zu präzisieren und auch neue Methoden zu entwickeln. Zudem können wir im weiteren Verlauf des Textes die neu gewonnenen Erkenntnisse an den hier vorgestellten Beispielen testen.

LITERATUR

[BK] Borho, W.; Kraft, H.: Ueber Bahnen und deren Deformationen bei linearen Aktionen reduktiver Gruppen. Comment. Math. Helv. **54** (1979) 61-104

[Bl] Brackly, G.: Ueber die Geometrie der ternären 4-Formen. Diplomarbeit, Bonn (1979)

[DP1] DeConcini, C.; Procesi, C.: A characteristic free approach to invariant theory. Advances in Math. **21** (1976) 330-354

[He1] Hesselink, W.: Singularities in the nilpotent scheme of a classical group. Trans. Amer. Math. Soc. **222** (1976) 1-32

[He2] Hesselink, W.: Desingularization of varieties of nullforms. Invent. math. **55** (1979) 141-163

[Ke1] Kempf, G.: Instability in invariant theory. Ann. of Math. **108** (1978) 299-316

[K1] Kraft, H.: Parametrisierung von Konjugationsklassen in sl_n. Math. Ann. **234** (1978) 209-220

[V1] Vust, Th.: Sur la théorie des invariants des groupes classiques. Ann. Inst. Fourier **26** (1976) 1-31

[W] Weyl, H.: Classical Groups. Princeton Univ. Press (1946)

1. EUKLIDISCHE GEOMETRIE

Wir betrachten die reelle Euklidische Ebene E^2 und geben uns ein orthonormiertes Koordinatensystem $K(O,\vec{e}_1,\vec{e}_2)$ vor. Dadurch sind die Punkte $P \in E^2$ durch ihre Koordinaten (x,y) festgelegt; die reellwertigen Funktionen $X : P \mapsto x$ und $Y : P \mapsto y$ auf E^2 heißen die Koordinatenfunktionen (von E^2 bezüglich K).

Ein Dreieck D in E^2 mit den Eckpunkten P_1 , P_2 und P_3 ist somit durch die Koordinaten (x_i,y_i) der drei Eckpunkte $P_i (i = 1,2,3)$ eindeutig bestimmt, also durch das 6-Tupel $(x_1,y_1,x_2,y_2,x_3,y_3) \in \mathbb{R}^6$.

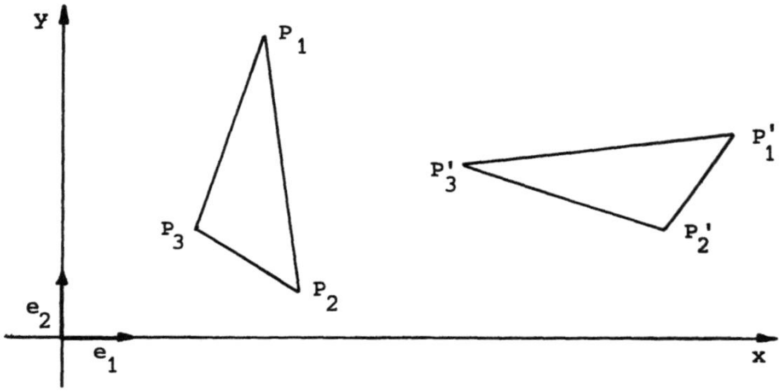

Ein Dreieck $D' = (P_1',P_2',P_3')$ heißt zu D kongruent, wenn es eine eigentliche oder uneigentliche Bewegung B von E^2 in sich gibt, welche die Menge $\{P_1,P_2,P_3\}$ der Eckpunkte von D in die Menge $\{P_1',P_2',P_3'\}$ der Eckpunkte von D' überführt. Dies bedeutet in Koordinatenschreibweise, daß es eine reelle orthogonale Matrix A , eine Permutation σ von $\{1,2,3\}$ und reelle Zahlen t_1 , t_2 gibt mit

$$\begin{pmatrix} x_i' \\ y_i' \end{pmatrix} = A \begin{pmatrix} x_{\sigma(i)} \\ y_{\sigma(i)} \end{pmatrix} + \begin{pmatrix} t_1 \\ t_2 \end{pmatrix} \quad \text{für } i = 1,2,3 .$$

Durch $X_i(D) = x_i$ und $Y_i(D) = y_i$ für $i = 1$, 2 und 3 sind in natürlicher Weise sechs Funktionen von der Menge der Dreiecke in die reellen Zahlen gegeben. Unter einer geometrischen oder inneren Größe von Dreiecken versteht man eine reellwertige Funktion F des sechsdimensionalen reellen Raums $\mathbb{R}^6$ mit der Eigenschaft, daß für ein Dreieck $D = (P_1,P_2,P_3)$ der Wert

$$F(D) := F(X_1(D),Y_1(D),X_2(D),Y_2(D),X_3(D),Y_3(D))$$

unabhängig von der Lage von D ist, d. h. F nimmt für alle zu D kongruenten Dreiecke D' denselben Wert an. Es folgt dann, daß F auch unabhängig von der Wahl des orthonormalen Koordinatensystems K ist.

Beispiele:

a) $$F = \left| \frac{1}{2} \det \begin{pmatrix} X_1 & Y_1 & 1 \\ X_2 & Y_2 & 1 \\ X_3 & Y_3 & 1 \end{pmatrix} \right| = \left| \frac{1}{2}(X_1Y_2+X_3Y_1+X_2Y_3-X_1Y_3-X_2Y_1-X_3Y_2) \right|$$

ist die geometrische Größe, die jedem Dreieck seinen Flächeninhalt zuordnet.

b) $$U = S_{12} + S_{23} + S_{31} \quad \text{mit} \quad S_{ij} = +\sqrt{(X_i-X_j)^2 + (Y_i-Y_j)^2}$$

ist die geometrische Größe, die jedem Dreieck seinen Umfang zuordnet. Man beachte, daß die S_{ij} im obigen Sinn keine geometrischen Größen sind.

Offenbar bilden die geometrischen Größen einen Ring I, den Ring der gegen Bewegungen invarianten reellwertigen Funktionen auf der Menge der Dreiecke in E^2, oder kurz den Invariantenring, wenn der Zusammenhang klar ist.

Eine Familie von geometrischen Größen ist ein System von Bestimmungsstücken, wenn die Werte dieser Funktionen ein Dreieck als geometrische Figur festlegen, d. h. bis auf Lage und Nummerierung der Eckpunkte. Dies bedeutet, daß die Werte aller geometrischen Größen auf einem Dreieck D durch die Werte dieses Systems von Bestimmungsstücken festgelegt sind.

Beispiel: c) Die drei elementarsymmetrischen Funktionen in den S_{12}, S_{13}, S_{23} von Beispiel b) bilden ein System von Bestimmungsstücken. (Dies ist der bekannte Satz aus der Elementargeometrie, daß ein Dreieck durch die Längen der drei Seiten festgelegt ist.)

Natürlich kann man nicht folgern, daß ein System von Bestimmungsstücken ein Erzeugendensystem der $\mathbb{R}$-Algebra I im üblichen Sinne ist. (Mit F gehört auch $^+\sqrt{F}$, e^F, sin F, ... zu I !) Betrachten wir jedoch nur die rationalen geometrischen Größen, d. h. die Funktionen aus $I_{rat} := I \cap \mathbb{R}[X_1,Y_1,\ldots,X_3,Y_3]$, so ist es sinnvoll, nach einem Erzeugendensystem der $\mathbb{R}$-Algebra I_{rat} zu suchen. Man kann zeigen, daß die elementarsymmetrischen Funktionen in den S_{12}^2, S_{13}^2, S_{23}^2 ein solches bilden.

<u>Übung</u>: Drücke F^2 durch die elementarsymmetrischen Funktionen in den S_{12}^2, S_{23}^2, S_{31}^2 aus.

Anstelle von Dreiecken können wir auch andere geometrische Figuren betrachten und nach ihren inneren Größen fragen. Am einfachsten sind die Punkte in E^2. Da die Bewegungen auf E^2 transitiv operieren, gibt es keine inneren Größen außer den Konstanten, d. h. es ist $I = I_{rat} = \mathbb{R}$. Im Fall von Strecken $S = (P_1, P_2)$ in E^2 ist die Länge $L = {}^+\sqrt{(X_1-X_2)^2 + (Y_1-Y_2)^2}$ ein Bestimmungsstück, und I_{rat} wird von L^2 erzeugt.

2. QUADRATISCHE FORMEN

Eine binäre reelle (bzw. komplexe) quadratische Form q ist ein Polynom der Gestalt

$$q(X,Y) = aX^2 + 2bXY + cY^2$$

mit $a,b,c \in \mathbb{R}$ (bzw. $\in \mathbb{C}$). Wir betrachten Substitutionen $g : X \mapsto \alpha X+\beta Y$, $Y \mapsto \gamma X+\delta Y$, wobei $g := \begin{pmatrix}\alpha & \beta\\ \gamma & \delta\end{pmatrix}$ eine reguläre 2×2-Matrix mit reellen (bzw. komplexen) Koeffizienten ist. Man erhält dadurch die neue Form q^g

$$q^g(X,Y) := q(\alpha X+\beta Y,\gamma X+\delta Y) = a'X^2 + 2b'XY + c'Y^2 .$$

Bereits Lagrange wußte, daß sich die Größe $\Delta(q) := ac-b^2$ unter Substitutionen der Gestalt $g = \begin{pmatrix}1 & \beta\\ 0 & 1\end{pmatrix}$ nicht ändert, d. h. es gilt dann

$$\Delta(q) = ac - b^2 = \Delta(q^g) = a'c' - b'^2 .$$

Gauß beweist (1801 , Disquisitiones arithmeticae), daß für beliebiges $g = \begin{pmatrix}\alpha & \beta\\ \gamma & \delta\end{pmatrix}$ die Beziehung

$$\Delta(q^g) = (\alpha\delta-\gamma\beta)^2\Delta(q)$$

gilt. Man verifiziert dies leicht durch Nachrechnen.

Die Größe $\Delta(q) = ac - b^2$ wurde von Sylvester 1852 die Diskriminante von q genannt. $\Delta(q)$ ist genau dann Null, wenn $q(X,Y)$ (im reellen Fall bis aufs Vorzeichen) Quadrat einer linearen Form ist.

Sei nun q eine komplexe quadratische Form in n Variablen:

$$q(X_1,\ldots,X_n) = \sum_{i \leq j} a_{ij} X_iX_j , \quad a_{ij} \in \mathbb{C} .$$

Wir ordnen q die symmetrische n×n-Matrix $A_q = (\bar{a}_{ij})$ zu, definiert durch

$$\bar{a}_{ij} := \begin{cases} a_{ii} & \text{für } i = j \\ \frac{1}{2} a_{ij} & \text{für } i < j \\ \frac{1}{2} a_{ji} & \text{für } i > j \end{cases}$$

Dadurch erhalten wir einen Isomorphismus zwischen dem Vektorraum Q_n der quadratischen Formen in n Variablen und dem Vektorraum Sym_n der symmetrischen n×n-Matrizen. Es gilt formal

$$q(X_1,\ldots,X_n) = (X_1,\ldots,X_n)\cdot A_q\cdot\begin{pmatrix} X_1 \\ \vdots \\ X_n \end{pmatrix} .$$

Die <u>Diskriminante</u> $\Delta(q)$ von q definiert man nun als Determinante der Matrix A_q :

$$\Delta(q) := \det A_q .$$

Zwei quadratische Formen q und q' betrachtet man als <u>äquivalent</u>, wenn es eine reguläre Matrix $g\in GL_n$ gibt mit

$$A_{q'} = g^t A_q g ,$$

d.h. $$q'(X_1,\ldots,X_n) = q^g(X_1,\ldots,X_n) := q(\ldots,\sum_j g_{ij}X_j,\ldots) .$$

Diese Transformation entspricht bekanntlich einem Basiswechsel des zugrundeliegenden Vektorraumes.

Beim Übergang von q zu q^g ändert sich die Diskriminante mit $(\det g)^2$:

$$\Delta(q^g) = (\det g)^2\cdot\Delta(q) .$$

Es liegt daher nahe, für die Transformationen nur Matrizen mit Determinante 1 zuzulassen, was wir im folgenden tun werden.

Wir betrachten nun komplexe quadratische Formen in n Variablen und wollen die Äquivalenzklassen bezüglich SL_n studieren.

<u>Satz</u>: <u>Unter</u> $SL_n(\mathbb{C})$ <u>ist jede quadratische Form</u> q <u>äquivalent zu genau einer der folgenden Formen</u>:

$$q_{n,\delta} = \delta X_1^2 + X_2^2 +\ldots+ X_n^2 \quad \underline{\text{mit}} \quad \delta\neq 0 ,$$

$$q_r = X_1^2 +\ldots+ X_r^2 \quad \underline{\text{mit}} \quad 0<r<n ,\quad q_o = 0 .$$

<u>Offenbar gilt</u> $\Delta(q_{n,\delta}) = \delta$, $\Delta(q_r) = 0$ <u>und</u> $\operatorname{rg} A_{q_r} = r$.

<u>Beweis</u>: Unter $GL_n(\mathbb{C})$ ist jede quadratische Form bekanntlich äquivalent zu $q_{n,1}$ oder q_r , $0\le r<n$. Hieraus folgt leicht die Behauptung. ††

Wir bezeichnen im folgenden mit $\langle q\rangle$ die Äquivalenzklasse der Form q unter SL_n. Betrachten wir die Diskriminante Δ als Funktion auf dem Vektorraum Q_n der quadratischen Formen in n Variablen, so besagt obige Behauptung:

$$\Delta^{-1}(\delta) = \begin{cases} \langle q_{n,\delta}\rangle & \text{für } \delta \neq 0\,, \\ \bigcup\limits_{r=0}^{n-1} \langle q_r\rangle & \text{für } \delta = 0\,; \end{cases}$$

d. h. für ein $\delta \neq 0$ besteht $\Delta^{-1}(\delta)$ genau aus der Äquivalenzklasse $\langle q_{n,\delta}\rangle$, während $\Delta^{-1}(0)$ aus den n verschiedenen Äquivalenzklassen $q_o, q_1, \ldots, q_{n-1}$ gebildet wird.

Zwischen den Äquivalenzklassen $\langle q_{n,\delta}\rangle$ und den Klassen $\langle q_r\rangle$ mit $r < n$ besteht noch ein weiterer wichtiger Unterschied: Als Teilmenge des Vektorraumes Q_n ist $\langle q_{n,\delta}\rangle$ abgeschlossen, während für den Abschluß einer Klasse $\langle q_r\rangle$ gilt:

$$\overline{\langle q_r\rangle} = \langle q_r\rangle \cup \langle q_{r-1}\rangle \cup \ldots \cup \langle q_o\rangle\,.$$

(Beweis: Aus $X_1^2 + X_2^2 + \ldots + \varepsilon X_r^2 \in \langle q_r\rangle$ für $\varepsilon \neq 0$ folgt mit $\varepsilon \to 0$, daß $q_{r-1} \in \overline{\langle q_r\rangle}$; hieraus ergibt sich leicht die Behauptung.[††)]

Insbesondere nimmt also jede unter SL_n invariante und stetige Funktion $F : Q_n \to \mathbb{C}$ auf allen q mit $\Delta(q) = 0$ denselben Wert an. Man kann dies auch so ausdrücken: Die Äquivalenzklassen $\langle q_o\rangle, \langle q_1\rangle, \ldots, \langle q_{n-1}\rangle$ lassen sich durch stetige SL_n-invariante Funktionen nicht trennen.

Wir wollen nun noch für binäre Formen die Fasern $\Delta^{-1}(\delta)$ der Diskriminante $\Delta : Q_2 \to \mathbb{C}$ geometrisch veranschaulichen. Hierzu betrachten wir die zu der Basis $\{X^2, 2XY, Y^2\}$ von Q_2 gehörigen Koordinatenfunktionen A, B, C:

$$A(aX^2 + 2bXY + cY^2) = a\,, \text{ usw.}$$

Mittels A, B, C identifizieren wir Q_2 mit dem dreidimensionalen komplexen affinen Raum $\mathbb{C}^3$. Es gilt dann:

$$\Delta = AC - B^2 \quad \text{und}$$

$$\Delta^{-1}(\delta) = \{(a,b,c) \in \mathbb{C}^3 \mid ac - b^2 = \delta\}$$

$$= \text{"}\underline{\text{Nullstellengebilde}}\text{" der Funktion } AC - B^2 - \delta \text{ in } \mathbb{C}^3 .$$

Führt man die Transformation $U = \frac{A+C}{2}$, $V = \frac{A-C}{2}$, $W = B$ und den entsprechenden Basiswechsel in $\mathbb{C}^3$ durch, so ist $\Delta^{-1}(\delta)$ gegeben durch die Gleichung

$$V^2 + W^2 - U^2 + \delta = 0 .$$

Im Reellen erhalten wir also folgendes Bild: $\Delta^{-1}(0)$ ist ein Kegel und für $\delta < 0$ bzw. $\delta > 0$ ist $\Delta^{-1}(\delta)$ ein Paraboloid bzw. ein Hyperboloid:

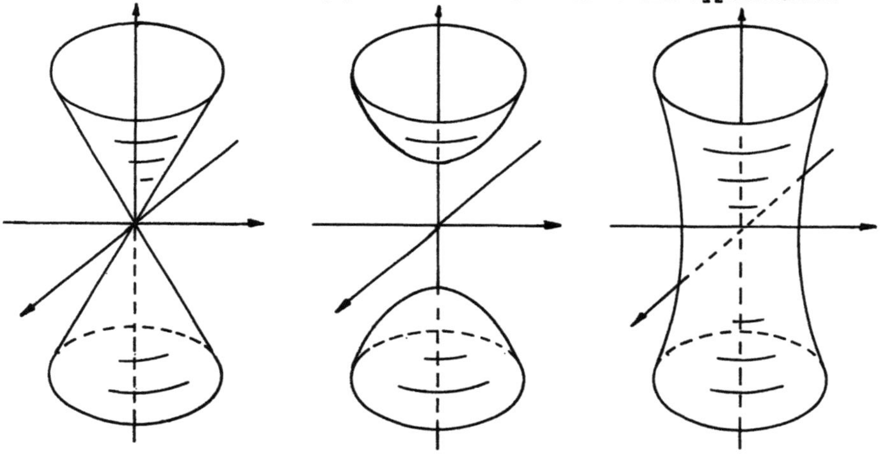

(Im Falle des Kegels entspricht die Spitze S der Null in Q_2 und der Mantel ohne die Spitze S den Formen in $\langle q_1 \rangle$.)

Geometrisch kann man den Grenzübergang $\delta \to 0$ als "Entartung" des Hyperboloids bzw. des Paraboloids in einen Kegel verstehen. Daß dabei ein singulärer Punkt, nämlich die Kegelspitze, entsteht, ist kein Zufall; ähnlichen Phänomenen werden wir im folgenden noch mehrmals begegnen.

Wir wollen uns nun noch überlegen, daß die Diskriminante Δ im Wesentlichen die einzige unter SL_n invariante Funktion auf Q_n ist.

Satz: Jede stetige SL_n-invariante Funktion auf den quadratischen Formen

Q_n <u>ist eine stetige Funktion von</u> Δ . <u>Jede rationale</u> SL_n<u>-invariante Funktion auf</u> Q_n <u>ist ein Polynom in</u> Δ .

Beweis: Wir betrachten den "Schnitt" $\sigma : \mathbb{C} \to Q_n$ gegeben durch $\sigma(\delta) = \delta X_1^2 + X_2^2 +\ldots+ X_n^2$; offenbar gilt $\Delta \circ \sigma = Id_{\mathbb{C}}$. Die Behauptung ergibt sich nun leicht aus dem Vorangehenden . (Wir überlassen hier die Details dem Leser, da wir im nachfolgenden Abschnitt 3 Satz 2 einen entsprechenden Beweis durchführen.) ††

3. KONJUGATIONSKLASSEN VON MATRIZEN

$M_n(\mathbb{C})$ oder kurz M_n bezeichne den komplexen Vektorraum der n×n-Matrizen. $GL_n(\mathbb{C})$ oder kurz GL_n sei wie üblich die Teilmenge der regulären Matrizen von M_n : $GL_n = \{A \in M_n \mid \det A \neq 0\}$. Zwei Matrizen A und B aus M_n heißen zueinander konjugiert, geschrieben $A \sim B$, falls es eine reguläre Matrix T gibt mit $B = TAT^{-1}$. Der Satz über die Jordansche Normalform besagt, daß jede Matrix A aus M_n bis auf die Reihenfolge der "Kästchen" zu genau einer Matrix der Gestalt

$$\begin{pmatrix} J_1 & & & \\ & J_2 & & \\ & & \ddots & \\ & & & J_m \end{pmatrix} , \qquad J_i = \begin{pmatrix} \lambda_i & 1 & & \\ & \ddots & \ddots & \\ & & \ddots & 1 \\ & & & \lambda_i \end{pmatrix}$$

konjugiert ist. Die $\lambda_1,\dots,\lambda_m$ sind die Wurzeln des charakteristischen Polynoms von A und heißen Eigenwerte von A . Mit C_A bezeichnen wir die Konjugationsklasse von A :

$$C_A = \{TAT^{-1} \mid T \in GL_n\} .$$

Im Falle der 2×2-Matrizen M_2 enthält also

$$\{\begin{pmatrix} \lambda & 0 \\ 0 & \mu \end{pmatrix} \mid \lambda,\mu \in \mathbb{C}\} \cup \{\begin{pmatrix} \lambda & 1 \\ 0 & \lambda \end{pmatrix} \mid \lambda \in \mathbb{C}\}$$

ein Repräsentantensystem aller Konjugationsklassen. Hat $A \in M_2$ zwei verschiedene Eigenwerte $\lambda \neq \mu$, so ist die Konjugationsklasse von A durch λ und μ eindeutig bestimmt. Die Matrizen mit zweifachem Eigenwert λ bilden die beiden verschiedenen Konjugationsklassen $C_{\begin{pmatrix} \lambda & 0 \\ 0 & \lambda \end{pmatrix}}$ und $C_{\begin{pmatrix} \lambda & 1 \\ 0 & \lambda \end{pmatrix}}$.

Bekanntlich haben konjugierte Matrizen gleiche Determinante und Spur. Die komplexwertigen Funktionen sp und det von M_2 , die jeder Matrix ihre Spur bzw. Determinante zuordnen, sind also konstant auf den Konjugationsklassen.

Wir betrachten die Abbildung

$$\pi : M_2 \to \mathbb{C}^2 , \; A \mapsto (\operatorname{sp} A, \det A) .$$

In Koordinatenschreibweise haben wir also

$$\pi\left(\begin{pmatrix} a & b \\ c & d \end{pmatrix}\right) = (a + d,\ ad - bc) .$$

Man rechnet leicht nach, daß eine Matrix $A \in M_2$ genau dann zwei gleiche Eigenwerte hat, wenn $(\mathrm{sp}\ A)^2 - 4 \det A = 0$ gilt. Dies ist gleichbedeutend damit, daß der Punkt $\pi(A)$ auf der Kurve

$$K = \{(x,y) \in \mathbb{C}^2 \mid x^2 - 4y = 0\}$$

liegt. Hieraus ergibt sich leicht das folgende Resultat.

Satz: $\pi : M_2 \to \mathbb{C}^2$ ist surjektiv und konstant auf den Konjugationsklassen. Die Fasern von π haben folgende Gestalt:

a) Für $P \in \mathbb{C}^2 - K$ besteht $\pi^{-1}(P)$ aus genau einer Konjugationsklasse, nämlich der einer Diagonalmatrix $\begin{pmatrix} \lambda & \\ & \mu \end{pmatrix}$ mit $\lambda \neq \mu$.

b) Für $P \in K$, $P = (2\lambda, \lambda^2)$, besteht $\pi^{-1}(P)$ aus den beiden Konjugationsklassen $C_{\begin{pmatrix} \lambda & 1 \\ 0 & \lambda \end{pmatrix}}$ und $\left\{\begin{pmatrix} \lambda & 0 \\ 0 & \lambda \end{pmatrix}\right\}$.

Da $\begin{pmatrix} \lambda & \varepsilon \\ 0 & \lambda \end{pmatrix}$ für alle $\varepsilon \neq 0$ konjugiert zu $\begin{pmatrix} \lambda & 1 \\ 0 & \lambda \end{pmatrix}$ ist, liegt $\begin{pmatrix} \lambda & 0 \\ 0 & \lambda \end{pmatrix}$ im Abschluß der Konjugationsklasse $C_{\begin{pmatrix} \lambda & 1 \\ 0 & \lambda \end{pmatrix}}$. Wir schreiben dafür symbolisch

$$\begin{array}{l} \bullet\ C_{\begin{pmatrix} \lambda & 1 \\ 0 & \lambda \end{pmatrix}} \\ | \\ \bullet\ C_{\begin{pmatrix} \lambda & 0 \\ 0 & \lambda \end{pmatrix}} \end{array}$$

Um die Fasern von π zu studieren, betrachten wir die Basis des $\mathbb{C}$-Vektorraums M_2 gegeben durch $\begin{pmatrix} 1/2 & 0 \\ 0 & 1/2 \end{pmatrix}$, $\begin{pmatrix} 1/2 & 0 \\ 0 & -1/2 \end{pmatrix}$, $\begin{pmatrix} 0 & 1 \\ 0 & 0 \end{pmatrix}$, $\begin{pmatrix} 0 & 0 \\ 1 & 0 \end{pmatrix}$ und bezeichnen die zugehörigen Koordinatenfunktionen mit U , V , W , Z . Man rechnet leicht nach, daß in diesen Koordinaten die Faser $\pi^{-1}(P)$ des Punktes $P = (x,y) \in \mathbb{C}^2$ durch die beiden Gleichungen

$$\begin{aligned} U &= x \\ V^2 + 4WZ &= x^2 - 4y \end{aligned}$$

gegeben ist. Wir erhalten für $P \notin K$ eine nicht ausgeartete Quadrik in der Hyperfläche H gegeben durch $U = x$ und für $P \in K$ einen Kegel in H mit der Spitze im Punkt $\begin{pmatrix} x/2 & 0 \\ 0 & x/2 \end{pmatrix}$, also ganz entsprechend, wie wir dies bei den binären quadratischen Formen gefunden haben (vgl. Abschnitt 2).

Wir wollen nun die Konjugationsklassen in M_3 studieren. Wegen der Zerlegung

$$M_3 = \mathbb{C}E \oplus V \, , \; E := \begin{pmatrix} 1 & & \\ & 1 & \\ & & 1 \end{pmatrix} , \quad V := \{A \in M_3 \,|\, \operatorname{sp} A = 0\} ,$$

und der Tatsache, daß die Konjugation auf dem ersten Summanden trivial ist, genügt es, die Konjugationsklassen der Matrizen mit Spur 0 zu studieren. Die Normalformen sind dann

$$\begin{pmatrix} \lambda & & \\ & \mu & \\ & & -\lambda-\mu \end{pmatrix} , \quad \begin{pmatrix} \lambda & 1 & \\ & \lambda & \\ & & -2\lambda \end{pmatrix} , \quad \begin{pmatrix} 0 & 1 & \\ & 0 & 1 \\ & & 0 \end{pmatrix} , \quad \lambda,\mu \in \mathbb{C} .$$

Bekanntlich haben ähnliche Matrizen gleiche Eigenwerte; die symmetrischen Funktionen in den Eigenwerten sind also Invarianten der Konjugationsklassen. Es liegt daher nahe, folgende Abbildung π zu studieren:

$$\pi : V \to \mathbb{C}^2 , \; A \text{ mit Eigenwerten } \lambda_1,\lambda_2,\lambda_3 \mapsto (\lambda_1\lambda_2+\lambda_1\lambda_3+\lambda_2\lambda_3, \lambda_1\lambda_2\lambda_3) .$$

Hat $A \in V$ den zweifachen Eigenwert λ, so gilt $\pi(A) = (-3\lambda^2, -2\lambda^3)$, d. h. $\pi(A)$ liegt auf der Kurve $K \subset \mathbb{C}^2$ mit der Gleichung $4x^3 + 27y^2 = 0$.

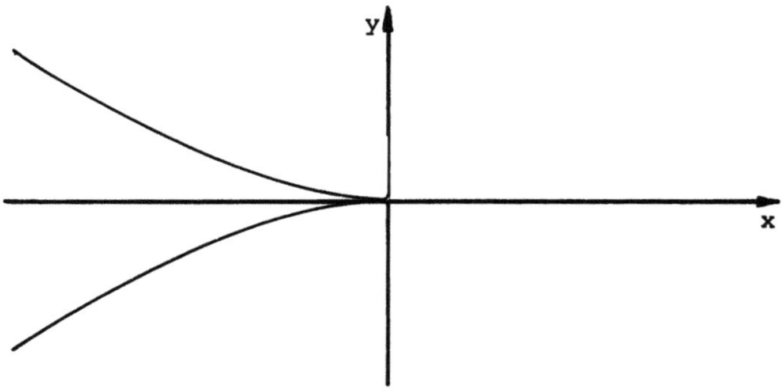

reelles Bild von K

Umgekehrt sind die Eigenwerte einer Matrix A durch $\pi(A) = (x,y)$ bis auf Reihenfolge wohlbestimmt, da 0, x und y die Werte der elementarsymmetrischen Funktionen in den Eigenwerten von A sind. Man sieht auch leicht, daß π surjektiv ist. Für $\pi(A) = (x,y) \in K$ hat A den zweifachen Eigenwert $\frac{3y}{2x}$ und den einfachen Eigenwert $\frac{3y}{x}$, falls $x \neq 0$ ist; A hat den dreifachen Eigenwert 0 für $x = y = 0$. Es hat also eine Matrix $A \in V$ genau dann einen mehrfachen Eigenwert, wenn $\pi(A) \in K$ gilt. Zusammenfassend erhält man damit folgendes Resultat.

Satz: Die Abbildung π ist surjektiv und konstant auf den Konjugationsklassen. Die Fasern von π haben folgende Gestalt:

a) Für $P \in \mathbb{C}^2 - K$ besteht $\pi^{-1}(P)$ aus genau einer Konjugationsklasse, nämlich der Konjugationsklasse einer Diagonalmatrix mit Spur 0 und paarweise verschiedenen Eigenwerten.

b) Für $P \in K - \{0\}$ besteht $\pi^{-1}(P)$ aus den beiden Konjugationsklassen von

$$\begin{pmatrix} \lambda & 1 & \\ & \lambda & \\ & & -2\lambda \end{pmatrix} \quad \text{und} \quad \begin{pmatrix} \lambda & & \\ & \lambda & \\ & & -2\lambda \end{pmatrix}.$$

c) $\pi^{-1}(0)$ besteht aus den drei Konjugationsklassen von

$$\begin{pmatrix} 0 & 1 & \\ & 0 & 1 \\ & & 0 \end{pmatrix}, \quad \begin{pmatrix} 0 & 1 & \\ & 0 & \\ & & 0 \end{pmatrix} \quad \text{und} \quad 0 .$$

Im Falle a) ist die Konjugationsklasse abgeschlossen, in den Fällen b) und c) ist das Inklusionsverhalten der Abschlüsse der Konjugationsklassen durch folgende Symbole beschrieben:

$$\begin{array}{c} \bullet \; C\begin{pmatrix} \lambda & 1 & \\ & \lambda & \\ & & -2\lambda \end{pmatrix} \\ | \\ \bullet \; C\begin{pmatrix} \lambda & & \\ & \lambda & \\ & & -2\lambda \end{pmatrix} \end{array} \qquad \begin{array}{c} \bullet \; C\begin{pmatrix} 0 & 1 & \\ & 0 & 1 \\ & & 0 \end{pmatrix} \\ | \\ \bullet \; C\begin{pmatrix} 0 & 1 & \\ & 0 & \\ & & 0 \end{pmatrix} \\ | \\ \bullet \; (0) \end{array}$$

Wir wollen diese Situation geometrisch veranschaulichen:

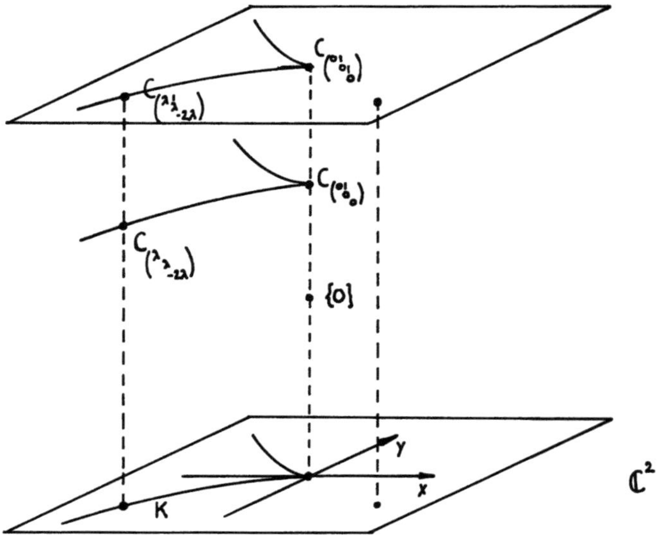

Über dem Nullpunkt liegen drei Konjugationsklassen, über den anderen Punkten von K liegen zwei Konjugationsklassen und über den restlichen Punkten liegt jeweils genau eine Konjugationsklasse. Diese drei "Schichten" lassen sich durch $\mathbb{C}^2$, $\mathbb{C}^1$ und 0 parametrisieren, und die Dimensionen der Konjugationsklassen in den einzelnen Schichten sind 6 , 4 und 0 .

Wir gehen nun zum allgemeinen Fall der n×n-Matrizen über. Für ein $A \in M_n$ sei

$$\det(tE-A) = t^n - \sigma_1(A)\, t^{n-1} + \ldots + (-1)^n \sigma_n(A)$$

das charakteristische Polynom von A . Bekanntlich ist $\sigma_d(A)$ die d-te elementarsymmetrische Funktion in den Eigenwerten von A . Aus der obigen Darstellung liest man zudem ab, daß σ_d ein homogenes Polynom vom Grad d in den Koeffizienten a_{ij} der Matrix A ist (z. B. $\sigma_1(A) = \operatorname{sp} A = \sum_{i=1}^{n} a_{ii}$, $\sigma_n(A) = \det A$). Wir definieren nun die folgende Abbildung:

$$\pi : M_n \to \mathbb{C}^n , \quad A \mapsto (\sigma_1(A), \ldots, \sigma_n(A)) .$$

Aus der Konstruktion folgt, daß π surjektiv und konstant auf den Konjugationsklassen ist. Die Nullfaser $\pi^{-1}(0)$ besteht genau aus den <u>nilpotenten</u> Matrizen, d. h. denjenigen $A \in M_n$ mit $A^m = 0$ für ein $m \in \mathbb{N}$. Nach dem Satz über die Jordansche Normalform ist eine solche Matrix bis auf Reihenfolge der "Kästchen" konjugiert zu genau einer Matrix der Gestalt

$$\begin{pmatrix} J_{p_1} & & & \\ & J_{p_2} & & \\ & & \ddots & \\ & & & J_{p_s} \end{pmatrix} \quad \text{mit} \quad J_p := \begin{pmatrix} 0 & 1 & & \\ & 0 & \ddots & \\ & & \ddots & \ddots \\ & & & 0 & 1 \\ & & & & 0 \end{pmatrix} \in M_p .$$

Damit stehen die Konjugationsklassen nilpotenter Matrizen in Bijektion mit den <u>Partitionen</u> von n. (Eine Partition p von n ist ein Tupel $(p_1,\ldots,p_s)$ von natürlichen Zahlen mit $p_1 \geq p_2 \geq \ldots \geq p_s > 0$ und $\sum_{i=1}^{s} p_i = n$.) Damit ist klar, daß es <u>nur endlich viele Konjugationsklassen nilpotenter Matrizen</u> gibt. In Verallgemeinerung davon überlegt man sich leicht, daß <u>es in jeder Faser von</u> π <u>nur endlich viele Konjugationsklassen</u> gibt. (Durch $\pi(A)$ sind die Eigenwerte von A und ihre Vielfachheiten festgelegt.)

Für kleine n läßt sich die Anzahl der nilpotenten Konjugationsklassen und auch das Inklusionsdiagramm ihrer Abschlüsse leicht bestimmen. Ein paar Beispiele sollen genügen:

<u>GL_4</u>: <u>Jordansche Normalformen</u>	<u>Partitionen</u>	<u>Inklusionsdiagramm der Abschlüsse</u>
$\begin{pmatrix} 0 & 1 & & \\ & 0 & 1 & \\ & & 0 & 1 \\ & & & 0 \end{pmatrix}$	(4)	•
$\begin{pmatrix} 0 & 1 & & \\ & 0 & 1 & \\ & & 0 & \\ & & & 0 \end{pmatrix}$	(3,1)	•
$\begin{pmatrix} 0 & 1 & & \\ & 0 & & \\ & & 0 & 1 \\ & & & 0 \end{pmatrix}$	(2,2)	• (*)
$\begin{pmatrix} 0 & 1 & & \\ & 0 & & \\ & & 0 & \\ & & & 0 \end{pmatrix}$	(2,1,1)	•
(0)	(1,1,1,1)	•

Die Inklusion (*) sieht man zum Beispiel folgendermaßen: Die Matrizen $\begin{pmatrix} 0 & 1 & & \\ & 0 & \varepsilon & \\ & & 0 & 1 \\ & & & 0 \end{pmatrix}$ sind für $\varepsilon \neq 0$ alle zu $\begin{pmatrix} 0 & 1 & & \\ & 0 & 1 & \\ & & 0 & \\ & & & 0 \end{pmatrix}$ konjugiert, denn beide Matrizen haben das Minimalpolynom X^3. Die behauptete Inklusion der Abschlüsse der Konjugationsklassen folgt dann mit dem Grenzübergang $\varepsilon \to 0$.

Mit ähnlichen Überlegungen könnte man auch die nachfolgenden Beispiele behandeln.

$\underline{GL_5}$:

(5)
(4,1)
(3,2)
(3,1,1)
(2,2,1)
(2,1,1,1)
(1^5)

$\underline{GL_6}$:

(6)
(5,1)
(4,2)
(4,1,1)
(3,3)
(3,2,1)
(3,1,1,1)
(2,2,2)
(2,2,1,1)
$(2,1^4)$
(1^6)

$\underline{GL_7}$:

(7)
(6,1)
(5,2)
(5,1,1)
(4,3)
(4,2,1)
(3,3,1)
(4,1,1,1)
(3,2,2)
(3,2,1,1)
(2,2,2,1)
$(3,1^4)$
(2,2,1,1,1)
$(2,1^5)$
(1^7)

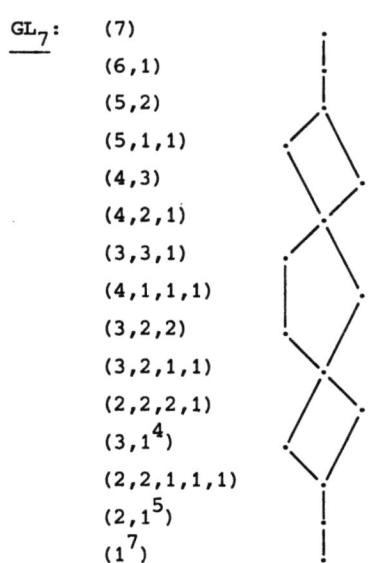

<u>GL_8</u>:

(8)
(7,1)
(6,2)
(6,1,1)
(5,3)
(5,2,1)
(5,1,1,1)
(4,4)
(4,3,1)
(4,2,2)
(3,3,2); (4,2,1,1)
(3,3,1,1)
(3,2,2,1)
(2,2,2,2)
$(4,1^4)$
(3,2,1,1,1)
(2,2,2,1,1)
$(3,1^5)$
$(2,2,1^4)$
$(2,1^6)$
(1^8)

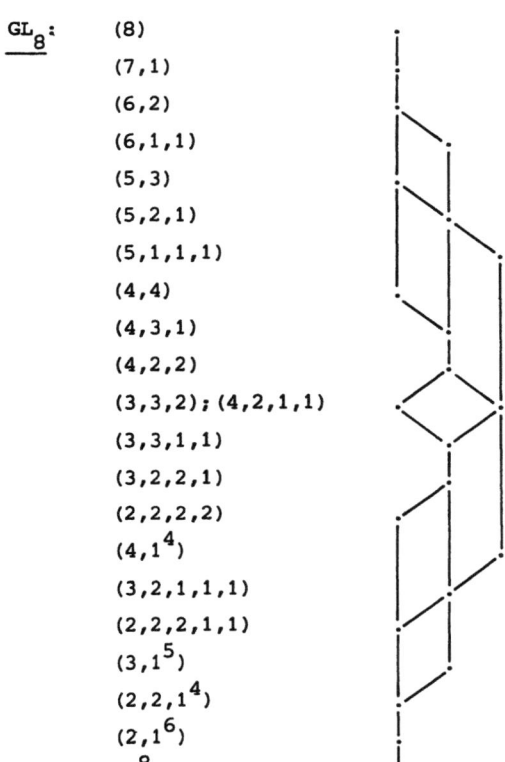

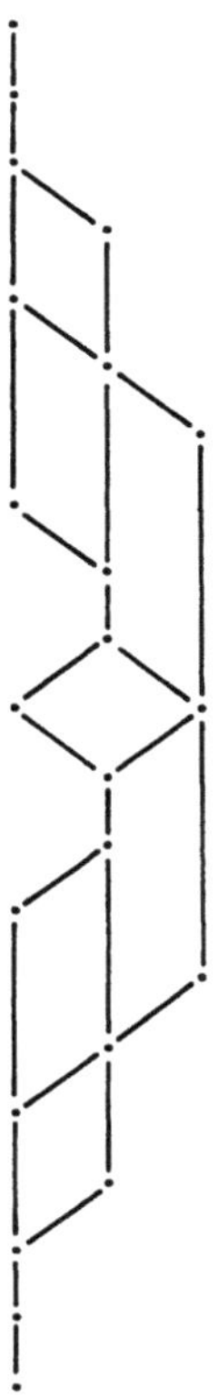

<u>Bemerkung</u>: Das Inklusionsverhalten der Abschlüsse der nilpotenten Konjugationsklassen läßt sich rein kombinatorisch aus den Partitionen ablesen (Gerstenhaber-Hesselink, vgl. [He1]). Grundlage hierfür ist das folgende Resultat:

<u>Sind</u> A <u>und</u> B <u>zwei nilpotente Matrizen, so gilt</u>:

$$B \in \overline{C_A} \iff \dim \operatorname{Ker} B^m \geq \dim \operatorname{Ker} A^m \quad \underline{\text{für alle}} \quad m \in \mathbb{N} .$$

Dabei läßt sich $\dim \operatorname{Ker} A^m$ aus der Partition p von A leicht berechnen: Ist $p = (p,\ldots,p_s)$, $\hat{p}$ die <u>duale Partition</u> zu p definiert durch $\hat{p}_i := \#\{j \mid p_j \geq i\}$, so gilt

$$\dim \operatorname{Ker} A^m = \sum_{i=1}^{m} \hat{p}_i .$$

Man sieht zum Beispiel, daß die <u>Symmetrie der Diagramme</u> durch die Dualität $p \mapsto \hat{p}$ der Partitionen begründet ist.

Jede nilpotente Matrix A hat die Eigenschaft, daß die Null im Abschluß ihrer Konjugationsklasse liegt; insbesondere ist {O} die einzige abgeschlossene nilpotente Konjugationsklasse. Etwas allgemeiner gilt, daß im Abschluß jeder Konjugationsklasse eine Diagonalmatrix liegt. (Die Jordansche Normalform einer Matrix A hat die Gestalt D + N mit einer Diagonalmatrix D und einer nilpotenten Matrix N mit Koeffizienten $\neq 0$ höchstens in der Nebendiagonalen. Man überlegt sich leicht, daß für alle $t \in \mathbb{C}^*$ die Matrix D + tN zu A konjugiert ist. Hieraus folgt aber $D \in \overline{C_A}$.) Man nennt eine Matrix A und auch ihre Konjugationsklasse C_A halbeinfach, wenn C_A eine Diagonalmatrix enthält. Es läßt sich nun umgekehrt zeigen, daß eine halbeinfache Konjugationsklasse abgeschlossen ist. (Hierzu betrachten wir die oben eingeführte Abbildung $\pi : M_n \to \mathbb{C}^n$. Nach Konstruktion enthält die Faser höchstens eine halbeinfache Konjugationsklasse, da durch $\pi(A)$ die Menge der Eigenwerte von A mit ihren Vielfachheiten festgelegt ist. Für die obige Behauptung muß man jetzt nur noch wissen, daß im Abschluß jeder Konjugationsklasse eine abgeschlossene Konjugationsklasse vorkommt; vgl. II.2.2 Bemerkung 1.) Zusammenfassend haben wir also folgendes Resultat :

Satz 1: a) Eine Matrix A ist genau dann nilpotent, wenn die Null im Abschluß ihrer Konjugationsklasse C_A liegt.

b) Eine Matrix A ist genau dann halbeinfach, wenn ihre Konjugationsklasse C_A abgeschlossen ist.

Zum Schluß überlegen wir noch, daß die Funktionen $\sigma_1, \sigma_2, \ldots, \sigma_n$ ein "vollständiges Invariantensystem" bilden (vgl. Abschnitt 2).

Satz 2: Jede polynomiale und auf den Konjugationsklassen konstante Funktion auf M_n ist ein Polynom in den σ_i, $i=1,\ldots,n$.

Beweis: Wir betrachten die Abbildung $\iota : \mathbb{C}^n \to M_n$ gegeben durch

$$\iota(\delta_1,\ldots,\delta_n) = \begin{pmatrix} 0 & 1 & & & \\ & 0 & \ddots & & \\ & & \ddots & \ddots & \\ & & & 0 & 1 \\ \delta_n & \delta_{n-1} & \cdots & \delta_2 & \delta_1 \end{pmatrix}$$

Durch elementare Zeilen- und Spaltenumformungen findet man leicht

$$\det(tE - \iota(\delta_1,\dots,\delta_n)) = t^n - \sum_{i=1}^{n} \delta_i t^{n-i} .$$

Es folgt $\sigma_i(\iota(\delta_1,\dots,\delta_n)) = (-1)^{i-1}\delta_i$, also ist die Komposition $\mu := \pi \circ \iota$ ein (linearer) Isomorphismus von $\mathbb{C}^n$:

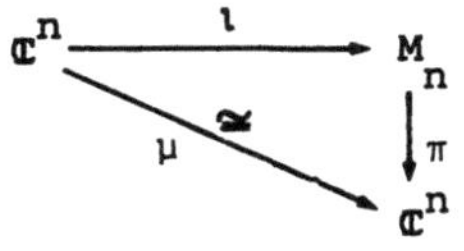

Sei nun f eine polynomiale und auf den Konjugationsklassen konstante Funktion. Da in jeder Faser von π genau eine halbeinfache Konjugationsklasse liegt und diese im Abschluß von jeder Konjugationsklasse der Faser vorkommt (s. o.), nimmt die stetige Funktion f auf der ganzen Faser den gleichen Wert an. Betrachten wir das Polynom $\tilde{f} = f \circ \iota \circ \mu^{-1}$, so stimmen die beiden Funktionen f und $\tilde{f}(\sigma_1,\dots,\sigma_n)$ nach Konstruktion auf dem Bild von ι überein, woraus mit den vorangehenden Überlegungen $f = \tilde{f}(\sigma_1,\dots,\sigma_n)$ folgt. ††

■

4. INVARIANTEN "MEHRERER VEKTOREN"

Sei $V = \mathbb{C}^2$ der zweidimensionale komplexe Vektorraum mit der üblichen Operation von GL_2 gegeben durch

$$gv = \begin{pmatrix}\alpha & \beta\\ \gamma & \delta\end{pmatrix}\begin{pmatrix}x\\ y\end{pmatrix} := \begin{pmatrix}\alpha x+\beta y\\ \gamma x+\delta y\end{pmatrix} \quad \text{für} \quad g = \begin{pmatrix}\alpha & \beta\\ \gamma & \delta\end{pmatrix} \in GL_2 , \; v = \begin{pmatrix}x\\ y\end{pmatrix} \in V.$$

Wir betrachten nun Paare von Vektoren aus V und definieren auf $V\times V$ folgende Äquivalenzrelation "$\sim$" :

$$(v_1,v_2)\sim(w_1,w_2) \iff \text{Es gibt ein } g\in SL_2 \text{ mit } gv_i = w_i , \; i = 1,2 .$$

Offenbar ist die Abbildung

$$\pi = [\ ,\ ] : V\times V \to \mathbb{C} , \quad (v_1,v_2) \mapsto [v_1,v_2] := \det\begin{pmatrix}x_1 & x_2\\ y_1 & y_2\end{pmatrix} , \; v_i = \begin{pmatrix}x_i\\ y_i\end{pmatrix} ,$$

konstant auf den Äquivalenzklassen. In den Koordinatenfunktionen ausgedrückt gilt $\pi = X_1Y_2 - X_2Y_1$.

Für die einzelnen Äquivalenzklassen lassen sich leicht Normalformen angeben:

a) Ist $[v_1,v_2] \neq 0$, so gilt $(v_1,v_2)\sim(\binom{1}{0},\binom{0}{\lambda})$ mit $\lambda = [v_1,v_2]$. (Dies folgt aus der Tatsache, daß GL_2 transitiv auf Paaren linear unabhängiger Vektoren operiert.)

b) Es ist $[v_1,v_2] = 0$ genau dann, wenn v_1 und v_2 linear abhängig sind. $\pi^{-1}(0)$ besteht aus unendlich vielen Äquivalenzklassen, und als Repräsentanten können wir etwa $(0,0)$, $(e_1,0)$ und $(\lambda e_1,e_1)$ mit $\lambda\in\mathbb{C}$ wählen. (Man benütze, daß SL_2 transitiv auf den Vektoren $\neq 0$ operiert.)

Wir wollen nun die Nullfaser $\pi^{-1}(0)$ als geometrisches Gebilde etwas näher untersuchen.

Satz 1: Es gibt eine surjektive, auf den Äquivalenzklassen konstante Abbildung $\rho : \pi^{-1}(0)-\{(0,0)\} \to \mathbb{P}^1$, deren Fasern genau die Äquivalenzklassen sind.

Beweis: Setze
$$\rho\left(\begin{pmatrix}x_1\\ y_1\end{pmatrix} , \begin{pmatrix}x_2\\ y_2\end{pmatrix}\right) := \begin{cases}(x_1,x_2) & \text{falls } (x_1,x_2) \neq (0,0) ,\\ (y_1,y_2) & \text{falls } (y_1,y_2) \neq (0,0) .\end{cases}$$
Da die beiden Vektoren linear abhängig sind, ist ρ wohldefiniert und hat die verlangte Eigenschaft. ††

Damit lassen sich die Äquivalenzklassen in $\pi^{-1}(0)-\{(0,0)\}$ via ρ durch die komplexe projektive Gerade $\mathbb{P}^1$ parametrisieren. Wir haben also folgende Situation:

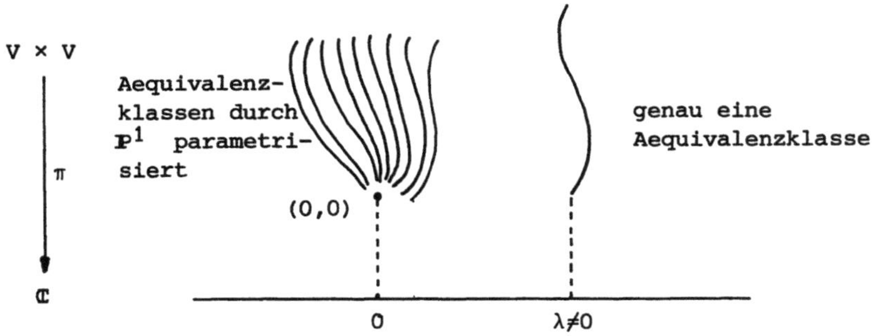

Dieses Parametrisierungsresultat läßt sich auch durch die folgende Beschreibung der Nullfaser $\pi^{-1}(0)$ mit Hilfe eines Vektorbündels über $\mathbb{P}^1$ erklären.

Satz 2: Es gibt ein Vektorbündel B über $\mathbb{P}^1$ und eine surjektive Abbildung $\phi : B \to \pi^{-1}(0)$ mit der Eigenschaft, daß $\phi^{-1}((0,0)) =: N_0$ $(\cong \mathbb{P}^1)$ der Nullschnitt in B ist, ϕ einen Isomorphismus $B - N_0 \xrightarrow{\sim} \pi^{-1}(0)-\{(0,0)\}$ induziert und jede Faser von B isomorph auf den Abschluß einer Äquivalenzklasse abbildet.

Beweis: Wir betrachten die offene Überdeckung $U_0 \cup U_\infty$ von $\mathbb{P}^1$, $U_0 := \{(\lambda,\mu) \in \mathbb{P}^1 \mid \lambda \neq 0\}$ und $U_\infty := \{(\lambda,\mu) \in \mathbb{P}^1 \mid \mu \neq 0\}$, sowie die trivialen Vektorbündel $V \times U_0$ und $V \times U_\infty$. Das Bündel B ergibt sich aus folgendem Diagramm durch "Verkleben" über $U_0 \cap U_\infty$:

$$\begin{array}{ccccccc}
(v,(\lambda,\mu))_0 & & V\times U_0 & \dashrightarrow & B & \dashleftarrow & V\times U_\infty & & (w,(\lambda,\mu))_\infty \\
\downarrow & & \downarrow p_0 & & \downarrow & & \downarrow p_\infty & & \downarrow \\
(\lambda,\mu) & & U_0 & \hookrightarrow & \mathbb{P}^1 & \hookleftarrow & U_\infty & & (\lambda,\mu)
\end{array}$$

Dabei machen wir folgende Identifikation über einem Punkt $(\lambda,\mu) \in U_0 \cap U_\infty$:

$$(v,(\lambda,\mu))_0 = (w,(\lambda,\mu))_\infty \iff \mu v = \lambda w .$$

Wir definieren nun $\phi : B \to \pi^{-1}(0)$ durch $\phi((v,(\lambda,\mu))_0) := (v, \frac{\mu}{\lambda} v)$ und $\phi((w,(\lambda,\mu))_\infty) := (\frac{\lambda}{\mu} w, w)$. Es ist nun leicht zu sehen, daß ϕ wohldefiniert ist, d. h. mit obiger Identifikation verträglich ist, und die gewünschten Eigenschaften besitzt. ††

Bemerkung: Die Behauptung zeigt, daß man die Nullfaser $\pi^{-1}(0)$ aus dem Vektorbündel B durch "Zusammenschlagen" des Nullschnitts zu einem Punkt erhält. Umgekehrt entsteht das Bündel aus der Nullfaser durch "Aufblasen" des Punktes $(0,0)$ zu einem $\mathbb{P}^1$.

Übung: Man zeige direkt, daß der Abschluß einer nicht trivialen Äquivalenzklasse in der Nullfaser zu $\mathbb{C}^2$ isomorph ist.

Die Vektorbündel über der projektiven Geraden $\mathbb{P}^1$ sind wohlbekannt: Zu jeder ganzen Zahl $s \in \mathbb{Z}$ gibt es ein Linienbündel $\mathcal{O}(s)$, und jedes Vektorbündel ist isomorph zu einer direkten Summe solcher Linienbündel. Für die Beschreibung der $\mathcal{O}(s)$ benützen wir wie vorher die offene Überdeckung $\mathbb{P}^1 = U_0 \cup U_\infty$ und betrachten die trivialen Bündel $\mathbb{C} \times U_0$ und $\mathbb{C} \times U_\infty$.

$$\begin{array}{ccccccccc}
(t,(\lambda,\mu))_0 & & \mathbb{C}\times U_0 & \dashrightarrow & \mathcal{O}(s) & \dashleftarrow & \mathbb{C}\times U_\infty & & (u,(\lambda,\mu))_\infty \\
\big\downarrow & & \big\downarrow p_0 & & \big\downarrow p & & \big\downarrow p_\infty & & \big\downarrow \\
(\lambda,\mu) & & U_0 & \hookrightarrow & \mathbb{P}^1 & \hookleftarrow & U_\infty & & (\lambda,\mu)
\end{array}$$

Das Linienbündel $\mathcal{O}(s)$ erhalten wir nun durch Verkleben dieser beiden Bündel über $U_0 \cap U_\infty$ mittels der folgenden Identifikation:

$$(t,(\lambda,\mu))_0 = (u,(\lambda,\mu))_\infty \iff \lambda^s t = \mu^s u .$$

Vergleichen wir dies nun mit der Konstruktion von B , so finden wir folgenden Zusatz zu Satz 2:

Zusatz: Das Vektorbündel B von Satz 2 ist isomorph zu $\mathcal{O}(-1) \oplus \mathcal{O}(-1)$.

Bemerkung: $\mathcal{O}(-1)$ ist das sogenannte Hopfbündel. Über den reellen Zahlen $\mathbb{R}$ können wir folgende geometrische Veranschaulichung geben. Wir interpretieren $\mathbb{P}^1(\mathbb{R})$ als den Einheitskreis der reellen Ebene, auf dem gegenüberliegende Punkte miteinander identifiziert sind. Heftet man an jedem

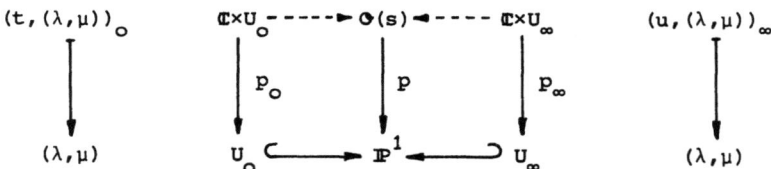

Punkt des Einheitskreises als Faser ein Exemplar von $\mathbb{R}$ an, so hat man gegenüberliegende Fasern zu identifizieren. Da sich die Koordinaten gegenüberliegender Punkte um den Faktor -1 unterscheiden, muß man diese Fasern "umgedreht" zusammenkleben. Geht man bei diesem Prozeß von einem Halbkreis mit zwei Randpunkten aus, so erhält man durch Verheften der Fasern über den beiden Randpunkten ein <u>Möbiusband</u>.

<u>Übung</u>: a) Das Linienbündel $\mathcal{O}(s)$ läßt sich auch folgendermaßen beschreiben. Sei $\mathrm{kan} : \mathbb{C}^2-\{0\} \to \mathbb{P}^1$ die kanonische Abbildung. Betrachte auf $(\mathbb{C}^2-\{0\})\times\mathbb{C}$ die Äquivalenzrelation:

$$((x,y),t)\sim((x',y'),t') \iff \text{Es gibt ein } \lambda\in\mathbb{C}^* = \mathbb{C}-\{0\} \text{ mit}$$
$$x = \lambda x' \ , \ y = \lambda y' \ \text{ und } \ t = \lambda^s t' \ .$$

Dann kann man die Menge der Äquivalenzklassen mit $\mathcal{O}(s)$ identifizieren, und die Projektion $\mathrm{pr} : (\mathbb{C}^2-\{0\})\times\mathbb{C} \to \mathbb{C}^2-\{0\}$ auf den ersten Faktor induziert das folgende kommutative Diagramm:

$$\begin{array}{ccccc} & & (\mathbb{C}^2-\{0\})\times\mathbb{C} & \xrightarrow{\mathrm{pr}} & \mathcal{O}(s) \\ ((x,y),t) & & \downarrow{\scriptstyle \mathrm{pr}} & & \downarrow{\scriptstyle p} \\ \big\downarrow & & & & \\ (x,y) & & \mathbb{C}^2-\{0\} & \xrightarrow{\mathrm{kan}} & \mathbb{P}^1 \end{array}$$

b) Man gebe einen direkten Beweis von Satz 2 und Zusatz unter Verwendung der voranstehenden Beschreibung der Bündel $\mathcal{O}(s)$.

c) Ein <u>Schnitt</u> $\sigma : \mathbb{P}^1 \longrightarrow \mathcal{O}(s)$ (d. h. es gilt $\pi\circ\sigma = \mathrm{id}_{\mathbb{P}^1}$) induziert eine Abbildung $\overline{\sigma} : \mathbb{C}^2-\{0\} \to (\mathbb{C}^2-\{0\})\times\mathbb{C}$ von der Gestalt $(x,y) \mapsto ((x,y),f(x,y))$. Es folgt $((x,y),f(x,y))\sim((\lambda x,\lambda y),f(\lambda x,\lambda y))$ für alle $\lambda\in\mathbb{C}^*$, d. h. $f(\lambda x,\lambda y) = \lambda^s\cdot f(x,y)$. Eine polynomiale Funktion $f \neq 0$ mit dieser Eigenschaft existiert nur für $s \geq 0$, und zwar sind es dann genau die homogenen Polynome $f(x,y)$ vom Grad s .

Die Linienbündel $\mathcal{O}(n)$ mit negativem n sind also dadurch gekennzeichnet, daß sie keine polynomialen Schnitte außer dem Nullschnitt haben.

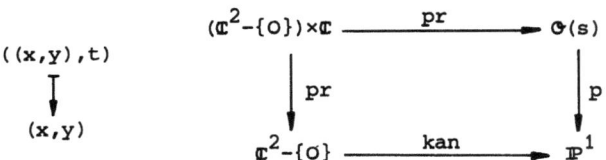

Anstelle von Paaren können wir natürlich auch Tripel oder beliebige n-Tupel von Vektoren aus V betrachten, versehen mit der entsprechenden Äquivalenzrelation wie oben. Die Bestimmung eines "vollständigen Invariantensystems" gehörte zu den klassischen Problemen der Invariantentheorie; man versteht darunter ein System von invarianten (d. h. auf den Äquivalenzklassen konstanten) polynomialen Funktionen $f_1, f_2, \ldots, f_N$ mit der Eigenschaft, daß sich jede invariante polynomiale Funktion ganz rational in den f_i ausdrücken läßt.

Ein solches vollständiges System ist etwa gegeben durch die Funktionen f_{ij}, $1 \leq i < j \leq n$, definiert durch

$$f_{ij}(v_1,\ldots,v_n) := [v_i, v_j] .$$

(Für einen Beweis dieses klassischen Resultates verweisen wir auf die Literatur [V1], [W], [DP1].) Im Falle von Tripeln von Vektoren werden wir damit auf das Studium der folgenden Abbildung geführt:

$$\pi : V\times V\times V \to \mathbb{C}^3 , \quad (v_1,v_2,v_3) \mapsto ([v_1,v_2],[v_1,v_3],[v_2,v_3]) .$$

Man zeigt leicht, daß π surjektiv ist und daß mit Ausnahme der Nullfaser $\pi^{-1}(0)$ jede Faser von π eine Äquivalenzklasse ist. Die Nullfaser selbst besteht aus denjenigen Tripeln (v_1,v_2,v_3), welche einen Vektorraum der Dimension ≤ 1 aufspannen; die Äquivalenzklassen in $\pi^{-1}(0)-\{0\}$ lassen sich daher durch die komplexe projektive Ebene $\mathbb{P}^2$ parametrisieren. Auch hier gibt es ein Vektorbündel B über $\mathbb{P}^2$ und eine surjektive Abbildung $\phi : B \to \pi^{-1}(0)$, welche den Nullschnitt N_o von B auf den Nullpunkt wirft, einen Isomorphismus $B-N_o \xrightarrow{\sim} \pi^{-1}(0)-\{0\}$ induziert und jede Faser von B isomorph auf den Abschluß einer Äquivalenzklasse in $\pi^{-1}(0)$ abbildet:

$$\begin{array}{ccccc} B & \xrightarrow{\phi} & \pi^{-1}(0) & \subset & V\times V\times V \\ \downarrow & & \downarrow & & \downarrow \pi \\ \mathbb{P}^2 & & 0 & \in & \mathbb{C}^3 \end{array}$$

Entsprechend wie oben gilt $B \xrightarrow{\sim} \mathcal{O}(-1) \oplus \mathcal{O}(-1)$.

Dem Leser sei empfohlen, sich dieses Beispiel genau anzuschauen und auch die Verallgemeinerungen auf beliebige n-Tupel zu untersuchen.

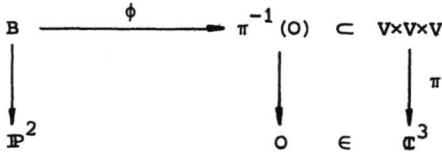

5. NULLFORMEN

Unser Vorgehen in den vorangehenden drei Abschnitten läßt sich zusammenfassend etwa folgendermaßen beschreiben. Gegeben war ein komplexer Vektorraum V und eine lineare Operation einer Gruppe G auf V. Wir interessierten uns für die "Bahnen" der Gruppe G in V; in den Beispielen waren dies die Äquivalenzklassen. Für deren Beschreibung konnten wir eine stetige Abbildung $\pi : V \to \mathbb{C}^r$ angeben, welche konstant auf den Bahnen war und deren Faser $\pi^{-1}(z)$ für fast alle $z \in \mathbb{C}^r$ genau eine Bahn war. Die Fasern spezieller Punkte, insbesondere des Nullpunktes, bedurften gesonderter Untersuchungen und bildeten mehr oder weniger komplizierte Gebilde, welche wir zum Teil auch als "Ausartungen" der allgemeinen Faser deuten konnten. (Siehe etwa Abschnitt 2.)

Besonders interessant waren die Bahnen, deren Abschluß die Null enthält; aus Stetigkeitsgründen liegen diese in der Nullfaser $\pi^{-1}(\pi(0))$. In unseren bisherigen Beispielen galt auch die Umkehrung: Die Bahnen in der Nullfaser enthalten die Null in ihrem Abschluß. Der genaue Zusammenhang wird später klar werden (III.2 Hilbertkriterium).

Wir wollen nun im Fall der binären Formen diese Bahnen etwas genauer studieren. Nach Hilbert nennt man die darin auftretenden Formen auch "Nullformen". Wir bezeichnen mit

$$R_n := \{\sum_{i=0}^{n} a_i X^{n-i} Y^i \mid a_i \in \mathbb{C}\}$$

den Raum der binären Formen vom Grad n, d. h. den $(n+1)$-dimensionalen komplexen Vektorraum der homogenen Polynome vom Grad n in den beiden Unbestimmten X und Y. Für $f, f' \in R_n$ ist durch

$$f \sim f' \iff \text{es gibt ein } g \in SL_2(\mathbb{C}),\ g = \begin{pmatrix}\alpha & \beta \\ \gamma & \delta\end{pmatrix}, \text{ mit}$$
$$f'(X,Y) = f^g(X,Y) := f(\alpha X + \beta Y, \gamma X + \delta Y)$$

eine Äquivalenzrelation auf R_n definiert. Wir können dies auch anders ausdrücken: Die Gruppe $G = SL_2(\mathbb{C})$ operiert auf R_n durch "Variablensubstitution" $f \mapsto f^g$, d. h. es gilt $f^e = f$ für die Einsmatrix $e \in G$ und $(f^g)^h = f^{(gh)}$ für alle $g,h \in G$. Für festes $f \in R_n$ ist die Äquivalenzklasse $C_f := \{f^g \mid g \in G\}$ gleich der Bahn Gf von f unter der Operation von G auf R_n. Für $t \in \mathbb{C}^* := \mathbb{C}-\{0\}$ und $d = \begin{pmatrix} t & 0 \\ 0 & t^{-1} \end{pmatrix}$ schreiben wir kurz f_t anstatt f^d, d. h. $f_t(X,Y) = f(tX,t^{-1}Y)$.

Eine Beschreibung der Bahnen in R_n erhält man leicht aus dem folgenden Lemma.

Lemma 1: a) Jede binäre Form $f \in R_n$ ist Produkt von linearen Formen. b) $f \neq 0$ ist äquivalent zu einer Form der Gestalt $X^r Y^s f'$ mit $r \geq s \geq 0$ und einem $f' \in R_{n-r-s}$, welches keinen linearen Faktor einer Vielfachheit $> s$ enthält und kein Vielfaches von X oder Y ist.

Beweis: a) folgt aus dem Hauptsatz der Algebra und b) aus a) und der Tatsache, daß GL_2 auf Paaren linear unabhängiger linearer Formen transitiv operiert. ††

Definition: Wir nennen $f \in R_n$ eine Nullform, falls der Nullpunkt $0 \in R_n$ im Abschluß der Bahn von f liegt. R_n° bezeichne die Menge der Nullformen in R_n.

Beispiel: $f = X^n$ ist eine Nullform. Dies folgt mit $t \to 0$ aus $f \sim f_t = t^n X^n$.
Sei etwas allgemeiner $f = X^{n-i}Y^i$. Dann ist $f_t = t^{n-2i}X^{n-i}Y^i$ und $f_{t^{-1}} = t^{2i-n}X^{n-i}Y^i$. Mit $t \to 0$ folgt, daß f für $2i \neq n$ immer eine Nullform ist.

Für das Studium der Nullformen ist das folgende Kriterium von Hilbert von zentraler Bedeutung. Für einen Beweis verweisen wir auf das dritte Kapitel (III. 2).

Hilbert-Kriterium: Eine Form $f \in R_n$ ist genau dann Nullform, falls es ein $\tilde{f} \sim f$ gibt mit der Eigenschaft, daß $\lim_{t \to 0} \tilde{f}_t$ existiert und gleich 0 ist.

Das Kriterium besagt, daß jede Nullform einen Repräsentanten im Vektorraum

$$W := \{f \in R_n \mid \lim_{t\to 0} f_t = 0\}$$

hat. Offenbar gilt für $m = [\frac{n-1}{2}]$

$$W = \{\sum_{i=o}^{m} a_i X^{n-i} Y^i \mid a_i \in \mathbb{C}\} = \{f \in R_n \mid X^r \text{ teilt } f \text{ für ein } r > \tfrac{n}{2}\} .$$

Da die Operation von G die Vielfachheiten der linearen Formen in f nicht ändert, erhalten wir das folgende Resultat:

Satz 1: $f \in R_n$ ist Nullform genau dann, wenn f einen linearen Faktor einer Vielfachheit $r > \frac{n}{2}$ enthält oder $f = 0$ ist.

Beispiele: Für $n = 1$ ist jede Form Nullform. Es gibt im ganzen zwei Äquivalenzklassen.
Für $n = 2$ finden wir zwei Äquivalenzklassen von Nullformen,
für $n = 3,4$ jeweils drei.
Für $n \geq 5$ gibt es immer unendlich viele Äquivalenzklassen von Nullformen (die Anzahl der Parameter ist $[\frac{n-3}{2}]$).
Beachtet man noch, daß die Form X^n im Abschluß jeder Bahn einer Nullform ($\neq 0$) liegt, so ergibt sich das folgende Bild:

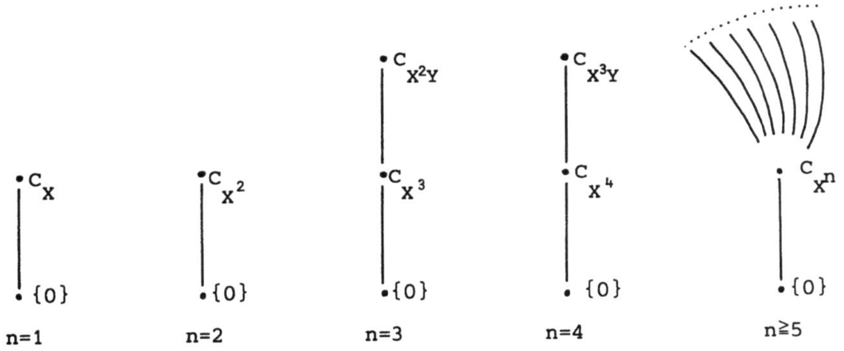

Zum Schluß beschreiben wir noch etwas genauer die Nullformen in R_5. Es bleibt dem Leser überlassen, die folgenden Überlegungen auf die Nullformen beliebigen Grades zu verallgemeinern. Wie oben setzen wir $W = \mathbb{C}X^5 \oplus \mathbb{C}X^4Y \oplus \mathbb{C}X^3Y^2 \subset R_5$ und erhalten eine surjektive Abbildung

$$\tilde{\rho} : W \times G \to R_5^{\,o} \qquad \text{gegeben durch} \quad (f,g) \mapsto f^g .$$

Sei B die Gruppe der unteren Dreiecksmatrizen in $SL_2(\mathbb{C})$:

$$B := \{ \begin{pmatrix} t & o \\ c & t^{-1} \end{pmatrix} \mid t \in \mathbb{C}^* , \ c \in \mathbb{C}\} .$$

Lemma 2: a) Es gilt $W \subset R_5{}^\circ$, und jede Nullform ist zu einer Form aus W äquivalent.

b) W ist B-stabil, d. h. für alle $f \in W$ und $b \in B$ ist $f^b \in W$.

c) Ist $f \in W$, $f \neq 0$ und $f^g \in W$ für ein $g \in G$, so gilt $g \in B$.

Beweis: Die Behauptung a) haben wir schon oben nachgewiesen. Weiter gilt $W = \{f \in R_5 \mid X^3 \text{ teilt } f\}$. Da X von Elementen aus B auf Vielfache von X geschickt wird, folgt die Behauptung b). Liegen f und f^g in W , so hat f^g sowohl X als auch X^g als 3-fachen Linearfaktor. Es ist daher X^g ein Vielfaches von X und folglich $g \in B$, was c) beweist. ††

Wir lassen B auf $W \times G$ operieren durch

$$b(f,g) := (f^{b^{-1}}, bg)$$

und bezeichnen die Menge der Bahnen mit $W \times^B G$. Offenbar faktorisiert obige Abbildung $\tilde{\rho} : W \times G \to R_5{}^\circ$ über die kanonische Abbildung $\mathrm{kan} : W \times G \to W \times^B G$, welche jedem Element seine B-Bahn zuordnet. Bezeichnen wir noch mit $B\backslash G$ den Raum der Rechtsnebenklassen,

$$B\backslash G := \{Bg \mid g \in G\} ,$$

so erhalten wir das folgende kommutative Diagramm:

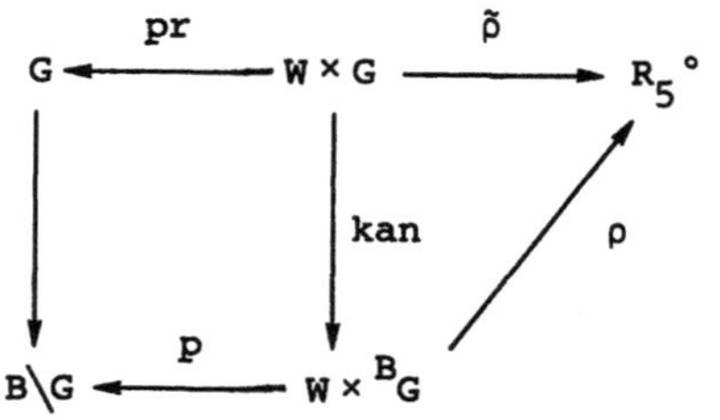

Die Abbildung p ist dabei durch die Projektion $pr : W \times G \to G$ induziert.

Behauptung: a) $B\backslash G \cong \mathbb{P}^1$,

b) $p : W \times^B G \to B\backslash G$ ist ein Vektorbündel über $B\backslash G \cong \mathbb{P}^1$ mit typischer Faser W .

Beweis: a) Der Isomorphismus ist induziert durch die Abbildung

$\eta : G \to \mathbb{P}^1$, $\begin{pmatrix}\alpha & \beta\\ \gamma & \delta\end{pmatrix} \mapsto (\alpha,\beta)$, welche genau auf den Rechtsnebenklassen konstant ist.

b) Es ist $W\times G \subset R_5\times G$ eine B-stabile Teilmenge, wobei wir B auf $R_5\times G$ entsprechend operieren lassen. Es folgt $W\times {}^B G \subset R_5 \times {}^B G$. Der Isomorphismus $R_5\times G \xrightarrow{\sim} R_5\times G$ gegeben durch $(f,g)\mapsto (f^g,g)$ zeigt, daß $R_5\times {}^B G$ isomorph ist zu $R_5\times (B\backslash G)$. Es ist daher $W\times {}^B G$ ein Unterbündel des trivialen Vektorbündels $R_5\times {}^B G$ über $B\backslash G$. ††

Bemerkung: Offenbar ist der Beweis von b) unabhängig von der speziellen Situation: Ist V ein Vektorraum mit linearer G-Operation, $H\subset G$ eine Untergruppe und $W\subset V$ ein H-stabiler Teilraum, so ist $W\times {}^H G$ ein Vektorbündel über $H\backslash G$, und zwar ein Unterbündel des trivialen Bündels $V\times {}^H G \cong V\times (H\backslash G)$. Dabei entsprechen die H-Bahnen in W in eineindeutiger Weise den G-Bahnen in $W\times {}^H G$: Ist $O'\subset W$ eine H-Bahn, so ist $O'\times {}^H G\subset W\times {}^H G$ eine G-Bahn und jede G-Bahn ist von dieser Gestalt.

Zusammenfassend erhalten wir nun das folgende Resultat (vgl. Abschnitt 4):

Satz 2: a) $W\times {}^B G$ ist ein Vektorbündel über $B\backslash G \simeq \mathbb{P}^1$ mit typischer Faser W .

b) $\rho^{-1}(0)$ ist der Nullschnitt N_o des Vektorbündels $W\times {}^B G$ und ρ induziert eine Bijektion $(W\times {}^B G)-N_o \to R_5^\circ - \{0\}$.

$$\begin{array}{ccc} W\times {}^B G & \xrightarrow{\ \rho\ } & R_5^\circ \\ \downarrow & & \\ B\backslash G & & \end{array}$$

(Die erste Aussage haben wir bereits eingesehen, die restlichen Beweise sind problemlos und werden dem Leser überlassen).

Der Satz besagt unter anderem, daß sich die Bahnen in R_5° und in $W\times {}^B G$ in eineindeutiger Weise zuordnen lassen. Letztere entsprechen ihrerseits den B-Bahnen in W (vgl. obige Bemerkung). Wir wollen diese nun geometrisch veranschaulichen. Hierzu seien A , D , C die zu der Basis $\{X^5, X^4Y, X^3Y^2\}$ gehörigen Koordinatenfunktionen auf W . Für $f\in W$ ist $f^B = \{f^b \mid b\in B\} = f^G\cap W$ (Lemma 2c). Für $b := \begin{pmatrix}t & 0\\ c & t^{-1}\end{pmatrix}\in B$ gilt

$$X^b = tX \quad \text{und} \quad Y^b = cX + t^{-1}Y .$$

Damit erhält man leicht die folgende Beschreibung der B-Bahnen:

a) $(X^5)^B = \mathbb{C}X^5-\{0\}$ = A-Achse minus Nullpunkt.

b) $(X^4Y)^B = \{ct^5X^5+t^3X^4Y \mid t\in\mathbb{C}^*, c\in\mathbb{C}\}$ = AD-Ebene minus A-Achse.

c) $(X^3Y^2)^B = \{t^3c^2X^5+2ct^2X^4Y+tX^3Y^2 \mid t\in\mathbb{C}^*, c\in\mathbb{C}\}$ = Kegel mit Gleichung $4AC-D^2$ minus A-Achse.

d) $(X^3Y(\alpha X+Y))^B$ = Fläche mit Gleichung $4AC-D^2 + \alpha^2C^6$ minus A-Achse.

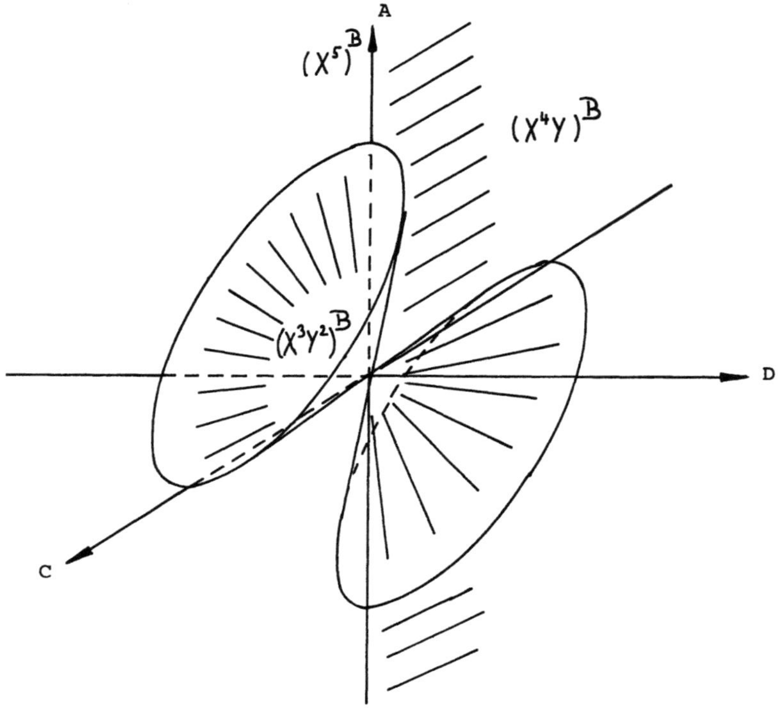

Wie zu erwarten sind b) und c) "Randfälle" der Familie d), nämlich für $\alpha = \infty$ bzw. $\alpha = 0$. Alle auftretenden Bahnen in b), c) und d) enthalten die A-Achse in ihrem Abschluß. Dies entspricht der schon oben bemerkten Tatsache, daß die Form X^5 im Abschluß der Bahn jeder Nullform $\neq 0$ liegt.

Für die Beschreibung der G-Bahnen betrachten wir nun die Unterräume $W' := \mathbb{C}X^5 \oplus \mathbb{C}X^4Y$ und $W'' := \mathbb{C}X^5$ von W und die zugehörigen Unterbündel $\mathbf{W}' = W' \times^B G$ und $\mathbf{W}'' = W'' \times^B G$ von $\mathbf{W} := W \times^B G$. Dann induziert ρ Bijektionen

$$\mathbb{W} - \mathbb{W} \xrightarrow{\sim} \bigcup_{\alpha \in \mathbb{C}} (X^3 Y(\alpha X+Y))^G ,$$

$$\mathbb{W}' - \mathbb{W}'' \xrightarrow{\sim} (X^4 Y)^G \quad \text{und} \quad \mathbb{W}'' - N_o \xrightarrow{\sim} (X^5)^G .$$

Zudem haben wir folgende Zerlegungen in Linienbündel (vgl. Abschnitt 4):

$$\mathbb{W} \cong \mathcal{O}(-3)^3 , \quad \mathbb{W} \cong \mathcal{O}(-4)^2 , \quad \mathbb{W}'' \cong \mathcal{O}(-5) .$$

Dies sieht man etwa folgendermaßen. Wir betrachten den durch die Multiplikation gegebenen Isomorphismus $\mathbb{C}X^3 \otimes_{\mathbb{C}} R_2 \to W$. Man überlegt sich nun, daß das Linienbündel $\mathbb{C}X^3 \times^B G$ isomorph zu $\mathcal{O}(-3)$ ist. Ähnlich wie früher sieht man, daß $R_2 \times^B G$ das triviale Bündel $\mathcal{O}^3$ ist (vgl. hierzu den Beweis der Behauptung b)). Aus der obigen Isomorphie $\mathbb{C}X^3 \otimes_{\mathbb{C}} R_2 \to W$ erhält man nun

$$W \times^B G \cong \mathcal{O}(-3) \otimes \mathcal{O}^3 \cong \mathcal{O}(-3)^3 .$$

Die anderen Fälle ergeben sich in analoger Weise.

Bemerkung: Die hier angedeutet Methode der Beschreibung der Nullformen mit Hilfe geeigneter Vektorbündel ist von W. Hesselink stark ausgebaut und verfeinert worden [He2]. Dabei wird wesentlich die Kempfsche Theorie der "optimalen 1-Parameter-Untergruppen" benutzt ([Ke1];vgl. III.2).

6. ASSOZIIERTE KEGEL UND DEFORMATIONEN

Wir betrachten wieder die allgemeine Situation eines komplexen Vektorraumes V, auf dem eine algebraische Gruppe G linear und rational operiert, d. h. es ist ein Gruppenhomomorphismus $\rho : G \to GL(V)$ gegeben, so daß die Matrixkoeffizienten von $\rho(g)$ bzgl. einer (und damit jeder!) Basis von V reguläre Funktionen auf G sind. Präzise Definitionen folgen im nächsten Kapitel. Statt $\rho(g)(v)$ schreiben wir kurz gv. Für $v \in V$ bezeichnen wir mit $O_v := \{gv \mid g \in G\}$ die Bahn von v unter G. Man nennt O_v auch den Orbit von v.

In Verallgemeinerung des Begriffs der Nullform aus dem vorangehenden Abschnitt machen wir folgende Definition.

Definition: Ein Vektor $v \in V$ und auch seine Bahn O_v heißen instabil, falls die Null im Abschluß $\overline{O_v}$ der Bahn von v liegt; andernfalls heißen v und O_v semistabil.

Mit V° bezeichen wir die Menge aller instabilen Vektoren von V.

Ist O_v ein semistabiler Orbit in V und $\lambda \in \mathbb{C}^*$, so ist auch $\lambda O_v = \{\lambda\cdot(gv) \mid g \in G\}$ ein semistabiler Orbit, denn $\overline{\lambda O_v} = \lambda\overline{O_v} \not\ni 0$. (Multiplikation mit $\lambda \neq 0$ ist ein Homöomorphismus in V!) Für einen beliebigen Orbit O sei

$$\mathbb{C}^*\overline{O} := \{\lambda v \mid \lambda \in \mathbb{C}^*, v \in \overline{O}\} = \bigcup_{v \in \overline{O}} \mathbb{C}^* v$$

der von $\overline{O}$ aufgespannte Kegel.

Definition: Die Menge der Randpunkte des Kegels $\mathbb{C}^*\overline{O_v}$, $v \in V$ semistabil, heißt der zu O_v (oder $\overline{O_v}$) assoziierte Kegel und wird mit $\mathbb{K}O_v$ bezeichnet:

$$\mathbb{K}O_v = \partial\mathbb{C}^*\overline{O_v}.$$

Beipiel 1: Sei $V = \mathbb{C}^2$, $G = GL_1 = \mathbb{C}^*$ und die Operation sei gegeben durch $\lambda(x,y) = (\lambda^{-1}x, \lambda y)$ für $\lambda \in \mathbb{C}^*$, $(x,y) \in V$. Die instabilen Bahnen sind $O_{(0,0)}$, $O_{(1,0)}$ = y-Achse minus Nullpunkt und $O_{(0,1)}$ = x-Achse minus Nullpunkt. Es ist also V° das Achsenkreuz in $\mathbb{C}^2$.

Für $xy \neq 0$ ist $O_{(x,y)}$ die Hyperbel mit der Gleichung $XY - xy = 0$ und $\mathbb{C}^*O_{(x,y)} = \{(u,v) \mid u,v \neq 0\} = \mathbb{C}^2 - V^\circ$. Es folgt

$$\mathbb{K}O_{(x,y)} = \partial\mathbb{C}^*O_{(x,y)} = V^\circ .$$

Beispiel 2: Sei $V = \mathbb{C}^2 \oplus \mathbb{C}^2 \cong M_2(\mathbb{C})$, $G = SL_2(\mathbb{C})$ und die Operation gegeben durch Linksmultiplikation (vgl. Abschnitt 4). Wähle $v,w \in \mathbb{C}^2$ linear unabhängig. Dann ist $O_{(v,w)}$ semistabil und

$$\mathbb{C}^*O_{(v,w)} = \text{Menge aller Paare linear unabhängiger Vektoren aus } \mathbb{C}^2 .$$

Wie oben ist $\mathbb{C}^*O_{(v,w)}$ offen und dicht in V, also gilt $\mathbb{K}O_{(v,w)} = V^\circ$.

Über den assoziierten Kegel kann man allgemein folgendes beweisen (vgl. II. 4.2):

Satz 1: Sei O eine semistabile Bahn. Dann ist $\mathbb{K}O$ ein abgeschlossener, G-stabiler Kegel enthalten in V° und $\dim \mathbb{K}O = \dim O$. Insbesondere gilt $\mathbb{K}O = \overline{\mathbb{C}^*O} - \mathbb{C}^*\overline{O}$.

Eine Teilmenge eines Vektorraumes heißt homogen oder ein Kegel, falls sie mit jedem v auch $\mathbb{C}^*v$ enthält. Die Dimension ist im Sinne der algebraischen Geometrie zu verstehen (vgl. Anhang I.3).

Zum Beweis: Da die G-Operation rational und damit stetig ist, ist mit $\mathbb{C}^*\overline{O}$ auch $\overline{\mathbb{C}^*O}$ ein G-stabiler Kegel, ebenso der offene Kern von $\mathbb{C}^*\overline{O}$ und somit auch der Rand. Da $\mathbb{C}^*\overline{O}$ nur aus semistabilen Bahnen besteht, folgt $V^\circ \cap \mathbb{C}^*O = \emptyset$. Zudem gilt trivialerweise $\mathbb{K}O \supset \overline{\mathbb{C}^*O} - \mathbb{C}^*\overline{O}$. Aus dem ersten Teil des Satzes, nämlich $\mathbb{K}O \subset V^\circ$, folgt daher $\mathbb{K}O = \overline{\mathbb{C}^*O} - \mathbb{C}^*\overline{O}$. Die Inklusion $\mathbb{K}O \subset V^\circ$ ist allerdings nicht so leicht zu beweisen.

Für die Dimensionsaussage überlegt man sich zunächst $\dim \mathbb{C}^*O = \dim O + 1$. (Die Abbildung $\mathbb{C}^* \times O \to \mathbb{C}^*O$, $(\lambda,v) \mapsto \lambda v$, hat endliche Fasern: Wäre nämlich $\lambda_i v_i = \tilde{v}$ für unendlich viele verschiedene Paare $(\lambda_i,v_i) \in \mathbb{C}^* \times O$, so wäre mit den unendlich vielen $v_i = \frac{\tilde{v}}{\lambda_i} \in \mathbb{C}^*\tilde{v}$ die ganze Gerade $\mathbb{C}\tilde{v}$ und somit auch die Null im Abschluß von O.) Da bei der Randbildung die algebraische Dimension um mindestens 1 abnimmt, finden wir $\dim \mathbb{K}O \leq \dim O$. Für die andere Ungleichung braucht man etwas mehr allgemeine Theorie. ††

Beispiel 3: Sei $V = M_n(\mathbb{C})$ und $G = GL_n(\mathbb{C})$ operiere durch Konjugation auf $V : A \mapsto gAg^{-1}$ für $A \in M_n(\mathbb{C})$ und $g \in G$ (vgl. Abschnitt 3). Wir wissen bereits, daß V° gleich der Menge der nilpotenten Matrizen ist. Sei nun $A \neq 0$ halbeinfach mit den paarweise verschiedenen Eigenwerten $\lambda_1,\dots,\lambda_s$. Die Vielfachheiten $p_1 \geq p_2 \geq \dots \geq p_s$ bilden dann eine Partition $p = (p_1,\dots,p_s)$ von n . Die Bahn von A ist gleich der Konjugationsklasse C_A , und diese ist nach Voraussetzung abgeschlossen.

Wir wollen nun den assoziierten Kegel $\mathbb{K}C_A$ beschreiben. Hierzu betrachten wir die duale Partition $\hat{p} = (\hat{p}_1,\dots,\hat{p}_t)$ zur Partition p , definiert durch

$$\hat{p}_i \;:=\; \#\{j \mid p_j \geq i\} \,.$$

Beschreibt man die Partition p durch ihr Young-Diagramm (siehe Figur: die Anzahl der Kästchen in der i-ten Zeile ist p_i), so ist die duale Partition $\hat{p}$ gegeben durch die Längen der Spalten.

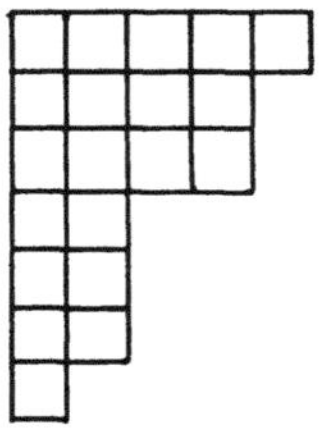

p=(5,4,4,2,2,2,1)

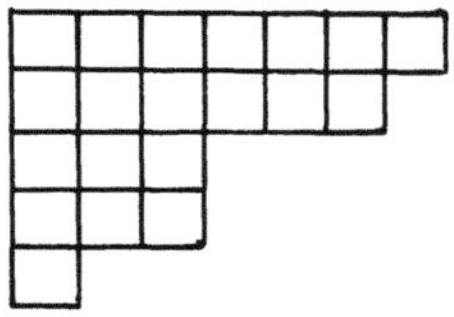

$\hat{p}$=(7,6,3,3,1)

Damit können wir den assoziierten Kegel beschreiben; für einen vollständigen Beweis des folgenden Resultats siehe [K1].

Satz 2: Ist $A \neq 0$ eine halbeinfache Matrix mit Eigenwert-Vielfachheiten $p_1 \geq p_2 \geq \dots \geq p_s$ und ist $\hat{p}$ die duale Partition zu $p = (p_1,\dots,p_s)$, so gilt für den assoziierten Kegel zu C_A :

$$\mathbb{K}C_A \;=\; \overline{C_{\hat{p}}} \,.$$

Dabei ist $C_{\hat{p}}$ die nilpotente Konjugationsklasse zur Partition $\hat{p}$.

Zum Beweis: Hat A lauter verschiedene Eigenwerte, so ist $p = (1,\dots,1)$ und $\hat{p} = (n)$. Die Behauptung besagt dann, daß $\mathbb{K}C_A$ gleich der Menge aller nilpotenten Matrizen ist. Dies ist leicht einzusehen. Ist $D \in C_A$ eine Diagonalmatrix und $N := \begin{pmatrix} 0 & 1 & & \\ & \ddots & \ddots & \\ & & & 1 \\ & & & 0 \end{pmatrix} \in C_{(n)}$, so gilt bekanntlich $\lambda D + N \in C_{\lambda D} = C_{\lambda A}$ für alle $\lambda \in \mathbb{C}^*$. Mit $\lambda \to o$ folgt $N \in \mathbb{K}C_A$ und damit die Behauptung.

Mit einer einfachen Verallgemeinerung dieser Überlegung findet man leicht die Inklusion $C_{\hat{p}} \subset \mathbb{K}C_A$. Der Beweis der Umkehrung $\overline{C_{\hat{p}}} \supset \mathbb{K}C_A$ ist etwas schwieriger. ††

Beispiel 4: $V = R_5$ = Menge der binären Formen vom Grad 5 , $G = SL_2(\mathbb{C})$, Operation von G auf V wie im vorigen Abschnitt. Wir wissen, daß $f \in V$ genau dann instabil ist, wenn f einen linearen Faktor mit Vielfachheit ≥ 3 enthält. Wir können somit die instabilen Bahnen durch ihre Repräsentanten o , X^5 , X^4Y , X^3Y^2 und $X^3Y(\alpha X+Y)$, $\alpha \in \mathbb{C}^*$, beschreiben.

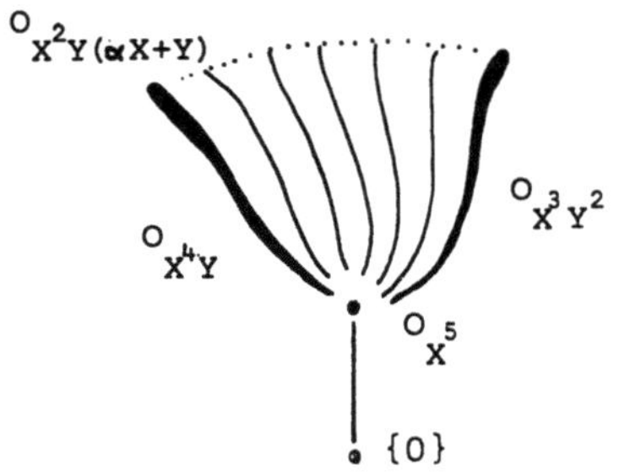

Nullfaser von R_5

Wegen $\dim SL_2(\mathbb{C}) = 3$ hat jede Bahn eine Dimension ≤ 3 . Der Stabilisator von X^5 besteht aus den Matrizen $\begin{pmatrix} \zeta & 0 \\ c & \zeta^{-1} \end{pmatrix}$ mit $\zeta^5 = 1$ und $c \in \mathbb{C}$, die Stabilisatoren der anderen Repräsentanten $\neq 0$ sind endlich. Es folgt daher

$$\dim O_{X^5} = 2 \quad \text{und}$$

$$\dim O_{X^4Y} = \dim O_{X^3Y^2} = \dim O_{X^3Y(\alpha X+Y)} = 3 .$$

Da R_5° eine einparametrige Familie von 3-dimensionalen Bahnen enthält, finden wir noch

$$\dim R_5^\circ = 4 .$$

Es ist nicht schwierig zu sehen, daß auch jede semistabile Bahn O dreidimensional ist. Mit Satz 1 folgt

$$\mathbb{K}O \subset R_5^{\circ} \quad \text{und} \quad \dim \mathbb{K}O = \dim O = 3 \ .$$

$\mathbb{K}O$ ist somit eine endliche Vereinigung von homogenen Bahnen, also

$$\mathbb{K}O \subset \{0\} \cup O_{X^5} \cup O_{X^4Y} \cup O_{X^3Y^2} = \overline{O}_{X^4Y} \cup \overline{O}_{X^3Y^2} =$$ 

und $\mathbb{K}O$ enthält X^4Y oder X^3Y^2. (Man beachte, daß die Bahn von $X^3Y(\alpha X+Y)$ für $\alpha \in \mathbb{C}^*$ kein Kegel ist.)

Übung: Zeige durch geeignete Limesbetrachtungen

$$\mathbb{K}O_{X^2Y^2(X+Y)} = \overline{O}_{X^4Y} \cup \overline{O}_{X^3Y^2} \ .$$

Das allgemeine Resultat ist nun das folgende:

Satz 3: Sei $f \in R_5$ eine semistabile Form.

a) Der Kegel von O_f enthält X^4Y.

b) Enthält f einen Linearfaktor der Vielfachheit 2, so gilt

$$\mathbb{K}O_f = \overline{O}_{X^4Y} \cup \overline{O}_{X^3Y^2} =$$ 

c) Treten alle Linearfaktoren von f mit der Vielfachheit 1 auf, so ist $\mathbb{K}O_f = \overline{O}_{X^4Y} =$ 

Beweis: Da f semistabil ist, muß ein Linearfaktor von f mit der Vielfachheit 1 auftreten; o. E. sei dieser Faktor Y. Also ist $f = a_1X^4Y + a_2X^3Y^2 + \ldots + a_5Y^5$ mit $a_1 \neq 0$, und wir erhalten $t^3f_{t^{-1}} = a_1X^4Y + y_2t^2X^3Y^2 + \ldots + a_5t^8Y^5$. Die Behauptung a) folgt mit $t \to 0$.

Enthält f einen Linearfaktor der Vielfachheit 2, so zeigt man analog, daß X^3Y^2 in $\mathbb{K}O_f$ liegt, womit auch b) nachgewiesen ist.

Die Behauptung c) beweisen wir durch Kontraposition und nehmen deshalb an, daß f paarweise linear unabhängige Linearfaktoren $l_1,\ldots,l_5$ habe und zudem $X^3Y^2 \in \mathbb{K}O_f$ gelte. Es gibt also eine Folge $\{g_\nu\}_{\nu \in \mathbb{N}}$ in GL_2 mit $\lim\limits_{\nu\to\infty} f^{g_\nu} = X^3Y^2$.

Wir bilden die Menge der (von Null verschiedenen) Linearformen in den kompakten Raum $\mathbb{P}^1$ ab: $\pi(aX+bY) := (a,b) \in \mathbb{P}^1$. Wir setzen $P_i := \pi(l_i)$ und $P_i^\nu := \pi(l_i^{g_\nu})$ für $i = 1,\ldots,5$ und $\nu \in \mathbb{N}$. O. E. können wir nun annehmen, daß $\{P_i^\nu\}$ für $i = 1,3,5$ gegen $P_o := (1,0) = \pi(X)$ und $\{P_i^\nu\}$ für $i = 2,4$ gegen $P_\infty := (0,1) = \pi(Y)$ konvergieren für $\nu \to \infty$. wir benützen nun die Invarianz des Doppelverhältnisses: Es gilt $DV(P_1^\nu,P_2^\nu,P_3^\nu,P_4^\nu) = DV(P_1,P_2,P_3,P_4)$ für alle $\nu \in \mathbb{N}$ und $DV(P_1,P_2,P_3,P_4) \neq 0$. Nun ist aber $DV(P_o,P_\infty,P_o,P_\infty)$ wohldefiniert und gleich 0 , und wir erhalten einen Widerspruch. ††

Bemerkung: Wir werden später sehen, daß die hier beschriebene Methode des assoziierten Kegels weitreichende Anwendungen hat (siehe II. 4.2 und auch die Originalarbeit [BK], wo diese Methode eingeführt wurde). Den Übergang zum assoziierten Kegel kann man auch als eine Art "Deformation" verstehen; grob gesprochen gestattet dieses Verfahren, "gute Eigenschaften" der instabilen Orbiten und ihrer Abschlüsse auf beliebige Orbiten zu übertragen.

7. TERNÄRE KUBISCHE FORMEN

Sei $T := \{f(X,Y,Z) \in \mathbb{C}[X,Y,Z] \mid f$ homogen vom Grad $3\}$ der 10-dimensionale komplexe Vektorraum der ternären kubischen Formen. Die Gruppe SL_3 operiere auf T durch Variablen-Substitutionen entsprechend der Operation von SL_2 auf den binären Formen (vgl. Abschnitt 5). Zur Klassifikation der Bahnen in T ordnen wir jeder Form f ihr Nullstellengebilde $\overline{\mathbb{V}}(f)$ in der komplexen projektiven Ebene $\mathbb{P}^2$ zu:

$$\overline{\mathbb{V}}(f) \;:=\; \{(x,y,z) \in \mathbb{P}^2 \mid f(x,y,z) = 0\} .$$

Wir erhalten so genau die ebenen projektiven Kurven vom Grad 3.

Wir beschreiben zunächst die Klassifikation dieser Kurven bis auf projektive Äquivalenz. Dies entspricht einer Klassifikation der ternären kubischen Formen bezüglich Substitutionen aus GL_3. Wir geben jeweils eine Normalform für f und ein "reelles lokales" Bild von $\overline{\mathbb{V}}(f)$ an.

a) f ist Produkt von 3 Linearfaktoren l_1, l_2, l_3, d. h. $\overline{\mathbb{V}}(f)$ ist Vereinigung von 3 Geraden.

a_1) $l_1 = l_2 = l_3$: $\quad f = X^3$

a_2) l_1 linear unabhängig von $l_2 = l_3$: $\quad f = X^2Y$

a_3) l_1, l_2, l_3 linear abhängig, jedoch paarweise linear unabhängig: $\quad f = XY(X+Y)$

a_4) l_1, l_2, l_3 linear unabhängig: $\quad f = XYZ$.

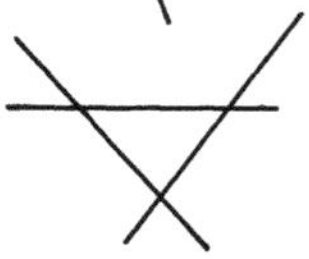

b) f enthält einen irreduziblen Faktor q vom Grad 2, d. h. $\overline{\mathbb{V}}(f)$ ist Vereinigung einer Quadrik Q und einer Geraden g .

b_1) $\#(Q \cap g) = 1$: $\quad f = (X^2-YZ)Y$

b_2) $\#(Q \cap g) = 2$: $\quad f = (X^2-YZ)X$

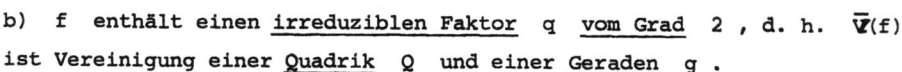

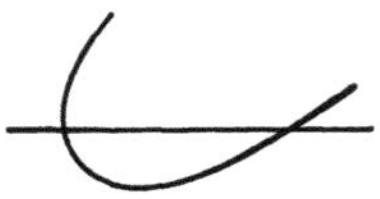

Beweis: O. E. ist $q = X^2-YZ$, also $f = (X^2-YZ)l$. Nun ist der Stabilisator von q gleich der orthogonalen Gruppe $O(q)$. Diese operiert bekanntlich transitiv auf den Vektoren einer festen Länge. Wir können daher l in Y überführen, falls l isotrop ist, und in ein Vielfaches von X , falls l anisotrop ist. ††

c) f ist irreduzibel, d. h. $\overline{\mathbb{V}}(f)$ ist eine irreduzible Kubik $C \subset \mathbb{P}^2$.

c_1) C hat eine Spitze: $f = Y^2Z-X^3$.

c_2) C hat einen Doppelpunkt: $f = Y^2Z - X^3 - X^2Z$.

c_3) C ist singularitätenfrei: $f = Y^2Z-X^3-aX^2Z-bXZ^2-cZ^3$, $a,b,c \in \mathbb{C}$.

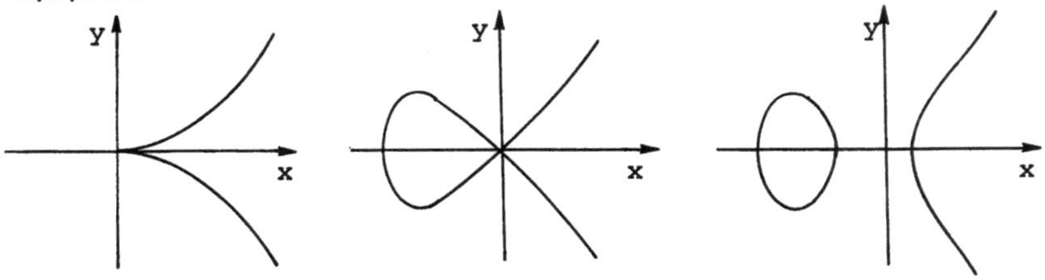

Neilsche Parabel Kartesisches Blatt elliptische Kurve

Zum Beweis: Hat C einen singulären Punkt P , so kann man o. E. $P = (0,0,1)$ annehmen. Besteht der Tangentialkegel in P nur aus einer Geraden, so findet man leicht die Normalform c_1); im Falle von zwei Geraden kann man mit geeigneten Umformungen die Normalform c_2) herleiten.

Für eine singularitätenfreie Kubik C zeigt man mit Hilfe der Hesseschen, daß $\overline{\mathbb{V}}(f)$ immer einen regulären Wendepunkt besitzt; o. E. sei dieser $(0,1,0)$ mit der Wendetangente $Z = 0$. Dann gilt:

$$f(X,1,Z) \quad = \quad aZ + bZ^2 + cXZ + g(X,Z)$$

mit $a \neq 0$ und g homogen vom Grad 3 . Es folgt

$$f(X,Y,1) \quad = \quad aY^2 + bY + cXY + g(X,1) \ .$$

Ersetzt man Y durch $Y' = Y - \frac{b+cX}{2a}$, so ergibt sich $f(X,Y,1) = {}$ $= aY^2 - h(X)$. Hieraus erhält man leicht die gewünschte Gestalt. ††

Bemerkung: Die in c_3) gegebene Normalform heißt Weierstraßsche Normalform; sie enthält auch die beiden "Randfälle" c_1) und c_2). Eine andere Normalform für singularitätenfreie Kubiken ist die Hessesche Normalform:

$$f = X^3 + Y^3 + Z^3 + aXYZ \quad \text{mit} \quad a \in \mathbb{C} .$$

Man überlegt sich, daß außerdem nur noch der Typ c_2) in diese Gestalt transformiert werden kann (für $a = -3$).

Der Übergang zu Normalformen bezüglich der Operation von SL_3 bereitet nun keine grundsätzlichen Schwierigkeiten. Man muß sich nur überlegen, ob die Vielfachen der oben aufgelisteten Normalformen bezüglich SL_3 zur ursprünglichen Form äquivalent sind oder nicht. Dadurch entsteht in einigen Fällen ein zusätzlicher Parameter. Die exakte Durchführung überlassen wir dem Leser.

Normalformen bezüglich SL_3 :

a_1) $f = X^3$ a_2) $f = X^2Y$ a_3) $f = XY(X+Y)$ a_4) $f = tXYZ$, $t \in \mathbb{C}^*$.

b_1) $f = (X^2-YZ)Y$ b_2) $f = t(X^2-YZ)X$, $t \in \mathbb{C}^*$.

c_1) $f = Y^2Z - X^3$ c_2) $f = t(Y^2Z-X^3-X^2Z)$, $t \in \mathbb{C}^*$

c_3) $f = t(X^3+Y^3+Z^3) + aXYZ$, $t \in \mathbb{C}^*$ und $a \in \mathbb{C}$.

Es haben also die singularitätenfreien Kubiken zwei Parameter, das Kartesische Blatt, die Quadrik mit einer Sekanten und die 3 Geraden in allgemeiner Lage je einen Parameter; die restlichen Typen bilden je einen Orbit unter SL_3 .

Wie bei den binären Formen nennen wir ein $f \in T$ eine Nullform, wenn der Orbit O_f von f in seinem Abschluß die Null enthält. Es ist leicht zu sehen, daß die Orbiten vom Typ a_1), a_2), a_3), b_1) und c_1) aus Nullformen bestehen; etwas schwieriger ist es nachzuweisen, daß dies zusammen mit der Null alle Nullformen in T sind. Wir werden nachher noch darauf zurückkommen.

Definition: Eine Form f' heißt eine Spezialisierung oder Degeneration einer Form f , falls $f' \in \overline{O_f}$ gilt. Eine Nullform ist also eine Form, welche sich nach Null degenerieren läßt. Wie früher beschreiben wir diese

Beziehung symbolisch durch

$$\begin{array}{l} \bullet\ O_f \\ \vert \\ \bullet\ O_{f'} \end{array} \quad .$$

Auf der folgenden Seite haben wir das Degenerationsverhalten der ternären Formen vom Grad 3 vollständig beschrieben. Zudem haben wir die Dimensionen der einzelnen Orbiten angegeben, woraus sich das Verhalten beim Übergang zum assoziierten Kegel ablesen läßt (man benütze Satz 1 aus Abschnitt 6). Diese lassen sich leicht durch Betrachtung der Stabilisatoren der Formen angeben.

Wir wollen zum Schluß kurz auf die in der Tabelle behaupteten Degenerationen eingehen.

1)  d. h. $2t(X^2-YZ)Y \in \overline{O}_{t(Y^2Z-X^3-X^2Z)}$

Dies folgt mit der Substitution

$$X \mapsto -\sqrt[3]{2}\,X$$

$$Y \mapsto \varepsilon Y + \sqrt[3]{2}\,X$$

$$Z \mapsto -(\varepsilon \cdot \sqrt[3]{2})^{-1} Z$$

und $\varepsilon \to 0$.

2)  d. h. $(X^2-YZ)Y \in \overline{O}_{Y^2Z-X^3}$.

Für $\varepsilon \in \mathbb{C}^*$ ist $f = (X^2-YZ)Y + \varepsilon X^3$ irreduzibel. Zudem hat $\overline{\mathcal{V}}(f)$ im Nullpunkt eine Singularität und zwar eine Spitze, also ist f vom Typ c_1).
Die Behauptung folgt mit $\varepsilon \to 0$.

3)  d. h. $XY(X+Y) \in \overline{O}_{(X^2-YZ)Y}$.

Anschaulich geometrisch kann man die Deformation so verstehen:

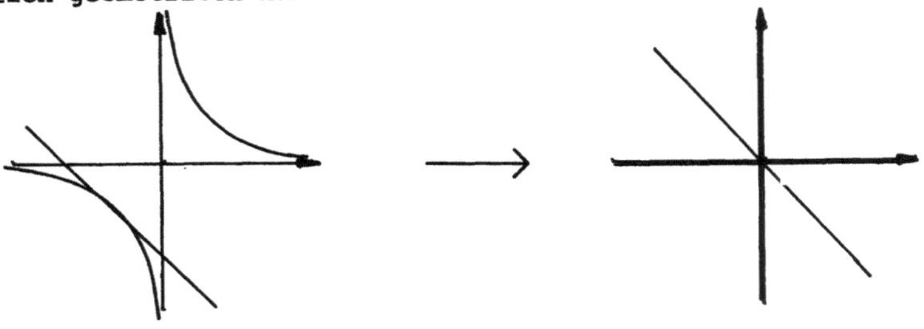

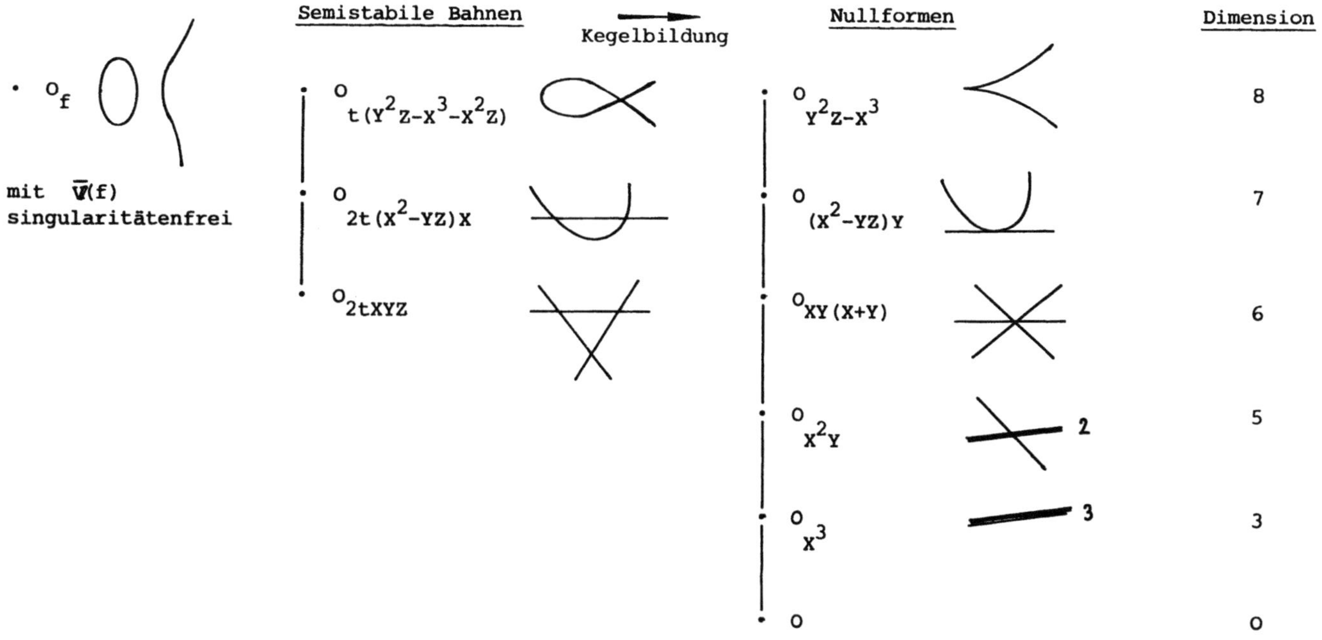

Degenerationsverhalten der ternären Kubiken

Es ist $XY(X+Y) = X(XY+Y^2)$. Für $\varepsilon \in \mathbb{C}^*$ ist die quadratische Form $XY+Y^2+\varepsilon Z^2$ nicht ausgeartet und hat X als isotropen Vektor, also $X(XY+Y^2+\varepsilon Z^2) \in O_{(X^2-YZ)Y}$.

Die bisherigen Überlegungen in 1), 2) und 3) reichen aus, um das in der Tabelle angegebene Degenerationsverhalten zu beweisen, falls wir noch zeigen, daß die Bahnen vom Typ a_4) und c_3) abgeschlossen sind. Hierzu benutzen wir die folgende stärkere Form des Hilbert-Kriteriums (vgl. Abschnitt 5; einen Beweis geben wir im dritten Kapitel, III.2.3).

Hilbert-Kriterium: Sei O_h eine abgeschlossene Bahn in $\overline{O}_f$. Dann gibt es einen Gruppenhomomorphismus $\lambda : \mathbb{C}^* \to SL_3$ mit der Eigenschaft, daß $\lim\limits_{t\to 0} f^{\lambda(t)}$ existiert und in O_h liegt.

4) Ist $V(f)$ singularitätenfrei, so ist O_f abgeschlossen. Ist f ein Produkt von drei linear unabhängigen Linearformen, so ist O_f ebenfalls abgeschlossen.

Beweis: Wäre O_f nicht abgeschlossen, so gäbe es nach dem Hilbert-Kriterium einen Gruppenhomomorphismus $\lambda : \mathbb{C}^* \to SL_3$ mit der Eigenschaft, daß der Limes $\lim\limits_{t\to 0} f^{\lambda(t)}$ existiert und nicht zu O_f gehört. Durch Basiswechsel können wir o. E. annehmen, daß

$$\lambda(t) = \begin{pmatrix} t^\alpha & & \\ & t^\beta & \\ & & t^\gamma \end{pmatrix} \quad \text{mit} \quad \alpha,\beta,\gamma \in \mathbb{Z} \ , \ \alpha \geq \beta \geq \gamma$$

und $\alpha + \beta + \gamma = 0$ ist.

Wir betrachten zuerst den Fall, wo $\mathbb{V}(f)$ keine Singularitäten hat. Ist $\beta \geq 0$, so können in f die Monome XZ^2 , YZ^2 und Z^3 nicht vorkommen: Wegen $\alpha+2\gamma < 0$, $\beta+2\gamma < 0$ und $3\gamma < 0$ existiert sonst $\lim\limits_{t\to 0} f^{\lambda(t)}$ nicht. Hieraus folgt aber, daß $\mathbb{V}(f)$ in $(0,0,1)$ eine Singularität hat. Im Falle $\beta < 0$ zeigt eine ähnliche Überlegung, daß f den Linearfaktor X abspaltet, also $\mathbb{V}(f)$ ebenfalls singulär ist. Ist schließlich f ein Produkt von drei linear unabhängigen Linearfaktoren und wäre O_f nicht abgeschlossen, so müßte f aus Dimensionsgründen eine Nullform sein. Ähnliche Überlegungen wie oben führen nun zu einem Widerspruch. (Wir benutzen wiederum die Tatsache, dass im Abschluss einer Bahn genau eine abgeschlossene Bahn liegt; siehe II.3.3 Satz 3a.) ††

Wie wir schon oben festgestellt haben, ist damit das in der Tabelle angegebene Degenerationsverhalten vollständig bewiesen.

Bemerkung: Die entsprechenden (jedoch wesentlich anspruchsvolleren) Untersuchungen für ternäre Formen vierten Grades finden sich in einer Arbeit von G. Brackly [Bl].

KAPITEL II

GRUPPENOPERATIONEN, INVARIANTENRINGE UND QUOTIENTEN

Nachdem wir im ersten Kapitel mehrere Beispiele eingehend untersucht haben, wollen wir uns nun den Grundlagen zuwenden. Die algebraischen Gruppen - das sind die abgeschlossenen Untergruppen der allgemeinen linearen Gruppe $GL(n)$ - und ihre rationalen Darstellungen auf endlichdimensionalen Vektorräumen sind die für das Folgende grundlegenden Begriffe. Die damit zusammenhängenden Definitionen und einige einfache Eigenschaften werden in den ersten beiden Abschnitten behandelt.

Den Hauptteil dieses Kapitels bildet der dritte Abschnitt, wo wir den sogenannten Endlichkeitssatz beweisen. Dieser besagt, dass bei einer rationalen Darstellung einer linear reduktiven Gruppe G auf einem Vektorraum V der Ring der G-invarianten regulären Funktionen auf V eine endlich erzeugte $\mathbb{C}$-Algebra ist. Dabei heisst eine algebraische Gruppe G linear reduktiv, wenn jede rationale Darstellung von G vollständig reduzibel ist.

Dieses Ergebnis hat eine recht lange und interessante Geschichte. Die Zeit bis 1900 haben wir in der Einführung kurz beleuchtet; für eine ausführlichere Darstellung verweisen wir auf den Enzyklopädie-Bericht von F. Meyer [Me2] aus dem Jahre 1899. Diese erste Periode endet mit den beiden bahnbrechenden Arbeiten von D. Hilbert "Ueber die Theorie der algebraischen Formen" [H1] und "Ueber die vollen Invariantensysteme" [H2] aus den Jahren 1890 und 1893, welche die Theorie zu einem gewissen Abschluss brachten. Einige Leute reden sogar vom Tod der Theorie, wie etwa Ch.S. Fisher in seinem Aufsatz "The Death of a Mathematical Theory: a Study in the Sociology of Knowledge" ([Fi] ; siehe auch [DC]). Die "Vorlesungen über Invariantentheorie" von I. Schur aus dem Jahre 1928 [Sch1] geben einen kleinen Einblick in die damaligen Fragestellungen, wobei in diesem Buch die Theorie der binären Formen im Vordergrund steht. Eine moderne Darstellung findet man in den Lecture Notes "Invariant Theory" von T.A. Springer [Sp1] .

Die fundamentalen Arbeiten von I. Schur, H. Weyl und E. Cartan zur Theorie der halbeinfachen Liegruppen und ihren Darstellungen brachten einen neuen Aufschwung. Weyl gibt einen Beweis für den Endlichkeitssatz und die sogenannten ersten und zweiten Fundamentaltheoreme für alle klassischen Gruppen. Im orthogonalen Falle wurde der Endlichkeitssatz schon von Hurwitz [Hw] bewiesen. (Man vergleiche hierzu den Anhang II.) Eine ausführliche Darstellung des Standes der Theorie um 1940 findet man in dem berühmten Buch "Classical Groups" [W] von H. Weyl.

Schon recht früh hat man die Frage nach einem allgemeinen Endlichkeitssatz gestellt, d.h. ob der Ring der G-invarianten Funktionen für eine beliebige Gruppe G endlich erzeugt ist. In seinem Vortrag am Internationalen Mathematikerkongress in Paris (1900) widmete D. Hilbert das vierzehnte seiner berühmten dreiundzwanzig Probleme einer Verallgemeinerung dieser Fragestellung. Dabei ging er davon aus, dass L. Maurer den Endlichkeitssatz für Gruppen bereits nachgewiesen hatte. Diese Arbeit hat sich später als falsch herausgestellt, und die Endlichkeitsfrage blieb weiterhin noch einige Zeit offen. Erst 1959 fand M. Nagata ein Gegenbeispiel ([N1]; siehe auch [DC] Chap. 3.2).

Bei unserem Beweis des Endlichkeitssatzes für linear reduktive Gruppen G folgen wir ebenfalls einer Darstellung von M. Nagata [N2]. Den Uebergang vom Koordinatenring zum Invariantenring unter G deuten wir geometrisch als eine Art "Quotient nach der Gruppe G" und untersuchen im Detail die Eigenschaften der Quotientenabbildung. Diese geometrische Betrachtungsweise hat D. Mumford seinem Buch "Geometric Invariant Theory" [MF] zugrunde gelegt. Sie dient ihm zum Studium von Klassifikationsfragen und den zugehörigen "Modulräumen", z.B. im Falle von Kurven, von Abelschen Varietäten oder von Vektorbündeln. Durch dieses fundamentale Werk aus dem Jahre 1965 wurde die "dritte Blütezeit" der Invariantentheorie eingeleitet und auch das Interesse an der klassischen Literatur wieder geweckt. Es hatte einen grossen Einfluss auf die weitere Entwicklung der algebraischen Geometrie und bildet auch heute noch das Fundament für viele Forschungsarbeiten.

Unter Verwendung der vorangehenden Resultate geben wir ein paar weitere Eigenschaften und einige Charakterisierungen der linear reduktiven und der halbeinfachen Gruppen. Der dritte Abschnitt endet mit dem Falle einer endlichen Gruppe G, wo sich die bisherigen Ergebnisse dieses Kapitels verschärfen lassen. Wir folgen dabei einer Darstellung von E. Noether [No].

Im letzten Abschnitt behandeln wir einige Beispiele und Anwendungen. Zunächst beweisen wir eine geometrische Version des sogenannten ersten Fundamentaltheorems für GL_n. Eine solche Darstellung der Fundamentalsätze für alle klassischen Gruppen stammt von Th. Vust [V1]. Anschliessend beschreiben wir die "Methode des assoziierten Kegels". Diese erlaubt es grob gesprochen, die "guten" Eigenschaften der Nullfaser der Quotientenabbildung auf alle Fasern zu übertragen. Das Kapitel endet mit einer Zusammenfassung von Strukturaussagen und Uebertragungseigenschaften der Quotientenabbildung, ergänzt durch einige Resultate über invariante rationale Funktionen.

LITERATUR

[AVE] Andreev, E.M.; Vinberg, E.B.; Elashvili, A.G.: Orbits of greatest dimension in semisimple linear Lie groups. Functional Anal. Appl. **1** (1967) 257-261

[Bo] Boutot, J.-F.: Singularités rationelles et quotients par les groups réductifs. Preprint, Strasbourg (1982)

[BK] Borho, W.; Kraft, H.: Ueber Bahnen und deren Deformationen bei linearen Aktionen reduktiver Gruppen. Comment. Math. Helv. **54** (1979) 61-104

[DC] Dieudonné, J.; Carrell, J.B.: Invariant theory, old and new. Advances in Math. **4** (1970) 1-80; als Buch bei Academic Press, New York (1971)

[E] Elkik, R.: Singularités rationelles et déformations. Invent. Math. **47** (1978) 139-147

[EGA] Grothendieck, A.; Dieudonné, J.: Eléments de Géométrie Algébriques I-IV. Inst. Hautes Etudes Sci. Publ. Math. **4, 8, 11, 17, 20, 24, 28, 32** (1960-1967)

[Fi] Fisher, Ch.S.: The death of a mathematical theory: a study in the sociology of knowledge. Arch. History Exact Sci. **3** (1966) 137-159

[H1] Hilbert, D.: Ueber die Theorie der algebraischen Formen. Math. Ann. **36** (1890) 473-534

[H2] Hilbert, D.: Ueber die vollen Invariantensysteme. Math. Ann. **42** (1893) 313-373

[HR] Hochster, M.; Roberts, J.: Rings of invariants of reductive groups acting on regular rings are Cohen-Macaulay. Advances in Math. **13** (1974) 115-175

[Hw] Hurwitz, A.: Ueber die Erzeugung der Invarianten durch Integration. Nachr. Akad. Wiss. Göttingen (1897); Ges. Werke II, Basel (1933) 546-564

[K1] Kraft, H.: Parametrisierung von Konjugationsklassen in sl_n. Math. Ann. **234** (1978) 209-220

[K2] Kraft, H.: Geometric Methods in Representation Theory. In: Representations of Algebras. Workshop Proceedings, Puebla, Mexico (1980). LN **944**, Springer Verlag (1982)

[Kc] Kac, V.: Some remarks on nilpotent orbits. J. Algebra **64**, (1980) 190-213

[Ke2] Kempf, G.: Some quotient surfaces are smooth. Michigan Math. J. **27** (1980) 295-299

[KPV] Kac, V.; Popov, V.L.; Vinberg, E.B.: Sur les groupes linéaires algébriques dont l'algèbre des invariants est libre. C.R. Acad. Sci. Paris **283** (1976) 865-878

[L] Lang, S.: Algebra. Addison-Wesley, Reading Mass. (1965)

[Lu] Luna, D.: Slices étales. Bull. Soc. Math. France, Mémoire **33** (1973) 81-105

[Me2] Meyer, F.: Invariantentheorie. In: Encyklopädie der Mathematischen Wissenschaften, Band I, Teil IB2 (1899) 320-403

[MF] Mumford, D.; Fogarty, J.: Geometric Invariant Theory. Second enlarged edition. Ergebnisse **34**, Springer Verlag (1982)

[N1] Nagata, M.: On the 14th problem of Hilbert. Amer. J. Math. **81** (1959) 766-772

[N2] Nagata, M.: Invariants of a group in an affine ring. J. Math. Kyoto Univ. **3** (1964) 369-377

[No] Noether, E.: Der Endlichkeitssatz der Invarianten endlicher Gruppen. Math. Ann. **77** (1916) 89-92

[P'] Popov, A.M.: Irreduzible semisimple linear Lie groups with finite stationary subgroup of general position. Functional Anal. Appl. **12** (1978) 154-155

[P2] Popov, V.L.: The classification of representations which are exceptional in the sense of Igusa. Functional Anal. Appl. **9** (1975) 348-350

[P3] Popov, V.L.: Representations with a free module of covariants. Functional Anal. Appl. **10** (1976) 242-245

[Pe] Peterson, D.: Geometry of the Adjoint Representation of a Complex Semisimple Liealgebra. Thesis, Havard Univ. (1978)

[S1] Schwarz, G.: Representations of simple Lie groups with regular rings of invariants. Invent. Math. **49** (1978) 167-191

[S2] Schwarz, G.: Representations of simple Lie groups with a free module of covariants. Invent. Math. **50** (1978) 1-12

[Sch1] Schur, I.: Vorlesung über Invariantentheorie. Grundlehren **143**, Springer Verlag (1968)

[SK] Sato, M.; Kimura, T.: A classification of irreduzible prehomogeneous vector spaces and their relative invariants. Nagoya Math. J. **65** (1977) 1-155

[Sp1] Springer, T.A.: Invariant Theory. LN **585**, Springer Verlag (1977)

[V1] Vust, Th.: Sur la théorie des invariants des groupes classiques. Ann. Inst. Fourier **26** (1976) 1-31

[W] Weyl, H.: Classical Groups. Princeton Univ. Press (1946)

1. ALGEBRAISCHE GRUPPEN

Die Gruppe $GL_n = GL_n(\mathbb{C})$ der invertierbaren n×n-Matrizen trägt in natürlicher Weise die Struktur einer affinen Varietät

$$GL_n = M_n(\mathbb{C})_{det} = \{g \in M_n(\mathbb{C}) \mid \det g \neq 0\},$$

mit dem Koordinatenring

$$\mathcal{O}(GL_n) = \mathbb{C}[X_{ij}, \det^{-1}], \quad \det := \det(X_{ij}) \in \mathbb{C}[X_{ij}]$$

(vgl. AI.1.7, Beispiel).

1.1 Definition: Eine abgeschlossene Untergruppe $G \subset GL_n$ heißt eine algebraische Gruppe.

Man redet oft auch von einer linearen Gruppe. Wir erinnern daran, daß für alle topologischen Begriffe die Zariski-Topologie zugrunde gelegt ist (AI.1.3).

Die Einsmatrix in GL_n bezeichnen wir mit E_n oder E, das Einselement einer beliebigen Gruppe G meist mit e.

Beispiele:

$SL_n := \mathcal{V}(\det-1) \subset GL_n$, besteht aus den Matrizen mit Determinante 1 ;
$\mathcal{O}(SL_n) = \mathbb{C}[X_{ij}]/(\det-1)$.

$Mult := (\mathbb{C}^*, \cdot) := GL_1$.

$Add := (\mathbb{C}, +) := \{\begin{pmatrix}1 & a\\ 0 & 1\end{pmatrix} \mid a \in \mathbb{C}\} = \mathcal{V}(X_{11}-1, X_{22}-1, X_{21}) \subset GL_2$;
$\mathcal{O}(Add) = \mathbb{C}[X_{12}]$ ist ein Polynomring in einer Variablen.

$U_n := \{\begin{pmatrix}1 & & *\\ & \ddots & \\ 0 & & 1\end{pmatrix}\}$ = Gruppe der oberen Dreiecksmatrizen mit Einsen in der Diagonalen.

$T_n := \{\begin{pmatrix}* & & 0\\ & \ddots & \\ 0 & & *\end{pmatrix} \in GL_n\}$ = Gruppe der invertierbaren Diagonalmatrizen.

$B_n := \{\begin{pmatrix}* & & *\\ & \ddots & \\ 0 & & *\end{pmatrix} \in GL_n\}$ = Gruppe der invertierbaren oberen Dreiecksmatrizen.

Es gilt $B_n = T_n \cdot U_n = U_n \cdot T_n$, und T_n normalisiert U_n.

Eine algebraische Gruppe isomorph zu einem T_n nennt man einen Torus.

Jede endliche Gruppe kann als algebraische Gruppe aufgefaßt werden, z. B.

$$\Sigma_n = \{(a_{ij}) \in GL_n \text{ monomial}\} ,$$

d. h. in jeder Zeile und jeder Spalte von (a_{ij}) steht an genau einer Stelle 1 und sonst überall 0,

$$\text{also} \quad \Sigma_n = \{\sum_{i=1}^{n} E_{i\sigma(i)} \mid \sigma \text{ Permutation von } \{1,\dots,n\}\} ,$$

wobei E_{ij} diejenige n×n-Matrix ist, welche an der Stelle (i,j) eine Eins und sonst lauter Nullen hat.

Bemerkung: Für eine beliebige algebraische Gruppe $G \subset GL_n$ gilt nun folgendes: Die Multiplikation $\mu : G \times G \to G$ ist eine reguläre Abbildung (Einschränkung der Matrizenmultiplikation). Analog dazu sind Rechts- und Linksmultiplikation mit einem festen Element $h \in G$, $g \mapsto gh$ bzw. $g \mapsto hg$ sowie das Invertieren $g \mapsto g^{-1}$ Isomorphismen von G als algebraische Varietät.

Die Multiplikation μ induziert in üblicher Weise durch "Hintereinanderschalten" einen Algebren-Homomorphismus (AI.2.1 und 2.7)

$$\mu^* : \mathcal{O}(G) \to \mathcal{O}(G \times G) = \mathcal{O}(G) \otimes \mathcal{O}(G) ,$$

$$\mu^*(f)(g,h) = f(\mu(g,h)) = f(g \cdot h) \quad \text{für } f \in \mathcal{O}(G) ,\ g,h \in G .$$

Beispiele:

$G = GL_n$:

$$\mu^* : \mathbb{C}[X_{ij},\det^{-1}] \to \mathbb{C}[X_{ij},\det^{-1}] \otimes \mathbb{C}[X_{ij},\det^{-1}]$$

ist gegeben durch

$$X_{ij} \mapsto \sum_{k=1}^{n} X_{ik} \otimes X_{kj} ;$$

speziell $G = \text{Mult}$:

$$\mu^* : \mathbb{C}[T,T^{-1}] \to \mathbb{C}[T,T^{-1}] \otimes \mathbb{C}[T,T^{-1}] ,\ T \mapsto T \otimes T .$$

$G = \mathrm{Add}$:

$$\mu^* \; : \; \mathbb{C}[T] \to \mathbb{C}[T] \otimes \mathbb{C}[T] \;, \; T \mapsto T \otimes 1 + 1 \otimes T \;.$$

1.2 Zusammenhangskomponente, Zentrum und homomorphe Bilder

Satz 1: Eine algebraische Gruppe ist singularitätenfrei. Die irreduziblen Komponenten von G sind die Zusammenhangskomponenten. Insbesondere ist G^o, die Zusammenhangskomponente der Eins, eine normale, offene und abgeschlossene Untergruppe von G, und die Komponentengruppe $\pi_o(G) := G/G^o$ ist endlich.

Beweis: In G gibt es eine offene dichte Teilmenge U, die aus lauter regulären Punkten besteht (AI.5.6, Bemerkung a). Da $g\cdot ? : G \to G$ für alle $g \in G$ ein Isomorphismus ist, besteht auch gU aus lauter regulären Punkten und somit auch $G = \bigcup_{g \in G} gU$.

Liegt $h \in G$ in genau einer irreduziblen Komponente von G, so liegt mit obigem Argument auch gh für jedes $g \in G$ in genau einer irreduziblen Komponenten. Die irreduziblen Komponenten treffen also einander nicht und sind daher auch die Zusammenhangskomponenten.

Da G als algebraische Varietät endlich viele irreduzible Komponenten hat, ist somit G^o offen und abgeschlossen in G. Für alle $g \in G$ ist gG^og^{-1} zusammenhängend und trifft G^o, also ist $G^o = gG^og^{-1}$. Für alle $g \in G^o$ ist $g\cdot G^o$ irreduzibel und trifft G^o, also folgt $gG^o = G^o$. Es ist daher G^o eine normale Untergruppe von G. ††

Bemerkungen: Für algebraische Gruppen sind zusammenhängend und irreduzibel äquivalente Begriffe.

Jede abgeschlossene Untergruppe $H \subset G$ von endlichem Index enthält G^o.

Jede zusammenhängende abgeschlossene Untergruppe $H \subset G$ ist in G^o enthalten.

Wie üblich definieren wir das Zentrum einer Gruppe G durch

$$Z(G) \;:=\; \{g \in G \mid gh = hg \quad \text{für alle} \quad h \in G\} \;.$$

Satz 2: Das Zentrum $Z(G)$ einer algebraischen Gruppe G ist ein abgeschlossener Normalteiler von G.

Beweis: Für $h \in G$ definieren wir $\phi_h : G \to G$ durch $g \mapsto ghg^{-1}$. Dann ist $Z(G) = \bigcap_{h \in G} \phi_h^{-1}(h)$, also abgeschlossen in G. Die restlichen Behauptungen sind wohlbekannt. ††

Alle Gruppenhomomorphismen zwischen algebraischen Gruppen sind im folgenden als regulär vorausgesetzt.

Satz 3: Ist $\mu : G \to H$ ein Gruppenhomomorphismus zwischen den algebraischen Gruppen G und H, so ist das Bild $\mu(G)$ eine abgeschlossene Untergruppe von H.

Beweis: Mit $\mu(G)$ ist auch $\overline{\mu(G)}$ eine Untergruppe von H, denn das Invertieren und die Links- und Rechtstranslationen sind Homöomorphismen von G. Zudem enthält $\mu(G)$ eine offene und dichte Teilmenge U von $\overline{\mu(G)}$ (AI.3.3). Für beliebiges $h \in \overline{\mu(G)}$ sind nun U und hU offene, dichte Teilmengen von $\overline{\mu(G)}$, also $U \cap hU \neq \emptyset$. Es gibt daher Elemente $u, v \in U$ mit $u = hv$; also gilt $h = uv^{-1} \in \mu(G)$. ††

Beispiel:

$$O_2 := \{A = \begin{pmatrix} a & b \\ c & d \end{pmatrix} \in GL_2 \mid A^t \cdot A = E\} \subset GL_2 .$$

Offenbar gilt $\det(O_2) = \{\pm 1\}$, also ist O_2 nicht zusammenhängend.

Sei $SO_2 := \{A \in O_2 \mid \det A = 1\} = O_2 \cap SL_2 = \{\begin{pmatrix} a & b \\ -b & a \end{pmatrix} \mid a^2+b^2 = 1\}$.

Es ist $O_2/SO_2 \cong \mathbb{Z}/2\mathbb{Z}$ und $SO_2 \xrightarrow{\sim} \mathrm{Mult}$; insbesondere ist SO_2 zusammenhängend. (Der Isomorphismus ist gegeben durch $\begin{pmatrix} a & b \\ -b & a \end{pmatrix} \mapsto a + ib$.)

Wir haben also $O_2^o = SO_2$, $O_2 = SO_2 \cup \begin{pmatrix} 0 & 1 \\ 1 & 0 \end{pmatrix} \cdot SO_2$ und $O_2/O_2^o = \pi_o(O_2) \cong \mathbb{Z}/2\mathbb{Z}$.

Die Untergruppe von G erzeugt von den Kommutatoren $ghg^{-1}h^{-1}$ $(g,h \in G)$ heißt Kommutatorgruppe und wird mit (G,G) bezeichnet. Bekanntlich ist (G,G) der eindeutig bestimmte kleinste Normalteiler mit kommutativer Restklassengruppe.

Satz 4: Die Kommutatorgruppe (G,G) einer algebraischen Gruppe G ist ein abgeschlossener Normalteiler.

Beweis: Sei (G,G°) die Untergruppe von G erzeugt von den Kommutatoren $(g,h) := ghg^{-1}h^{-1}$ mit $g\in G$ und $h\in G^\circ$. Diese ist normal in G und hat einen endlichen Index in (G,G) : Das Bild von G° in $\bar{G} := G/(G,G^\circ)$ ist zentral und von endlichem Index, woraus man folgern kann, dass $(\bar{G},\bar{G})$ endlich ist ([Hu2] VII.17.1 Lemma A). Es genügt daher zu zeigen, dass (G,G°) abgeschlossen in G ist. Für ein 2n-Tupel $(g_1,..,g_{2n})$ von Elementen aus G definieren wir

$$K = K(g_1,..,g_{2n}) := \{(g_1,h_1)(g_2,h_2)^{-1}(g_3,h_3)\cdots(g_{2n},h_{2n})^{-1} \mid h_i\in G^\circ\}.$$

K ist Bild eines Morphismus $G^{\circ 2n} \to G$, also ist $\bar{K}$ irreduzibel, und K enthält eine offene und dichte Teilmenge von $\bar{K}$ (AI.3.3 Folgerung 1). Wir wählen ein $K = K(g_1,..,g_{2n})$ mit $\dim \bar{K}$ maximal. Für ein beliebiges Tupel $(g_1',..,g_{2m}')$ gilt $K(g_1',..,g_{2m}') \subset K(g_1',..,g_{2m}',g_1,..,g_{2n}) \supset K$, also $K(g_1',..,g_{2m}') \subset \bar{K}$. Wegen $(G,G^\circ) = \bigcup K(g_1',..,g_{2m}')$ ergibt sich hieraus $\bar{K} = \overline{(G,G^\circ)}$. Ist $g \in \overline{(G,G^\circ)}$, so ist $gK\cap K \neq \emptyset$, denn K enthält eine offene und dichte Teilmenge von $\overline{(G,G^\circ)}$ (s. o.). Es folgt $g\in K\cdot K^{-1} \subset (G,G^\circ)$, also $(G,G^\circ) = \overline{(G,G^\circ)}$. ††

1.3 Die klassischen Gruppen

Die spezielle lineare Gruppe : $SL_n = \{g\in GL_n \mid \det g = 1\}$. Für die Zentren gilt : $Z(GL_n) = \{\lambda E \mid \lambda\in\mathbb{C}^*\}$, $Z(SL_n) = \{\lambda E \mid \lambda^n = 1\} \cong \mathbb{Z}/n\mathbb{Z}$.

Die orthogonale Gruppe: Sei $q : \mathbb{C}^n \to \mathbb{C}$ eine nicht ausgeartete quadratische Form. Wir definieren die orthogonale Gruppe $O(q)$ zur Form q durch

$$O(q) := \{A\in GL_n \mid q(Ax) = q(x) \text{ für alle } x\in\mathbb{C}^n\}.$$

Die Form q ist bekanntlich äquivalent zu $q_o = x_1^2 + x_2^2 + \ldots + x_n^2$ (vgl. I.2). Für diese spezielle Form erhalten wir die klassische orthogonale Gruppe

$$O_n := \{A\in GL_n \mid A^tA = E\}.$$

Man kann zeigen, dass die spezielle orthogonale Gruppe $SO_n := O_n \cap SL_n$ zusammenhängend ist. Hieraus folgt leicht

$$O_n^\circ = SO_n \quad \text{und} \quad O_n/SO_n \cong \mathbb{Z}/2\mathbb{Z}$$

Für die Zentren gilt (siehe nachfolgenden Satz und Lemma von Schur):

$$Z(O_n) = Z(GL_n) \cap O_n = \{\pm E\},$$

$$Z(SO_n) = Z(GL_n) \cap SO_n = \begin{cases} \{\pm E\} & \text{für } n \text{ gerade, } n > 2 , \\ \{E\} & \text{für } n \text{ ungerade.} \end{cases}$$

Wir erhalten die Zerlegung

$$O_n = SO_n \cup -SO_n \quad \text{für ungerades } n \text{ und}$$

$$O_n = SO_n \cup I \cdot SO_n \ , \ I := \begin{pmatrix} O & E \\ E & O \end{pmatrix} \ , \ \text{für gerades } n .$$

Bemerkung: Für gerades n liefert die Konjugation mit I einen äußeren Automorphismus von SO_n ; für $n = 2$ ist dies das Invertieren in $SO_2 \cong \mathbb{C}^*$.

Die symplektische Gruppe :

Sei $\Phi : \mathbb{C}^n \times \mathbb{C}^n \to \mathbb{C}$ eine nicht ausgeartete, alternierende Bilinearform, d. h. $\Phi(X,Y) = -\Phi(Y,X)$. Eine solche existiert nur für gerades $n = 2m$ und ist äquivalent zur Form $\Phi_o := \sum_{i=1}^{m} X_i Y_{2m+1-i} - \sum_{i=1}^{m} X_{2m+1-i} Y_i$ mit zugehöriger Matrix $J = \begin{pmatrix} O & E \\ -E & O \end{pmatrix}$. Die symplektische Gruppe Sp_n ist dann definiert durch

$$Sp_n := \{F \in GL_n \mid F^t J F = J\} = \{F \in GL_n \mid \Phi_o(Fx,Fy) = \Phi_o(x,y) \quad \text{für } x,y \in \mathbb{C}^n\} .$$

Schreiben wir $F = \begin{pmatrix} A & B \\ C & D \end{pmatrix}$ mit $A,B,C,D \in M_m(\mathbb{C})$, so gilt:

$$F \in Sp_n \iff \begin{array}{ll} \text{a)} & A^t D - C^t B = E , \\ \text{b)} & A^t C \ , \ B^t D \ \text{symmetrisch.} \end{array}$$

Für das Zentrum finden wir $Z(Sp_n) = Z(GL_n) \cap Sp_n = \{\pm E\}$. Man kann zudem zeigen, daß Sp_n zusammenhängend und in SL_n enthalten ist.

Übung: a) Beschreibe Sp_2 .
b) Untersuche $SO(q)$, $q = XY : \mathbb{C}^2 \to \mathbb{C}$.

Im Zusammenhang mit der orthogonalen und der symplektischen Gruppe spielt der folgende Satz von Witt eine zentrale Rolle.

Satz von Witt: Sei V ein Vektorraum mit einer symmetrischen oder alternierenden, nicht ausgearteten Bilinearform Φ , und sei $\eta : V_1 \xrightarrow{\sim} V_2$ ein unitärer Isomorphismus zwischen zwei Unterräumen V_1 und V_2 von V , (d. h. für alle $v,w \in V_1$ gilt $\Phi(\eta(v),\eta(w)) = \Phi(v,w)$). Dann läßt sich η

zu einem unitären Automorphismus $\tilde{\eta}$ von V fortsetzen:

$$\begin{array}{ccc} V_1 & \xrightarrow[\sim]{\eta} & V_2 \\ \cap & & \cap \\ V & \xrightarrow[\sim]{\tilde{\eta}} & V \end{array} \qquad \begin{array}{l} \Phi(\tilde{\eta}(v),\tilde{\eta}(w)) = \Phi(v,w) \\ \text{für alle } v,w \in V . \end{array}$$

(Für einen Beweis siehe etwa [L] Chap. XIV, § 5.)

Als Anwendung überlegen wir uns das folgende Resultat.

Satz: Für $G = GL_n$, SL_n , O_n , SO_n $(n>2)$ und Sp_n (n gerade) ist $\mathbb{C}^n$ ein einfacher G-Modul, d. h. es gibt keine echten G-stabilen Unterräume $\neq \{0\}$.

Beweis: O. E. sei $n > 2$. Die Behauptung ist klar für GL_n und SL_n , da diese Gruppen transitiv auf den Vektoren $\neq 0$ operieren. Aus dem Satz von Witt folgt:

a) O_n operiert transitiv auf den Vektoren $v = (x_1,\dots,x_n) \neq 0$ einer festen Länge $|v| = \sum_i x_i^2$.

b) Sp_n operiert transitiv auf den Vektoren $\neq 0$. (Jede Gerade ist isotrop bezüglich einer alternierenden Form!)

Hieraus folgt die Behauptung für O_n und Sp_n . Für SO_n muß man etwas feiner argumentieren und findet, daß SO_n für $n > 2$ ebenfalls transitiv auf den Vektoren einer festen Länge $\neq 0$ operiert. ††

Die obigen Aussagen über die Zentren der klassischen Gruppen folgen nun aus dem nachstehenden Lemma.

Lemma von Schur: Sei $G \subset GL_n(\mathbb{C})$ eine Untergruppe, und G mache $V = \mathbb{C}^n$ zu einem einfachen G-Modul. Dann besteht das Zentrum von G aus Vielfachen von E_n .

Beweis: Sei $z \in Z(G)$ und sei λ Eigenwert von z . Für die Matrix $C := z-\lambda E \in M_n$ gilt $gC = Cg$ für alle $g \in G$; der Kern U des linearen Endomorphismus $C : \mathbb{C}^n \to \mathbb{C}^n$ ist deshalb G-stabil. Da jeder Eigenvektor zum Eigenwert λ zu U gehört, folgt $U = \mathbb{C}^n$, also $z = \lambda E$. ††

1.4 Die Liealgebra einer algebraischen Gruppe

Sei $G \subset GL_n$ eine algebraische Gruppe. Wir definieren die Liealgebra Lie G von G als den Tangentialraum $T_e(G)$ von G im Einselement $e \in G$. Wegen $G \subset GL_n$ und $T_e(GL_n) = M_n$ ist Lie G ein Untervektorraum von M_n. (Man vergleiche hierzu und zum Folgenden AI, Abschnitt 5.)

Sei $\mathbb{C}[\varepsilon] = \mathbb{C} \oplus \mathbb{C}\varepsilon$, $\varepsilon^2 = 0$, die Algebra der dualen Zahlen, $GL_n(\mathbb{C}[\varepsilon])$ die Gruppe der invertierbaren n×n-Matrizen mit Koeffizienten in $\mathbb{C}[\varepsilon]$ und $G(\mathbb{C}[\varepsilon]) \subset GL_n(\mathbb{C}[\varepsilon])$ die durch G definierte Untergruppe. Dann gilt (AI.5.3)

$$\text{Lie } G = \{X \in M_n(\mathbb{C}) \mid e + \varepsilon X \in G(\mathbb{C}[\varepsilon])\} .$$

Diese "Epsilontik" ist besonders günstig für das Rechnen mit Liealgebren.

Beispiel 1: Sei $\mu : G \times G \to G$ die Multiplikation $(g,h) \mapsto gh$. Dann ist das Differential $d\mu_{(e,e)} : \text{Lie } G \oplus \text{Lie } G \to \text{Lie } G$ die Addition $(X,Y) \mapsto X+Y$. (Es gilt $(e+\varepsilon X)(e+\varepsilon Y) = e + \varepsilon(X+Y)$ in M_n.) Entsprechend findet man für das Invertieren

$$\iota : G \to G, g \mapsto g^{-1} : d\iota_e(X) = -X .$$

Lie $GL_n = M_n$ bildet mit der Klammer $[X,Y] := XY - YX$ eine Liealgebra, d. h. $[\ ,\ ]$ ist bilinear und alternierend, und es gilt die Jacobi-Identität: $[X,[Y,Z]] = [[X,Y],Z] + [Y,[X,Z]]$.

Lemma: Sei G eine abgeschlossene Untergruppe von GL_n. Dann ist Lie G eine Lie-Unteralgebra von M_n, d. h. für $X,Y \in \text{Lie } G$ ist $[X,Y] \in \text{Lie } G$.

Beweis: Für beliebiges $g \in G$ sei $\text{Int } g : G \to G$, $h \mapsto ghg^{-1}$ der durch g induzierte reguläre Gruppenautomorphismus und Ad g sein Differential:

$$\text{Ad } g = d(\text{Int } g)_e : \text{Lie } G \to \text{Lie } G .$$

Wir haben $\text{Ad } g(X) = gXg^{-1}$, denn Int g ist die Einschränkung auf G der linearen Abbildung $X \mapsto gXg^{-1}$ von M_n in sich. Damit ist $\text{Ad} : G \to GL(\text{Lie } G)$, $g \mapsto \text{Ad } g$, eine reguläre Abbildung; ihr Differential d(Ad) bezeichnet man mit ad:

$$\text{ad} : \text{Lie } G \to \text{End}(\text{Lie } G) .$$

Nach Definition gilt $Ad(e+\varepsilon X) = Ad\ e + \varepsilon\ ad\ X$ (vgl. AI.5.4); andererseits ist

$$Ad(e+\varepsilon X)Y = (e+\varepsilon X)Y(e+\varepsilon X)^{-1} = (e+\varepsilon X)Y(e-\varepsilon X) =$$

$$= Y+\varepsilon(XY-YX) = Y+\varepsilon[X,Y] = (Id+\varepsilon[X,-])Y .$$

Es folgt $(ad\ X)Y = [X,Y] \in Lie\ G$. ††

Bemerkung: Der Beweis zeigt, daß die Definition der Lie-Klammer in Lie G nicht von der speziellen Einbettung $G \subset GL_n$ abhängt.

Satz: Ist $\mu : G \to H$ ein regulärer Gruppenhomomorphismus, so ist $(d\mu)_e : Lie\ G \to Lie\ H$ ein Liealgebrenhomomorphismus, d. h. es gilt $(d\mu)_e[X,Y] = [(d\mu)_e X,(d\mu)_e Y]$.

Wir schreiben kurz $d\mu$ oder manchmal auch Lie μ anstelle von $(d\mu)_e$.

Beweis: Für alle $g \in G$ ist das Diagramm

$$\begin{array}{ccc} G & \xrightarrow{\mu} & H \\ {\scriptstyle Int\ g}\downarrow & & \downarrow{\scriptstyle Int\ \mu(g)} \\ G & \xrightarrow{\mu} & H \end{array}$$

kommutativ. Wir gehen zu den Differentialen über und erhalten das kommutative Diagramm

$$\begin{array}{ccc} Lie\ G & \xrightarrow{d\mu} & Lie\ H \\ {\scriptstyle Ad\ g}\downarrow & & \downarrow{\scriptstyle Ad\ \mu(g)} \\ Lie\ G & \xrightarrow{d\mu} & Lie\ H \end{array} .$$

Für $X \in Lie\ G$ folgt hieraus

$$d\mu \circ Ad(e+\varepsilon X) = Ad(\mu(e+\varepsilon X)) \circ d\mu ,$$

also

$$d\mu \circ (Id+\varepsilon ad\ X) = Ad(e+\varepsilon d\mu(X)) \circ d\mu = (Id+\varepsilon ad(d\mu(X))) \circ d\mu ,$$

und somit

$$d\mu \circ ad\ X = ad(d\mu(X)) \circ d\mu .$$

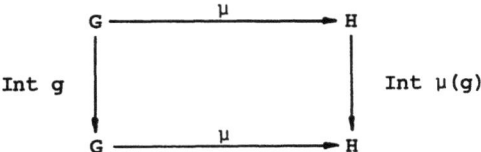

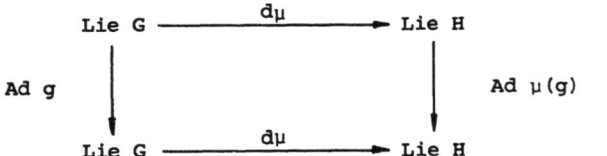

Durch Anwendung auf ein $Y \in \text{Lie } G$ erhält man

$$d\mu[X,Y] = [d\mu(X), d\mu(Y)]$$

und damit die Behauptung. ††

Beispiel 2: Für ein $g \in G$ betrachten wir die Kommutatorabbildung

$$\gamma_g : G \to G , \quad h \mapsto ghg^{-1}h^{-1} .$$

Dann gilt $(d\gamma_g)_e = \text{Ad } g - \text{Id}$.

(Wir zerlegen γ_g in der Form

$$G \xrightarrow{\Delta} G \times G \xrightarrow{\text{Int } g \times \iota} G \times G \xrightarrow{\mu} G$$

mit $\Delta(g) = (g,g)$. Die Behauptung folgt dann mit Beispiel 1.)

1.5 Die Liealgebren der klassischen Gruppen

Die Liealgebra der speziellen linearen Gruppe:

$\text{Lie } SL_n = \{X \in M_n \mid \text{spur } X = 0\}$ (vgl. AI.5.3).

Die Liealgebra der orthogonalen Gruppe:

$\text{Lie } O_n = \{X \in M_n \mid X \text{ ist schiefsymmetrisch}\}$ (vgl. AI.5.3), $\text{Lie } SO_n = \text{Lie } O_n$, da $SO_n = O_n^\circ$.

Die Liealgebra der symplektischen Gruppe:

Mit $J = \begin{pmatrix} O & E \\ -E & O \end{pmatrix}$ gilt (1.3)

$$Sp_n = \{F \in GL_n \mid F^t J F = J\} .$$

Für $\begin{pmatrix} X & Y \\ Z & W \end{pmatrix} \in \text{Lie } Sp_n$ gilt daher

$$\left(e + \varepsilon \begin{pmatrix} X & Y \\ Z & W \end{pmatrix}\right)^t J \left(e + \varepsilon \begin{pmatrix} X & Y \\ Z & W \end{pmatrix}\right) = J ,$$

woraus wir die Gleichung

$$\begin{pmatrix} X^t & Z^t \\ Y^t & W^t \end{pmatrix} \cdot J + J \cdot \begin{pmatrix} X & Y \\ Z & W \end{pmatrix} = 0$$

erhalten, d. h.

$$X^t+W = 0 \ , \quad Y^t-Y = 0 \ , \quad -Z^t+Z = 0 \ , \quad -W^t-X = 0 \ .$$

Der Lösungsraum

$$\{\begin{pmatrix} X & Y \\ Z & -X^t \end{pmatrix} \in M_n \mid Y,Z \ \text{symmetrisch}\}$$

hat die Dimension $2m^2+m$. Da andererseits die Bedingung $F^tJF = J$ aus $(2m)^2 - \frac{2m(2m+1)}{2} = 2m^2-m$ Gleichungen besteht, folgt

$$\text{Lie } Sp_n = \{\begin{pmatrix} X & Y \\ Z & -X^t \end{pmatrix} \mid Y \text{ und } Z \text{ symmetrisch}\}$$

und

$$\dim Sp_n = \dim \text{Lie } Sp_n = 2m^2+m \ .$$

Übung: Sei L ein zweidimensionaler Vektorraum und $[\ ,\ ] : L \times L \to L$ eine alternierende bilineare Abbildung.

a) L ist eine Liealgebra, d. h. die Jacobi-Identität (1.4) ist erfüllt.

b) Ist $[\ ,\ ] \neq 0$, so gibt es eine Basis u,v von L mit $[u,v] = v$.

Es sind also alle nicht trivialen zweidimensionalen Liealgebren isomorph.

2. GRUPPENOPERATIONEN UND LINEARE DARSTELLUNGEN

In diesem Abschnitt ist G immer eine algebraische Gruppe, $e \in G$ das neutrale Element.

2.1 Definition: Eine reguläre Operation von G auf einer affinen Varietät Z ist ein Morphismus $\rho : G \times Z \to Z$ mit

(i) $\rho(e,z) = z$ für alle $z \in Z$,

(ii) $\rho(gh,z) = \rho(g,\rho(h,z))$ für alle $z \in Z$ und $g,h \in G$.

Wir schreiben statt $\rho(g,z)$ kurz gz; die Bedingungen lesen sich dann

(i) $ez = z$ für alle $z \in Z$.

(ii) $(gh)z = g(hz)$ für alle $z \in Z$ und $g,h \in G$.

Eine affine Varietät mit einer regulären Operation von G nennen wir auch kurz eine affine G-Varietät. Dies ist der zentrale Begriff für alles folgende. Beispiele haben wir bereits im ersten Kapitel studiert, weitere folgen im Abschnitt 2.3 über lineare Darstellungen.

2.2 Fixpunkte, Bahnen, Stabilisatoren

Sei Z eine affine G-Varietät. Die folgenden Begriffe werden im weiteren ständig benutzt.

Ein Punkt $z \in Z$ heißt Fixpunkt, falls $gz = z$ für alle $g \in G$. Mit Z^G bezeichnen wir die Menge aller Fixpunkte.

Für ein $z \in Z$ heißt $Gz := \{gz \mid g \in G\}$ die Bahn oder der Orbit von z. Gz ist das Bild der regulären Abbildung $G \to Z$, $g \mapsto gz$.

Der Stabilisator eines Punktes $z \in Z$ wird definiert durch $G_z := \{g \in G \mid gz = z\}$; G_z heißt auch die Isotropiegruppe oder der Zentralisator von z.

Eine Teilmenge Y von Z nennen wir G-stabile Teilmenge, falls $gy \in Y$ für alle $y \in Y$ und alle $g \in G$.

Ist Y eine beliebige Teilmenge von Z, dann heißt $N_G(Y) := \{g \in G \mid gY = Y\}$ der Normalisator von Y in G.

Eine reguläre Abbildung $\mu : Z \to W$ zwischen G-Varietäten heißt G-äquivariant, falls $\mu(gz) = g(\mu(z))$ für alle $g \in G$ und alle $z \in Z$.

Satz: a) Z^G ist eine abgeschlossene Teilmenge von Z.

b) G_z ist eine abgeschlossene Untergruppe von G.

c) Gz ist offen im Abschluß $\overline{Gz}$.

d) Ist Y in Z abgeschlossen, dann ist $N_G(Y)$ eine abgeschlossene Untergruppe von G.

Beweis: a) Für festes $g \in G$ sei $Z^g := \{z \in Z \mid gz = z\}$. Betrachte die Abbildung $\gamma : Z \to Z \times Z$, $z \mapsto (z,gz)$. Da die Diagonale $\Delta(Z) := \{(z,z) \mid z \in Z\}$ abgeschlossen in $Z \times Z$ ist, ist $Z^g = \gamma^{-1}(\Delta(Z))$ abgeschlossen in Z und somit ebenfalls $\bigcap_{g \in G} Z^g = Z^G$.

b) $G_z = \mu^{-1}(z)$ für die reguläre Abbildung $\mu : G \to Z$, $g \mapsto gz$, und ist deshalb abgeschlossen.

c) Betrachte wie in b) die Orbitabbildung $\mu : G \to Z$, $g \mapsto gz$. Dann existiert eine in $\overline{Gz}$ offene und dichte Teilmenge U von Gz (AI.3.3). Wegen $Gz = \bigcup_{g \in G} gU$ ist auch Gz offen in $\overline{Gz}$.

d) Für $y \in Y$ sei $\mu_y : G \to Z$ gegeben durch $g \mapsto gy$. Dann ist $A := \bigcap_{y \in Y} \mu_y^{-1}(Y) = \{g \in G \mid gY \subset Y\}$ abgeschlossen in G und somit $N_G(Y) = A \cap A^{-1}$ ebenfalls abgeschlossen. ††

Bemerkungen: 1) Jede Bahn enthält in ihrem Abschluß eine abgeschlossene Bahn. (Beweis durch Induktion über die Dimension mit Hilfe von c).)

2) Dimensionsformel: Für jeden Punkt $z \in Z$ gilt: $\dim G = \dim Gz + \dim G_z$. (Alle Fasern von $\mu : G \to Z$, $g \mapsto gz$, über Gz haben die gleiche Dimension: Für $z' \in Gz$, $z' = hz$, gilt $\mu^{-1}(z') = hG_z$, also $\dim \mu^{-1}(z') = \dim G_z = \dim \mu^{-1}(z)$. Die Behauptung folgt nun aus der Dimensionsformel AI.3.3.)

3) Ist G zusammenhängend und Z eine G-Varietät, so sind die irreduziblen Komponenten von Z stabil unter G. (Ist Z' eine irreduzible Komponente von Z, so ist GZ' als Bild von $G \times Z'$ unter einem Morphismus irreduzibel. Wegen $Z' \subset GZ' \subset Z$ folgt hieraus $Z' = GZ'$, also die Behauptung.)

4) Ist Z eine irreduzible G-Varietät, so operiert G in natürlicher Weise auch auf der Normalisierung $\tilde{Z}$ von Z, und die kanonische Abbildung $\eta : \tilde{Z} \to Z$ ist G-äquivariant (AI, Satz 4.4).

2.3 Lineare Darstellungen

Definition: Eine lineare Darstellung der algebraischen Gruppe G auf dem endlich dimensionalen Vektorraum V ist ein regulärer Gruppenhomomorphismus $\rho : G \to GL(V)$.

Wir reden manchmal auch nur kurz von Darstellung; in der Literatur findet man auch die Bezeichnung "reguläre Darstellung" oder "rationale Darstellung". Diese Bezeichnung verwenden wir nur, wenn auch allgemeinere Darstellungen vorkommen, wie etwa im folgenden Lemma.

Lemma 1: Sei $\rho : G \to GL(V)$ ein abstrakter Gruppenhomomorphismus. Es ist ρ genau dann eine reguläre Darstellung, wenn für eine und damit jede Basis von V die Matrixkoeffizienten von $\rho(g)$ reguläre Funktionen auf G sind. (Beweis als Uebung .)

Definition: Zwei lineare Darstellungen $\rho : G \to GL(V)$ und $\rho' : G \to GL(V')$ heißen äquivalent, wenn es einen Isomorphismus $\tau : V \xrightarrow{\sim} V'$ gibt mit $\tau \circ \rho(g) = \rho'(g) \circ \tau$ für alle $g \in G$.

Bemerkung 1: Eine lineare Darstellung $\rho : G \to GL(V)$ induziert eine reguläre Abbildung $G \times V \to V$, $(g,v) \mapsto (\rho(g))(v)$, mit den Eigenschaften (i) und (ii) von 2.2. Wir sprechen deshalb auch von einer linearen Operation von G auf dem Vektorraum V und nennen V einen G-Modul.

Beispiele: 1) Das Differential $\mathrm{Ad}\, g$ des inneren Automorphismus $h \mapsto ghg^{-1}$ definiert eine lineare Darstellung $\mathrm{Ad} : G \to GL(\mathrm{Lie}\, G)$, die adjungierte Darstellung von G auf der Liealgebra. Die Bahnen von G in $\mathrm{Lie}\, G$ heißen Konjugationsklassen. (Ist $G = GL_n$ und $\mathrm{Lie}\, G = M_n$, so ist Ad die übliche Konjugation auf M_n , also insbesondere regulär und linear; für beliebiges $G \subset GL_n$ erhält man Ad durch Einschränkung der Konjugation auf G und $\mathrm{Lie}\, G \subset M_n$ und die Behauptung folgt (vgl. Lemma 1.4 und dessen Beweis).)

2) Ist Z eine G-Varietät und $z \in Z$ ein Fixpunkt, so definiert jedes $g \in G$ einen Automorphismus von $T_z(Z)$, das Differential von g?, und wir erhalten eine lineare Darstellung $G \to GL(T_z(Z))$. (Beweis später in 2.4 Beispiel.)

Bemerkung 2: Aus zwei linearen Darstellungen $\rho : G \to GL(V)$ und $\sigma : G \to GL(W)$ konstruiert man neue Darstellungen:

direkte Summe $\rho \oplus \sigma : G \to GL(V \oplus W)$, $g \mapsto \rho(g) \oplus \sigma(g)$,

Tensorprodukt: $\rho \otimes \sigma : G \to GL(V \otimes W)$, $g \mapsto \rho(g) \otimes \sigma(g)$,

kontragrediente Darstellung $\rho^* : G \to GL(V^*)$, $g \mapsto {}^t\rho(g)^{-1}$, ($V^*$ = dualer Vektorraum).

Ist $H \subset G$ abgeschlossene Untergruppe und $U \subset V$ ein H-stabiler Teilraum, so erhalten wir induzierte Darstellungen

$$H \to GL(U) \quad \text{und} \quad H \to GL(V/U) .$$

(Der Leser überlege sich als Übung, daß es sich bei diesen Konstruktionen immer wieder um reguläre Darstellungen im Sinne der obigen Definition handelt.)

Diese Konstruktionen lassen sich auch in der Sprache der G-Moduln ausdrücken (Bemerkung 1). Sind V und W zwei G-Moduln, so sind $V \oplus W$, $V \otimes W$ und V^* in natürlicher Weise wieder G-Moduln, welche direkte Summe, Tensorprodukt und dualer Modul genannt werden und folgende lineare G-Operation haben: $g(v,w) = (gv,gw)$, $g(\sum_i v_i \otimes w_i) = \sum_i gv_i \otimes gw_i$ (der Leser überlege sich, daß diese Operation wohldefiniert ist) und $g\lambda = \lambda \circ g^{-1}$ (d. h. $(g\lambda)(v) = \lambda(g^{-1}v)$).

Entsprechend werden Untermoduln und Restklassenmoduln definiert.

Beispiel 3: Sei $\rho : G \to GL(V)$ eine Darstellung von G. Wählen wir eine Basis in V und die duale Basis in V^*, so erhalten wir folgende Matrizengleichung:

$$\rho^*(g) = (\rho(g)^{-1})^t , \quad g \in G .$$

Definition: Sei $\rho : G \to GL(V)$ eine lineare Darstellung einer algebraischen Gruppe G.

a) ρ heißt irreduzibel, wenn $\{0\}$ und $V \neq \{0\}$ die einzigen G-stabilen Teilräume von V sind. Man sagt auch, daß V ein einfacher G-Modul ist.

b) ρ heißt vollständig reduzibel, wenn es eine direkte Zerlegung von V in G-stabile Teilräume $V_1, V_2, \dots, V_r$ gibt, so daß die Einschränkung der Darstellung auf die V_i irreduzibel sind. Man sagt auch, daß V ein halbeinfacher G-Modul ist.

Beispiele: 4) Die natürliche Darstellung von $GL(V)$ und $SL(V)$ auf V ist irreduzibel, ebenso die von O_n, SO_n $(n > 2)$ und Sp_n auf $V = \mathbb{C}^n$ (vgl. 1.3).

5) Sei $\mathcal{O}_d(V) := \{f \in \mathcal{O}(V) \mid f(\lambda v) = \lambda^d f(v)$ für $v \in V$ und $\lambda \in \mathbb{C}\}$ der Vektorraum der homogenen Funktionen vom Grad d auf V. Die Gruppe $GL(V)$ operiert auf $\mathcal{O}_d(V)$ regulär und linear durch

$$(gf)(v) := f(g^{-1}v) .$$

Für $d = 1$ erhalten wir die kontragrediente Darstellung: $\mathcal{O}_1(V) = V^*$. Wir werden später sehen, daß $\mathcal{O}_d(V)$ ein einfacher Modul ist, sowohl bezüglich $GL(V)$ als auch $SL(V)$ (III. 1.4, Beispiel 2).

6) Für eine endliche Gruppe G ist jede lineare Darstellung vollständig reduzibel (Satz von Maschke).

7) Jede irreduzible Darstellung der multiplikativen Gruppe $\mathbb{C}^* = GL_1$ ist eindimensional und von der Gestalt $t \mapsto t^i$ mit $i \in \mathbb{Z}$. (Beweis als Übung; betrachte den Koordinatenring $\mathcal{O}(\mathbb{C}^*) = \mathbb{C}[T, T^{-1}]$.)

Zu jeder Darstellung $\rho : \mathbb{C}^* \to GL(V)$ erhält man eine Gewichtszerlegung

$$V = \bigoplus_i V_i \quad , \quad V_i := \{v \in V \mid \rho(t)v = t^i v \text{ für } t \in \mathbb{C}^*\} ;$$

insbesondere ist ρ vollständig reduzibel. (Man zeigt, daß bezüglich einer geeigneten Basis von V die Untergruppe $\rho(\mathbb{C}^*)$ aus Diagonalmatrizen besteht, vgl. III. 1.1.)

8) Sei $T = \mathbb{C}^* \times \dots \times \mathbb{C}^*$ ein (endliches) Produkt von multiplikativen Gruppen. Dann sind alle einfachen T-Moduln eindimensional und jede rationale Darstellung von T ist vollständig reduzibel (III. 1.3).

Übung: Sei V ein einfacher G-Modul und W ein einfacher H-Modul. Dann ist $V \otimes W$ ein einfacher G×H-Modul bezüglich der Operation $(g,h)(v \otimes w) = gv \otimes hw$, und jeder einfache G×H-Modul ist von dieser Form.

Bemerkung 3: Ein regulärer Gruppenhomomorphismus $\lambda : \mathbb{C}^* \to G$ heißt Einparameter Untergruppe von G (Abkürzung : 1-PUG). Diese werden im Zusammenhang mit dem Hilbert-Kriterium eine wichtige Rolle spielen (siehe III. 2.1). Ist $\rho : G \to GL(V)$ eine lineare Darstellung von G, so gibt jede 1-PUG λ von G Anlaß zu einer Gewichtszerlegung:

$$V = \bigoplus_i V_{\lambda,i} \;,\; V_{\lambda,i} := \{v \in V \mid \rho(\lambda(t))(v) = t^i v \text{ für } t \in \mathbb{C}^*\} .$$

Satz: Für einen endlich dimensionalen G-Modul V sind die folgenden Aussagen äquivalent:

(i) V ist ein halbeinfacher G-Modul.

(ii) V wird von einfachen G-Untermoduln erzeugt.

(iii) Zu jedem G-Untermodul W von V gibt es ein G-stabiles Komplement, d. h. einen Untermodul W' von V mit $V = W \oplus W'$.

Beweis: (i) => (ii) : ist klar nach Definition.

(ii) => (iii) : Ist $W \subset V$, $W \neq V$, so gibt es einen einfachen Modul $U \subset V$ mit $U \not\subset W$. Da U einfach ist, folgt $U \cap W = \{0\}$, also ist die Summe $U \oplus W$ direkt. Durch Induktion können wir annehmen, daß $U \oplus W$ ein G-stabiles Komplement W'' hat: $V = (U \oplus W) \oplus W''$. Die Behauptung folgt mit $W' := U \oplus W''$.

(iii) => (i) : Sei $W \subset V$ ein halbeinfacher Untermodul maximaler Dimension und W' ein G-stabiles Komplement. Wäre $W' \neq \{0\}$, so enthielte W' einen einfachen G-Modul U, und $W \oplus U$ wäre halbeinfach im Widerspruch zur Annahme. ††

Definition: Eine lineare G-äquivariante Abbildung $\nu : V \to W$ zwischen zwei G-Moduln heißt ein G-Homomorphismus. Den Vektorraum der G-Homomorphismen von V nach W bezeichnen wir mit $\mathrm{Hom}_G(V,W)$.

Entsprechend sind die Begriffe G-Endomorphismen und G-Automorphismen von G-Moduln definiert, sowie die Bezeichnungen $\mathrm{End}_G(V)$ und $\mathrm{Aut}_G(V)$.

Beispiel 9: Sind V,W zwei G-Moduln, so ist $\mathrm{Hom}_{\mathbb{C}}(V,W) = V^* \otimes W$ in natürlicher Weise ein G-Modul: $(g\lambda)v := g(\lambda(g^{-1}v))$ für $g \in G$, $\lambda \in \mathrm{Hom}_{\mathbb{C}}(V,W)$,

$v \in V$ (vgl. Beispiel 3), und es gilt

$$\mathrm{Hom}_{\mathbb{C}}(V,W)^G = \mathrm{Hom}_G(V,W) .$$

Bemerkung 4: Zwei G-Moduln sind genau dann isomorph, wenn die zugehörigen Darstellungen äquivalent sind.

Wir erinnern an das Schursche Lemma (siehe 1.3, Beweis als Übung).

Lemma von Schur: Seien V und W zwei einfache G-Moduln.

a) Ist V nicht isomorph zu W, so gilt $\mathrm{Hom}_G(V,W) = \{0\}$.

b) $\mathrm{End}_G(V) = \mathbb{C}$, der Isomorphismus ist gegeben durch $\lambda \mapsto \lambda \cdot \mathrm{Id}_V$.

Beispiel 10: Ist $\rho : GL_n \to GL(V)$ eine irreduzible Darstellung von GL_n, so ist $\rho|_{SL_n}$ ebenfalls irreduzibel, und jede irreduzible Darstellung von SL_n erhält man auf diese Weise.

Beweis: Nach dem Schurschen Lemma gibt es einen Gruppenhomomorphismus $\varepsilon : \mathbb{C}^* \to \mathbb{C}^*$ mit $\rho(\lambda E) = \varepsilon(\lambda)\mathrm{Id}_V$ für alle $\lambda \in \mathbb{C}^*$. Es ist deshalb jeder SL_n-stabile Untermodul $W \subset V$ auch stabil unter den Skalarmatrizen $\mathbb{C}^*E \subset GL_n$ und somit GL_n-stabil.

Sei umgekehrt $\rho : SL_n \to GL(V)$ eine irreduzible Darstellung, $\mu_n := \{\lambda \in \mathbb{C}^* \mid \lambda^n = 1\}$. Wiederum folgt aus dem Schurschen Lemma, daß mit einem geeigneten Gruppenhomomorphismus $\varepsilon : \mu_n \to \mathbb{C}^*$ gilt $\rho(\lambda E) = \varepsilon(\lambda)\mathrm{Id}_V$ für $\lambda \in \mu_n$. Da μ_n zyklisch ist, gibt es ein $m \in \mathbb{N}$ mit $\varepsilon(\lambda) = \lambda^m$ für $\lambda \in \mu_n$. Die Darstellung ρ läßt sich daher auf GL_n fortsetzen durch $\rho(\lambda E) = \lambda^m \mathrm{Id}_V$ für alle $\lambda \in \mathbb{C}^*$. ††

Für eine lineare Darstellung $\sigma : G \to GL(V)$ ist das Differential $(d\sigma)_e : \mathrm{Lie}\, G \to \mathrm{End}(V)$ ein Liealgebren-Homomorphismus (1.4 Satz). Für $X \in \mathrm{Lie}\, G$, $v \in V$ schreiben wir kurz Xv statt $(d\sigma)_e X(v)$. Die Liealgebra $\mathrm{Lie}\, G$ operiert also linear auf V, und es gilt

$$[X,Y]v = X(Yv) - Y(Xv) \quad \text{für } X,Y \in \mathrm{Lie}\, G , \quad v \in V .$$

Beispiel 11: Das Differential $\mathrm{ad} := d(\mathrm{Ad})_e$ der adjungierten Darstellung $\mathrm{Ad} : G \to GL(\mathrm{Lie}\, G)$ ist gegeben durch

$$\mathrm{ad}\, X(Y) = [X,Y] .$$

(Man führt dies leicht auf $G = GL_n$ zurück; vgl. 1.4 Lemma und Beweis.)

Betrachten wir die Abbildung $\rho : G \times V \to V$, $(g,v) \mapsto gv$, so finden wir für das Differential $(d\rho)_{(e,w)} : \text{Lie } G \oplus V \to V$

$$(d\rho)_{(e,w)}(X,v) = Xw + v$$

(vgl. AI.5.5, Beispiel 1). Speziell ist das _Differential der Orbitabbildung_ $\mu : G \to V$, $g \mapsto gw$, gegeben durch

$$(d\mu)_e : \text{Lie } G \to V \quad , \quad X \mapsto Xw \ .$$

Hieraus ergibt sich leicht die Aussage a) des folgenden Lemmas; für b) betrachte man die Abbildung $\sigma|_{G \times W} : G \times W \to W$.

Lemma 2: a) _Ist_ $w \in V$ _ein Fixpunkt unter_ G , _so gilt_ $Xw = 0$ _für alle_ $X \in \text{Lie } G$.
b) _Ist_ $W \subset V$ _ein G-stabiler Unterraum, so gilt_ $XW \subset W$ _für alle_ $X \in \text{Lie } G$.

Die für die Anwendungen wichtigen Umkehrungen dieser Behauptungen behandeln wir in Abschnitt 2.5 (siehe speziell Folgerung 3).

Bemerkung 5: Für $g \in G$ erhalten wir das kommutative Diagramm

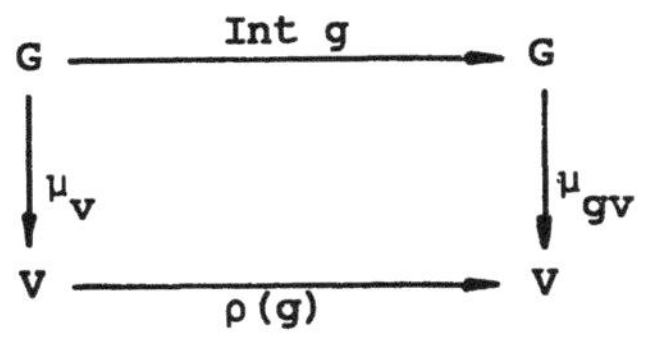

wobei μ_v , μ_{gv} die Orbitabbildungen zu den Punkten v , $gv \in V$ sind. Durch Übergang zu den Differentialen finden wir nun folgende wichtige Beziehung:

Für $g \in G$ _und_ $X \in \text{Lie } G$ _gilt_: $g(Xv) = (\text{Ad } g(X))gv$.

Übung: Die Liealgebra $\text{Lie}(G,G)$ der Kommutatorgruppe (G,G) enthält die Kommutatoren $[X,Y]$, $X,Y \in \text{Lie } G$. (Betrachte das Differential der Kommutatorabbildung γ_g aus 1.4 Beispiel 2.)

2.4 Die reguläre Darstellung

Sei Z eine affine G-Varietät. Für $g \in G$ und $f \in \mathcal{O}(Z)$ definieren wir die Funktion $gf : Z \to \mathbb{C}$ durch

$$gf(z) := f(g^{-1}z) \quad \text{für } z \in Z \qquad \text{(vgl. 2.3, Beispiel 5)).}$$

Dann ist gf eine reguläre Funktion auf Z. Wir erhalten so eine Operation von G auf den regulären Funktionen (d. h. $(g,f) \mapsto gf$ hat die Eigenschaften (i) und (ii) von 2.1), welche die reguläre Darstellung von G auf $\mathcal{O}(Z)$ genannt wird. Man beachte, daß für festes $g \in G$ die Abbildung $f \mapsto gf$ ein $\mathbb{C}$-Algebrenautomorphismus von $\mathcal{O}(Z)$ ist.

Lemma: Die reguläre Darstellung von G auf $\mathcal{O}(Z)$ ist lokal endlich und rational, d. h. für jeden endlichdimensionalen Unterraum $W \subset \mathcal{O}(Z)$ ist $GW := \sum_{g \in G} gW$ endlichdimensional, und die Darstellung von G auf GW ist rational.

Beweis: Die Operation $\rho : G \times Z \to Z$ induziert einen Algebrenhomomorphismus $\rho^* : \mathcal{O}(Z) \to \mathcal{O}(G) \otimes \mathcal{O}(Z)$. Sei W ein endlichdimensionaler Untervektorraum von $\mathcal{O}(Z)$. Dann gibt es $f_1,\dots,f_n \in \mathcal{O}(Z)$ mit $\rho^*(W) \subset \sum_{i=1}^{n} \mathcal{O}(G) \otimes f_i$. Wir zeigen $GW \subset \sum_{i=1}^{n} \mathbb{C}f_i$. Für $f \in W$ sei $\rho^* f = \sum_{i=1}^{n} p_i \otimes f_i$. Dann gilt für beliebige $g \in G$ und $z \in Z$:

$$gf(z) = f(g^{-1}z) = \rho^* f(g^{-1},z) = \sum_{i=1}^{n} p_i(g^{-1})f_i(z) =$$

$$= \Big(\sum_{i=1}^{n} p_i(g^{-1})f_i\Big)(z) \text{ , d. h. } gf = \sum_{i=1}^{n} p_i(g^{-1})f_i \in \sum_{i=1}^{n} \mathbb{C}f_i .$$

Diese Formel zeigt auch, daß die Darstellung auf GW rational ist: Wir können o. E. annehmen, daß $GW = \sum_{i=1}^{n} \mathbb{C}f_i$ ist; die Behauptung folgt, da die Funktionen $g \mapsto p_i(g^{-1})$ auf G regulär sind (vgl. 2.3 Bemerkung 1).††

Bemerkung 1: Ist die G-Varietät Z irreduzibel, so operiert G in natürlicher Weise auch auf dem Körper $\mathbb{C}(Z)$ der rationalen Funktionen und zwar durch Körperautomorphismen.

Beispiel: Für jeden Punkt $z \in Z$ operiert der Stabilisator G_z von z in natürlicher Weise linear und rational auf dem Tangentialraum $T_z(Z)$ (vgl. 2.3 Beispiel 2).

Beweis: Sei $\underline{m}_z$ das zu z gehörige maximale Ideal von $\mathcal{O}(Z)$. Die Ideale $\underline{m}_z$ und $\underline{m}_z^2$ sind G_z-stabil unter der regulären Darstellung von G, und G_z operiert linear und rational auf $\underline{m}_z/\underline{m}_z^2$. Die Behauptung folgt nun aus der kanonischen Identifikation von $T_z(Z)$ mit dem Dualraum $(\underline{m}_z/\underline{m}_z^2)^*$ (vgl. AI.5.1). ††

Bemerkung 2: Identifizieren wir $T_z(Z)$ mit den Punktderivationen $\mathrm{Der}_z(\mathcal{O}(Z)) = \{\delta : \mathcal{O}(Z) \to \mathbb{C} \mid \delta\ \mathbb{C}\text{-linear mit } \delta(uv) = u(z)\delta v + v(z)\delta u\}$, so ist die Darstellung von G_z auf $T_z(Z)$ gegeben durch

$$\delta \mapsto g\delta \quad \text{mit} \quad g\delta(f) := \delta(g^{-1}f) .$$

Ist zudem $Z = V$ ein Vektorraum und die Operation linear, so ist $T_zV = V$ in kanonischer Weise ($v \leftrightarrow D_v$ mit $D_vf := \lim\limits_{t\to o} \frac{f(z+tv)-f(z)}{t}$; siehe AI. 5.2), und es gilt

$$gD_v = D_{gv} \quad \text{für} \quad v \in V \quad \text{und} \quad g \in G_z .$$

Wir betrachten nun die Operation von G auf sich selbst durch Linksmultiplikation: $(g,h) \mapsto gh$. Nach dem Lemma ist dann die reguläre Darstellung von G auf $\mathcal{O}(G)$ lokal endlich und rational. Man kann sich nun fragen, welche Darstellungen von G in $\mathcal{O}(G)$ auftreten. Das folgende Ergebnis zeigt unter anderem, daß die einfachen G-Moduln alle vorkommen.

Satz 1: Ist V ein G-Modul mit der Eigenschaft, daß V^* ein zyklischer Modul ist (d. h. es gibt ein $l \in V^*$ mit $V^* = \langle G\cdot l\rangle$), so kommt V als Untermodul in $\mathcal{O}(G)$ vor.

Beweis: Sei $V^* = \langle G\cdot l\rangle$. Für $v \in V$ definieren wir $f_v \in \mathcal{O}(G)$ durch $f_v(g) := l(gv)$. Es ist leicht zu sehen, daß $v \mapsto f_v$ ein G-Homomorphismus von V in $\mathcal{O}(G)$ ist. Dieser ist injektiv, denn aus $f_v = 0$ folgt $0 = l(gv) = (g^{-1}l)(v)$ für alle $g \in G$ und damit $v = 0$, da die $g^{-1}l$ nach Voraussetzung V^* erzeugen. ††

Zusatz: Jeder G-Modul V der Dimension $\dim V \leq n$ kommt als Untermodul in $\mathcal{O}(G)^n$ vor. (Beweis klar)

Mit dem folgenden Satz werden wir im weiteren oft Untersuchungen von G-Operationen auf beliebigen affinen Varietäten auf den Fall einer linearen Darstellung von G zurückführen können.

Satz 2: Jede G-Varietät Z ist G-isomorph zu einer G-stabilen abgeschlossenen Untervarietät eines Vektorraums V, auf dem G linear und rational operiert.

Beweis: Sei W ein endlichdimensionaler G-stabiler Unterraum von $\mathcal{O}(Z)$, welcher ein Erzeugendensystem von $\mathcal{O}(Z)$ als $\mathbb{C}$-Algebra enthält; ein solches W existiert nach vorigem Lemma. Setze $V := W^*$ mit der kontragredienten Darstellung $\lambda \mapsto g\lambda$, $(g\lambda)(w) := \lambda(g^{-1}w)$ (2.3 Bemerkung 2). Für $z \in Z$ definieren wir $\lambda_z \in V$ durch $\lambda_z(w) := w(z)$ für $w \in W \subset \mathcal{O}(Z)$. Für den Beweis des Satzes zeigen wir nun, daß die Abbildung $\mu : Z \to V$, $z \mapsto \lambda_z$ eine reguläre und G-äquivariante abgeschlossene Einbettung ist.

a) μ ist regulär: Sei $\{w_1,\ldots,w_n\}$ eine Basis von W und $\{v_1,\ldots,v_n\}$ die Dualbasis in V. Die linearen Funktionen $\{\lambda_1,\ldots,\lambda_n\}$ auf V gegeben durch $\lambda_i(v) = v(w_i)$ bilden ein Erzeugendensystem des Koordinatenrings $\mathcal{O}(V)$ von V, und wir erhalten

$$\lambda_i(\mu(z)) = \lambda_i(\lambda_z) = \lambda_z(w_i) = w_i(z) \quad \text{für alle } z \in Z .$$

Damit gilt $\lambda_i \circ \mu = w_i \in \mathcal{O}(Z)$, also ist μ regulär.

b) μ ist eine abgeschlossene Einbettung (d. h. $\mu^* : \mathcal{O}(V) \to \mathcal{O}(Z)$ ist surjektiv): Nach a) ist $\mu^*(\lambda_i) = w_i$, also enthält das Bild von μ^* das Erzeugendensystem $\{w_1,\ldots,w_n\}$ der $\mathbb{C}$-Algebra $\mathcal{O}(Z)$.

c) μ ist G-äquivariant: Für beliebiges $w \in W$ gilt $(g\lambda_z)(w) = \lambda_z(g^{-1}w) = (g^{-1}w)(z) = w(gz) = \lambda_{gz}(w)$, also folgt $g(\lambda_z) = \lambda_{gz}$. ††

Im 3. Kapitel werden wir uns etwas intensiver mit der Darstellungstheorie linear reduktiver Gruppen und speziell von GL_n und SL_n beschäftigen.

2.5 Zusammenhang zwischen Gruppe und Liealgebra

Beispiel 1: Sei V ein endlichdimensionaler Vektorraum, $W \subset V$ ein Unterraum, und $N := N_{GL(V)}(W) = \{g \in GL(V) \mid gW = W\}$ der Normalisator von W

(2.2). Dann ist $N \subset GL(V)$ eine abgeschlossene, zusammenhängende Untergruppe mit Liealgebra

$$\text{Lie } N = \{X \in \text{End}(V) \mid XW \subset W\} .$$

Beweis: Nach 2.2 ist N abgeschlossen in $GL(V)$ und nach 2.3 Lemma 2b gilt $\text{Lie } N \subset \{X \in \text{End } V \mid XW \subset W\} := L$. Nach Definition ist $N = L \cap GL(V)$. Es ist daher N eine offene (nicht leere) Teilmenge des Vektorraumes L. Insbesondere ist N irreduzibel und $\dim N = \dim L$. Folglich ist N zusammenhängend und $\dim \text{Lie } N = \dim L$, also $\text{Lie } N = L$. ††

Beispiel 2: Ist $v \in V$ und $G := GL(V)_v = \{g \in GL(V) \mid gv = v\}$ der Stabilisator von v (2.2), so gilt

$$\text{Lie } G = \{X \in \text{End } V \mid Xv = 0\} .$$

Beweis: Nach 2.3 Lemma 2a ist $\text{Lie } G \subset \{X \in \text{End } V \mid Xv = 0\} := L$. Es genügt daher zu zeigen, daß $\dim G \geq \dim L$ gilt. Hierzu können wir o. E. $v \neq 0$ voraussetzen. Wählen wir eine Basis von V, welche v enthält, so ist G definiert durch $n := \dim V$ lineare Gleichungen und L durch n linear unabhängige lineare Gleichungen. Es folgt $\dim L = n^2-n \leq \dim G$ (vgl. AI.3.4). ††

Es geht nun darum, entsprechende Resultate für beliebige Operationen einer algebraischen Gruppe G auf einer affinen Varietät Z herzuleiten. Ist $z \in Z$, so kann man den Stabilisator G_z als Faser $\mu^{-1}(z)$ der Orbitabbildung

$$\mu : G \to Z \ , \quad g \mapsto gz \ ,$$

auffassen (2.3).

Lemma: Für das Differential $(d\mu)_e : \text{Lie } G \to T_z(Z)$ der Orbitabbildung $\mu : G \to Z$, $z \mapsto gz$, gilt:

$$\text{Ker}(d\mu)_e = \text{Lie } G_z \quad \underline{\text{und}} \quad \text{Im}(d\mu)_e = T_z(Gz) = T_z(\overline{Gz}) .$$

Beweis: Es ist $G^o z$ eine Zusammenhangskomponente von Gz und folglich $T_z(G^o z) = T_z(Gz) = T_z(\overline{Gz})$. Setzen wir $W = \overline{G^o z}$ und bezeichnen wir mit $\mu' : G^o \to W$ die durch μ induzierte dominante Abbildung, so ist $(d\mu')_g$ surjektiv für alle g aus einer dichten offenen Teilmenge von G^o (AI,

Satz 5.7). Wegen der G^{o}-Äquivarianz von μ' folgt hieraus, daß $(d\mu')_g$ für alle $g \in G^{o}$ surjektiv ist. Insbesondere ist $(d\mu')_e : \text{Lie } G \to T_z(W)$ surjektiv, und aus Dimensionsgründen folgt daher $\text{Ker } (d\mu)_e = \text{Lie } G_z$ (vgl. 2.2 Bemerkung 2). ††

Der folgende Satz zeigt nun, daß ein sehr enger Zusammenhang zwischen einer Gruppe und ihrer Liealgebra besteht.

Satz 1: a) Es seien $\phi, \psi : G \to H$ zwei Gruppenhomomorphismen. Ist G zusammenhängend und $d\phi = d\psi$, so folgt $\phi = \psi$.
b) Für abgeschlossene Untergruppen $H_1, H_2 \subset G$ gilt
$\text{Lie}(H_1 \cap H_2) = \text{Lie } H_1 \cap \text{Lie } H_2$.

Beweis: a) Wir definieren eine G-Operation auf H durch $gh := \phi(g)h\psi(g)^{-1}$. Dann ist $G_e = \{g \in G \mid \phi(g) = \psi(g)\}$. Für die Orbitabbildung $\mu : G \to H$, $g \mapsto \phi(g)\,\psi(g)^{-1}$, gilt nach Voraussetzung $(d\mu)_e(X) = d\phi(X) - d\psi(X) = 0$. Mit dem Lemma erhalten wir $\text{Lie } G_e = \text{Ker } (d\mu)_e = \text{Lie } G$. Da G zusammenhängend ist, folgt aus Dimensionsgründen $G_e = G$, also $\phi = \psi$.
b) Wir betrachten die Operation $(h_1,h_2)g := h_1 g h_2^{-1}$ von $H_1 \times H_2$ auf G und finden $(H_1 \times H_2)_e = \{(h_1,h_2) \mid h_1 = h_2\} \cong H_1 \cap H_2$. Für die Orbitabbildung $\mu : H_1 \times H_2 \to G$, $(h_1,h_2) \to h_1 h_2^{-1}$, gilt nach Konstruktion $(d\mu)_e(X_1,X_2) = X_1 - X_2$. Es folgt $\text{Ker } (d\mu)_e \cong \text{Lie } H_1 \cap \text{Lie } H_2$ und die Behauptung ergibt sich wiederum mit dem Lemma. ††

Wir geben noch einige wichtige Anwendungen. Die ersten beiden Beweise folgen unmittelbar aus dem Vorangehenden und seien dem Leser zur Übung überlassen.

Folgerung 1: Die Zuordnung $H \mapsto \text{Lie } H$ zwischen abgeschlossenen zusammenhängenden Untergruppen H von G und Unter-Liealgebren von $\text{Lie } G$ ist injektiv und inklusions- und durchschnittserhaltend.

Folgerung 2: Ist $\phi : G \to H$ ein Gruppenhomomorphismus und $H' \subset H$ eine abgeschlossene Untergruppe, so gilt

$$\text{Lie } \phi(G) = d\phi(\text{Lie } G) \quad \underline{\text{und}} \quad \text{Lie } \phi^{-1}(H') = (d\phi)^{-1}(\text{Lie } H') .$$

Eine weitere Folgerung verallgemeinert das Beispiel zu Beginn dieses Abschnitts.

Folgerung 3: Sei $\rho : G \to GL(V)$ eine reguläre Darstellung, $v \in V$ und $W \subset V$ ein Unterraum. Dann gilt

$$\text{Lie } G_v = \{X \in \text{Lie } G \mid Xv = 0\} ,$$

$$\text{Lie } N_G(W) = \{X \in \text{Lie } G \mid XW \subset W\} .$$

Ist G zusammenhängend, so ist v genau dann ein Fixpunkt bzw. W genau dann G-stabil, wenn $Xv = 0$ bzw. $XW \subset W$ gilt für alle $X \in \text{Lie } G$.

Beweis: Der zweite Teil der Behauptung folgt unmittelbar aus dem ersten. Sei $H = \rho(G)$ das Bild von G in $GL(V)$. Dann ist $H_v = GL(V)_v \cap H$ und $N_H(W) = N_{GL(V)}(W) \cap H$, also folgt mit obigem Satz b) und den Beispielen zu Anfang dieses Abschnitts: $\text{Lie } H_v = \text{Lie } GL(V)_v \cap \text{Lie } H = \{X \in \text{Lie } H \mid Xv = 0\}$ und $\text{Lie } N_H(W) = \text{Lie } N_{GL(V)}(W) \cap \text{Lie } H = \{X \in \text{Lie } H \mid XW \subset W\}$. Offenbar ist $\rho(G_v) = H_v$ und $\rho(N_G(W)) = N_H(W)$, also $(d\rho)_e \text{ Lie } G_v = \text{Lie } H_v$ und $(d\rho)_e \text{ Lie } N_G(W) = \text{Lie } N_H(W)$ (Folgerung 2). ††

Folgerung 4: Der Kern der adjungierten Darstellung $\text{Ad} : G \to GL(\text{Lie } G)$ einer zusammenhängenden Gruppe G ist gleich dem Zentrum von G:

$$\text{Ker Ad} = Z(G) .$$

Zudem ist $\text{Lie } Z(G) = \{X \in \text{Lie } G \mid [X,Y] = 0 \text{ für alle } Y \in \text{Lie } G\} =: \underline{z}(\text{Lie } G)$ das Zentrum von $\text{Lie } G$.

Beweis: Es ist $Z(G) = \{g \in G \mid \text{Int } g = \text{Id}\}$, und nach obigem Satz a) gilt $\text{Int } g = \text{Id} = \text{Int } e$ genau dann, wenn $\text{Ad } g = \text{Ad } e = \text{Id}$ ist (2.3 Beispiel 1). Die zweite Aussage folgt aus Folgerung 3. ††

Folgerung 5: Eine zusammenhängende Gruppe G ist genau dann kommutativ, wenn die Liealgebra $\text{Lie } G$ kommutativ ist.

Folgerung 6: Sei G zusammenhängend. Eine zusammenhängende Untergruppe $H \subset G$ ist genau dann Normalteiler, wenn $\text{Lie } H$ ein Ideal in $\text{Lie } G$ ist.

(Ein Untervektorraum $\underline{a} \subset \text{Lie } G$ heißt Ideal, wenn $[X,\underline{a}] \subset \underline{a}$ für alle $X \in \text{Lie } G$.)

Ein letztes Resultat behandelt noch die Frage, unter welchen "tangentiellen" Voraussetzungen eine Untervarietät in einem Orbitabschluß enthalten ist.

Satz 2: Sei Z eine G-Varietät und $Y \subset Z$ eine lokal abgeschlossene, irreduzible Teilmenge. Gilt $T_y(Y) \subset T_y(Gy)$ für alle $y \in Y$, so folgt $Y \subset \overline{Gy}$ für ein geeignetes $y \in Y$.

Beweis: Wir können annehmen, daß G zusammenhängend und $Z = V$ ein G-Modul ist (2.4 Satz 2). Weiter können wir voraussetzen, daß $Y \subset \overline{Y}$ speziell offen ist, also Y eine affine Varietät ist. Wir betrachten den Morphismus $\mu : G \times Y \to \overline{GY} \subset V$ und erhalten für das Differential $d\mu_{(e,y)} : \text{Lie } G \oplus T_y(Y) \to T_y(\overline{GY}) \subset V$, $(X,w) \mapsto Xy + w$ (2.3). Nach Voraussetzung folgt daher $\text{Im } d\mu_{(e,y)} = T_y(Gy)$ für alle $y \in Y$. Nun ist $d\mu_u$ für u aus einer offenen und dichten Teilmenge $U \subset G \times Y$ surjektiv (AI. 5.7 Satz). Wegen der G-Äquivarianz von μ können wir annehmen, daß U einen Punkt der Form (e,y) enthält. Für diesen gilt dann $T_y(\overline{GY}) = \text{Im } d\mu_{(e,y)} = T_y(Gy)$. Da $\overline{GY}$ und $\overline{Gy}$ irreduzibel sind, folgt aus Dimensionsgründen $\overline{GY} = \overline{Gy}$, also $Y \subset \overline{Gy}$. ††

2.6 Schichten

Sei G eine algebraische Gruppe und Z eine G-Varietät. Wir betrachten die Vereinigung der G-Bahnen einer festen Dimension $n \in \mathbb{N}$:

$$Z^{(n)} := \{z \in Z \mid \dim Gz = n\} .$$

Diese Mengen sind offensichtlich G-stabile Teilmengen von Z.

Satz: Die $Z^{(n)}$ sind lokal abgeschlossene G-stabile Teilmengen von Z. Die Vereinigung Z^{max} der Bahnen maximaler Dimension ist offen in Z.

Beweis: Es genügt zu zeigen, daß für alle $n \in \mathbb{N}$ die Teilmengen $\{z \in Z \mid \dim Gz > n\}$ offen in Z sind. Dies folgt mit der Dimensionsformel $\dim Gz + \dim G_z = \dim G$ (2.2 Bemerkung 2) aus dem nachstehenden Lemma. ††

Lemma: Die Funktion $z \mapsto \dim G_z$ ist halbstetig nach oben, d. h. für jedes $n \in \mathbb{N}$ ist $\{z \in Z \mid \dim G_z < n\}$ eine offene Teilmenge von Z.

Beweis: O. E. sei Z eine abgeschlossene G-stabile Teilmenge eines Vektorraums V, auf dem G linear operiert (2.4 Satz). Dann operiert auch Lie G auf V (2.3), und es gilt für $v \in V$: $\text{Lie } G_v = (\text{Lie } G)^v := \{X \in \text{Lie } G \mid Xv = 0\}$ (2.5 Folgerung 3). Wir betrachten die lineare Abbildung

$$V \to \mathrm{Hom}_{\mathbb{C}}(\mathrm{Lie}\, G\, ,\, V) \quad , \quad v \mapsto s_v \quad ,$$

$s_v : \mathrm{Lie}\, G \to V$ gegeben durch $X \mapsto Xv$. Es folgt $(\mathrm{Lie}\, G)^v = \mathrm{Ker}\, s_v$ für alle $v \in V$, und wir haben zu zeigen, daß $v \mapsto \dim(\mathrm{Ker}\, s_v)$ halbstetig nach oben ist. Dies ist eine wohlbekannte Tatsache aus der linearen Algebra. ††

Definition: G sei zusammenhängend; dann heißen die irreduziblen Komponenten der $Z^{(n)}$ die Schichten von Z .
Die Schichten sind also lokal abgeschlossene und irreduzible G-stabile Teilmengen von Z .

(Die in dieser Definition benutzte Zerlegung einer lokal abgeschlossenen Teilmenge X von Z in irreduzible Komponenten ist so zu verstehen: Sei $\overline{X} = \bigcup_{i=1}^{r} Y_i$ die Zerlegung von $\overline{X}$ in irreduzible Komponenten; dann gilt $X_i := Y_i \cap X \neq \emptyset$ und $\overline{X_i} = Y_i$ für $i = 1,\dots,r$. Mit $X = \bigcup_{i=1}^{r} X_i$ erhalten wir die Zerlegung von X in irreduzible Komponenten.)

Bemerkung: Der Begriff der Schicht entstand beim Studium von Konjugationsklassen in Liealgebren und geht auf Dixmier zurück (vgl. etwa die Originalliteratur [BK], [K1], [Pe]). Betrachten wir den klassischen Fall der Konjugationsklassen von Matrizen (d. h. der Operation von GL_n auf M_n durch Konjugation), so kann man folgendes zeigen:

a) Die Schichten von M_n sind paarweise disjunkt.

b) Jede Schicht S enthält halbeinfache Konjugationsklassen und genau eine nilpotente Konjugationsklasse.

c) Alle Schichten S von M_n sind singularitätenfrei.

Im allgemeinen gilt keine dieser drei Aussagen. Betrachten wir etwa die adjungierte Darstellung einer klassischen Gruppe $G = SO_n$ oder $G = Sp_n$ auf ihrer Liealgebra $\underline{g}$, so sind die Schichten in $\underline{g}$ nicht disjunkt; zudem gibt es Schichten, welche aus genau einer nilpotenten Konjugationsklasse bestehen, nämlich die Schichten minimaler Dimension. Singuläre Schichten treten z. B. bei der Ausnahme-Gruppe G_2 auf. Man vergleiche hierzu die Untersuchungen in [BK].

<u>Beispiele</u>: 1) $G = GL_3$ operiere auf $sl_3 = \{X \in M_3 \mid \text{spur } X = 0\}$ durch Konjugation. (Dieses Beispiel wurde in I. 3 ausführlich studiert.) sl_3 besteht aus drei <u>disjunkten Schichten</u> mit den Orbit-Dimensionen 0 , 4 und 6 :

$$sl_3 = S_0 \cup S_4 \cup S_6 .$$

S_0 besteht aus der Nullmatrix allein;

S_4 besteht aus den halbeinfachen Matrizen mit einem zweifachen Eigenwert $\lambda \neq 0$ und der Konjugationsklasse von $\begin{pmatrix} 0 & 1 & 0 \\ 0 & 0 & 0 \\ 0 & 0 & 0 \end{pmatrix}$;

S_6 ist der Rest, besteht also aus den halbeinfachen Matrizen mit drei verschiedenen Eigenwerten, den Konjugationsklassen der Matrizen $\begin{pmatrix} \lambda & 1 & 0 \\ 0 & \lambda & 0 \\ 0 & 0 & -2\lambda \end{pmatrix}$ mit $\lambda \neq 0$ und der Konjugationsklasse von $\begin{pmatrix} 0 & 1 & 0 \\ 0 & 0 & 1 \\ 0 & 0 & 0 \end{pmatrix}$.

Schon in diesem simplen Beispiel ist es z. B. gar nicht einfach nachzuweisen, daß die Schicht S_4 keine Singularitäten hat!

2) Die Gruppe Sp_4 operiere durch Konjugation auf ihrer Liealgebra sp_4 (adjungierte Darstellung). sp_4 enthält Konjugationsklassen der Dimensionen 8 , 6 , 4 und 0 . Man erhält eine Schicht $S_8 = sp_4^{(8)} = sp_4^{max}$ der Dimension 10 , die sogenannte <u>reguläre</u> oder <u>maximale Schicht</u> (= Schicht zur maximalen Orbit-Dimension). Im Abschluß von S_8 liegen zwei Schichten S_6' und S_6'' zur Bahndimension 6 , die sogenannten <u>subregulären Schichten</u>. S_6' und S_6'' sind jeweils 7-dimensional, $S_6' \cap S_6''$ besteht aus der nilpotenten Konjugationsklasse der Dimension 6 zur Partition (2,2). Im Abschluß von S_6' und S_6'' liegt die Schicht S_4 ; diese besteht nur aus der nilpotenten Konjugationsklasse zur Partition (2,1,1). Wir erhalten das folgende Bild:

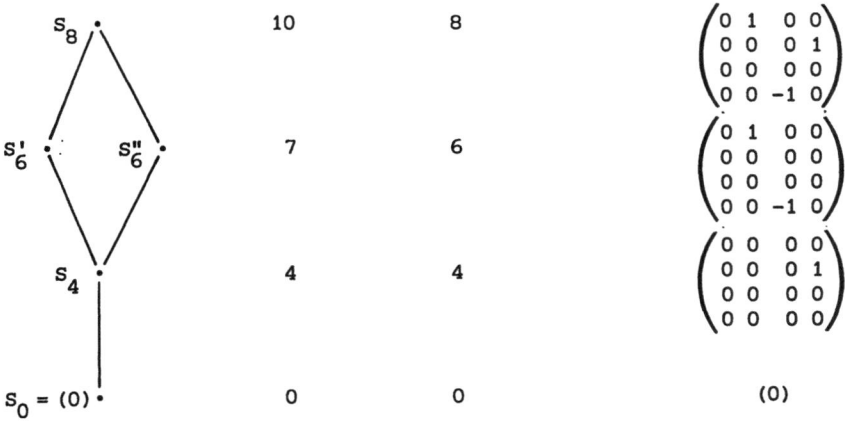

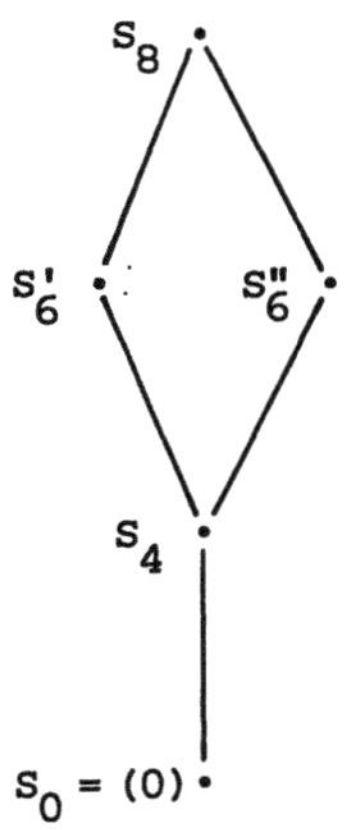

	Dimensionen Schichten	Dimensionen Konjugationskl.	nilpotente Konjugationskl. in der Schicht gegeb. durch
S_8	10	8	$\begin{pmatrix} 0 & 1 & 0 & 0 \\ 0 & 0 & 0 & 1 \\ 0 & 0 & 0 & 0 \\ 0 & 0 & -1 & 0 \end{pmatrix}$
S'_6, S''_6	7	6	$\begin{pmatrix} 0 & 1 & 0 & 0 \\ 0 & 0 & 0 & 0 \\ 0 & 0 & 0 & 0 \\ 0 & 0 & -1 & 0 \end{pmatrix}$
S_4	4	4	$\begin{pmatrix} 0 & 0 & 0 & 0 \\ 0 & 0 & 0 & 1 \\ 0 & 0 & 0 & 0 \\ 0 & 0 & 0 & 0 \end{pmatrix}$
$S_0 = (0)$	0	0	(0)

3) Paare von Vektoren: SL_2 operiere auf den 2×2-Matrizen M_2 durch Multiplikation von links (vgl. I.4). M_2 besteht aus 3 disjunkten Schichten zu den Orbit-Dimensionen 3 , 2 , 0 :

$$M_2 = S_3 \cup S_2 \cup \{0\} .$$

Es ist $S_3 := GL_2 \subset M_2$, $S_2 := \{m \in M_2 \mid \det m = 0 , m \neq 0\}$. S_3 besteht genau aus den abgeschlossenen Orbiten $\neq \{0\}$; für jeden Orbit $C \subset S_2$ gilt $\overline{C} = C \cup \{0\}$ und $\overline{C} \cong \mathbb{C}^2$ ($\mathbb{C}^2$ mit natürlicher Darstellung von SL_2).

4) Binäre Formen: $R_n := \mathcal{O}_n(\mathbb{C}^2)$ (2.3 Beispiel 5, vgl. I.5). Es ist $R_1 = (\mathbb{C}^2)^*$ isomorph zur natürlichen Darstellung und R_2 isomorph zur adjungierten Darstellung von SL_2 . Für $n > 3$ besteht R_n aus 3 disjunkten Schichten zu den Orbit-Dimensionen 3 , 2 , 0 : $R_n = S_3 \cup S_2 \cup \{0\}$. Wir beschreiben $S_2 = R_n^{(2)}$:

a) n ungerade: $S_2 = \{l^n \mid l \in R_1 - \{0\}\} = C_{X^n} :=$ Orbit von X^n ;

b) $n = 2m$ gerade: $S_2 = \{(l_1 \cdot l_2)^m \mid l_i \in R_1 - \{0\}\} = C_{X^{2m}} \cup \bigcup_{\lambda \in \mathbb{C}^*} C_{\lambda X^m Y^m}$.

2.7 Die Varietät der Darstellungen einer Algebra

Im folgenden sei A eine endlich erzeugte assoziative $\mathbb{C}$-Algebra mit Eins, $\{a_1, \ldots, a_s\}$ ein Erzeugendensystem von A . Ein endlichdimensionaler A-Modul M ist ein endlichdimensionaler $\mathbb{C}$-Vektorraum V mit einer Operation von A auf V gegeben durch einen Homomorphismus $\rho : A \to \operatorname{End}(V)$.

Die Isomorphieklassen endlichdimensionaler A-Moduln entsprechen somit eineindeutig den Äquivalenzklassen der endlichdimensionalen Darstellungen der Algebra A . Wir wählen nun $n \in \mathbb{N}$ fest und setzen $V := \mathbb{C}^n$ und $\mathrm{Mod}_A^n := \{\rho : A \to M_n \mid \rho$ ein $\mathbb{C}$-Algebrenhomomorphismus$\}$.

Satz 1: Die Menge Mod_A^n der Darstellungen von A auf $\mathbb{C}^n$ bildet in natürlicher Weise eine affine Varietät mit GL_n-Operation.

Beweis: $\rho : A \to M_n$ ist bestimmt durch die Bilder $\rho(a_1),\dots,\rho(a_s) \in M_n$. Wir erhalten damit eine Einbettung

$$\mathrm{Mod}_A^n \to (M_n)^s \;,\; \rho \mapsto (\rho(a_1),\dots,\rho(a_s)) \;.$$

Offenbar ist Mod_A^n eine abgeschlossene Untervarietät des Vektorraumes $(M_n)^s$ definiert durch dieselben Gleichungen in den Matrizen $\rho(a_i)$, wie sie von den a_i in A erfüllt werden. Wir lassen GL_n durch Konjugation auf $(M_n)^s$ operieren. Man sieht leicht, daß Mod_A^n stabil unter dieser Operation ist: Mit $\rho : A \to M_n$ ist auch $g\rho : A \to M_n$, $a \mapsto g\rho(a)g^{-1}$, ein Algebrenhomomorphismus. ††

Zusatz: Die Bahnen von GL_n in Mod_A^n sind genau die Äquivalenzklassen von n-dimensionalen Darstellungen; sie entsprechen eineindeutig den Isomorphieklassen der n-dimensionalen A-Moduln.

(Beweis als Übung.)

Für $\rho \in \mathrm{Mod}_A^n$ bezeichnen wir mit C_ρ die Bahn von ρ unter GL_n . Nach obigem definiert jeder n-dimensionale A-Modul M eine Bahn in Mod_A^n ; diese bezeichnen wir mit C_M .

Beispiel: $A = \mathbb{C}[X]$. Dann ist $\mathrm{Mod}_A^n \cong M_n$, und die Isomorphieklassen der n-dimensionalen A-Moduln entsprechen eineindeutig den Konjugationsklassen in M_n .

Bemerkung 1: Sei $\rho \in \mathrm{Mod}_A^n$, G_ρ der Stabilisator von ρ in GL_n und M_ρ der zugehörige A-Modul. Dann gilt in kanonischer Weise

$$G_\rho \cong \mathrm{Aut}_A(M_\rho) \;.$$

Beweis: Ist $g : M_\rho \to M_\rho$, $g \in GL_n$, ein Isomorphismus von A-Moduln, so gilt $g(am) = a(gm)$ für alle $a \in A$, $m \in M_\rho$. Nach Definition ist

$am = \rho(a)m$, also $g(\rho(a)m) = \rho(a)g(m)$. Hieraus folgt nun $g\rho(a) = \rho(a)g$ für alle $a \in A$, also $g\rho = \rho g$, d. h. $g \in G_\rho$.

Wir fragen nun nach Zusammenhängen zwischen algebraischen Eigenschaften eines A-Moduls M und geometrischen Eigenschaften der zugehörigen Bahn C_M . Ein erstes Resultat in diese Richtung ist das folgende.

Satz 2: Ein A-Modul M endlicher Dimension ist genau dann halbeinfach, wenn die zugehörige Bahn C_M abgeschlossen ist.

Wir benötigen zunächst einige Hilfsmittel.

Definition: Eine Filtrierung F auf dem A-Modul M ist eine Kette $M = M_0 \supset M_1 \supset \ldots \supset M_t = \{0\}$ von Untermoduln. Wir definieren den zugehörigen graduierten A-Modul $gr_F M$ durch

$$gr_F M = \bigoplus_{i=0}^{t-1} M_i/M_{i+1} .$$

Bemerkung 2: Jeder endlichdimensionale A-Modul M besitzt eine Kompositionsreihe, d. h. eine Filtrierung mit lauter einfachen Faktoren M_i/M_{i+1} . Die auftretenden einfachen Faktoren mit ihren Vielfachheiten sind unabhängig von der speziellen Reihe (Satz von Jordan-Hölder); man nennt sie die Kompositionsfaktoren oder auch Jordan-Hölder-Faktoren.

Lemma: Seien $\rho, \rho' \in \mathrm{Mod}_A^n$. Dann sind äquivalent:

(i) Es existiert eine Einparameteruntergruppe (2.3 Bemerkung 3) $\lambda : \mathbb{C}^* \to G$ mit $\lim_{t\to 0} \lambda(t)\rho = \rho'$.

(ii) Es existiert eine Filterung F des A-Moduls M_ρ mit $gr_F M_\rho \cong M_{\rho'}$ als A-Modul.

Beweis: (i) => (ii): Wir zerlegen den unterliegenden Vektorraum $V = M_\rho$ nach den Gewichten bezüglich λ :

$$V = \bigoplus_i V_i \quad \text{mit} \quad V_i := \{v \in V \mid \lambda(t)v = t^i v \ \text{für} \ t \in \mathbb{C}^*\} \qquad (i \in \mathbb{Z}) ,$$

und setzen $M_j := \bigoplus_{i>j} V_i$. Wir wollen uns nun überlegen, daß die M_j eine Filtrierung F auf M_ρ bilden mit $gr_F M_\rho \cong M_{\rho'}$.

Seien ι_i bzw. p_i die kanonischen Injektionen bzw. Projektionen der Gewichtszerlegung $V = \bigoplus_i V_i$. Für $a \in A$ und $\rho(a) =: \phi \in \mathrm{End}_{\mathbb{C}}(V)$ ist $\phi = (p_k \circ \phi \circ \iota_i) = (\phi_{ik})$ mit $\phi_{ik} : V_i \to V_k$. Wir finden

$p_k \cdot (\lambda(t)\rho)(a) \cdot \iota_i = p_k \cdot (\lambda(t)\phi\lambda(t)^{-1}) \cdot \iota_i = p_k t^k \phi t^{-i} \iota_i = t^{k-i}\phi_{ik}$:

$$\begin{array}{ccc} V_i & \xrightarrow{\ \phi_{ik}\ } & V_k \\ {\scriptstyle \lambda(t)^{-1}} \uparrow & & \downarrow {\scriptstyle \lambda(t)} \\ V_i & \xrightarrow{\ t^{k-i}\phi_{ik}\ } & V_k \end{array}$$

Da nach Voraussetzung $\lim_{t\to 0} (\lambda(t)\rho)(a)$ existiert, folgt:

a) $\phi_{ik} = 0$ für $k < i$; insbesondere ist M_j für alle j ein A-Untermodul von M_ρ ;

b) $\lim_{t\to 0} p_k(\lambda(t)\rho)(a)\iota_i = \rho'(a)_{ik} = 0$ für $k > i$;

c) $\rho'(a)_{ii} = \rho(a)_{ii}$ für alle i .

Damit ist $\rho'(a)$ gegeben durch die Matrix $\phi' = \begin{pmatrix} \ddots & & 0 \\ & \phi_{ii} & \\ 0 & & \ddots \end{pmatrix}$, und die Behauptung folgt.

(ii) => (i): Es genügt, zur gegebenen Filtrierung $F : M_\rho = M_0 \supset M_1 \supset \ldots \supset M_t = \{0\}$ eine geeignete Einparametergruppe λ zu finden, welche die Filtrierung F induziert (im Sinne des ersten Teiles dieses Beweises). Es existieren Untervektorräume V_i , $i = 0,\ldots,t$, mit $V = \bigoplus_{i=0}^{t} V_i$ und $M_j = \bigoplus_{i=j}^{t} V_i$. Wir definieren λ durch $\lambda(t) := t^i \cdot \mathrm{Id}$ auf V_i ; diese Einparameteruntergruppe erfüllt die gestellten Bedingungen. ††

<u>Beispiel</u>: Die Matrix $\begin{pmatrix} \lambda & 1 \\ 0 & \lambda \end{pmatrix}$ entspricht einer $\mathbb{C}[X]$-Modulstruktur M auf $\mathbb{C}^2$. Sei $\{e_1, e_2\}$ die kanonische Basis von $\mathbb{C}^2$. Offensichtlich enthält M den Untermodul $\mathbb{C}e_1$. Der zu der Filtrierung $M = \mathbb{C}^2 \supset \mathbb{C}e_1 \supset \{0\}$ assoziierte graduierte $\mathbb{C}[X]$-Modul ist $\mathbb{C}e_1 \oplus \mathbb{C}^2/\mathbb{C}e_1 = \mathbb{C}^2$. Die darauf induzierte Operation von X ist durch $\begin{pmatrix} \lambda & 0 \\ 0 & \lambda \end{pmatrix}$ gegeben. Tatsächlich gilt auch für $t \in \mathbb{C}^*$

$$\begin{pmatrix} t & 0 \\ 0 & t^{-1} \end{pmatrix} \begin{pmatrix} \lambda & 1 \\ 0 & \lambda \end{pmatrix} \begin{pmatrix} t^{-1} & 0 \\ 0 & t \end{pmatrix} = \begin{pmatrix} \lambda & t^2 \\ 0 & \lambda \end{pmatrix} \xrightarrow[t\to 0]{} \begin{pmatrix} \lambda & 0 \\ 0 & \lambda \end{pmatrix} .$$

Bezeichnung: Sind M , M' zwei A-Moduln gleicher Dimension und liegt die Bahn $C_{M'}$ von M' im Abschluß der Bahn C_M von M , so bezeichnet man M' als eine Spezialisierung oder Degeneration von M und schreibt hierfür

$$\begin{array}{l} \bullet\ M \\ \vert \\ \bullet\ M' \end{array}$$

Bemerkung 3: Aus obigem Lemma folgt, daß der bezüglich einer Filtrierung F von M assoziierte graduierte Modul $gr_F M$ eine Spezialisierung von M ist. Es läßt sich allerdings nicht jede Spezialisierung auf diese Weise erhalten; für ein Gegenbeispiel verweisen wir auf [K2] (Chap. II. 4.6, remark 2).

Die Aussage des folgenden Satzes ergänzt und verdeutlicht den Satz 2.

Satz 3: a) Die abgeschlossenen Bahnen in Mod_A^n entsprechen eineindeutig den halbeinfachen A-Moduln der Dimension n .
b) Ist M ein A-Modul der Dimension n , so enthält der Abschluß $\overline{C_M}$ der zugehörigen Bahn genau eine abgeschlossene Bahn; diese entspricht dem Modul $gr\, M$:= direkte Summe der Kompositionsfaktoren von M :

$$\begin{array}{l} \bullet\ M \\ \vert \\ \bullet\ gr\, M \end{array}$$

Beweis: a) Sei M ein A-Modul mit abgeschlossener Bahn C_M . Nach dem Lemma 2.7 gilt dann $C_{grM} \subset \overline{C_M} = C_M$, also $gr\, M \cong M$, d. h. M ist halbeinfach.

Sei umgekehrt M ein halbeinfacher Modul. Um zu zeigen, daß C_M abgeschlossen ist, benötigen wir das Hilbert-Kriterium, welches wir erst später beweisen werden (III. 2.3, vgl. I.5). Dieses besagt, daß es zu jeder abgeschlossenen Bahn $C_N \subset \overline{C_M}$ und jedem $\rho \in C_M$ eine Einparameteruntergruppe $\lambda : \mathbb{C}^* \to GL_n$ gibt mit $\lim_{t \to 0} \lambda(t)\rho \in C_N$. Nach obigem Lemma bedeutet dies, daß für eine geeignete Filtrierung F auf M der Modul N isomorph zu $gr_F M$ ist. Da M halbeinfach ist, gilt $gr_F M \cong M$ also $C_N = C_M$.

b) Es fehlt nur noch die Eindeutigkeit der abgeschlossenen Bahn in $\overline{C_M}$; dies ist aber gerade der Satz von Jordan-Hölder (siehe Bemerkung 2). ††

Bemerkung 4: Wir werden später ganz allgemein sehen, daß im Abschluß jeder Bahn genau eine abgeschlossene Bahn liegt (3.3 Satz 3a). Mit den obigen Überlegungen ergibt sich daraus ein "geometrischer" Beweis des Satzes von Jordan-Hölder.

Beispiel: $A = \mathbb{C}[X]$. Ein A-Modul M der Dimension n ist genau dann halbeinfach, wenn die zugehörige Matrix in M_n halbeinfach ist. Obige Behauptung steht daher schon in I.3. Ist die zugehörige Matrix in Jordanscher Normalform gegeben, so entspricht dem Übergang $M \to \operatorname{gr} M$ das "Nullsetzen" der Matrixelemente in der Nebendiagonalen.

Wir wollen zum Schluß noch den Tangentialräumen von Mod_A^n eine modultheoretische Interpretation geben.

Sind M und N zwei A-Moduln, dann versteht man unter einer Erweiterung von N mit M eine kurze exakte Sequenz von A-Moduln der Gestalt

$$\zeta \; : \; O \to M \to P \to N \to O \; .$$

Ist

$$\zeta' \; : \; O \to M \to P' \to N \to O$$

eine weitere Erweiterung, so nennt man ζ und ζ' äquivalent, falls es einen Isomorphismus $\Phi : P \xrightarrow{\sim} P'$ gibt mit einem kommutativen Diagramm

$$\begin{array}{ccccccccc} O & \to & M & \to & P & \to & N & \to & O \\ & & \downarrow \scriptstyle{id} & & \downarrow \scriptstyle{\Phi} & & \downarrow \scriptstyle{id} & & \\ O & \to & M & \to & P' & \to & N & \to & O \end{array} \quad .$$

Die Äquivalenzklassen der Erweiterungen von N mit M bezeichnet man mit $\operatorname{Ext}_A^1(N,M)$.

Wir geben nun eine andere Beschreibung von $\operatorname{Ext}_A^1(N,M)$. Die A-Modulstruktur auf M bzw. N sei gegeben durch $\rho : A \to \operatorname{End}_{\mathbb{C}}(M)$ bzw. $\sigma : A \to \operatorname{End}_{\mathbb{C}}(N)$. In der Erweiterung ζ ist P als Vektorraum isomorph zu $M \oplus N$. Man erhält also den Mittelterm P von ζ , indem man den Vektorraum $M \oplus N$ mit einer A-Modulstruktur $\mu : A \to \operatorname{End}_{\mathbb{C}}(M \oplus N)$ derart versieht, daß $M = M_\rho$ zu einem Untermodul und $N = N_\sigma$ zu einem Restklassenmodul von $P = (M \oplus N)_\mu$ wird. Dies ist genau dann der Fall, wenn μ die

Gestalt $\begin{pmatrix} \rho & \lambda \\ 0 & \sigma \end{pmatrix}$ hat mit geeignetem $\lambda : A \to \mathrm{Hom}_{\mathbb{C}}(N,M)$; es muß gelten: $\mu(ab) = \mu(a)\mu(b)$ für alle $a,b \in A$, d. h.

$$(*) \qquad \lambda(ab) = \rho(a)\lambda(b) + \lambda(a)\sigma(b) .$$

Wir setzen $Z(N,M) := \{\lambda : A \to \mathrm{Hom}_{\mathbb{C}}(N,M) \mid \lambda \text{ erfüllt } (*)\}$. Sind λ, λ' aus $Z(N,M)$ und $\mu := \begin{pmatrix} \rho & \lambda \\ 0 & \sigma \end{pmatrix}$, $\mu' := \begin{pmatrix} \rho & \lambda' \\ 0 & \sigma \end{pmatrix}$, so liefern $(M \oplus N)_\mu$ und $(M \oplus N)_{\mu'}$ äquivalente Erweiterungen genau dann, wenn es einen Isomorphismus $\Phi : (M \oplus N)_\mu \xrightarrow{\sim} (M \oplus N)_{\mu'}$ gibt von der Gestalt $\Phi = \begin{pmatrix} 1 & \beta \\ 0 & 1 \end{pmatrix}$, $\beta \in \mathrm{Hom}_{\mathbb{C}}(N,M)$. Für alle $a \in A$ und $p \in M \oplus N$ gilt also $\Phi(\mu(a)p) = \mu'(a)\Phi(p)$. Es folgt $\Phi\mu(a) = \mu'(a)\Phi$, also $\lambda(a) + \beta\sigma(a) =$ $= \rho(a)\beta + \lambda'(a)$ für alle $a \in A$, d. h.
$\lambda - \lambda' \in B(N,M) := \{\delta : A \to \mathrm{Hom}_{\mathbb{C}}(N,M) \mid \delta(a) = \rho(a)\beta - \beta\sigma(a)$ für alle $a \in A$ und geeignetes $\beta \in \mathrm{Hom}_{\mathbb{C}}(N,M)\}$.

Damit erhalten wir die Beschreibung

$$\mathrm{Ext}^1_A(N,M) = Z(N,M)/B(N,M) .$$

Man erkennt daraus, daß $\mathrm{Ext}^1_A(N,M)$ ein endlichdimensionaler Vektorraum ist und daß eine Erweiterung $\zeta : 0 \to N \to P \xrightarrow{\pi} M \to 0$ genau dann der Null entspricht, wenn sie "spaltet", d. h. wenn die Projektion π einen Schnitt hat und damit $P \xrightarrow{\sim} N \oplus M$ ist .

<u>Satz 4</u>: <u>Sei</u> $\rho \in \mathrm{Mod}^n_A$ <u>und</u> $M := M_\rho$. <u>Dann gibt es eine natürliche Injektion</u>

$$T_\rho(\mathrm{Mod}^n_A)/T_\rho(C_M) \hookrightarrow \mathrm{Ext}^1_A(M,M) .$$

<u>Beweis</u>: Sei $X \in T_\rho(\mathrm{Mod}^n_A)$. Dann ist $\rho + \varepsilon X : A \to M_n(\mathbb{C}[\varepsilon])$ ein Algebrenhomomorphismus. Eine einfache Rechnung zeigt, daß $X(ab) = \rho(a)X(b) + X(a)\rho(b)$ gilt für alle $a,b \in A$, d. h. $T_\rho(\mathrm{Mod}^n_A) \subset Z(M,M)$.

Wir betrachten nun die Orbitabbildung $\mu : GL_n \to \overline{C_M} \subset (M_n)^s$, $g \mapsto g\rho$. (Wir haben $\rho \in \mathrm{Mod}^n_A$ identifiziert mit $(\rho(a_1),\dots,\rho(a_s)) \in (M_n)^s$, und G operiert auf $(M_n)^s$ komponentenweise durch Konjugation.) Das Differential $(d\mu)_e : \mathrm{Lie}\, G \to T_\rho(\overline{C_M})$ ist surjektiv (2.5 Lemma), und wir erhalten für $X \in \mathrm{Lie}\, GL_n = M_n$

$$(E+\varepsilon X)\rho(a_i)(E-\varepsilon X) = \rho(a_i) + \varepsilon(X\rho(a_i) - \rho(a_i)X) ,$$

also

$$d\mu(X)(a) = X\rho(a) - \rho(a)X \quad \text{für alle} \quad a \in A .$$

Es folgt $T_\rho(\overline{C_M}) = B(M,M)$ und somit die Behauptung. ††

Der Satz 4 hat einige interessante Anwendungen.

Folgerung: Ist $\operatorname{Ext}_A^1(M,M) = 0$, so ist die Bahn C_M offen in Mod_A^n und damit $\overline{C_M}$ eine irreduzible Komponente. Insbesondere bilden die projektiven (injektiven) A-Moduln in Mod_A^n eine endliche Vereinigung von offenen Bahnen.

Eine ausführlichere Darstellung dieses Themenkreises mit vielen Beispielen und Literaturangaben findet der interessierte Leser in [K2].

3. QUOTIENTEN BEI LINEAR REDUKTIVEN GRUPPEN

Sei Z eine G-Varietät. Wir wollen im folgenden zeigen, daß für sogenannte linear reduktive Gruppen G der Invariantenring $\mathcal{O}(Z)^G$ von Z endlich erzeugbar ist (3.2 Theorem). Damit finden wir eine affine Varietät Y und eine reguläre Abbildung $\pi : Z \to Y$, welche die regulären Funktionen auf Y mit den G-invarianten Funktionen auf Z identifiziert:
$\pi^* : \mathcal{O}(Y) \xrightarrow{\sim} \mathcal{O}(Z)^G$.

Die Abbildung π, welche bis auf kanonische Isomorphie eindeutig bestimmt ist und algebraischer Quotient genannt wird, hat einige schöne geometrische Eigenschaften, welche eng mit der Orbit-Struktur auf Z zusammenhängen.

3.1 Linear reduktive Gruppen und isotypische Zerlegung

Der grundlegende Begriff für alles Folgende ist die lineare Reduktivität.

Definition: Eine algebraische Gruppe G heißt linear reduktiv, falls jede lineare Darstellung von G voll reduzibel ist. Äquivalent: Jeder G-Modul ist halbeinfach.

Für das folgende Resultat verweisen wir auf den Anhang II. Wir werden in 3.5 etwas näher auf die Beschreibung der linear reduktiven Gruppen eingehen.

Theorem: Die klassischen Gruppen GL_n, SL_n, O_n, SO_n, Sp_n, die endlichen Gruppen und Produkte davon sind linear reduktiv.

Wir bezeichnen mit $\Omega = \Omega_G$ die Menge der Isomorphieklassen der einfachen G-Moduln. Diese entsprechen eineindeutig den Äquivalenzklassen der irreduziblen Darstellungen von G (2.3 Bemerkung 4).

Ist W ein einfacher G-Modul aus der Isomorphieklasse $\omega \in \Omega$, kurz $W \in \omega$, so sagen wir auch, W sei vom Typ ω.

Ist V ein beliebiger G-Modul und $\omega \in \Omega$, so setzen wir

$$V_{(\omega)} := \sum_{\substack{W \subset V \\ W \in \omega}} W .$$

$V_{(\omega)}$ heißt isotypische Komponente von V zum Typ ω.

Die folgenden Behauptungen ergeben sich leicht aus 2.3 Satz. (Beweis als Übung).

Satz 1: a) Jeder einfache Untermodul von $V_{(\omega)}$ ist vom Typ ω.

b) $V_{(\omega)}$ ist isomorph zu W^s mit $W \in \omega$ und geeignetem $s \in \mathbb{N}$.

c) Ist V halbeinfach, so ist $V = \bigoplus_{\omega} V_{(\omega)}$.

d) Ist $\phi : V \to W$ ein G-Homomorphismus, so gilt $\phi(V_{(\omega)}) \subset W_{(\omega)}$ für alle $\omega \in \Omega_G$.

e) Ist W ein einfacher G-Modul vom Typ ω, so ist

$$\mathrm{Hom}_G(W,V) \otimes W \xrightarrow{\sim} V_{(\omega)} \quad , \quad \mu \otimes w \mapsto \mu(w) \quad ,$$

ein G-Isomorphismus.

(Für e) beachte man, daß die Abbildung surjektiv und G-linear ist, und mache ein Dimensionsargument unter Verwendung von $\mathrm{Hom}_G(W,V) = \mathrm{Hom}_G(W,V_{(\omega)}) \cong \mathrm{End}(W)^n$, falls $V_{(\omega)} \cong W^n$.)

Die Zerlegung $V = \bigoplus_{\omega} V_{(\omega)}$ eines halbeinfachen G-Moduls ist bis auf die Reihenfolge der Summanden eindeutig; sie heißt Zerlegung in isotypische Komponenten oder kurz isotypische Zerlegung. Auch für einen beliebigen G-Modul V ist die Summe $\sum_{\omega} V_{(\omega)}$ direkt; sie wird Sockel von V genannt und ist der größte halbeinfache Untermodul von V.

Wir wollen diese isotypische Zerlegung auf die Koordinatenringe von G-Varietäten übertragen.

Satz 2: Sei G linear reduktiv und Z eine G-Varietät. Dann gibt es eine eindeutig bestimmte G-stabile direkte Zerlegung

$$\mathcal{O}(Z) = \bigoplus_{\omega \in \Omega_G} \mathcal{O}(Z)_{(\omega)}$$

mit der Eigenschaft, daß jeder einfache Untermodul von $\mathcal{O}(Z)$ vom Typ ω in $\mathcal{O}(Z)_{(\omega)}$ liegt.

(Wir sprechen auch hier von der Zerlegung in isotypische Komponenten.)

Beweis: Wie vorher setzen wir $\mathcal{O}(Z)_{(\omega)} = \dot{\sum}_{\substack{W \subset \mathcal{O}(Z) \\ W \in \omega}} W$. Da G auf $\mathcal{O}(Z)$ lokal endlich und rational operiert (2.4 Lemma), ergibt sich die Behauptung leicht aus den vorhergehenden Überlegungen zum endlichdimensionalen Fall. ††

Mit $0 \in \Omega$ bezeichnen wir die Isomorphieklasse des trivialen G-Moduls $\mathbb{C}$; es ist also $V_{(0)} = V^G$ der Unterraum der Fixpunkte.

<u>Bemerkung 1</u>: Ist $A \subset \mathcal{O}(Z)$ ein G-stabiler Unterraum von $\mathcal{O}(Z)$, so gilt

$$A = \bigoplus_{\omega \in \Omega} A_{(\omega)} \quad \text{mit} \quad A_{(\omega)} := A \cap \mathcal{O}(Z)_{(\omega)} = \sum_{\substack{W \subset A \\ W \in \omega}} W .$$

<u>Lemma</u>: $\mathcal{O}(Z)_{(0)} = \mathcal{O}(Z)^G$ <u>ist eine Unteralgebra von</u> $\mathcal{O}(Z)$, <u>und für jedes</u> $\omega \in \Omega$ <u>ist</u> $\mathcal{O}(Z)_{(\omega)}$ <u>ein</u> $\mathcal{O}(Z)_{(0)}$<u>-Modul</u>.

<u>Beweis</u>: Für jedes $f \in \mathcal{O}(Z)_{(0)}$ ist die Multiplikation mit f ein G-Homomorphismus von $\mathcal{O}(Z)$ in sich. Hieraus folgt $f \cdot \mathcal{O}(Z)_{(\omega)} \subset \mathcal{O}(Z)_{(\omega)}$ und damit die Behauptung. ††

Wir werden später sehen, daß $\mathcal{O}(Z)_{(\omega)}$ für jedes $\omega \in \Omega$ ein <u>endlich erzeugter</u> $\mathcal{O}(Z)_{(0)}$-Modul ist (3.2 Zusatz zum Theorem).

<u>Bemerkung 2</u>: Ist $\mu : Z \to Z'$ eine G-äquivariante reguläre Abbildung zwischen G-Varietäten, so ist $\mu^* : \mathcal{O}(Z') \to \mathcal{O}(Z)$ ebenfalls G-äquivariant und folglich mit den Zerlegungen in isotypische Komponenten verträglich:

$$\mu^*(\mathcal{O}(Z')_{(\omega)}) \subset \mathcal{O}(Z)_{(\omega)} \qquad \text{für alle} \qquad \omega \in \Omega .$$

Nach Satz 1 b) ist eine isotypische Komponente $V_{(\omega)}$ eines G-Moduls V von der Form W^m mit $W \in \omega$ und geeignetem $m \in \mathbb{N}$. Wir nennen m <u>die Multiplizität von</u> ω <u>in</u> V und bezeichnen diese mit $m_\omega(V)$. Offenbar gilt

$$m_\omega(V) = \frac{\dim V_{(\omega)}}{\dim \omega} = \dim \operatorname{Hom}_G(W,V) \quad , \quad W \in \omega \quad ,$$

wobei $\dim \omega$ die Dimension eines einfachen Moduls vom Typ ω ist.

Ist Z eine G-Varietät, dann setzen wir entsprechend

$$m_\omega(Z) := m_\omega(\mathcal{O}(Z)) = \frac{\dim \mathcal{O}(Z)_{(\omega)}}{\dim \omega} \in \mathbb{N} \cup \{\infty\} .$$

<u>Beispiele</u>: 1) Sei $G = SL_2$ mit der natürlichen Darstellung auf $\mathbb{C}^2$. Es ist

$$\mathcal{O}(\mathbb{C}^2) = \mathbb{C}[X,Y] = \bigoplus_{d \geq 0} R_d \quad , \quad R_d := \mathcal{O}_d(\mathbb{C}^2) = \text{binäre Formen vom Grad } d ,$$

und die Operation ist gegeben durch

$$\binom{gX}{gY} = g^{-1} \cdot \binom{X}{Y} ,$$

d. h. für $g = \begin{pmatrix} a & b \\ c & d \end{pmatrix} \in SL_2(\mathbb{C})$ gilt

$$gX = dX - bY \quad , \quad gY = aX - cY .$$

Dies ist die Zerlegung von $\mathcal{O}(\mathbb{C}^2)$ in isotypische Komponenten. Alle R_d sind einfache SL_2-Moduln, und jeder einfache SL_2-Modul ist isomorph zu einem R_d (Beweis später: III. 1.5 Beispiel 2). Die Multiplizitäten sind also alle gleich 1 .

Man beachte, daß oft auch folgende Operation auf $\mathbb{C}[X,Y]$ betrachtet wird, vor allem in der klassischen Literatur (vgl. I.5):

$$X \mapsto aX + cY \quad , \quad Y \mapsto bX + dY .$$

Diese unterscheidet sich von der obigen durch den Automorphismus $g \mapsto (g^{-1})^t$ von SL_2 .

2) Wir betrachten allgemeiner die natürliche Darstellung von SL_n (bzw. GL_n) auf $\mathbb{C}^n$. Wie oben erhalten wir die Zerlegung von $\mathcal{O}(\mathbb{C}^n) = \mathbb{C}[X_1,\ldots,X_n]$ in isotypische Komponenten: $\mathcal{O}(\mathbb{C}^n) = \bigoplus_{d\geq 0} \mathcal{O}_d(\mathbb{C}^n)$, $\mathcal{O}_d(\mathbb{C}^n)$:= homogene Polynome vom Grad d bezüglich der üblichen Graduierung (vgl. 2.3 Beispiel 5). Auch hier sind die $\mathcal{O}_d(\mathbb{C}^n)$ einfache SL_n-Moduln (Beweis später: III. 1.4 Beispiel 2); jedoch gibt es für $n > 2$ noch andere einfache Moduln: z. B. $\Lambda^2\mathbb{C}^n$ = 2-fache äußere Potenz der natürlichen Darstellung.

Die reguläre Darstellung von G auf $\mathcal{O}(G)$, induziert durch die Linksmultiplikation von G auf G, ist gegeben durch

$$gf(h) := f(g^{-1}h) \quad \text{für} \quad f \in \mathcal{O}(G) \quad \text{und} \quad g,h \in G$$

(II.2.4). Wir wollen nun zeigen, daß jeder einfache G-Modul als direkter Summand in $\mathcal{O}(G)$ auftritt, und zwar mit einer Multiplizität, die gleich seiner Dimension ist. Eine entsprechende Aussage erhält man für die G-Modulstruktur auf $\mathcal{O}(G)$, welche durch die Rechtsmultiplikation von G auf G induziert ist. Wir betrachten deshalb die $G\times G$-Modulstruktur auf $\mathcal{O}(G)$ definiert durch

$$(g,g')f(h) := f(g^{-1}hg') \quad \text{für} \quad f \in \mathcal{O}(G) \quad \text{und} \quad g,g',h \in G .$$

Wir erinnern daran, daß für zwei Gruppen G und H die einfachen $G\times H$-Moduln von der Gestalt $V \otimes_{\mathbb{C}} W$ sind, wobei V ein einfacher G-Modul und W ein einfacher H-Modul ist (2.3 Uebung).

<u>Satz 3</u>: <u>Sei</u> $\mathcal{O}(G) = \bigoplus_{\omega\in\Omega} \mathcal{O}(G)_{(\omega)}$ <u>die durch die reguläre Darstellung von</u> G <u>auf</u> $\mathcal{O}(G)$ <u>induzierte Zerlegung in isotypische Komponenten</u>. <u>Dann ist</u> $\mathcal{O}(G)_{(\omega)}$ <u>für alle</u> $\omega \in \Omega$ <u>ein nichttrivialer einfacher</u> $G\times G$-<u>Modul isomorph zu</u> $V \otimes_{\mathbb{C}} V^*$ <u>mit</u> V <u>einfach vom Typ</u> ω . <u>Insbesondere ist</u> $\mathcal{O}(G)_{(\omega)}$ <u>als</u> G-<u>Modul isomorph zu</u> $V^{\dim \omega}$, d. h. $m_\omega(G) = \dim \omega$.

Beweis: Sei V ein einfacher G-Modul vom Typ ω . Für $v \in V$ und $\lambda \in V^*$ definieren wir die reguläre Funktion $f_{v,\lambda} \in \mathcal{O}(G)$ durch $f_{v,\lambda}(h) = \lambda(h^{-1}v)$. Wir erhalten damit eine bilineare und $G\times G$-äquivariante Abbildung

$$\phi_V : V \times V^* \to \mathcal{O}(G) \quad , \quad (v,\lambda) \mapsto f_{v,\lambda} \quad :$$

Für $(g,g') \in G\times G$ gilt

$$((g,g')f_{v,\lambda})(h) = f_{v,\lambda}(g^{-1}hg') = \lambda(g'^{-1}h^{-1}gv) = (g'\lambda)(h^{-1}(gv))$$

$$= f_{gv,g'\lambda}(h) \ .$$

Da $V \otimes V^*$ ein einfacher $G\times G$-Modul ist und ϕ_V nicht trivial ist, erhalten wir eine Injektion $V \otimes V^* \to \mathcal{O}(G)$. Es folgt aus der Konstruktion, daß das Bild unabhängig von der Wahl von $V \in \omega$ ist. Es bleibt daher noch folgendes zu zeigen: Ist $W \subset \mathcal{O}(G)_{(\omega)}$ ein einfacher Untermodul, so ist W im Bild der oben konstruierten Abbildung $W \otimes W^* \to \mathcal{O}(G)$ enthalten. Ist $\lambda \in W^*$ definiert durch $\lambda(w) := w(1)$ für $w \in W$, so gilt $f_{w,\lambda}(h) = \lambda(h^{-1}w) = h^{-1}w(1) = w(h)$ für alle $h \in G$, also $f_{w,\lambda} = w$ und somit die Behauptung. ††

<u>Bemerkung 3</u>: Um die beiden G-Strukturen auf $\mathcal{O}(G)$ zu unterscheiden, sprechen wir von der <u>L-Operation</u> bzw. der <u>R-Operation</u> und benutzen folgende Bezeichnungen:

$$\text{L-Operation} \quad : \quad (hf)(g) := f(h^{-1}g) \ ,$$

$$\text{R-Operation} \quad : \quad ({}^{h}f)(g) := f(gh) \ .$$

Ist etwa $G = GL_n$ mit $\mathcal{O}(GL_n) = \mathbb{C}[X_{ij}, \det^{-1}]$, so sind die $V_j := \bigoplus_{i=1}^{n} \mathbb{C}\, X_{ij}$ für $j = 1,\dots,n$ Untermoduln bezüglich der L-Operation, und die Darstellung auf V_j ist kontragredient zur natürlichen Darstellung von GL_n . Entsprechend sind die $W_i := \bigoplus_{j=1}^{n} \mathbb{C}\, X_{ij}$ für $i = 1,\dots,n$ Untermoduln bezüglich der R-Operation, isomorph zur natürlichen Darstellung auf $\mathbb{C}^n$:

$$(hX_{ij})_{i,j} = h^{-1} \cdot (X_{ij})_{i,j} \quad ,$$

$$({}^{h}X_{ij})_{i,j} = (X_{ij})_{i,j} \cdot h \; .$$

<u>Übung</u>: Der kanonische Isomorphismus $V \otimes V^* \xrightarrow{\sim} \operatorname{End} V$ ist $G \times G$ – äquivariant, und die im Beweis von Satz 3 benutzte Abbildung

$$\phi_V \; : \; \operatorname{End} V \to \mathcal{O}(G)$$

hat die Gestalt $\phi_V(\alpha)(g) := \operatorname{sp}(g^{-1}\alpha)$, sp = Spur.

<u>Beispiel 3</u>: Sei Z eine G-Varietät mit einem <u>dichten Orbit</u> $O = Gz$. <u>Dann gilt für alle</u> $\omega \in \Omega$

$$m_\omega(Z) \le \dim \omega \; .$$

(Es ist nämlich die Orbitabbildung $\mu_z : G \to Z$, $g \mapsto gz$, ein dominanter G-äquivarianter Morphismus. Hieraus erhalten wir eine injektive G-äquivariante Abbildung $\mu_z^* : \mathcal{O}(Z) \hookrightarrow \mathcal{O}(G)$, also Einbettungen $\mathcal{O}(Z)_{(\omega)} \hookrightarrow \mathcal{O}(G)_{(\omega)}$.)

<u>Ist</u> $H = G_z$ <u>der Stabilisator von</u> z <u>in</u> G , <u>dann gilt sogar</u>

$$m_\omega(Z) \le \dim (V^*)^H \quad \underline{\text{für}} \quad V \in \omega \; .$$

(Es ist $\mu_z(gh) = ghz = gz = \mu_z(g)$ für alle $g \in G$ und $h \in H$. Somit induziert μ_z eine injektive G-äquivariante Abbildung $\mathcal{O}(Z) \hookrightarrow \{f \in \mathcal{O}(G) \mid f(gh) = f(g)$ für alle $g \in G$ und alle $h \in H\}$, also Injektionen $\mathcal{O}(Z)_{(\omega)} \hookrightarrow V \otimes (V^*)^H$.)

<u>Bemerkung 4</u>: Ist Z eine G-Varietät und $f \in \mathcal{O}(Z)$, so ist f genau dann G-invariant, d. h. $f \in \mathcal{O}(Z)^G$, wenn f auf den Bahnen konstant ist: $f(gz) = f(z)$ für alle $g \in G$. Eine entsprechende Charakterisierung haben

wir auch für die invarianten rationalen Funktionen (vgl. 2.4 Bemerkung 1; wir setzen Z irreduzibel voraus): Eine rationale Funktion $r \in \mathbb{C}(Z)$ ist genau dann G-invariant, wenn für alle $z \in Z$ und $g \in G$ gilt $r(z) = r(gz)$, falls r in z und gz definiert ist. (Beweis als Übung)

3.2 Der Endlichkeitssatz

Theorem: Ist G eine linear reduktive algebraische Gruppe und Z eine affine G-Varietät, so ist der Invariantenring $\mathcal{O}(Z)^G$ eine endlich erzeugbare $\mathbb{C}$-Algebra.

Zusatz: Unter den Voraussetzungen des Theorems ist jede isotypische Komponente $\mathcal{O}(Z)_{(\omega)}$ ein endlich erzeugbarer $\mathcal{O}(Z)^G$-Modul.

Es gibt daher eine affine Varietät Y zusammen mit einer regulären Abbildung $\pi : Z \to Y$ mit der Eigenschaft, daß $\pi^* : \mathcal{O}(Y) \to \mathcal{O}(Z)$ einen Isomorphismus zwischen $\mathcal{O}(Y)$ und $\mathcal{O}(Z)^G$ induziert.

Definition: Sei Z eine G-Varietät. Ein Morphismus $\pi : Z \to Y$ heißt algebraischer Quotient (von Z bezüglich G), wenn π einen Isomorphismus $\mathcal{O}(Y) \xrightarrow{\sim} \mathcal{O}(Z)^G$ induziert. Wir sagen manchmal auch nur Quotient.

Bevor wir das Theorem beweisen, wollen wir die wichtigsten Eigenschaften eines algebraischen Quotienten $\pi : Z \to Y$ zusammenstellen.

Universelle Eigenschaft: Ist $\mu : Z \to X$ eine reguläre Abbildung und konstant auf den Bahnen, so existiert genau eine reguläre Abbildung $\bar{\mu} : Y \to X$ mit $\mu = \bar{\mu} \circ \pi$:

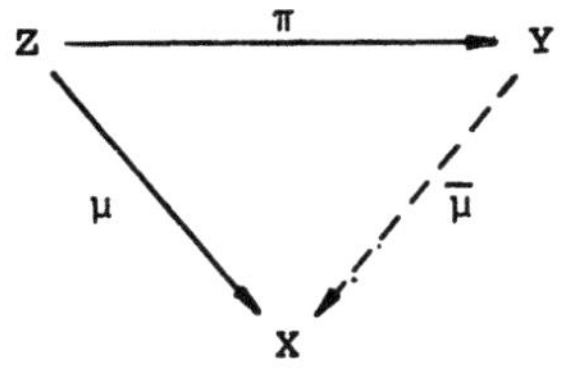

(Da μ auf den Bahnen von Z konstant ist, folgt $\mu^*(\mathcal{O}(X)) \subset \mathcal{O}(Z)^G$; wir erhalten das kommutative Diagramm

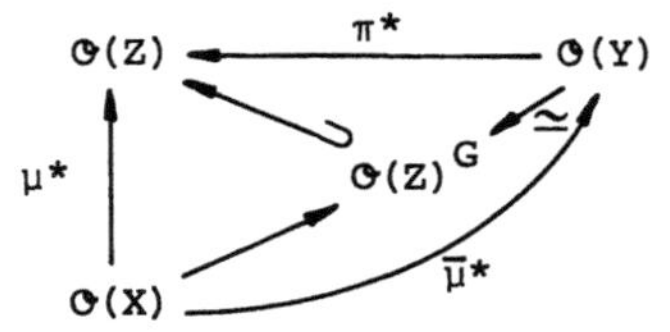

aus dem die eindeutige Existenz von $\bar{\mu}$ folgt. ††)

Ein algebraischer Quotient ist daher bis auf eindeutig bestimmte Isomorphie eindeutig festgelegt.

Wir wählen ein für alle Mal einen solchen Quotienten aus und bezeichnen ihn mit $\pi_Z : Z \to Z/\!\!/G$.

G-Abgeschlossenheit: Sei $\pi : Z \to Y$ ein Quotient von Z bzgl. G und Z' eine abgeschlossene G-stabile Teilmenge von Z . Dann ist $\pi(Z')$ abgeschlossen in Y, und $\pi' = \pi|_{Z'} : Z' \to \pi(Z')$ ist ein Quotient von Z' bzgl. G .

Folgerungen: 1) π ist surjektiv.
2) π ist submersiv, d. h. Y trägt die Quotiententopologie.

Beweis: 1) Nach Konstruktion ist $\overline{\pi(Z)} = Y$.
2) Sei $U \subset Y$ mit $\pi^{-1}(U)$ offen in Z . Dann ist $Z - \pi^{-1}(U)$ abgeschlossen und G-stabil in Z , also $\pi(Z - \pi^{-1}(U)) = Y - U$ abgeschlossen in Y . ††

Trennungseigenschaft: Sei $\pi : Z \to Y$ ein Quotient und $(A_i)_{i \in I}$ eine Familie G-stabiler abgeschlossener Teilmengen von Z . Dann gilt

$$\pi\Big(\bigcap_{i \in I} A_i\Big) = \bigcap_{i \in I} \pi(A_i) \ .$$

Folgerung: Die Bilder zweier disjunkter G-stabiler abgeschlossener Teilmengen von Z sind disjunkt.

Bemerkung 1: Jede Faser von π enthält genau einen abgeschlossenen Orbit. Der Quotient Y parametrisiert also die abgeschlossenen Orbiten von G in Z . Dies erklärt etwas die Bezeichnung $Z/\!\!/G$.

Definition: Der Quotient $\pi : Z \to Y$ heißt geometrisch, falls die Fasern von π genau die G-Orbiten sind, oder äquivalent dazu, falls alle Orbiten abgeschlossen sind. Es ist dann also $Y = Z/G$ der Bahnenraum von Z .

Bemerkung 2: Ist Z zusammenhängend und π ein geometrischer Quotient, dann haben alle G-Orbiten in Z dieselbe Dimension.

(Wir können o. E. G zusammenhängend annehmen. Da Z zusammenhängend ist und die irreduziblen Komponenten von Z zudem G-stabil sind (2.2 Bemerkung 3), genügt es zu zeigen, daß alle Bahnen in einer irreduziblen Komponente von Z dieselbe Dimension haben. Dies folgt aus Lemma 2.6 und der Tatsache, daß alle Bahnen zugleich Fasern sind (verwende AI.3.3 Satz). ††)

Wir übertragen nun die obigen Eigenschaften eines Quotienten in die Idealtheorie des Koordinatenringes von Z .

Satz: Setze $R := \mathcal{O}(Z) \supset S := \mathcal{O}(Z)^G$.

1) S ist eine endlich erzeugte $\mathbb{C}$-Algebra.

2) Ist $\underline{a} \subset R$ ein G-stabiles Ideal von R , so ist $S/\underline{a} \cap S \cong (R/\underline{a})^G$.

3) Ist $\underline{b} \subset S$ ein Ideal von S , so folgt $\underline{b}R \cap S = \underline{b}$. Insbesondere ist S noethersch.

4) Ist $(\underline{a}_i)_{i \in I}$ eine Familie von G-stabilen Idealen von R , dann gilt $(\sum_{i \in I} \underline{a}_i) \cap S = \sum_{i \in I} (\underline{a}_i \cap S)$.

Wir zeigen zunächst, daß aus diesem Satz das Theorem sowie die G-Abgeschlossenheit und die Trennungseigenschaft von Quotienten folgen.

Beweis von Theorem, G-Abgeschlossenheit und Trennungseigenschaft: a) Es ist 1) genau die Aussage des Theorems.

b) Ist Z' eine abgeschlossene G-stabile Teilmenge von Z , so ist $\underline{a} = \underline{i}(Z')$ ein G-stabiles Ideal von $\mathcal{O}(Z)$, und es gilt $\overline{\pi(Z')} = \mathcal{V}_Y(\underline{a} \cap S)$, d. h. $\mathcal{O}(\overline{\pi(Z')}) = S/\underline{a} \cap S \subset R/\underline{a}$. Nach 2) ist $S/\underline{a} \cap S \cong (R/\underline{a})^G$; es folgt also $\mathcal{O}(\overline{\pi(Z')}) = S/\underline{a} \cap S \cong (R/\underline{a})^G = \mathcal{O}(Z')^G$. Damit ist $\pi' : Z' \to \overline{\pi(Z')}$ ein Quotient, und es bleibt nur zu zeigen, daß ein Quotient surjektiv ist. Sei nun $y \in Y$ mit dem zugehörigen maximalen Ideal $\underline{m}_y \subset S$. Wegen 3) gilt $\underline{m}_y R \neq R$; insbesondere gibt es ein maximales Ideal $\underline{m}$ von R mit $\underline{m} \supset \underline{m}_y$. Ist $z \in Z$ der zugehörige Punkt, so folgt $\pi(z) = y$.

c) Für jedes $i \in I$ ist $\underline{a}_i := \underline{i}(A_i)$ ein G-stabiles Ideal von $\mathcal{O}(Z)$, und es gilt $\bigcap_{i \in I} A_i = \mathcal{V}_Z(\sum_{i \in I} \underline{a}_i)$. Unter Verwendung von 4) folgt hieraus

$$\overline{\pi(\bigcap_{i\in I} A_i)} = \mathcal{V}_Y((\sum_{i\in I} \underline{a}_i)\cap S) = \mathcal{V}_Y(\sum_{i\in I} (\underline{a}_i\cap S)) =$$

$$= \bigcap_{i\in I} \mathcal{V}_Y(\underline{a}_i\cap S) = \bigcap_{i\in I} \overline{\pi(A_i)} .$$

Aus der G-Abgeschlossenheit erhalten wir $\overline{\pi(A_i)} = \pi(A_i)$ und somit die Behauptung. ††

Beweis Zusatz: Sei $W\in\omega$. Dann ist nach dem Theorem $\mathcal{O}(Z\times W)^G$ eine endlich erzeugbare $\mathbb{C}$-Algebra. Aus den kanonischen Isomorphismen

$$\mathcal{O}(Z\times W)^G \cong (\mathcal{O}(Z)\otimes\mathcal{O}(W))^G \cong \bigoplus_{i\geq 0}(\mathcal{O}(Z)\otimes\mathcal{O}(W)_i)^G =$$

$$= \mathcal{O}(Z)^G \oplus (\mathcal{O}(Z)\otimes W^*)^G \oplus \ldots$$

folgt daher, daß $(\mathcal{O}(Z)\otimes W^*)^G$ ein endlich erzeugbarer $\mathcal{O}(Z)^G$-Modul ist. Wegen

$$(\mathcal{O}(Z)\otimes W^*)^G \otimes W \xrightarrow{\sim} \mathcal{O}(Z)_{(\omega)} \qquad \text{(3.1 Satz 1e)}$$

folgt damit die Behauptung. ††

In einem nächsten Schritt beweisen wir die Aussagen 2) - 4) des Satzes, und zwar ohne 1) zu benutzen.

Beweis von Satz 2) - 4): Sei $R = \bigoplus_{\omega\in\Omega} R_{(\omega)}$ die Zerlegung von R in isotypische Komponenten, $R_{(0)} = S = R^G$.

Ad 2): Da $\underline{a}$ ein G-stabiles Ideal von R ist, folgt $\underline{a} = \bigoplus_{\omega\in\Omega} \underline{a}_{(\omega)}$ mit $\underline{a}_{(\omega)} = \underline{a}\cap R_{(\omega)}$ (3.1 Bemerkung 1) und somit $R/\underline{a} = \bigoplus_{\omega\in\Omega} R_{(\omega)}/\underline{a}_{(\omega)}$, d. h. $(R/\underline{a})_{(\omega)} = R_{(\omega)}/\underline{a}_{(\omega)}$. Für $\omega = 0$ folgt $(R/\underline{a})^G = S/S\cap\underline{a}$.

Ad 3): Für jedes $\omega\in\Omega$ ist $R_{(\omega)}$ ein S-Modul (3.1 Lemma). Wegen $\underline{b}\subset S$ folgt somit $\underline{b}R = \bigoplus_{\omega} \underline{b}R_{(\omega)}$, d. h. $(\underline{b}R)_{(\omega)} = \underline{b}R_{(\omega)}$. Für $\omega = 0$ folgt $\underline{b}R\cap S = (\underline{b}R)_{(0)} = \underline{b}$.

Ad 4: Für jedes $i\in I$ gilt $\underline{a}_i = \bigoplus_{\omega} (\underline{a}_i)_{(\omega)}$ und somit $\sum_{i\in I} \underline{a}_i = \sum_{i\in I} \bigoplus_{\omega} (\underline{a}_i)_{(\omega)} = \bigoplus_{\omega} \sum_{i\in I} (\underline{a}_i)_{(\omega)}$, d. h. $(\sum_{i\in I} \underline{a}_i)_{(\omega)} = \sum_{i\in I} (\underline{a}_i)_{(\omega)}$.

Für $\omega = 0$ folgt $(\sum_{i\in I} \underline{a}_i)\cap S = \sum_{i\in I} (\underline{a}_i\cap S)$. ††

Es bleibt noch der Nachweis der Endlichkeitsaussage 1) . Hierzu verwenden wir das folgende Resultat.

<u>Lemma</u>: <u>Sei</u> $S = \bigoplus_{i \geq 0} S_i$ <u>eine graduierte</u> $\mathbb{C}$-<u>Algebra</u>, $\underline{n} := \bigoplus_{i > 0} S_i$ <u>und</u> $x_1,\dots,x_t$ <u>homogene Elemente von</u> $\underline{n}$. <u>Dann sind äquivalent</u>:

(i) $S = S_o[x_1,\dots,x_t]$,

(ii) $\underline{n} = \sum_{i=1}^{t} Sx_i$,

(iii) $\underline{n}/\underline{n}^2 = \sum_{i=1}^{t} S_o\overline{x}_i$ <u>mit</u> $\overline{x}_i := x_i + \underline{n}^2$.

<u>Beweis</u>: (i) => (ii): Sei $x \in \underline{n}$, $x = \sum_{\alpha} s_{\alpha_1\dots\alpha_t} \cdot x_1^{\alpha_1} x_2^{\alpha_2} \dots x_t^{\alpha_t}$ mit $s_{\alpha_1\dots\alpha_t} \in S_o$. Da $\underline{n}$ ein homogenes Ideal ist, folgt $s_{o\dots o} = 0$, d. h. $x \in \sum_{i=1}^{t} Sx_i$.

(ii) => (iii): klar.

(iii) => (i): Aus $\underline{n} = \sum_{i=1}^{t} S_o x_i + \underline{n}^2$ folgt $\underline{n}^2 = \sum_{i,j=1}^{t} S_o x_i x_j + \underline{n}^3$ und durch Induktion

$$\underline{n}^i = \sum_{\Sigma\alpha_\nu = i} S_o x_1^{\alpha_1} \dots x_t^{\alpha_t} + \underline{n}^{i+1} \quad \text{für alle } i \geq 1 .$$

Hieraus erhalten wir für alle $d > 0$

$$S = \sum_{\Sigma\alpha_\nu \leq d} S_o x_1^{\alpha_1} \dots x_t^{\alpha_t} + \underline{n}^{d+1} .$$

Betrachten wir den homogenen Unterring $S' := S_o[x_1,\dots,x_t] \subset S$, so folgt $S' + \underline{n}^d = S$ für alle $d > 0$. Für die homogenen Elemente vom Grad i ergibt sich damit $(S')_i = (\underline{n}^d)_i + S_i$. Wegen $(\underline{n}^d)_i = 0$ für $d > i$ folgt hieraus $(S')_i = S_i$ für alle i und somit $S' = S$. ††

<u>Beweis von Satz 1)</u>: Sei zunächst $Z = V$ ein endlichdimensionaler Vektorraum, auf dem G linear operiert. Der Koordinatenring $\mathcal{O}(V) =: R = \bigoplus_{i\geq 0} R_i$, $R_i := \{f \in \mathcal{O}(V) \mid f \text{ homogen vom Grad } i\}$, ist eine graduierte $\mathbb{C}$-Algebra. Da G auf V linear operiert, ist diese Graduierung G-stabil. Insbesondere ist $S = \mathcal{O}(V)^G$ ebenfalls eine graduierte $\mathbb{C}$-Algebra. Da S wegen 3) noethersch ist und offenbar $S_o = \mathbb{C}$ gilt, folgt die Behauptung aus der

Implikation (iii) => (i) des vorangehenden Lemmas.

Im allgemeinen Fall fassen wir Z als abgeschlossene G-stabile Teilmenge eines Vektorraums V mit linearer G-Operation auf (2.4 Satz). Wir haben also einen surjektiven Homomorphismus $\mathcal{O}(V) \to \mathcal{O}(Z)$ mit einem G-stabilen Kern $\underline{a}$. Aus 2) erhält man nun $\mathcal{O}(Z)^G \cong (\mathcal{O}(V)/\underline{a})^G \cong \mathcal{O}(V)^G/\mathcal{O}(V)^G \cap \underline{a}$. Mit $\mathcal{O}(V)^G$ ist daher auch $\mathcal{O}(Z)^G$ endlich erzeugbar. ††

3.3 Einige einfache Eigenschaften und Beispiele

Sei G eine linear reduktive Gruppe, Z eine G-Varietät und $\pi : Z \to Y$ der algebraische Quotient.

Satz 1: Ist Z irreduzibel, dann ist Y ebenfalls irreduzibel. Ist Z normal, dann ist Y ebenfalls normal.

(Die erste Aussage ist klar. Offensichtlich gilt $\mathcal{O}(Y) \cong \mathcal{O}(Z)^G = \mathcal{O}(Z) \cap \mathbb{C}(Z)^G$. Ist $s \in \mathbb{C}(Y) \cong \mathrm{Quot}(\mathcal{O}(Z)^G)$ und s ganz über $\mathcal{O}(Z)^G$, so folgt $s \in \mathbb{C}(Z)^G$ und s ganz über $\mathcal{O}(Z)$, also $s \in \mathcal{O}(Z)^G$. ††)

Bemerkungen: 1) Der Beweis zeigt, daß $\mathcal{O}(Z)^G$ ganz abgeschlossen in $\mathbb{C}(Z)^G$ ist. Man folgert hieraus leicht, daß $\mathbb{C}(Y)$ algebraisch abgeschlossen in $\mathbb{C}(Z)^G$ ist.

Es ist aber durchaus möglich, daß $\mathbb{C}(Z)^G \supsetneqq \mathbb{C}(Y)$ gilt: Sei z. B. $Z = \mathbb{C}^2$ und $G = \mathbb{C}^*$ mit der Operation $\lambda(x,y) := (\lambda x, \lambda y)$ für $\lambda \in \mathbb{C}^*$ und $(x,y) \in Z$. Es gilt dann $\mathcal{O}(Z)^G = \mathbb{C}$; andererseits ist $f = \frac{x}{y} \in \mathbb{C}(Z)^G$ eine nicht konstante rationale invariante Funktion.

2) Ist zudem G zusammenhängend, so ist $\mathcal{O}(Z)^G$ ganz abgeschlossen in $\mathcal{O}(Z)$, und $\mathbb{C}(Y)$ ist algebraisch abgeschlossen in $\mathbb{C}(Z)$.

(Betrachte eine Ganzheitsgleichung bzw. Minimalgleichung; diese hat nur endlich viele Lösungen,und die Lösungsmenge ist stabil unter G . Da G zusammenhängend ist, läßt G jede Lösung fest. ††)

Satz 2: Sei G zusammenhängend mit trivialer Charaktergruppe (d. h. alle eindimensionalen Darstellungen von G sind trivial). Ist V ein endlich-dimensionaler Vektorraum mit linearer G-Operation und $\pi : V \to Y$ der Quotient, so gilt

$$\mathbb{C}(Y) = \mathbb{C}(V)^G, \text{ und } \mathcal{O}(Y) = \mathcal{O}(V)^G \text{ ist faktoriell.}$$

<u>Beweis</u>: Sei $f \in \mathcal{O}(V)^G$ und $f = \prod_{i=1}^{s} f_i^{s_i}$ die Primzerlegung von f in $\mathcal{O}(V)$. Wir zeigen $f_i \in \mathcal{O}(V)^G$: Es gilt $gf = \prod_{i=1}^{s} (gf_i)^{s_i}$ und somit $gf_i = \varepsilon_i(g) f_j$ für geeignetes j und $\varepsilon_i(g) \in \mathbb{C}^*$. Weiter ist $G' := \{g \in G \mid gf_i \in \mathbb{C}^* f_i\}$ eine abgeschlossene Untergruppe von G mit endlichem Index ($[G : G'] <$ # irreduziblen Faktoren von f). Da G zusammenhängend ist, folgt $G = G'$. Da G auf V linear operiert, erhält man $\varepsilon_i(g \cdot h) = \varepsilon_i(g) \cdot \varepsilon_i(h)$ für $g,h \in G$, d. h. ε_i ist ein Charakter von G, nach Voraussetzung also $\varepsilon_i(g) = 1$ für alle $g \in G$. Somit liefert die Primzerlegung von f in $\mathcal{O}(V)$ eine Primzerlegung von f in $\mathcal{O}(V)^G$. ††

<u>Bemerkungen</u>: 3) Anstatt zu verlangen, daß V ein Vektorraum ist, genügt es, $\mathcal{O}(V)$ als <u>faktoriell</u> mit Einheitengruppe $\mathbb{C}^*$ vorauszusetzen. (Die zweite Bedingung kann man auch noch fallen lassen.) Zudem braucht G nicht linear reduktiv zu sein.

4) Ist Z eine <u>irreduzible</u> G-Varietät und $m := \mathrm{Max}\,(\dim Gz)$ die maximale Orbit-Dimension, so gilt für den Quotienten $\pi : Z \to Y$

$$\dim Y \leq \dim Z - m .$$

Unter der zusätzlichen Voraussetzung $\mathbb{C}(Y) = \mathbb{C}(Z)^G$ steht das Gleichheitszeichen, und fast alle Fasern von π enthalten einen dichten Orbit.

(Die Ungleichung folgt leicht aus 2.5 Satz und AI.3.3. Der Beweis der zweiten Aussage ist wesentlich schwieriger; siehe 4.3 E.)

<u>Satz 3</u>: <u>Sei</u> Z <u>eine</u> G-<u>Varietät</u>, $\pi : Z \to Y$ <u>ein Quotient und</u> $Gz \subset Z$ <u>eine Bahn</u>.

a) <u>Der Abschluß</u> $\overline{Gz}$ <u>enthält genau eine abgeschlossene Bahn</u>.

b) <u>Ist</u> Gz <u>abgeschlossen, so gilt</u> $\pi^{-1}(\pi(z)) = \{x \in Z \mid \overline{Gx} \ni z\}$, <u>und</u> Gz <u>ist die einzige abgeschlossene Bahn in der Faser</u> $\pi^{-1}(\pi(z))$.

c) <u>Jede</u> G-<u>stabile abgeschlossene Teilmenge</u>, <u>welche</u> Gz <u>als einzige abgeschlossene Bahn enthält</u>, <u>ist in der Faser</u> $\pi^{-1}(\pi(z))$ <u>enthalten</u>.

(Die Behauptungen folgen unmittelbar aus der G-Abgeschlossenheit 3.2 von Quotienten, vgl. 3.2 Bemerkung 1.)

Spezialfall: Ist V ein Vektorraum mit linearer G-Operation, so gilt

$$V^o := \{v \in V \mid \overline{Gv} \ni 0\} = \pi^{-1}(\pi(0)) ,$$

d. h. V^o ist die Nullfaser der Quotientenabbildung π (vgl. I.5).

Übung: Man beweise Satz 3.

Beispiel 1 (vgl. I.2): Sei Q_n der $\mathbb{C}$-Vektorraum der quadratischen Formen in n Variablen mit üblicher SL_n-Operation: $gq(x) = q(g^{-1}x)$ für $g \in SL_n$, $x \in \mathbb{C}^n$. Es folgt unmittelbar aus den Überlegungen in Abschnitt I.2 (siehe speziell die Behauptung am Schluß von I.2), daß die Diskriminante $\Delta : Q_n \to \mathbb{C}$ ein Quotient von Q_n (bzgl. SL_n) ist. Wir wollen uns dies noch auf eine andere Art überlegen:

Δ ist konstant auf den Bahnen. Aus der universellen Eigenschaft des Quotienten $\pi : Q_n \to Y := Q_n/\!\!/SL_n$ erhalten wir daher ein kommutatives Diagramm

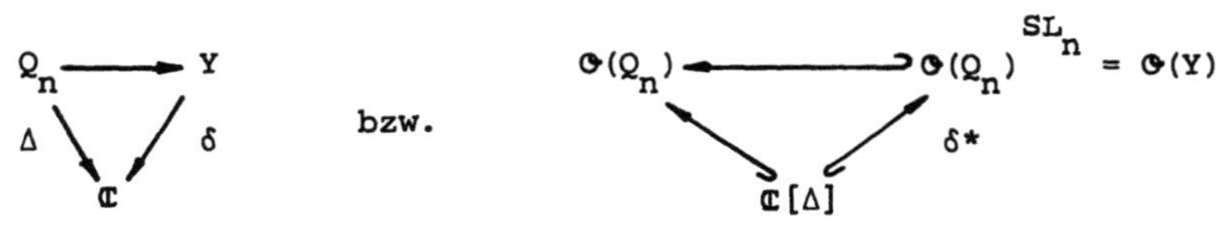

δ ist surjektiv, und für $\lambda \in \mathbb{C} - \{0\}$ ist $\Delta^{-1}(\lambda)$ eine abgeschlossene Bahn, $\delta^{-1}(\lambda) = \pi(\Delta^{-1}(\lambda))$ daher ein Punkt. Es folgt, daß δ birational ist, d. h $\mathbb{C}(Y) = \mathbb{C}(\Delta)$ (AI.3.7). Sei nun $\frac{p}{q} \in \mathcal{O}(Q_n)^{SL_n}$, $p,q \in \mathbb{C}[\Delta]$. Da Δ auf Q_n alle komplexen Werte annimmt, ist jede Nullstelle von q auch eine Nullstelle von p, also $\frac{p}{q} \in \mathbb{C}[\Delta]$. ††

Übung: Die Fasern von Δ sind irreduzible Hyperflächen in Q_n von der Dimension $\binom{n+1}{2} - 1$; die Nullfaser ist normal, die andern Fasern sogar singularitätenfrei. (Für den Nachweis der Normalität verwende man das Serre-Kriterium AI.6.2.)

Der nachstehende Satz zeigt, daß die Strukturaussage über den Quotienten in obigem Beispiel, nämlich die Isomorphie von $Q_n/\!\!/SL_n$ mit $\mathbb{C}$, bereits aus der Kenntnis der Bahn-Dimensionen folgt.

<u>Satz 4: Operiert G linear auf dem Vektorraum V, und hat G eine Bahn der Kodimension ≤ 1, so ist der Quotient $V/\!\!/G$ entweder ein Punkt oder isomorph zu $\mathbb{C}$.</u>

Beweis: Nach Satz 1 ist der Quotient $Y := V/\!\!/G$ irreduzibel und normal. Nach Satz 2 gilt $\dim Y \leq \dim V - \underset{v\in V}{\operatorname{Max}} \dim Gv \leq 1$. Ist $\dim Y = 0$, so ist Y ein Punkt. Sei nun $\dim Y = 1$. Dann ist Y singularitätenfrei (AI.6.1 Beispiel 2). Zudem ist $\mathcal{O}(Y) \cong \mathcal{O}(V)^G = \bigoplus_{i\geq 0} R_i^G$ graduiert mit $R_o^G = R_o = \mathbb{C}$, und $\underline{m} := \bigoplus_{i>0} R_i^G$ ist das zu $\pi(0) \in Y$ gehörige maximale Ideal. Nun ist $\underline{m}/\underline{m}^2$ eindimensional, also $\mathcal{O}(V)^G = \mathbb{C}[x]$ für ein $x \in \underline{m} - \underline{m}^2$ (3.2 Lemma), woraus die Behauptung folgt. ††

Beispiel 2 (vgl. I.3): GL_n operiere auf dem Matrizenring M_n durch Konjugation. Wir betrachten die n symmetrischen Funktionen in den Eigenwerten $\sigma_1,\ldots,\sigma_n$ als Funktionen auf M_n; wegen $\det(tE-A) = t^n - \sigma_1(A)t^{n-1}+\ldots+(-1)^n\sigma_n(A)$ sind $\sigma_1,\ldots,\sigma_n$ reguläre Funktionen auf M_n, und wir behaupten, daß $\sigma : M_n \to \mathbb{C}^n$, $A \mapsto (\sigma_1(A),\ldots,\sigma_n(A))$, <u>der Quotient von M_n bzgl. GL_n</u> ist.

Zum Beweis: Wir gehen vor wie im ersten Beispiel.
Sei $M_n' = \{A \in M_n \mid A$ hat lauter verschiedene Eigenwerte$\}$. M_n' ist eine offene, dichte Teilmenge von M_n. Für alle $A \in M_n'$ besteht $\sigma^{-1}(\sigma(A))$ aus genau einer Bahn, nämlich der Konjugationsklasse C_A von A. Die Teilmenge $U := \sigma(M_n')$ ist dicht in $\mathbb{C}^n$.

σ ist konstant auf den G-Bahnen. Aus der universellen Eigenschaft (3.2) des Quotienten $\pi : M_n \to Y := M_n/\!\!/GL_n$ erhalten wir das Diagramm

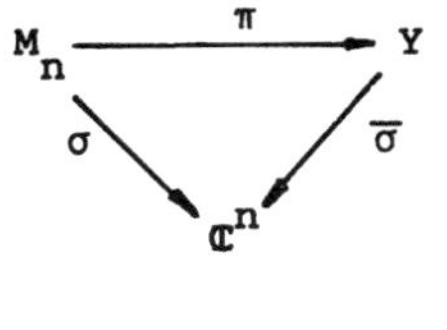

Es ist $\bar{\sigma}$ surjektiv und wegen $\#\bar{\sigma}^{-1}(u) = 1$ für alle $u \in U$ auch birational. Wir werden im folgenden Abschnitt sehen, daß wir hieraus bereits die Behauptung ableiten können. ††

Beispiel 3: Sei G eine algebraische Gruppe und $H \subset G$ eine <u>linear reduktive Untergruppe</u>. Wir haben die beiden Operationen Rechts- und Linksmultiplikation von H auf G :

$$\lambda, \rho \ : \ H\times G \to G \ , \ \lambda(h,g) \ := \ hg \quad \text{und} \quad \rho(h,g) \ := \ gh^{-1} \ .$$

Bei beiden Operationen sind alle Bahnen abgeschlossen und isomorph zu H, der zugehörige Quotient also geometrisch (3.2). Wir bezeichnen ihn im folgenden mit

$$\pi = \pi_\lambda \ : \ G \to H\backslash G \quad \text{bzw.} \quad \pi = \pi_\rho \ : \ G \to G/H$$

und reden wie üblich von Rechtsnebenklassen bzw. Linksnebenklassen.

Die Rechtsmultiplikation von G auf sich selbst, $g' \mapsto g'g^{-1}$, induziert eine Operation von G auf $H\backslash G$ und π_λ ist G-äquivariant; entsprechendes gilt für die Linksmultiplikation von G auf sich selbst. Ist H ein Normalteiler, so erhalten wir einen kanonischen Isomorphismus $H\backslash G \xrightarrow{\sim} G/H$ und G/H ist in natürlicher Weise eine algebraische Gruppe mit Koordinatenring $\mathcal{O}(G/H) = \mathcal{O}(G)^H$, die Restklassengruppe von G nach H.

Damit erhalten wir den üblichen Homomorphiesatz: Ist $\phi : G \to G'$ ein Homomorphismus mit $\operatorname{Ker} \phi \supset H$, so gibt es einen eindeutig bestimmten Homomorphismus $\overline{\phi} : G/H \to G'$ mit dem kommutativen Diagramm

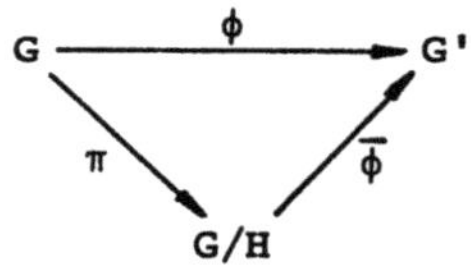

Bemerkung 5: Ist Z eine G-Varietät und $H \subset G$ ein linear reduktiver Normalteiler, welcher auf Z trivial operiert, so ist Z in natürlicher Weise eine G/H-Varietät, d. h. die "mengentheoretische" Operation von G/H auf Z ist regulär. (Sei $\rho : G\times Z \to Z$ die Operation und $f \in \mathcal{O}(Z)$. Da H auf Z trivial operiert, ist $\rho^* f \in \mathcal{O}(G\times Z)^H$, wobei wir H durch $h(g,z) = (gh^{-1},z)$ operieren lassen. Es gilt $\mathcal{O}(G\times Z)^H = \mathcal{O}(G)^H \otimes \mathcal{O}(Z) \cong$ $\cong \mathcal{O}(G/H) \otimes \mathcal{O}(Z)$, d. h. die Abbildung $\overline{\rho} : G/H \times Z \to Z$ ist regulär.)

Bisher haben wir vor allem den Invariantenring $\mathcal{O}(Z)^G$ einer G-Varietät studiert. Im folgenden Satz wollen wir im Spezialfall eines Torus zeigen, welche geometrische Bedeutung der Körper $\mathbb{C}(Z)^G$ der invarianten rationalen Funktionen hat. Ein allgemeineres Resultat in dieser Richtung werden wir in 4.3 E und in III. 3.6 Satz 1 beweisen.

Satz 5: Sei T ein Torus, d. h. isomorph zu einem T_n (1.1), und Z eine irreduzible T-Varietät. Dann sind folgende Aussagen äquivalent:

(i) Z enthält endlich viele Bahnen.

(ii) Z enthält eine dichte Bahn.

(iii) $\mathbb{C}(Z)^T = \mathbb{C}$.

(iv) Die Multiplizitäten in $\mathcal{O}(Z)$ sind ≤ 1 .

Beweis: (i) => (ii) ist klar.

(ii) => (iii): Wegen des dichten Orbits ist jede rationale T-invariante Funktion konstant (3.1 Bemerkung 5).

(iii) => (iv): Die einfachen T-Moduln sind eindimensional, also $\Omega_T = X(T)$ (2.3 Beispiel 8; siehe auch III.1.3). Wäre der Eigenraum $\mathcal{O}(Z)_\chi$ von der Dimension ≥ 2 , so gäbe es zwei linear unabhängige Funktionen $f,g \in \mathcal{O}(Z)_\chi$, und ihr Quotient $\frac{f}{g}$ wäre T-invariant und nicht konstant.

(iv) => (i): Sei $Z^{max} \subset Z$ die offene Teilmenge bestehend aus den Bahnen maximaler Dimension (Satz 2.6) und $\underline{a}$ das Ideal der auf $Z - Z^{max}$ verschwindenden Funktionen. Ist $\underline{a} \neq 0$, so gibt es eine Eigenfunktion $f \neq 0$ in $\underline{a}$, denn $\underline{a}$ ist T-stabil. Im Fall $\underline{a} = 0$, d. h. $Z = Z^{max}$, nehmen wir $f = 1$. Dann ist $Z_f \subset Z^{max}$ eine offene affine und T-stabile Teilmenge, deren Bahnen alle abgeschlossen sind. Man sieht leicht, dass wegen der Voraussetzung die Multiplizitäten in $\mathcal{O}(Z_f) \cong \mathcal{O}(Z)_f$ kleiner oder gleich 1 sind. Es folgt hieraus $\mathcal{O}(Z_f)^T = \mathbb{C}$. Also ist Z_f eine Bahn (Trennungseigenschaft 3.2), und diese ist dicht in Z. Die gleichen Ueberlegungen lassen sich für jede T-stabile irreduzible abgeschlossene Teilmenge anstellen, da sich die Eigenschaft (iv) auf jeden Restklassenring überträgt. Es enthält daher jede Schicht S in Z genau eine Bahn, nämlich die dichte Bahn in $\overline{S}$, und die Behauptung folgt. ††

3.4 Ein Kriterium für Quotienten

Es sei G linear reduktiv, Z eine irreduzible G-Varietät und $\mu : Z \to Y$ eine reguläre und auf den G-Bahnen konstante Abbildung.

Satz (Quotientenkriterium): Ist Y normal und μ surjektiv, und gibt es eine dichte Teilmenge $U \subset Y$ mit der Eigenschaft, dass für alle $y \in U$ die Faser $\mu^{-1}(y)$ genau einen abgeschlossenen Orbit enthält, so ist μ ein Quotient von Z bzgl. G .

Beweis: Aus der universellen Eigenschaft erhalten wir ein kommutatives Diagramm:

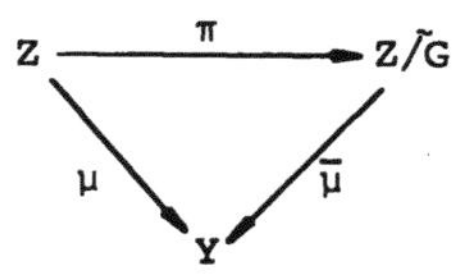

Nach Voraussetzung ist $\bar{\mu}$ surjektiv, und $\bar{\mu}^{-1}(y)$ ist einpunktig für $y \in U$. ($\mu^{-1}(y)$ enthält genau einen abgeschlossenen Orbit, ist also nach 3.2 Satz 3c in einer Faser von π enthalten.) Es ist deshalb $\bar{\mu}$ birational und surjektiv (AI.3.7 Lemma). Das folgende Lemma zeigt, dass $\bar{\mu}$ sogar ein Isomorphismus ist. ††

Lemma (R. L. Richardson): Seien X und Y irreduzible, affine Varietäten und $\mu : X \to Y$ eine surjektive und birationale Abbildung. Ist Y normal, so ist μ ein Isomorphismus.

Beweis: μ induziert eine Einbettung $\mu^* : \mathcal{O}(Y) \hookrightarrow \mathcal{O}(X)$ und einen Isomorphismus $\mu^* : \mathbb{C}(Y) \xrightarrow{\sim} \mathbb{C}(X)$. Ist μ kein Isomorphismus, so gibt es ein $f \in \mathcal{O}(X) - \mathcal{O}(Y)$. Dieses f definiert eine rationale Funktion r auf Y, $r \in \mathbb{C}(Y)$, mit $\mu^*(r) = f$. Wir betrachten den Divisor von r auf Y: $(r) = \sum_D \nu_D(r) D$, D durchläuft alle irreduziblen Hyperflächen von Y, und setzen

$$H^- := \bigcup_{\nu_D(r) < 0} D \, , \quad H^+ := \bigcup_{\nu_D(r) > 0} D \, .$$

Auf der offenen und dichten Teilmenge $Y' := Y - H^-$ von Y ist r eine wohldefinierte Funktion, und für $x \in X' := \mu^{-1}(Y')$ gilt $f(x) = r(\mu(x))$.

Sei nun $y_o \in Y$ eine Polstelle von r, d. h. $y_o \in H^- - H^+$, und x_o ein Urbild von y_o in X. Da X' offen und dicht in X ist, existiert eine Folge $\{x_i\}_1^\infty$, $x_i \in X'$, mit $\lim_{i\to\infty} x_i = x_o$. Es folgt
$f(x_o) = \lim_{i\to\infty} f(x_i) = \lim_{i\to\infty} r(\mu(x_i))$. Nach Konstruktion ist aber
$\lim_{i\to\infty} \mu(x_i) = \mu(x_o) = y_o$ eine Polstelle von r, und wir erhalten einen Widerspruch. ††

Bemerkung: Der Beweis des Lemmas zeigt, daß man μ nicht notwendig surjektiv voraussetzen braucht. Es genügt zu wissen, daß das Bild von μ

jede Hyperfläche in einer dichten Teilmenge trifft, d. h. $\operatorname{codim}_Y \overline{Y - \mu(X)} \geq 2$. Entsprechendes gilt für das Quotientenkriterium.

Anwendung des Kriteriums:

Sei Z eine irreduzible G-Varietät. Um das Quotienten-Kriterium anwenden zu können, hat man also folgendes zu tun:

1) Man finde einen geeigneten Kandidaten $\mu : Z \to Y$ für den Quotienten.

2) Man zeige, daß Y normal ist und daß $\operatorname{codim}_Y \overline{Y - \mu(Z)} \geq 2$ gilt.

3) Man studiere die Fasern von μ und zeige, daß fast alle genau einen abgeschlossenen Orbit enthalten.

Ein typischer Fall wäre etwa der folgende: $Y \cong \mathbb{C}^n$, μ ist surjektiv und die generische Faser von μ ist ein Orbit oder enthält einen dichten Orbit .

Damit kann man die Beispiele 1) und 2) von 3.3 behandeln. Weitere Beispiele folgen in den nächsten Abschnitten.

Beispiel: Ein bijektiver Gruppenhomomorphismus ist ein Isomorphismus. Ist etwas allgemeiner $\phi : G \to H$ surjektiv mit linear reduktivem Kern, so ist $\bar{\phi} : G/\operatorname{Ker} \phi \xrightarrow{\sim} H$ ein Isomorphismus (vgl. 3.3 Beispiel 3).

3.5 Zur Charakterisierung der linear reduktiven Gruppen

Das folgende Resultat zeigt, daß es für die Frage der linearen Reduktivität genügt, die reguläre Darstellung von G auf $\mathcal{O}(G)$ anzuschauen (2.4).

Satz 1: G ist genau dann linear reduktiv, wenn der G-Modul $\mathcal{O}(G)$ halbeinfach ist. (D. h. jeder endlichdimensionale Untermodul von $\mathcal{O}(G)$ ist halbeinfach, vgl. 2.4.)

Beweis: Die eine Richtung der Behauptung ist klar. Da mit $\mathcal{O}(G)$ auch $\mathcal{O}(G)^n$ halbeinfach ist, folgt die Umkehrung mit dem Zusatz zu 2.4 Satz 1. ††

Beispiele: a) $T_n = (\mathbb{C}^*)^n$ ist linear reduktiv. ($\mathcal{O}(T_n)$ ist direkte Summe von eindimensionalen T_n-Moduln der Gestalt $\mathbb{C} \cdot x_1^{i_1} \ldots x_n^{i_n}$, $i_1, \ldots, i_n \in \mathbb{Z}$.)

b) $\mathbb{C}^+ = \mathrm{Add}$ ist nicht linear reduktiv. (Die natürliche Darstellung auf $\mathbb{C}^2$ ist nicht halbeinfach.)

Übung: Jede abgeschlossene Untergruppe von T_n ist linear reduktiv.

Ein anderes nützliches Kriterium für lineare Reduktivität ist das folgende:

Lemma 1: G ist genau dann linear reduktiv, wenn für jeden surjektiven G-Modulhomomorphismus $\phi : V \to W$ auch $\phi^G : V^G \to W^G$ surjektiv ist.

Beweis: Es ist klar, daß das Kriterium notwendig für die lineare Reduktivität von G ist. Um nachzuweisen, daß es auch hinreichend ist, nehmen wir einen G-Modul M und einen Untermodul $N \subset M$ und zeigen, daß N in M ein G-stabiles Komplement hat (Satz 2.3). Hierzu betrachten wir die G-Moduln $V := \mathrm{Hom}_{\mathbb{C}}(M,N)$, $W := \mathrm{End}_{\mathbb{C}}(N)$ und den surjektiven G-Homomorphismus $\phi : V \to W$, $\lambda \mapsto \lambda|_N$ (vgl. 2.3 Beispiel 9). Nach Voraussetzung gibt es ein $\sigma \in V^G = \mathrm{Hom}_G(M,N)$ mit $\sigma|_N = \mathrm{Id}_N \in W^G = \mathrm{End}_G(N)$, d. h. $\mathrm{Ker}\,\sigma$ ist ein G-stabiles Komplement von N in M . ††

Als nächstes studieren wir das Verhalten der linearen Reduktivität bei Homomorphismen.

Satz 2: a) Ist G linear reduktiv, so ist jeder Normalteiler und jedes homomorphe Bild von G linear reduktiv.
b) Ist $H \subset G$ ein Normalteiler und sind H und G/H linear reduktiv, so ist auch G linear reduktiv.

Beweis: a) Es ist klar, daß jedes homomorphe Bild von G wieder linear reduktiv ist. Sei $H \subset G$ ein Normalteiler. Die Restriktionsabbildung $\mathcal{O}(G) \to \mathcal{O}(H)$ ist ein surjektiver H-Homomorphismus. Wegen obigem Satz 1 genügt es daher zu zeigen, daß $\mathcal{O}(G)$ ein halbeinfacher H-Modul ist. Hierzu betrachten wir den Sockel $S \subset \mathcal{O}(G)$, d. h. die Summe aller einfachen H-Untermoduln von $\mathcal{O}(G)$. Da H ein Normalteiler in G ist, ist für jedes $g \in G$ mit V auch gV ein einfacher H-Untermodul von $\mathcal{O}(G)$. Folglich ist der Sockel S G-stabil und besitzt daher ein G-stabiles Komplement. Wir erhalten $S = \mathcal{O}(G)$ und damit die Behauptung.

b) Nach Lemma 1 genügt es zu zeigen, daß für jeden surjektiven G-Homomorphismus $\phi : V \to W$ auch die Fixpunkte surjektiv aufeinander abgebildet werden. Nach Voraussetzung ist $\phi^H : V^H \to W^H$ surjektiv und zudem ein Homomorphismus von G/H-Moduln (3.3 Bemerkung 5). Wegen $V^G = (V^H)^{G/H}$ und $W^G = (W^H)^{G/H}$ folgt damit die Behauptung. ††

<u>Folgerung</u>: G <u>ist genau dann linear reduktiv, wenn die Zusammenhangskomponente der Eins</u> G° <u>linear reduktiv ist</u>.

Zusammen mit den Resultaten über endliche Gruppen in 3.6 wird uns dieses Ergebnis erlauben, die meisten Untersuchungen auf den zusammenhängenden Fall zurückzuführen. Wir werden uns im folgenden oft auf diesen Fall beschränken (speziell in Kapitel III).

<u>Bemerkung 1</u>: Wir werden später sehen, daß eine <u>zusammenhängende auflösbare Gruppe</u> G <u>genau dann linear reduktiv ist, wenn</u> G <u>ein Torus ist</u>, d. h. isomorph zu einem T_n ist (III. 1.2 Folgerung 2). Es ist leicht einzusehen, daß eine beliebige algebraische Gruppe G einen <u>eindeutig bestimmten maximalen auflösbaren zusammenhängenden Normalteiler</u> hat. Dieser wird <u>auflösbares Radikal</u> genannt und mit rad G bezeichnet. Ist G linear reduktiv, so muß nach obigem rad G ein Torus sein.

<u>Definition</u>: Eine algebraische Gruppe G heißt <u>reduktiv</u>, wenn das auflösbare Radikal rad G ein Torus ist.

Wir haben also gesehen, daß eine <u>linear reduktive Gruppe</u> G <u>reduktiv ist</u>. Davon gilt nun auch die Umkehrung.

<u>Theorem</u>: G <u>ist genau dann linear reduktiv, wenn das auflösbare Radikal von</u> G <u>ein Torus ist</u>.

Ein Beweis ergibt sich aus dem Theorem von Weyl ([Hu1] II.6.3) unter Verwendung der Resultate von 2.5 (vgl. Folgerung 3) und dem Lemma 2 unten.

Zum Schluss geben wir noch eine Charakterisierung der halbeinfachen Gruppen.

<u>Definition</u>: Eine linear reduktive Gruppe G heißt <u>halbeinfach</u>, wenn G zusammenhängend ist und keine nicht-trivialen Charaktere besitzt.

<u>Satz 3</u>: <u>Für eine zusammenhängende linear reduktive Gruppe</u> G <u>sind folgende Aussagen äquivalent</u>:

(i) G <u>ist halbeinfach</u>;

(ii) <u>Für die Kommutatorgruppe gilt</u> (G,G) = G ;

(iii) <u>Das Zentrum</u> Z(G) <u>von</u> G <u>ist endlich</u>.

Für den Beweis benötigen wir das folgende Lemma.

Lemma 2: Ist G linear reduktiv, so gilt für die Liealgebra von G

$$\mathrm{Lie}\, G = [\mathrm{Lie}\, G, \mathrm{Lie}\, G] \oplus \underline{z}(\mathrm{Lie}\, G) .$$

($[\mathrm{Lie}\, G, \mathrm{Lie}\, G]$ ist der Untervektorraum aufgespannt von den Kommutatoren $[X,Y]$ mit $X,Y \in \mathrm{Lie}\, G$, und $\underline{z}(\mathrm{Lie}\, G)$ ist das Zentrum von $\mathrm{Lie}\, G$.)

Beweis: Wir können o. E. G zusammenhängend voraussetzen. Es ist $\underline{a} := [\mathrm{Lie}\, G, \mathrm{Lie}\, G]$ ein Ideal in $\underline{g} := \mathrm{Lie}\, G$ und deshalb stabil unter G bezüglich der adjungierten Darstellung von G auf $\underline{g}$ (2.5 Folgerung 3 und 2.3 Beispiel 11). Wir wählen eine G-stabile Zerlegung $\underline{g} = \underline{a} \oplus \underline{b}$. Dann ist $\underline{b}$ ein Ideal in $\underline{g}$ (s. o.), und es gilt $[\underline{g},\underline{b}] \subset \underline{b} \cap [\underline{g},\underline{g}] = (0)$. Hieraus folgt $\underline{b} \subset \underline{z}(\underline{g})$, also $\underline{g} = \underline{a} + \underline{z}(\underline{g})$. Es bleibt zu zeigen, daß $\underline{z}(\underline{g}) \cap \underline{a} = \underline{z}(\underline{a}) = (0)$ gilt. Mit $\underline{a}$ ist auch $\underline{z}(\underline{a})$ stabil unter G, und wir finden eine G-stabile Zerlegung $\underline{a} = \underline{z}(\underline{a}) \oplus \underline{c}$. Aus dieser folgt $\underline{a} = [\underline{a},\underline{a}] = [\underline{c},\underline{c}] \subset \underline{c}$ und damit die Behauptung. ††

Bemerkung 2: Es gilt $\mathrm{Lie}(G,G) \supset [\mathrm{Lie}\, G, \mathrm{Lie}\, G]$, da einerseits $G/(G,G)$ kommutativ ist und andererseits $[\underline{g},\underline{g}]$ das kleinste Ideal $\underline{a}$ von $\underline{g} = \mathrm{Lie}\, G$ ist mit $\underline{g}/\underline{a}$ kommutativ (vgl. 2.3 Übung). Mit dem Lemma 2 folgt daher für zusammenhängendes G, daß $G = (G,G) \cdot Z(G)^{\circ}$ gilt (vgl. Satz 4).

Beweis Satz 3: (i) => (ii): Es ist $G/(G,G)$ kommutativ und linear reduktiv (Satz 2 (a)), also ein Torus (vgl. Bemerkung 1). Es muß daher $G = (G,G)$ sein.

(ii) => (iii): Ist $\rho : G \to GL(V)$ eine irreduzible Darstellung, so operiert das Zentrum $Z = Z(G)$ skalar auf V. Andererseits gilt wegen $G = (G,G)$, daß $\rho(G) \subset SL(V)$. Es folgt $\rho(Z) \subset SL(V) \cap \mathbb{C}^* \mathrm{Id}$, also ist $\rho(Z)$ endlich. Wegen der vollen Reduzibilität gilt dies für jede Darstellung von G, und die Behauptung folgt durch Betrachtung einer treuen Darstellung $G \hookrightarrow GL_n$.

(iii) => (i): Es ist $\underline{z}(\mathrm{Lie}\, G) = \mathrm{Lie}\,(Z(G)) = (0)$ (2.5 Folgerung 4), also $\mathrm{Lie}\, G = [\mathrm{Lie}\, G, \mathrm{Lie}\, G]$ nach Lemma 2. Ist $\chi : G \to \mathbb{C}^*$ ein Charakter, so ist $d\chi_e : \mathrm{Lie}\, G \to \mathbb{C}$ ein Liealgebrenhomomorphismus mit kommutativem Bild, also $\mathrm{Lie}\, G = [\mathrm{Lie}\, G, \mathrm{Lie}\, G] \subset \mathrm{Ker}\, d\chi_e$. Es folgt $d\chi_e = 0$, also $\chi \equiv 1$ (2.5 Satz a)). ††

Satz 4: Sei G linear reduktiv und zusammenhängend. Dann sind (G,G) und $G/Z(G)$ halbeinfach, $Z((G,G)) = Z(G) \cap (G,G)$ endlich und $G = (G,G) \cdot Z(G)^{\circ}$.

Zudem gilt $\mathrm{Lie}(G,G) = [\mathrm{Lie}\, G, \mathrm{Lie}\, G]$.

Beweis: Sei $G' := (G,G)$. Dann ist (G',G') ein Normalteiler in G, und die Restklassengruppe $G/(G',G')$ ist auflösbar und linear reduktiv (Satz 2), also kommutativ (Bemerkung 1). Es folgt $(G',G') = G'$, womit die Halbeinfachheit von (G,G) nachgewiesen ist (Satz 3). Wegen $G = (G,G) \cdot Z(G)$ (Bemerkung 2) gilt für $\overline{G} := G/Z(G)$ die Beziehung $(\overline{G},\overline{G}) = \overline{G}$, also ist auch $\overline{G}$ halbeinfach. Da $Z(G) \cap (G,G)$ das Zentrum von (G,G) ist, ist es endlich (Satz 3). Insbesondere gilt $\mathrm{Lie}(G,G) \cap \mathrm{Lie}\, Z(G) = (0)$; also folgt wegen $\mathrm{Lie}\, Z(G) = \underline{z}(\mathrm{Lie}\, G)$ (2.5 Folgerung 4), $\mathrm{Lie}(G,G) \supset [\mathrm{Lie}\, G, \mathrm{Lie}\, G]$ (Bemerkung 2) und der Zerlegung $\mathrm{Lie}\, G = [\mathrm{Lie}\, G, \mathrm{Lie}\, G] \oplus \underline{z}(\mathrm{Lie}\, G)$ nach Lemma 2 auch die letzte Behauptung. ††

Bemerkung 3: Entsprechend obigem Theorem gilt, daß eine zusammenhängende Gruppe G genau dann halbeinfach ist, wenn das auflösbare Radikal trivial ist (vgl. nachstehende Übung).

Übung: Zeige, daß eine zusammenhängende, linear reduktive Gruppe genau dann halbeinfach ist, wenn das auflösbare Radikal trivial ist. (Hinweis: Beweise, daß eine zusammenhängende Gruppe nur trivial auf einem Torus operieren kann und folgere daraus, daß das auflösbare Radikal einer linear reduktiven Gruppe im Zentrum liegt.)

3.6 Der endliche Fall

Wir haben bereits bemerkt, daß eine endliche Gruppe linear reduktiv ist (Satz von Maschke; vgl. AII.4 Beispiel b). Einige der bisherigen Resultate für beliebige linear reduktive Gruppen lassen sich im endlichen Fall wesentlich verschärfen.

Satz 1: Sei G endlich und Z eine G-Varietät. Dann ist der Quotient $\pi : Z \to Z/G$ geometrisch, und π ist ein endlicher Morphismus.

Beweis: Die Bahnen sind endlich und damit abgeschlossen, also ist der Quotient geometrisch (3.2). Für die Endlichkeitsaussage können wir o. E. annehmen, daß $Z = V$ ein Vektorraum mit linearer G-Operation ist. Dann folgt die Behauptung aus dem nachstehenden Zusatz zu Satz 2. ††

Auch der Endlichkeitssatz (Theorem 3.2 und Zusatz) läßt sich verstärken und zwar in der Hinsicht, daß wir ein explizites Erzeugendensystem angeben können.

Sei hierzu V ein G-Modul, $\{v_1,\ldots,v_n\}$ eine Basis von V und $\{x_1,\ldots,x_n\} \subset V^* \subset \mathcal{O}(V)$ die duale Basis. Für jedes $\mu \in \mathbb{N}^n$ setzen wir $x^\mu := x_1^{\mu_1} \cdot x_2^{\mu_2} \ldots x_n^{\mu_n} \in \mathcal{O}(V)$ und betrachten die <u>homogene Invariante</u>

$$J_\mu := \sum_{g \in G} gx^\mu \in \mathcal{O}(V)^G$$

vom Grad $|\mu| := \mu_1 + \ldots + \mu_n$.

<u>Satz 2</u> (E. Noether [N]): <u>Der Invariantenring</u> $\mathcal{O}(V)^G$ <u>wird erzeugt von den</u> J_μ <u>mit</u> $|\mu| \leq |G|$.

Man sieht also, daß die Invarianten vom Grad $\leq |G|$ den Invariantenring erzeugen; ihre Anzahl ist kleiner als $\binom{\dim V + |G|}{\dim V}$.

<u>Zusatz</u>: $\mathcal{O}(V)$ <u>wird als</u> $\mathcal{O}(V)^G$<u>-Modul von den homogenen Elementen vom Grad</u> $< |G|$ <u>erzeugt</u>.

Zum Beweis benötigen wir das folgende Resultat über symmetrische Funktionen.

<u>Lemma</u>: <u>Die Unteralgebra</u> $A \subset \mathbb{C}[T_1,\ldots,T_d]$ <u>der symmetrischen Funktionen wird erzeugt von den Potenzsummen</u>

$$s_j := T_1^j + T_2^j + \ldots + T_d^j \quad , \quad j = 1,2,\ldots,d \; .$$

<u>Beweis</u>: Wir haben zu zeigen, daß sich die elementarsymmetrischen Funktionen $\sigma_1,\ldots,\sigma_d$ durch die Potenzsummen $s_1,\ldots,s_d$ ausdrücken lassen. Dies folgt durch Induktion aus den folgenden Formeln:

$$(*) \qquad s_j - \sigma_1 s_{j-1} + \sigma_2 s_{j-2} - \ldots + (-1)^{j-1}\sigma_{j-1}s_1 + (-1)^j \sigma_j \cdot j = 0 \, , \qquad j = 1,2,\ldots,d \; .$$

a) Die Formel für $j = d$ ist klar: Setzen wir $f(Z) := \prod_{i=1}^{d} (Z-T_i) = Z^d + \sum_{i=1}^{d} (-1)^i \sigma_i Z^{d-i}$, so folgt

$$0 = \sum_{r=1}^{d} f(T_r) = s_d + \sum_{i=1}^{d} (-1)^i \sigma_i s_{d-i} \ , \ s_o := d \ .$$

b) Im Falle $j < d$ beachten wir, daß die linke Seite $g(T)$ von (*) eine symmetrische Funktion vom Grad $\leq j$ ist, also als Polynom in $\sigma_1,\ldots,\sigma_j$ geschrieben werden kann:

$$g(T) = p(\sigma_1,\ldots,\sigma_j) \ .$$

Wir setzen nun $T_{j+1} = \ldots = T_d = 0$ und bezeichnen diesen Übergang mit einem Querstrich. Offenbar ist $\overline{\sigma_i}$ für $i \leq j$ die i-te elementarsymmetrische Funktion in $T_1,\ldots,T_j$ und $\overline{s_i} = T_1^i + \ldots + T_j^i$. Aus a) folgt daher $\overline{g}(T) = 0$ und damit $p(\overline{\sigma_1},\ldots,\overline{\sigma_j}) = 0$. Nun sind $\overline{\sigma_1},\ldots,\overline{\sigma_j}$ algebraisch unabhängig, also $p = 0$. ††

<u>Beweis Satz 2</u>: Ist $f = \sum a_\mu X^\mu$ eine Invariante, so gilt $|G| \cdot f = \sum_{g \in G} gf = \sum a_\mu J_\mu$. Wir erhalten also $\mathcal{O}(V)^G = \sum_\mu \mathbb{C} J_\mu$. Es bleibt zu zeigen, daß sich ein J_ρ mit $|\rho| > |G|$ polynomial durch die J_μ mit $|\mu| \leq |G|$ ausdrücken läßt. Hierzu betrachten wir die Ausdrücke

$$S_j(X,Z) := \sum_{g \in G} (gX_1 \cdot Z_1 + gX_2 \cdot Z_2 + \ldots + gX_n \cdot Z_n)^j \ , \ j \in \mathbb{N}$$

mit unbestimmten $Z_1,\ldots,Z_n$. Offenbar gilt

$$S_j(X,Z) = \sum_{\substack{\rho \in \mathbb{N}^n \\ |\rho| = j}} J_\rho \cdot Z^\rho \ .$$

Nach dem Lemma lassen sich die $S_j(X,Z)$ für $j > |G|$ polynomial durch die $S_j(X,Z)$ mit $j \leq |G|$ ausdrücken, also sind die J_ρ mit $|\rho| > |G|$ Polynome in den J_μ mit $|\mu| \leq |G|$. ††

<u>Beweis Zusatz</u> (vgl. 3.2 Beweis Zusatz): Es genügt zu zeigen, daß jede isotypische Komponente $\mathcal{O}(V)$ als $\mathcal{O}(V)^G$-Modul von den Elementen vom Grad $< |G|$ erzeugt wird. Sei W ein einfacher G-Modul vom Typ ω . Dann wird $\mathcal{O}(V \oplus W)^G$ nach Satz 2 von den Elementen vom Grad $\leq |G|$ erzeugt. Nun ist

$$\mathcal{O}(V \oplus W)^G = (\mathcal{O}(V) \otimes \mathcal{O}(W))^G = \bigoplus_{i \geq 0} (\mathcal{O}(V) \otimes \mathcal{O}(W)_i)^G$$

$$= \mathcal{O}(V)^G \oplus (\mathcal{O}(V) \otimes W^*)^G \oplus \ldots$$

eine Graduierung, also ist der $\mathcal{O}(V)^G$-Modul $(\mathcal{O}(V) \otimes W^*)^G$ von den Elementen vom Grad $\leq |G|$ erzeugt, d. h. von $\bigoplus_{i<|G|} (\mathcal{O}(V)_i \otimes W^*)^G$. Der kanonische $\mathcal{O}(V)^G$-Modulisomorphismus

$$(\mathcal{O}(V) \otimes W^*)^G \otimes W \xrightarrow{\sim} \mathcal{O}(V)_{(\omega)} \qquad \text{(3.1 Satz 1e)}$$

bildet $(\mathcal{O}(V)_i \otimes W^*)^G \otimes W$ auf $(\mathcal{O}(V)_{(\omega)})_i$ ab, und die Behauptung folgt. ††

<u>Bemerkung</u>: Betrachten wir die übliche Permutationsdarstellung der <u>symmetrischen Gruppe</u> S_n auf $\mathbb{C}^n$, so ist der Invariantenring von den elementarsymmetrischen Funktionen $\sigma_1,\sigma_2,\ldots,\sigma_n$ erzeugt, also schon von den Invarianten vom Grad $\leq n$. Man weiß auch, daß der Koordinatenring $\mathcal{O}(\mathbb{C}^n)$ als Modul über $\mathbb{C}[\sigma_1,\ldots,\sigma_n]$ von den homogenen Elementen vom Grad $\leq \binom{n}{2}$ erzeugt wird. Hier sind also die Schranken wesentlich kleiner als in Satz 2 und Zusatz.

Anders ist es im Falle der <u>zyklischen Gruppe</u> $G = \langle g \rangle$ der Ordnung n und der Darstellung $\rho : G \to \mathbb{C}^*$, $g \mapsto \exp(\frac{2\pi i}{n})$. Hier ist die kleinste homogene Invariante vom Grad n , und $1,X,X^2,\ldots,X^{n-1}$ bilden eine Basis von $\mathcal{O}(\mathbb{C}) = \mathbb{C}[X]$ über $\mathcal{O}(\mathbb{C})^G = \mathbb{C}[X^n]$.

4. BEISPIELE UND ANWENDUNGEN

4.1 Das klassische Problem für GL_n

Wir betrachten den Vektorraum $V = \mathbb{C}^n$ mit der natürlichen linearen Operation von GL_n. Für jedes Paar r,s natürlicher Zahlen erhalten wir eine Darstellung von GL_n auf

$$L_{r,s} := V^r \oplus (V^*)^s$$

(kontragrediente Darstellung auf V^* : $(gl)(v) = l(g^{-1}v)$ für $l \in V^*$, $g \in GL_n$ und $v \in V$).

Klassisches Problem: Beschreibe den Invariantenring $\mathcal{O}(L_{r,s})^{GL_n}$ durch Erzeugende und Relationen.

Beispiel: Für $r = s = 1$ haben wir die Abbildung

$$\pi = \langle\, ,\, \rangle : V \oplus V^* \longrightarrow \mathbb{C}\ , \ (v,l) \longmapsto \langle v,l\rangle := l(v)\ .$$

Offenbar ist π konstant auf den Bahnen: $\pi(g(v,l)) = \langle gv,gl\rangle = (gl)(gv) = l(g^{-1}gv) = l(v) = \pi(v,l)$. Mit Hilfe des Quotienten-Kriteriums 3.4 ist es leicht zu sehen, daß π ein Quotient ist. Es folgt, daß $\mathcal{O}(V \oplus V^*)^{GL_n}$ ein Polynomring in einer Variablen ist:

$$\mathcal{O}(V \oplus V^*)^{GL_n} = \mathbb{C}[\pi]\ .$$

Wir wollen zunächst einen Kandidaten für den Quotienten $L_{r,s}/\!\!/GL_n$ angeben. Hierzu geben wir eine "koordinatenfreie" Beschreibung von $L_{r,s}$. Seien U, V, W drei endlichdimensionale Vektorräume, und sei

$$L := \mathrm{Hom}_{\mathbb{C}}(U,V) \times \mathrm{Hom}_{\mathbb{C}}(V,W)\ .$$

Die Gruppe $G = GL(V)$ operiert linear auf L durch

$$g(\alpha,\beta) := (g \circ \alpha\ ,\ \beta \circ g^{-1})\ .$$

Wählt man $U = \mathbb{C}^r$, $V = \mathbb{C}^n$ und $W = \mathbb{C}^s$, so sind offenbar L und $L_{r,s}$ in kanonischer Weise $GL(V)$-isomorph. Wir betrachten nun folgende Abbildung:

$$\pi : L \to \mathrm{Hom}_{\mathbb{C}}(U,W)\ ,\quad (\alpha,\beta) \mapsto \beta \circ \alpha\ .$$

Offenbar ist π konstant auf den Bahnen und $\pi(L) = L_t(U,W)$, $t := \mathrm{Min}(\dim U, \dim V, \dim W)$, wobei wir folgende Bezeichnungen benutzen:

$$L(U,V) := \mathrm{Hom}_{\mathbb{C}}(U,V) ,$$

$$L_p(U,V) := \{\rho \in L(U,V) \mid \mathrm{rg}\ \rho \leq p\} ,$$

$$L'_p(U,V) := \{\rho \in L_p(U,V) \mid \mathrm{rg}\ \rho = p\} .$$

Für einen vollständigen Beweis des folgenden Theorems benötigen wir ein Resultat aus dem dritten Kapitel. Gewisse Spezialfälle können wir allerdings schon jetzt erledigen (Satz 1).

<u>Theorem</u> (<u>Erstes Fundamentaltheorem für</u> GL_n): <u>Die Abbildung</u> $\pi : L(U,V) \times L(V,W) \to L_t(U,W)$, $(\alpha,\beta) \mapsto \beta\circ\alpha$, $t := \mathrm{Min}(\dim U, \dim V, \dim W)$, <u>ist ein Quotient bzgl.</u> $GL(V)$.

<u>Beweis</u>: Gemäß 3.4 haben wir folgendes zu zeigen:

(i) $L_t(U,W)$ ist normal. (Diesen Nachweis erbringen wir erst in III.3.7 unter Verwendung der Methode der U-Invarianten; für die Irreduzibilität und die Dimension von $L_t(U,W)$ vergleiche man Lemma 1.)

(ii) Jede Faser von π enthält genau einen abgeschlossenen Orbit. Dies besagt genau die Folgerung 1 zum nachstehenden Satz 2.

<u>Lemma 1</u>: <u>Die Menge</u> $L_p(U,W) = \{\rho \in L(U,W) \mid \mathrm{rg}\ \rho \leq p\}$ <u>ist irreduzibel und abgeschlossen in</u> $L(U,W)$ <u>von der Dimension</u>

$$\dim L_p(U,W) = \begin{cases} \dim U \cdot \dim W & \text{für } p \geq m \\ (\dim U + \dim W - p)p & \text{für } p \leq m \end{cases}$$

<u>mit</u> $m := \mathrm{Min}(\dim U, \dim W)$.

<u>Beweis</u>: Offensichtlich ist $L_p(U,W)$ isomorph zu der Menge aller $\dim U \times \dim W$-Matrizen, deren sämtliche $(p+1)$-Unterdeterminanten verschwinden. Hieraus folgt, daß $L_p(U,W)$ abgeschlossen in $L(U,W)$ ist.

Die Gruppe $H := GL(U) \times GL(W)$ operiert auf $L(U,W)$ durch $(h,k)\rho := k \circ \rho \circ h^{-1}$. Bekanntlich gehören zwei Homomorphismen ρ und ρ' genau dann zur gleichen H-Bahn, wenn sie denselben Rang haben. Die Mengen $L'_p(U,W)$, $p \leq m$, sind also genau die Bahnen unter H . Hieraus folgert man leicht

$$\overline{L'_p(U,W)} = \bigcup_{i \le p} L'_i(U,W) = L_p(U,W) .$$

Es ist daher $L_p(U,W)$ als Abschluß einer Bahn der zusammenhängenden Gruppe H irreduzibel. Sei $p \leq m$ und sei $U = U' \oplus U''$ eine Zerlegung mit $\dim U' = p$. Wir betrachten die surjektive Abbildung $\mu : L_p(U,W) \to L(U',W)$, $\rho \mapsto \rho_{|U'}$ und bestimmen die Fasern über der dichten Teilmenge $L'_p(U',W)$ von $L(U',W)$:

$$\mu^{-1}(\tau) = \{\rho \in L(U,W) \mid \rho_{|U'} = \tau \text{ und } \rho(U'') \subset \tau(U')\} \cong L(U'',\tau(U')) .$$

Aus der Dimensionsformel AI.3.3 folgt nun

$$\begin{aligned} \dim L_p(U,W) &= \dim L(U',W) + \dim L(U'',\tau(U')) \\ &= \dim W \cdot p + (\dim U - p)p \\ &= (\dim U + \dim W - p)p . \end{aligned}$$ ††

<u>Bemerkung</u>: Das Inklusionsdiagramm der Abschlüsse der Bahnen in $L(U,V)$ hat folgende Gestalt $(m = \mathrm{Min}(\dim U,\dim W))$:

$$\begin{array}{l} \bullet\ L'_m(U,W) \\ | \\ \bullet\ L'_{m-1}(U,W) \\ \vdots \\ \bullet\ L'_1(U,W) \\ | \\ \bullet\ L'_o(U,W) = \{o\} \end{array}$$

Unter zusätzlichen Voraussetzungen an die Dimensionen von U , V und W können wir schon jetzt einen vollständigen Beweis des Fundamentaltheorems angeben.

<u>Satz 1</u>: <u>Ist</u> $\dim V \geq \mathrm{Max}(\dim U,\dim W)$, <u>so ist</u>

$$\pi : L(U,V) \times L(V,W) \to L(U,W)$$

<u>der Quotient bzgl.</u> $GL(V)$.

<u>Beweis</u>: Offensichtlich ist π surjektiv und $L(U,W)$ normal. Zunächst

sei $U = V = W$,

$$\pi_o : \operatorname{End}(V) \times \operatorname{End}(V) \to \operatorname{End}(V)$$

bzw.

$$\pi'_o : GL(V) \times GL(V) \to GL(V)$$

die Multiplikation.

Für $\rho \in GL(V)$ ist $\pi_o^{-1}(\rho) = \{(\alpha,\beta) \mid \beta \circ \alpha = \rho\} = \{(g,\rho g^{-1}) \mid g \in GL(V)\}$. Auf der offenen Teilmenge $GL(V)$ von $\operatorname{End}(V)$ besteht also die Faser von π_o aus genau einer G-Bahn, und die Behauptung folgt mit dem Quotienten-Kriterium 3.4.

Sind nun U , W beliebig mit $\dim U, \dim W \leq \dim V$, so wählen wir eine Surjektion $\tau : V \to U$ und eine Injektion $\sigma : W \to V$. Wir erhalten das kommutative Diagramm:

$$\begin{array}{ccc} L(U,V) \times L(V,W) & \xrightarrow{\ \pi\ } & L(U,W) \\ \Phi \big\downarrow & & \big\downarrow \Psi \\ \operatorname{End}(V) \times \operatorname{End}(V) & \xrightarrow{\ \pi_o\ } & \operatorname{End}(V) \end{array}$$

mit den beiden abgeschlossenen Einbettungen (injektive Vektorraumhomomorphismen) Φ und Ψ , $\Phi(\alpha,\beta) := (\alpha \circ \tau, \sigma \circ \beta)$ und $\Psi(\rho) = \sigma \circ \rho \circ \tau$. Offensichtlich ist Φ G-äquivariant und identifiziert daher $L(U,V) \times L(V,W)$ mit einer G-stabilen abgeschlossenen Teilmenge von $\operatorname{End}(V) \times \operatorname{End}(V)$, deren Bild unter π_o gleich $\Psi(L(U,W))$ ist. Die Behauptung folgt nun aus der G-Abgeschlossenheit der Quotientenabbildung 3.2. ††

Im restlichen Teil dieses Abschnitts wollen wir die Fasern von π etwas genauer studieren, insbesondere ihre $GL(V)$-Struktur und die Frage der Irreduzibilität und Normalität.

In folgendem Lemma stellen wir einige bekannte einfache Tatsachen zusammen.

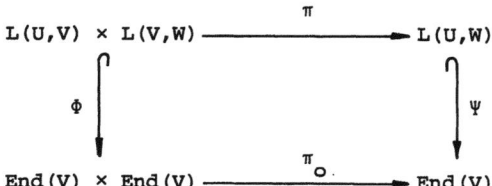

<u>Lemma 2</u>: <u>Für</u> ρ , $\rho' \in L(U,W)$ <u>gilt</u>:

a) $\operatorname{Ker} \rho = \operatorname{Ker} \rho' \iff \exists\ k \in GL(W)$ <u>mit</u> $k \circ \rho = \rho'$.

b) $\operatorname{Im} \rho = \operatorname{Im} \rho' \iff \exists\ h \in GL(U)$ <u>mit</u> $\rho \circ h = \rho'$.

<u>Für</u> $\rho \in L(U,W)$, $\alpha \in L(U,V)$ <u>und</u> $\beta \in L(V,W)$ <u>gilt</u>:

c) $\operatorname{Ker} \alpha \subset \operatorname{Ker} \rho \iff \exists\ \beta' \in L(V,W)$ <u>mit</u> $\beta' \circ \alpha = \rho$,

d) $\operatorname{Im} \beta \supset \operatorname{Im} \rho \iff \exists\ \alpha' \in L(U,V)$ <u>mit</u> $\beta \circ \alpha' = \rho$.

Wir kommen nun zur Beschreibung der Bahnen in $L = L(U,V) \times L(V,W)$ und ihrer Abschlüsse.

<u>Satz 2</u>: <u>Seien</u> (α,β) <u>und</u> (α',β') <u>aus</u> $L = L(U,V) \times L(V,W)$. <u>Dann gilt</u>:

a) $(\alpha',\beta') \in GL(V)(\alpha,\beta) \iff \beta' \circ \alpha' = \beta \circ \alpha$, $\operatorname{Ker} \alpha' = \operatorname{Ker} \alpha$ <u>und</u> $\operatorname{Im} \beta' = \operatorname{Im} \beta$.

b) $(\alpha',\beta') \in \overline{GL(V)(\alpha,\beta)} \iff \beta' \circ \alpha' = \beta \circ \alpha$, $\operatorname{Ker} \alpha' \supset \operatorname{Ker} \alpha$ <u>und</u> $\operatorname{Im} \beta' \subset \operatorname{Im} \beta$.

c) $GL(V)(\alpha,\beta)$ <u>ist abgeschlossen genau dann</u>, <u>wenn</u> $\operatorname{Ker} \alpha = \operatorname{Ker}(\beta \circ \alpha)$ <u>und</u> $\operatorname{Im} \beta = \operatorname{Im}(\beta \circ \alpha)$ <u>gilt</u>.

<u>Beweis</u>: a) Die Implikation "=>" ist klar. Für die andere Richtung können wir o. E. annehmen, daß $\alpha' = \alpha$ gilt (Lemma 2a). Wir betrachten die beiden Zerlegungen

$$V = V_o \oplus V_1 \oplus V_2 \oplus V_3 = V_o \oplus V_1 \oplus V_2' \oplus V_3'$$

mit $\operatorname{Im} \alpha = V_o \oplus V_1$, $\operatorname{Ker} \beta = V_1 \oplus V_2$ und $\operatorname{Ker} \beta' = V_1 \oplus V_2'$. Dann sind $\beta|_{V_o \oplus V_3}$ und $\beta'|_{V_o \oplus V_3'}$ injektiv mit gleichem Bild $\beta(V) = \beta'(V)$. Nach Lemma 2b gibt es daher einen Isomorphismus

$$\sigma : V_o \oplus V_3 \xrightarrow{\sim} V_o \oplus V_3'$$

mit $(\beta'|_{V_o \oplus V_3'}) \circ \sigma = \beta|_{V_o \oplus V_3}$. Da β und β' auf V_o übereinstimmen, folgt $\sigma|_{V_o} = Id_{V_o}$. Wählen wir noch einen beliebigen Isomorphismus $\tau : V_2 \xrightarrow{\sim} V_2'$, so erhalten wir einen Automorphismus $h : V \xrightarrow{\sim} V$ durch

$$h(v_o+v_1+v_2+v_3) = v_o + v_1 + \tau(v_2) + \sigma(v_3) \qquad (v_i \in V_i) ,$$

welcher nach Konstruktion das Gewünschte liefert: $h|_{\mathrm{Im}\,\alpha} = \mathrm{Id}_{\mathrm{Im}\,\alpha}$ und $\beta = \beta' \circ h$.

b) Wiederum ist die Implikation "=>" klar: Es folgt $\alpha' \in \overline{GL(V) \circ \alpha}$ und $\beta' \in \overline{\beta \circ GL(V)}$, also $\mathrm{Ker}\,\alpha' \supset \mathrm{Ker}\,\alpha$ und $\mathrm{Im}\,\beta' \subset \mathrm{Im}\,\beta$, und $\{(\alpha,\beta) \mid \beta \circ \alpha = \rho\}$ ist für festes ρ als Faser von π abgeschlossen.

Für die andere Richtung sei $\rho := \beta \circ \alpha = \beta' \circ \alpha'$. Es gibt Zerlegungen $U = U_0 \oplus U_1 \oplus \mathrm{Ker}\,\alpha$ und $W = W_0 \oplus W_1 \oplus \mathrm{Im}\,\beta'$ mit

$$U_1 \oplus \mathrm{Ker}\,\alpha \;=\; \mathrm{Ker}\,\alpha' \quad \text{und} \quad W_1 \oplus \mathrm{Im}\,\beta' \;=\; \mathrm{Im}\,\beta \,.$$

Wegen $\mathrm{Ker}\,\alpha' \subset \mathrm{Ker}\,\rho$ und $\mathrm{Im}\,\rho \subset \mathrm{Im}\,\beta'$ ist das folgende Diagramm für alle $\varepsilon \in \mathbb{C}$ kommutativ:

$$\begin{array}{ccc}
U_0 \oplus U_1 \oplus \mathrm{Ker}\,\alpha & \xrightarrow{\;\rho\;} & W_0 \oplus W_1 \oplus \mathrm{Im}\,\beta' \\
\uparrow \tau_\varepsilon = (\mathrm{Id},\varepsilon\mathrm{Id},\mathrm{Id}) & & \downarrow \sigma_\varepsilon = (\mathrm{Id},\varepsilon\mathrm{Id},\mathrm{Id}) \\
U_0 \oplus U_1 \oplus \mathrm{Ker}\,\alpha & \xrightarrow{\;\rho\;} & W_0 \oplus W_1 \oplus \mathrm{Im}\,\beta'
\end{array}$$

Wir erhalten also $\rho = \sigma_\varepsilon \circ \rho \circ \tau_\varepsilon = (\sigma_\varepsilon \circ \beta) \circ (\alpha \circ \tau_\varepsilon) = \beta_\varepsilon \circ \alpha_\varepsilon$ mit $\alpha_\varepsilon := \alpha \circ \tau_\varepsilon$ und $\beta_\varepsilon = \sigma_\varepsilon \circ \beta$. Für $\varepsilon \neq 0$ gilt offensichtlich $\mathrm{Ker}\,\alpha_\varepsilon = \mathrm{Ker}\,\alpha$ und $\mathrm{Im}\,\beta_\varepsilon = \mathrm{Im}\,\beta$. Aus a) folgt daher $(\alpha_\varepsilon,\beta_\varepsilon) \in GL(V)(\alpha,\beta)$ für alle $\varepsilon \neq 0$ und somit $(\alpha_0,\beta_0) \in \overline{GL(V)(\alpha,\beta)}$. Wegen $\mathrm{Ker}\,\alpha_0 = \mathrm{Ker}\,\alpha'$ und $\mathrm{Im}\,\beta_0 = \mathrm{Im}\,\beta'$ ergibt sich wiederum aus a), daß $(\alpha',\beta') \in GL(V)(\alpha_0,\beta_0)$, und die Behauptung folgt.

c) Sei $\rho := \beta \circ \alpha$, $\mathrm{Ker}\,\alpha = \mathrm{Ker}\,\rho$ und $\mathrm{Im}\,\beta = \mathrm{Im}\,\rho$. Für ein $(\alpha',\beta') \in \overline{GL(V)(\alpha,\beta)}$ erhalten wir aus b) die Inklusionen $\mathrm{Ker}\,\alpha' \supset \mathrm{Ker}\,\rho$ und $\mathrm{Im}\,\beta' \subset \mathrm{Im}\,\rho$. Wegen $\beta' \circ \alpha' = \rho$ gilt andererseits $\mathrm{Ker}\,\rho \supset \mathrm{Ker}\,\alpha'$ und $\mathrm{Im}\,\rho \subset \mathrm{Im}\,\beta'$. Aus a) folgt daher $(\alpha',\beta') \in GL(V)(\alpha,\beta)$, also ist $GL(V)(\alpha,\beta)$ abgeschlossen.

Sei nun umgekehrt $GL(V)(\alpha,\beta)$ abgeschlossen. Offensichtlich gibt es immer eine Zerlegung $\rho = \beta' \circ \alpha'$ mit $\mathrm{Ker}\,\alpha' = \mathrm{Ker}\,\rho$ und $\mathrm{Im}\,\beta' = \mathrm{Im}\,\rho$. Nach b) folgt $(\alpha',\beta') \in \overline{GL(V)(\alpha,\beta)} = GL(V)(\alpha,\beta)$, also $\mathrm{Ker}\,\alpha = \mathrm{Ker}\,\rho$ und $\mathrm{Im}\,\beta = \mathrm{Im}\,\rho$. ††

<u>Folgerung 1</u>: <u>Die Faser</u> $\pi^{-1}(\rho)$ <u>enthält genau eine abgeschlossene Bahn</u>, <u>nämlich</u> $GL(V)(\alpha_0,\beta_0)$ <u>mit</u> $\rho = \beta_0 \circ \alpha_0$, $\mathrm{Ker}\,\rho = \mathrm{Ker}\,\alpha_0$ <u>und</u> $\mathrm{Im}\,\rho = \mathrm{Im}\,\beta_0$.

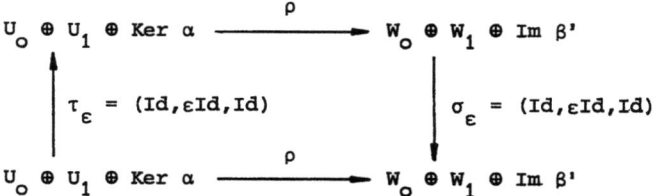

Folgerung 2: Die Bahn von (α,β) ist genau dann abgeschlossen, wenn $V = \mathrm{Im}\,\alpha \oplus \mathrm{Ker}\,\beta$ gilt.

(Beweis als Übung.) Dies ist z. B. erfüllt, wenn α surjektiv und β injektiv ist.

Für einen $\mathbb{C}$-Vektorraum M definieren wir die Grassmannsche Varietät

$$\mathrm{Gr}_d(M) := \text{Menge der Unterräume von } M \text{ der Dimension } d \,;$$

sowie

$$\mathrm{Gr}(M) := \text{Menge aller Unterräume von } M = \bigcup_{d=0}^{\dim M} \mathrm{Gr}_d(M)\,.$$

Ist nun $\rho \in \pi(L)$, $F = F_\rho := \pi^{-1}(\rho)$ die Faser von ρ, so betrachten wir die Abbildung

$$\Phi : F_\rho \to \mathrm{Gr}(\mathrm{Ker}\,\rho) \times \mathrm{Gr}(W/\mathrm{Im}\,\rho)\,, \quad (\alpha,\beta) \mapsto (\mathrm{Ker}\,\alpha, \mathrm{Im}\,\beta/\mathrm{Im}\,\rho).$$

Nach Satz 2a sind die Fasern von Φ genau die $GL(V)$-Bahnen in F_ρ.

Lemma 3: Das Bild von Φ besteht genau aus den Paaren (U_o,W_o) mit

(1) $$\mathrm{codim}_\rho\, U_o + \dim W_o \le \dim V - \mathrm{rg}\,\rho\,.$$

(Hierbei ist $\mathrm{codim}_\rho\, U_o := \dim \mathrm{Ker}\,\rho - \dim U_o$.)

Beweis: Sei $\rho := \beta \circ \alpha$, $U_o = \mathrm{Ker}\,\alpha$ und $W_o = \mathrm{Im}\,\beta/\mathrm{Im}\,\rho$. Wegen $\alpha(\mathrm{Ker}\,\rho) \subset \mathrm{Ker}\,\beta$ folgt $\mathrm{codim}_\rho U_o \le \dim \mathrm{Ker}\,\beta$ und damit $\mathrm{codim}_\rho U_o + \dim W_o \le \dim \mathrm{Ker}\,\beta + \dim \mathrm{Im}\,\beta - \mathrm{rg}\,\rho = \dim V - \mathrm{rg}\,\rho$, also (1).
Seien umgekehrt $U_o \subset \mathrm{Ker}\,\rho$ und $W_o \subset W/\mathrm{Im}\,\rho$ gegeben mit (1), und sei $\tilde{W}_o \subset W$ das Urbild von W_o. Dann erhalten wir eine Zerlegung von ρ:

$$\rho : U \to U/U_o \xrightarrow{\tilde{\rho}} \tilde{W}_o \longrightarrow W\,.$$

Wir haben zu zeigen, daß es eine Injektion $\tilde{\alpha} : U/U_o \to V$ und eine Surjektion $\tilde{\beta} : V \to \tilde{W}_o$ gibt mit $\tilde{\rho} = \tilde{\beta} \circ \tilde{\alpha}$. Ein solches Paar $(\tilde{\alpha},\tilde{\beta})$ existiert offenbar genau dann, wenn

$$\dim V \ge \dim(U/U_o) + \dim(\tilde{W}_o/\mathrm{Im}\,\tilde{\rho})$$

gilt. Die rechte Seite dieser Ungleichung ist gerade gleich $\mathrm{rg}\,\rho + \mathrm{codim}_\rho U_o + \dim W_o$, und die Behauptung folgt. ††

Folgerung 3: Es ist F_ρ genau dann eine abgeschlossene Bahn unter $GL(V)$, wenn ρ bijektiv ist oder $rg\ \rho = \dim V$ gilt.

Beweis: Ist $\dim V = rg\ \rho$ und $\rho = \beta \circ \alpha$, so muß α surjektiv und β injektiv sein, und die Behauptung folgt mit Folgerung 2. Ist $\rho = \beta \circ \alpha$ bijektiv, so erhalten wir $\mathrm{Ker}\ \alpha = (0) = \mathrm{Ker}\ \rho$ und $\mathrm{Im}\ \beta = W = \mathrm{Im}\ \rho$, und die Behauptung folgt mit Satz 2c.

Besteht umgekehrt F_ρ aus genau einer Bahn und ist $\dim V > rg\ \rho$, so folgt aus Lemma 3, daß $\mathrm{Ker}\ \rho = (0)$ und $\mathrm{Im}\ \rho = W$ gelten muß. ††

Folgerung 4: Es enthält F_ρ genau dann nur endlich viele Bahnen unter $GL(V)$, wenn entweder $rg\ \rho = \dim V$ gilt oder $\dim \mathrm{Ker}\ \rho$ und $\mathrm{codim}_W \mathrm{Im}\ \rho \leq 1$ sind.

(Dies folgt leicht mit Lemma 3 und der Tatsache, daß $Gr(M)$ genau für $\dim M \leq 1$ endlich ist.)

Bemerkung: Betrachten wir auf $Gr(\mathrm{Ker}\ \rho) \times Gr(W/\mathrm{Im}\ \rho)$ die Ordnung $\leq$ gegeben durch

$$(U_o, W_o) \leq (U_1, W_1) \iff U_o \supset U_1 \quad \text{und} \quad W_o \subset W_1 ,$$

so gilt nach Satz 2b für $(\alpha_o, \beta_o), (\alpha_1, \beta_1) \in L$:

$$(\alpha_o, \beta_o) \in \overline{GL(V)(\alpha_1, \beta_1)} \iff \Phi(\alpha_o, \beta_o) \leq \Phi(\alpha_1, \beta_1) .$$

Bezeichnen wir mit $F_\rho/GL(V)$ die Menge der Bahnen in F_ρ, versehen mit der Ordnungsstruktur gegeben durch die Abschlüsse der Bahnen, so induziert also die Abbildung $\Phi : F_\rho \to Gr(\mathrm{Ker}\ \rho) \times Gr(W/\mathrm{Im}\ \rho)$ einen Ordnungsisomorphismus

$$F_\rho/GL(V) \xrightarrow{\sim} \mathrm{Im}\ \Phi = \{(U,W) \mid \mathrm{codim}_\rho U + \dim W \leq \dim V - rg\ \rho\} .$$

In der nachfolgenden Tabelle haben wir die verschiedenen Fälle mit nur endlich vielen Bahnen in F_ρ zusammengestellt. Dabei haben wir im Inklusionsdiagramm die einzelnen Bahnen mit einem Zahlenpaar (n,m) versehen, welches durch folgende Abbildung definiert ist:

$$\Theta : F_\rho \to \mathbb{N} \times \mathbb{N} , \quad (\alpha, \beta) \mapsto (\mathrm{codim}_\rho \mathrm{Ker}\ \alpha, rg\ \beta - rg\ \rho) .$$

Anzahl der Bahnen in F_ρ	1	2	2	3	4
Inklusions-diagramme	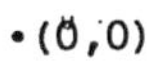		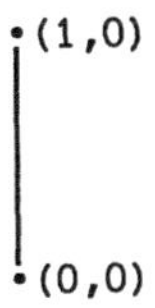	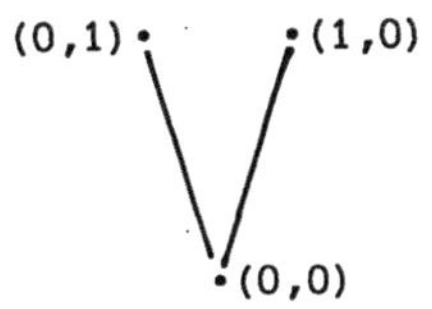	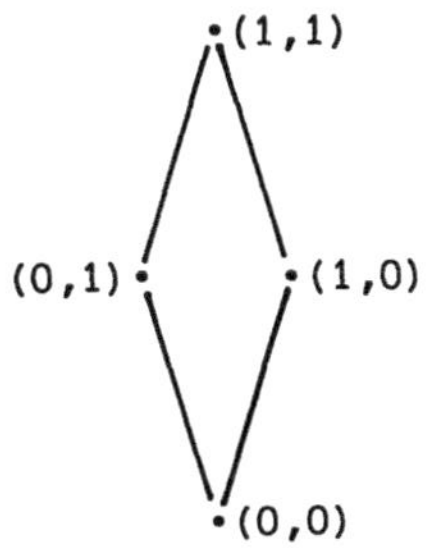
Bedingungen	$\operatorname{rg} \rho = \dim V$ <u>oder</u> ρ bijektiv	$\operatorname{rg} \rho < \dim V$ ρ injektiv $\operatorname{codim} \operatorname{Im} \rho = 1$	$\operatorname{rg} \rho < \dim V$ ρ surjektiv $\dim \operatorname{Ker} \rho = 1$	$\operatorname{rg} \rho = \dim V - 1$ $\operatorname{codim} \operatorname{Im} \rho = 1 = \dim \operatorname{Ker} \rho$	$\operatorname{rg} \rho \leqq \dim V - 2$ $\operatorname{codim} \operatorname{Im} \rho = 1 = \dim \operatorname{Ker} \rho$

Die Fasern F_ρ mit endlich vielen Bahnen

Es ist $\Theta(\alpha,\beta) = (\mathrm{codim}_\rho\, U_o, \dim W_o)$ mit $(U_o,W_o) = \Phi(\alpha,\beta)$, und nach Lemma 3 gilt

$$\Theta(F_\rho) = N_\rho := \{(n,m) \mid n \leq \dim \mathrm{Ker}\,\rho,\ m \leq \dim W - \mathrm{rg}\,\rho,\ n+m \leq \dim V - \mathrm{rg}\,\rho\} .$$

Nach Konstruktion wird daher die Menge der Orbiten in $\Theta^{-1}(n,m) \subset F_\rho$ für festes (n,m) durch $Gr_{\dim \mathrm{Ker}\,\rho - n}(\mathrm{Ker}\,\rho) \times Gr_m(W/\mathrm{Im}\,\rho)$ parametrisiert.

Wir wollen uns nun überlegen, daß diese Teilmenge genau den Bahnen einer geeigneten Untergruppe H_ρ von $GL(U) \times GL(V) \times GL(W)$ entsprechen. Hierzu wählen wir Zerlegungen $U = \mathrm{Ker}\,\rho \oplus U_1$, $W = \mathrm{Im}\,\rho \oplus W_1$ und setzen

$$H_\rho := GL(\mathrm{Ker}\,\rho) \times GL(V) \times GL(W_1) \subset GL(U) \times GL(V) \times GL(W) .$$

(Jeder Automorphismus von $\mathrm{Ker}\,\rho$ bzw. W_1 wird durch die Identität auf U_1 bzw. $\mathrm{Im}\,\rho$ auf ganz U bzw. W fortgesetzt.)

H_ρ operiert linear auf $L = L(U,V) \times L(V,W)$ durch

$$(h,g,k)(\alpha,\beta) := (g \circ \alpha \circ h^{-1}, k \circ \beta \circ g^{-1}) .$$

Diese Operation stimmt auf der Untergruppe $GL(V) \subset H_\rho$ mit der gegebenen Operation von $GL(V)$ auf L überein. Da H_ρ auf U_1 und auf $\mathrm{Im}\,\rho$ die Identität induziert, ist F_ρ stabil unter H_ρ.

<u>Satz 3</u>: <u>Die Abbildung</u> $\Theta : F_\rho \to \mathbb{N} \times \mathbb{N}$ <u>induziert eine Bijektion zwischen</u> F_ρ/H_ρ (= Menge der H_ρ-Bahnen in F_ρ) <u>und der Menge</u> $N_\rho := \Theta(F_\rho)$. <u>Es gilt</u> $(\alpha',\beta') \in \overline{H_\rho(\alpha,\beta)}$ <u>genau dann</u>, <u>wenn</u> $\Theta(\alpha',\beta') \leq \Theta(\alpha,\beta)$.

(Dabei setzen wir $(n',m') \leq (n,m)$ falls $n' \leq n$ und $m' \leq m$.)

<u>Beweis</u>: Wir haben zu zeigen, daß H_ρ transitiv auf $\Theta^{-1}(n,m)$ operiert. Nun ist $\Theta : F_\rho \to \mathbb{N} \times \mathbb{N}$ die Komposition

$$\Theta = \overline{\Theta} \circ \Phi : F_\rho \to Gr(\mathrm{Ker}\,\rho) \times Gr(W/\mathrm{Im}\,\rho) \to \mathbb{N} \times \mathbb{N} ,$$

$\overline{\Theta}(U_o,W_o) := (\mathrm{codim}_\rho\, U_o, \dim W_o)$. Offenbar operiert $GL(\mathrm{Ker}\,\rho) \times GL(W_1)$ transitiv auf $\overline{\Theta}^{-1}(m,n) = \{(U_o,W_o) \mid \dim U_o = \dim \mathrm{Ker}\,\rho - n,\ \dim W_o = m\}$, und die Behauptung folgt.
Die zweite Aussage folgt leicht aus Satz 2c. ††

Die Faser $F = F_\rho$ enthält also nur endlich viele H_ρ-Orbiten; das Inklusionsdiagramm der Abschlüsse der H_ρ-Orbiten ist durch die Menge $N_\rho \subset \mathbb{N} \times \mathbb{N}$ mit der eben definierten Produktordnung auf $\mathbb{N} \times \mathbb{N}$ gegeben.

<u>Beispiel</u>: Sei $\dim \operatorname{Ker} \rho = 3 = \dim W - \operatorname{rg} \rho$. Wir erhalten folgende Inklusionsdiagramme der Abschlüsse der H_ρ-Bahnen in F_ρ (in Abhängigkeit der Größe $h = \dim V - \operatorname{rg} \rho$):

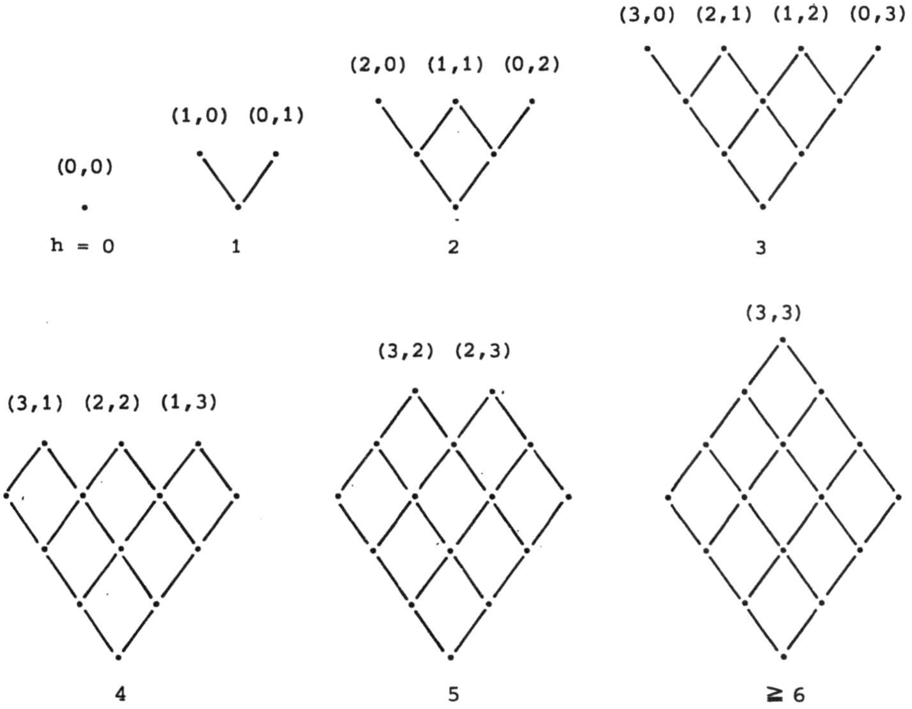

Insbesondere ist in diesem Beispiel F_ρ genau für $\dim V = \operatorname{rg} \rho$ oder $\dim V \geq \operatorname{rg} \rho + 6$ irreduzibel.

<u>Übung</u>: a) Die Anzahl der irreduziblen Komponenten von F_ρ ist gegeben durch

$$\operatorname{Max} (\operatorname{Min}(h+1, n_o+1, m_o+1, n_o+m_o-h+1) , 1)$$

mit $h = \dim V - \operatorname{rg} \rho$, $n_o = \dim \operatorname{Ker} \rho$ und $m_o = \dim W - \operatorname{rg} \rho$:

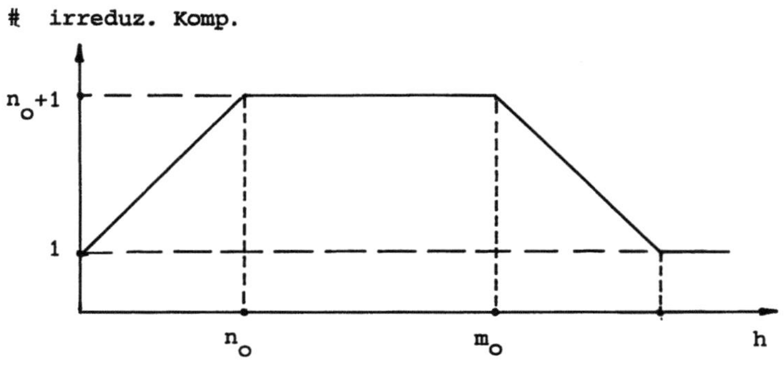

b) Für die Nullfaser F_o gilt:

(i) F_o irreduzibel <=> $\dim U + \dim W \leq \dim V$.

(ii) Sei $m := \mathrm{Min}(\dim U, \dim W) \leq M := \mathrm{Max}(\dim U, \dim W)$.

$$\# \text{ irreduzible Komponenten von } F_o = \begin{cases} \dim V + 1 & m \geq \dim V \\ m + 1 & m \leq \dim V \leq M \\ \mathrm{Max}(\dim U + \dim W - \dim V + 1, 1) & M \leq \dim V \end{cases}$$

<u>Satz 4</u>: F_ρ <u>ist genau dann irreduzibel</u>, <u>wenn eine der folgenden drei Bedingungen erfüllt ist</u>:

a) $\mathrm{rg}\,\rho \geq \dim U + \dim W - \dim V$,

b) $\mathrm{rg}\,\rho = \dim V$,

c) ρ <u>ist injektiv oder surjektiv</u>.

Beweis: Offensichtlich ist F_ρ genau dann irreduzibel, wenn N_ρ ein größtes Element enthält (Satz 3). Wir setzen

$$h := \dim V - \mathrm{rg}\,\rho ,$$

$$n_o := \dim \mathrm{Ker}\,\rho \quad \text{und} \quad m_o = \dim W - \mathrm{rg}\,\rho .$$

Dann ist $N_\rho = \{(n,m) \leq (n_o,m_o) \mid n + m \leq h\}$. N_ρ enthält also genau dann ein größtes Element, wenn einer der folgenden Fälle eintritt:

a) $n_o + m_o \leq h$; größtes Element = (n_o,m_o) ;

b) $h = 0$; größtes Element = $(0,0)$;

c) $n_o = 0$ bzw. $m_o = 0$; größtes Element = $(d,0)$ bzw. $(0,d)$ mit $d = \mathrm{Min}(n_o,h)$ bzw. $d = \mathrm{Min}(m_o,h)$.

Diese drei Fälle entsprechen genau den drei Fällen des Satzes; bei a) beachte man die Beziehung

$$n_o + m_o = \dim \operatorname{Ker} \rho + \dim W - \operatorname{rg} \rho = \dim U + \dim W - 2 \operatorname{rg} \rho . \dagger\dagger$$

Bemerkung: Wir erinnern daran, daß im Falle b) die Faser F_ρ ein abgeschlossener Orbit ist (Folgerung 3).

Folgerung 5: Auf der offenen dichten Teilmenge $L_t'(U,W)$ von $\pi(L) = L_t(U,W)$, $t := \operatorname{Min}(\dim U, \dim V, \dim W)$, sind die Fasern von π irreduzibel.

Beweis: Sei $\rho \in L_t'(U,W)$, d. h. $\operatorname{rg} \rho = t$. Wir unterscheiden drei Fälle:

1) $\operatorname{Max}(\dim U, \dim W) \leq \dim V$. Hieraus folgt $\operatorname{rg} \rho = t \geq \dim U + \dim W - \dim V$, und F_ρ ist irreduzibel nach Satz 4a.

2) $\dim V \leq \operatorname{Min}(\dim U, \dim W)$. Hieraus folgt $\operatorname{rg} \rho = \dim V$, und F_ρ ist irreduzibel nach Satz 4b.

3) $\dim U \leq \dim V \leq \dim W$ bzw. $\dim U \geq \dim V \geq \dim W$. Hieraus folgt $\operatorname{rg} \rho = \dim U$ bzw. $\operatorname{rg} \rho = \dim W$, d. h. ρ ist injektiv bzw. surjektiv. Nach Satz 4c ist F_ρ irreduzibel.

Satz 5: Ist $\operatorname{rg} \rho \geq \dim U + \dim W - \dim V$, so ist die Faser F_ρ ein normaler vollständiger Durchschnitt (AI.6.2) von der Dimension

$$\dim F_\rho = (\dim U + \dim W) \cdot \dim V - \dim U \cdot \dim W .$$

Wir wollen das Normalitätskriterium von Serre (AI, 6.2 Satz) anwenden und müssen deshalb die Punkte $(\alpha,\beta) \in L$ bestimmen, wo die Tangentialabbildung

$$(d\pi)_{(\alpha,\beta)} : L \to L(U,W) , \quad (X,Y) \mapsto (\beta \circ X + Y \circ \alpha)$$

surjektiv ist. (Wie üblich haben wir $T_{(\alpha,\beta)}(L) = L$ und $T_\rho(L(U,W)) = L(U,W)$ gesetzt, $\rho = \beta \circ \alpha$; es ist $\pi(\alpha + \varepsilon X, \beta + \varepsilon Y) = (\beta + \varepsilon Y) \circ (\alpha + \varepsilon X) = \beta \circ \alpha + \varepsilon(\beta \circ X + Y \circ \alpha)$, also $(d\pi)_{(\alpha,\beta)}(X,Y) = \beta \circ X + Y \circ \alpha$.)

Lemma 4: Das Differential $(d\pi)_{(\alpha,\beta)} : L \to L(U,W)$ ist genau dann surjektiv, wenn α injektiv oder β surjektiv ist.

Beweis: Wir setzen $\delta := d\pi_{(\alpha,\beta)}$ und haben also $\delta(X,Y) = \beta \circ X + Y \circ \alpha$. Ist α injektiv bzw. β surjektiv, so folgt $\dim U \leq \dim V$ bzw. $\dim V \geq \dim W$, und jeder Homomorphismus aus $L(U,W)$ faktorisiert über α bzw. β. Andererseits gilt für jedes $\sigma \in \delta(L)$ offenbar $\sigma(\mathrm{Ker}\ \alpha) \subset \mathrm{Im}\ \beta$. Ist daher δ surjektiv, so muß entweder $\mathrm{Ker}\ \alpha = (0)$ oder $\mathrm{Im}\ \beta = W$ sein. ††

Beweis von Satz 5: Nach Lemma 4 und dem Normalitätskriterium genügt es zu zeigen, daß

$$F'_\rho := \{(\alpha,\beta) \in F_\rho \mid \alpha \text{ injektiv oder } \beta \text{ surjektiv}\}$$

in F_ρ ein Komplement der Kodimension ≥ 2 hat (vgl. AI.6.2 Satz).

Sei $n_o := \dim \mathrm{Ker}\ \rho$, $m_o := \dim W - \mathrm{rg}\ \rho$. Nach Voraussetzung ist dann $N_\rho = \{(n,m) \in \mathbb{N} \times \mathbb{N} \mid n \leq n_o \text{ und } m \leq m_o\}$ von folgender Gestalt (vgl. Satz 4a):

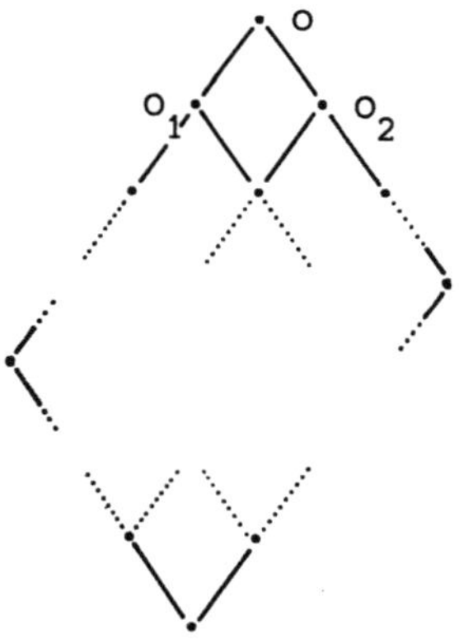

Zudem gilt $(\alpha,\beta) \in F'_\rho$ genau dann, wenn $\Theta(\alpha,\beta)$ von der Form (n_o,m) oder (n,m_o) ist. Insbesondere ist

$$F'_\rho \supset (O \cup O_1 \cup O_2)$$

mit den H_ρ-Bahnen $O := \Theta^{-1}(n_o,m_o)$, $O_1 = \Theta^{-1}(n_o-1,m_o)$ und $O_2 = \Theta^{-1}(n_o,m_o-1)$. Weiter gilt

$$F_\rho - O = \overline{O}_1 \cup \overline{O}_2 .$$

Es folgt

$$\dim(\overline{F_\rho - F'_\rho}) \leq \dim\big(F_\rho - (O \cup O_1 \cup O_2)\big) < \dim(F_\rho - O) < \dim F_\rho ,$$

also $\operatorname{codim}_{F_\rho}(F_\rho - F'_\rho) \geq 2$. ††

Bemerkung: Alle irreduziblen Fasern von π sind normal.

Erfüllt nämlich ρ die Bedingung b) oder c) von Satz 4, so ist F_ρ sogar glatt. (Im Fall b ist F_ρ ein GL(V)-Orbit, und im Fall c ist $F_\rho = F'_\rho$.)

4.2 Allgemeine Faser und Nullfaser

Wir betrachten eine lineare Darstellung $\rho : G \to GL(V)$ einer linear reduktiven algebraischen Gruppe G und bezeichnen mit $\pi : V \to Y = V/\!\!/G$ den Quotienten von V bzgl. G .

In diesem Abschnitt wollen wir ein paar Zusammenhänge zwischen der Geometrie der Nullfaser $V^o := \pi^{-1}(\pi(0))$ und der Geometrie der allgemeinen Faser herstellen. Es wird sich zeigen, daß die Nullfaser in gewissem Sinne die "schlechteste" aller Fasern ist, oder umgekehrt, daß alle "guten" Eigenschaften der Nullfaser auch allen anderen Fasern zukommen.

Satz 1: Enthält die Nullfaser $V^o = \pi^{-1}(\pi(0))$ nur endlich viele Bahnen, so gilt dies für jede Faser von π . Zudem ist π dann äquidimensional, d. h. die irreduziblen Komponenten aller Fasern von π haben dieselbe Dimension. Jede solche Komponente C enthält einen dichten Orbit unter G^o, und es gilt

$$\dim C = \operatorname*{Max}_{v \in V} \dim Gv = \dim V - \dim V/\!\!/G .$$

Beweis: Wir können o. E. G zusammenhängend annehmen (betrachte die Operation von G^o auf V).

Wir nehmen an, daß für ein $w \in V/\!\!/G$ die Faser $F := \pi^{-1}(w)$ unendlich viele Bahnen einer Dimension d enthalte. Dann gibt es eine irreduzible Komponente X von $F_d := \{v \in F \mid \dim Gv \leq d\}$, die unendlich viele Orbiten der Dimension d enthält; insbesondere gilt also $\dim X \geq d+1$. Wir betrachten nun $\mathbb{C}^*X = \{\lambda x \mid \lambda \in \mathbb{C}^*, x \in X\}$, sowie den Abschluß $Z := \overline{\mathbb{C}^*X}$.

Beide Teilmengen sind irreduzibel, G-stabil und in $V_d := \{v \in V \mid \dim Gv \leq d\}$ enthalten. V_d ist nach Lemma 2.6 abgeschlossen. Offensichtlich gilt $0 \in Z$, und $\rho := \pi|_Z : Z \to \pi(Z) \subset V/\!\!/G$ ist ein Quotient (G-Abgeschlossenheit von Quotienten 3.2). Da X in einer Faser des Quotienten ρ liegt, gilt $\lambda X \subset \rho^{-1}(\rho(\lambda x))$ für alle $\lambda \in \mathbb{C}^*$ und $x \in X$. Es folgt $\dim \rho^{-1}(\rho(z)) \geq \dim X \geq d+1$ für alle z aus der dichten Teilmenge $\mathbb{C}^*X$ von Z und damit $\dim \rho^{-1}(\rho(0)) \geq d+1$ (AI.3.3). Wegen $\rho^{-1}(\rho(0)) \subset V_d$ muß daher $\rho^{-1}(\rho(0))$ unendlich viele Bahnen enthalten, im Widerspruch zur Voraussetzung.

Sei nun m die maximale Orbitdimension in V. Nach Satz 2.6 ist $V^{(m)} = \{v \in V \mid \dim Gv = m\}$ offen (und dicht) in V, also $\pi(V^{(m)})$ dicht in $V/\!\!/G$, und für jedes $w \in \pi(V^{(m)})$ enthält $\pi^{-1}(w)$ einen Orbit der Dimension m, also $\dim \pi^{-1}(w) \geq m$. Andererseits enthält jede Faser F von π nur endlich viele Orbiten, also $\dim F \leq m$. Mit AI.3.3 folgt $\dim C = m$ für jede Komponente jeder Faser und damit die Behauptung: Da C nur endlich viele G-Bahnen enthält, kommt eine der Dimension m in C vor, und diese ist notwendigerweise dicht. ††

Mit dem gleichen Beweis ergibt sich die folgende Variante von Satz 1.

<u>Satz 1'</u>: <u>Enthält jede Komponente der Nullfaser</u> V^0 <u>einen dichten Orbit, so gilt dies für jede Faser von</u> π , <u>und</u> π <u>ist äquidimensional</u>.

<u>Beispiel</u>: $\mathbb{C}^*$ operiere auf $\mathbb{C}^2$ durch $\lambda(x,y) := (\lambda x, \lambda^{-1}y)$. Dann ist

$$\pi : \mathbb{C}^2 \to \mathbb{C}, \quad (x,y) \mapsto xy ,$$

der Quotient von $\mathbb{C}^2$ nach $\mathbb{C}^*$. Die <u>Nullfaser</u> besteht aus drei Bahnen:

$$V^0 = \mathcal{V}(xy) = (x\text{-Achse} - \{0\}) \cup (y\text{-Achse} - \{0\}) \cup \{0\} .$$

Die anderen Fasern sind die Hyperbeln

$$\pi^{-1}(c) =: V_c = \mathcal{V}(xy-c) \quad \text{mit} \quad c \in \mathbb{C}^*$$

und sind zudem abgeschlossene Bahnen.

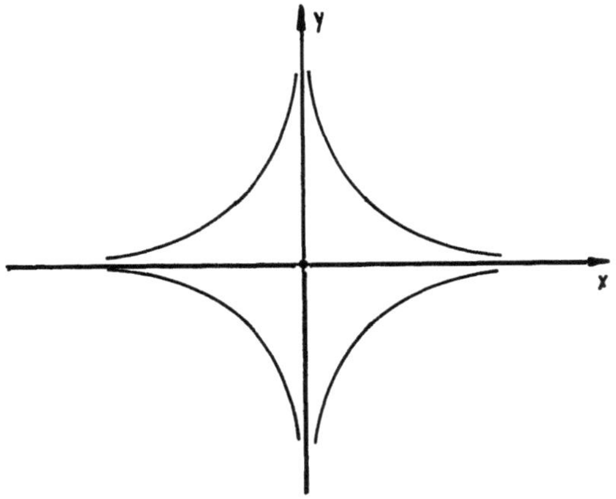

Wir wollen nun den Übergang von einer beliebigen Faser zur Nullfaser etwas genauer studieren. Sei

$$R := \mathcal{O}(V) = \bigoplus_{i \geq 0} R_i$$

der wie üblich durch den Gesamtgrad der Polynome graduierte Koordinatenring von V.

__Definition__: Ist $f \in R$, $f = \sum_{i=0}^{d} f_i$ mit $f_i \in R_i$ und $f_d \neq 0$, so setzen wir

$$\text{gr } f := f_d = \underline{\text{homogener Bestandteil höchsten Grades von }} f.$$

Ist T ein Untervektorraum von R, so sei

$$\text{gr } T := \langle \text{gr } f \mid f \in T \rangle = \underline{\text{der von allen gr } f, f \in T, \text{ aufgespannte Untervektorraum von }} R.$$

Die folgenden Eigenschaften sind leicht zu verifizieren; die genaue Durchführung sei dem Leser als Übung überlassen (bei 2) benutze man die Nullteilerfreiheit von R).

__Eigenschaften__: 1) Ist $\underline{a} \subset R$ ein Ideal, so ist $\text{gr } \underline{a}$ ein homogenes Ideal in R. Es ist $\text{gr } \underline{a} = \underline{a}$ genau dann, wenn $\underline{a}$ homogen ist.
2) $\text{gr}(fR) = (\text{gr } f)R$ für alle $f \in R$.
3) Ist $\underline{a} \subset \underline{b}$, so folgt $\text{gr } \underline{a} \subset \text{gr } \underline{b}$. Ist zudem $\underline{a} \neq \underline{b}$, so gilt auch $\text{gr } \underline{a} \neq \text{gr } \underline{b}$.
4) Ist $\underline{a}$ G-stabil, so ist $\text{gr } \underline{a}$ ebenfalls G-stabil.
5) $\text{gr } \underline{a} \cdot \text{gr } \underline{b} \subset \text{gr}(\underline{a} \cdot \underline{b}) \subset \text{gr } \underline{a} \cap \text{gr } \underline{b}$.
6) $\text{gr } \sqrt{\underline{a}} \subset \sqrt{\text{gr } \underline{a}}$.

Definition: Sei X eine beliebige Teilmenge von V . Dann definieren wir den assoziierten Kegel $\mathbb{K}X$ von X durch

$$\mathbb{K}X := \mathbb{V}(\mathrm{gr}(\underline{i}(X))) .$$

Satz 2: a) $\mathbb{K}X$ ist ein abgeschlossener Kegel in V (d. h. mit x gehört auch $\mathbb{C}^*x$ zu $\mathbb{K}X$).

b) Der Übergang $X \mapsto \mathbb{K}X$ ist inklusions-erhaltend, führt G-stabile Teilmengen in G-stabile abgeschlossene Kegel über und erfüllt $\mathbb{K}(X \cup Y) = \mathbb{K}X \cup \mathbb{K}Y$.

c) $\mathbb{K}X \subset \overline{\mathbb{C}^*X}$ und $\dim \mathbb{K}X = \dim X$. Ist X irreduzibel, so ist $\mathbb{K}X$ äquidimensional (d. h. alle irreduziblen Komponenten haben die gleiche Dimension).

Beweis: Die Aussagen a) und b) folgen unmittelbar aus obigen Definitionen. Die erste Behauptung von c) ist ebenfalls klar: $\underline{i}(\overline{\mathbb{C}^*X})$ ist ein homogenes Ideal, welches in $\underline{i}(X)$ enthalten ist, also auch in $\mathrm{gr}(\underline{i}(X))$. Für den Beweis der restlichen Behauptungen können wir o. E. X abgeschlossen voraussetzen.

Wir betrachten den Vektorraum $V \oplus \mathbb{C}$ mit dem Koordinatenring $\mathcal{O}(V \oplus \mathbb{C}) = R[T]$, versehen mit der Graduierung

$$R[T]_d := \sum_{i=o}^{d} R_i \cdot T^{d-i} .$$

Sei $X' := \mathbb{C}^*(X \times \{1\}) = \{(\lambda x, \lambda) \in V \oplus \mathbb{C} \mid \lambda \in \mathbb{C}^* , x \in X\}$, $Z = \overline{X'}$ der Abschluß von X' in $V \oplus \mathbb{C}$ und $\eta : Z \to \mathbb{C}$ die durch die Projektion $V \oplus \mathbb{C} \to \mathbb{C}$ induzierte Abbildung. Wir wollen zeigen, daß folgendes gilt:

(i) $\eta^{-1}(\lambda) = \lambda X \times \{\lambda\} \cong X$ für $\lambda \neq 0$;

(ii) $\eta^{-1}(0) = \mathbb{K}X \times \{0\} \cong \mathbb{K}X$.

ad (i): Für ein homogenes Element $f = \sum_{i=o}^{d} f_i T^{d-i} \in R[T]_d$ gilt $f(\lambda x, \lambda) = \lambda^d \cdot \sum_{i=o}^{d} f_i(x)$ für $\lambda \in \mathbb{C}$. Aus $f \in \underline{i}(Z)$ folgt daher $\sum_{i=o}^{d} f_i \in \underline{i}(X)$ und umgekehrt. Da $\underline{i}(Z)$ homogen ist, liegt ein $(z,\lambda) \in Z$ mit $\lambda \neq 0$ genau dann in $\eta^{-1}(\lambda)$, wenn $z = \lambda x$ ist mit einem $x \in X$. Damit folgt (i).

ad (ii): Für $g = \sum_{i=o}^{d} g_j \in R$, $g_d \neq 0$, setzen wir $\tilde{g} := \sum_{j=o}^{d} g_j T^{d-j}$. Wir erhalten $\underline{i}(X') = \langle \tilde{g} \mid g \in \underline{i}(X) \rangle$. Zudem gilt $\tilde{g}(v,0) = (\mathrm{gr}\, g)(v)$.

Es folgt daher für ein $v \in V$:

$$\begin{aligned}(v,0) \in Z &\iff \tilde{g}(v,0) = 0 \quad \text{für alle} \quad g \in \underline{i}(X)\\ &\iff (\mathrm{gr}\ g)(v) = 0 \quad \text{für alle} \quad g \in \underline{i}(X)\\ &\iff v \in \mathbb{K}X,\end{aligned}$$

d. h. $Z \cap (V \times \{0\}) = \mathbb{K}X \times \{0\}$, womit auch (ii) nachgewiesen ist.

Nach Konstruktion ist $X' \stackrel{\sim}{\to} X \times \mathbb{C}^*$. Ist nun X irreduzibel, so ist Z ebenfalls irreduzibel, und es gilt $\dim Z = \dim X + 1$. Wegen $\mathbb{K}X \times \{0\} \subsetneq Z$ erhalten wir daher $\dim \mathbb{K}X \leq \dim X$. Umgekehrt folgt aus (i) und (ii), daß jede irreduzible Komponente von $\mathbb{K}X$ eine Dimension $\geq \dim X$ hat (AI.3.3). Folglich ist $\mathbb{K}X$ äquidimensional von der Dimension $\dim X$.

Wegen $\mathbb{K}(X \cup Y) = \mathbb{K}X \cup \mathbb{K}Y$ folgt auch für reduzibles $X \subset V$, daß $\dim \mathbb{K}X = \dim X$ ist. ††

Wir werden diese "Kegel-Konstruktion" $\mathbb{K}X$ vor allem benutzen , wenn X eine (allgemeine) Faser der Quotientenabbildung π ist. In diesem Fall hat $\mathbb{K}X$ eine sehr einfache geometrische Beschreibung.

<u>Satz 3</u>: <u>Sei</u> $X \subset V$ <u>enthalten in einer Faser</u> F , <u>welche von der Nullfaser</u> V^0 <u>verschieden ist</u>. <u>Dann gilt</u>:

$$\mathbb{K}X = \overline{\mathbb{C}^* X} \cap V^0 = \overline{\mathbb{C}^* X} - \mathbb{C}^* \overline{X} .$$

<u>Beweis</u>: Wir beweisen folgende Aussagen: (i) $\mathbb{K}X \subset V^0$, (ii) $V^0 \cap \mathbb{C}^* \overline{X} = \emptyset$, (iii) $\overline{\mathbb{C}^* X} = \mathbb{C}^* \overline{X} \cup \mathbb{K}X$. Zusammen mit $\mathbb{K}X \subset \overline{\mathbb{C}^* X}$ (Satz 2c) folgt hieraus die Behauptung.

ad (i): Es ist $\underline{m} := \bigoplus_{i>0} R_i^G$ das zu $\pi(0)$ gehörige maximale Ideal von R^G und $V^0 = \mathbb{V}(\underline{m})$. Zu zeigen ist $\underline{m} \subset \mathrm{gr}\ \underline{i}(X)$. Sei hierzu $f \in \underline{m}$, $f \neq 0$ homogen. Da $\pi(X)$ ein Punkt ist, ist $f \equiv c$ auf X . Es folgt $f - c \in \underline{i}(X)$, also $\mathrm{gr}(f - c) = f \in \mathrm{gr}\ \underline{i}(X)$, d. h. $\underline{m} \subset \mathrm{gr}\ \underline{i}(X)$.

ad (ii): Sei $z \in V^0 \cap \mathbb{C}^* \overline{X}$, d. h. $z = \lambda x$ für ein $\lambda \in \mathbb{C}^*$ und $x \in \overline{X}$. Hieraus folgt $x = \lambda^{-1} z \in V^0 \cap \overline{X}$ (V^0 ist ein Kegel), also $\pi(x) = \pi(0)$, im Widerspruch zur Voraussetzung.

ad (iii): Sei $z \in \overline{\mathbb{C}^* X} - \mathbb{C}^* \overline{X}$. Da $\mathbb{C}^* \overline{X}$ in $\overline{\mathbb{C}^* X}$ dicht ist, existieren $\lambda_i \in \mathbb{C}^*$ und $x_i \in \overline{X}$ mit $z = \lim_{i \to \infty} \lambda_i x_i$ (vgl. AI.7.2). Durch Übergang zu einer Teilfolge können wir annehmen, daß die Folge λ_i konvergiert.

($|\lambda_i| \to \infty$ ist nicht möglich, da sonst $x_i \to 0$, also $0 \in \overline{X}$, im Widerspruch zur Voraussetzung.) Sei $\lim_{i\to\infty} \lambda_i = \lambda$. Wäre $\lambda \neq 0$, so folgt $\lambda^{-1}z = \lim_{i\to\infty} \lambda_i^{-1}\lambda_i x_i = \lim_{i\to\infty} x_i \in \overline{X}$, d. h. $z \in \mathbb{C}^*\overline{X}$ im Widerspruch zur Annahme. Es gilt also $\lim_{i\to\infty} \lambda_i = 0$. Wir zeigen nun $z \in \mathbb{K}X$, d. h. $(\mathrm{gr}\, f)(z) = 0$ für alle $f \in \underline{i}(X)$. Sei $f \in \underline{i}(X)$, $f = \sum_{j=0}^{d} f_j$ mit $f_d \neq 0$. Setzen wir für $\lambda \in \mathbb{C}^*$ $f_\lambda := \sum_{i=0}^{d} \lambda^{d-i} f_i$, so folgt $f_{\lambda_i}(\lambda_i x_i) = \lambda_i^d f(x_i) = 0$ und somit

$$0 = \lim_{i\to\infty} f_{\lambda_i}(\lambda_i x_i) = (\lim_{i\to\infty} f_{\lambda_i})(\lim_{i\to\infty} \lambda_i x_i) = (\mathrm{gr}\, f)(z) .$$

Damit ist der Satz vollständig bewiesen. ††

Folgerung 1: Es gilt $\dim V^0 \geq \dim F$ für jede Faser F von π. Insbesondere ist π genau dann äquidimensional, wenn $\dim V^0$ minimal ist, d. h. wenn $\dim V^0 = \dim V - \dim V/\!\!/G$ gilt.

(Dies folgt direkt aus Satz 2c und Satz 3)

Wir wollen nun die Koordinatenringe von X und von $\mathbb{K}X$ miteinander vergleichen. Wir haben

$$\mathcal{O}(X) = R/\underline{i}(X) \quad \text{und} \quad \mathcal{O}(\mathbb{K}X) = R/\sqrt{\mathrm{gr}\,\underline{i}(X)}, \quad R := \mathcal{O}(V) = \bigoplus_{i\geq 0} R_i .$$

Sei $\underline{a} \subset R$ ein Ideal und $\overline{R} := R/\underline{a}$. Wir betrachten die aufsteigende Filtrierung

$$\overline{R}^{(-1)} := \{0\} \subset \overline{R}^{(0)} := \mathbb{C} \subset \overline{R}^{(1)} \subset \overline{R}^{(2)} \subset \ldots \subset \overline{R} ,$$

$$\overline{R}^{(i)} := \sum_{j\leq i} (R_j + \underline{a})/\underline{a} .$$

Es gilt $\overline{R}^{(i)} \cdot \overline{R}^{(j)} \subset \overline{R}^{(i+j)}$. Die Multiplikation in $\overline{R}$ definiert daher eine $\mathbb{C}$-Algebrastruktur auf

$$\mathrm{gr}\, \overline{R} := \bigoplus_{i=0}^{\infty} \overline{R}^{(i)}/\overline{R}^{(i-1)} .$$

Lemma: a) Es ist $R/\mathrm{gr}\,\underline{a} \xrightarrow{\sim} \mathrm{gr}(R/\underline{a})$ in kanonischer Weise.
b) Ist $\underline{a}$ G-stabil, dann sind $R/\underline{a}$ und $R/\mathrm{gr}\,\underline{a}$ isomorphe G-Moduln.

Beweis: a) Für $f_i \in R_i$ bezeichnen wir mit $\overline{f_i}$ das Bild von f_i in $\overline{R}^{(i)}/\overline{R}^{(i-1)} = \sum_{j \leq i} (R_j + \underline{a}) / \sum_{j<i} (R_j + \underline{a})$. Wir erhalten einen homogenen surjektiven $\mathbb{C}$-Algebrenhomomorphismus

$$\rho \ : \ R \to gr(R/\underline{a}) \ , \ \sum_{i=o}^{d} f_i \mapsto \sum_{i=o}^{d} \overline{f_i} \ .$$

Wir finden

$$(\mathrm{Ker}\ \rho) \cap R_i = \Big(\sum_{j<i} (R_j + a)\Big) \cap R_i = \{gr\ f \mid f \in \underline{a}\ ,\ grad\ f = i\} = (gr\ \underline{a})_i \ ,$$

also $\mathrm{Ker}\ \rho = gr\ \underline{a}$.

b) Ist $\underline{a}$ G-stabil, so sind es auch alle $\overline{R}^{(i)}$. Wegen der vollständigen Reduzibilität der Darstellungen von G existiert für jedes $i \in \mathbb{N}$ ein G-stabiles Komplement E^i von $\overline{R}^{(i-1)}$ in $\overline{R}^{(i)}$:

$$\overline{R}^{(i)} = E^i \oplus \overline{R}^{(i-1)} \ .$$

Es ist also $gr(\overline{R}) = \bigoplus_{i=o}^{\infty} \overline{R}^{(i)}/\overline{R}^{(i-1)}$ als G-Modul isomorph zu $\bigoplus_{i=o}^{\infty} E_i = \overline{R}$. Nun ist der in a) konstruierte Isomorphismus $gr\ \overline{R} \cong R/gr\ \underline{a}$ ebenfalls ein G-Isomorphismus, und somit sind $\overline{R}$ und $R/gr\ \underline{a}$ isomorph als G-Moduln. ††

<u>Satz 4</u>: <u>Ist</u> X <u>eine</u> G-<u>stabile und abgeschlossene Teilmenge von</u> V , <u>so gilt für die Multiplizitäten</u>

$$m_\omega(X) \geq m_\omega(\mathbb{K}X) \quad \underline{\text{für alle}} \quad \omega \in \Omega \ .$$

Beweis: Nach Lemma 2 b) ist $\mathcal{O}(X) = R/\underline{i}(X)$ G-isomorph zu $R/gr\ \underline{i}(X)$. Die Behauptung folgt nun aus der Surjektivität des kanonischen Morphismus

$$R/gr\ \underline{i}(X) \twoheadrightarrow R/\sqrt{gr\ \underline{i}(X)} = \mathcal{O}(\mathbb{K}X) \ . \ ††$$

<u>Satz 5</u>: <u>Ist die Nullfaser</u> V^o <u>reduziert und irreduzibel von der Dimension</u> $\dim V - \dim V/\!\!/G$, <u>so sind alle Fasern reduziert und irreduzibel. Ist</u> V^o <u>zudem normal, so sind alle Fasern normal.</u>

Beweis: Sei $w \in V/\!\!/G$, $F = \pi^{-1}(w)$ und $\underline{m}_w$ das zu w gehörige maximale Ideal von R^G . Zunächst gilt $\underline{m} := \bigoplus_{i>o} R_i^G \subset gr\ \underline{m}_w$. (Für homogenes $f \in \underline{m}$, grad $f \geq 1$, ist $f - f(w) \in \underline{m}_w$ und daher $gr(f-f(w)) = f \in gr\ \underline{m}_w$.) Sei nun C eine irreduzible Komponente von F. Dann folgt $\underline{m}_w R \subset \underline{i}(C)$ und $\mathbb{K}C = V^o$. (V^o ist irreduzibel und $\dim V^o = \dim C$ nach Folgerung 1.) Da V^o reduziert ist, gilt sogar $\underline{i}(V^o) = \underline{m}R$. Insgesamt erhalten wir:

$$\underline{m}R \subset \mathrm{gr}\ \underline{m}_w R \subset \mathrm{gr}\ \underline{i}(C) \subset \sqrt{\mathrm{gr}\ \underline{i}(C)} = \underline{i}(V^o) = \underline{m}R ,$$

also $\mathrm{gr}\ \underline{m}_w R = \mathrm{gr}\ \underline{i}(C)$. Mit $\underline{m}_w R \subset \underline{i}(C)$ folgt hieraus $\underline{m}_w R = \underline{i}(C)$ (vgl. Eigenschaft 3 von gr). Es ist also $\underline{m}_w R$ ein Primideal, d. h. die Faser F ist reduziert und irreduzibel.

Sei nun V^o zudem normal. Setzen wir $\overline{R} = \mathcal{O}(F) = R/\underline{i}(F)$, so folgt nach obigem und dem Lemma

$$\mathrm{gr}\ \overline{R} \cong R/\mathrm{gr}\ \underline{i}(F) = \mathcal{O}(V^o) ,$$

d. h. $\mathrm{gr}\ \overline{R}$ ist ein normaler Integritätsbereich. Wir wollen hieraus folgern, daß auch $\overline{R}$ normal ist. Für $f \in \overline{R}$ setzen wir

$$\mathrm{grad}\ f := \begin{cases} d\ , \text{ falls } f \neq 0 \text{ und } f \in \overline{R}^{(d)} - \overline{R}^{(d-1)} \\ -\infty\ , \text{ falls } f = 0 . \end{cases}$$

(Wir benutzen die oben nach Satz 3 eingeführten Bezeichnungen.) Da $\mathrm{gr}\ \overline{R}$ ein Integritätsbereich ist, gilt für alle $f,g \in \overline{R}$

$$\mathrm{grad}(fg) = \mathrm{grad}\ f + \mathrm{grad}\ g .$$

Sei nun K der Quotientenkörper von $\overline{R}$ und $t = \frac{f}{g} \in K$. Dann ist

$$\mathrm{grad}\ t := \mathrm{grad}\ f - \mathrm{grad}\ g$$

wohldefiniert, d. h. unabhängig von der Darstellung von t als Quotient in K. Wir erhalten auf K eine Filtrierung

$$\ldots \subset K^{(i)} \subset K^{(i+1)} \subset K^{(i+2)} \subset \ldots , \quad i \in \mathbb{Z}$$

durch $K^{(i)} := \{t \in K \mid \mathrm{grad}\ t \leq i\}$. Es gilt:

(i) $K^{(i)} \cap \overline{R} = \overline{R}^{(i)}$

(ii) $K^{(i)} \cdot K^{(j)} \subset K^{(i+j)}$

(iii) $\mathrm{grad}(rs) = \mathrm{grad}\ r + \mathrm{grad}\ s$ für alle $r,s \in K$.

Wegen (ii) ist $\operatorname{gr} K := \bigoplus_{i \in \mathbb{Z}} K^{(i)}/K^{(i-1)}$ eine $\mathbb{C}$-Algebra, und es folgt aus (i) und (iii), daß $\operatorname{gr} K$ nullteilerfrei ist und $\operatorname{gr} \overline{R} \subset \operatorname{gr} K$ gilt. Wir zeigen nun, daß $\operatorname{gr} K$ im Quotientenkörper $\operatorname{Quot}(\operatorname{gr} \overline{R})$ von $\operatorname{gr} \overline{R}$ enthalten ist:

$$\operatorname{gr} \overline{R} \subset \operatorname{gr} K \subset \operatorname{Quot}(\operatorname{gr} \overline{R}) .$$

Ist nämlich $s \in \operatorname{gr} K$, $s \in K^{(i)}/K^{(i-1)}$, also $s = \frac{f}{h} + K^{(i-1)}$ mit $f,h \in \overline{R}$, $\operatorname{grad} h = d$ und $\operatorname{grad} f = d+i$, so folgt
$(\operatorname{gr} h) \cdot s = (h + K^{(d-1)}) \cdot (\frac{f}{h} + K^{(i-1)}) = f + K^{(d+i-1)} = \operatorname{gr} f$, also

$$s = \frac{\operatorname{gr} f}{\operatorname{gr} h} \in \operatorname{Quot}(\operatorname{gr} \overline{R}) .$$

Sei nun $S \subset K$ der ganze Abschluß von $\overline{R}$ in K. Dann erbt S die Filtrierung von K, $S^{(i)} := S \cap K^{(i)}$, und es gilt

$$\operatorname{gr} \overline{R} \subset \operatorname{gr} S \subset \operatorname{gr} K \subset \operatorname{Quot}(\operatorname{gr} \overline{R}) .$$

Als ganzer Abschluß von $\overline{R}$ in K ist S ein endlich erzeugter $\overline{R}$-Modul; es gibt also ein $r \in \overline{R}$, $r \neq 0$ mit $rS \subset \overline{R}$. Wegen der Nullteilerfreiheit von $\operatorname{gr} S$ folgt hieraus $\operatorname{gr}(rS) = (\operatorname{gr} r)(\operatorname{gr} S) \subset \operatorname{gr} \overline{R}$. Da $\operatorname{gr} \overline{R}$ noethersch ist, ist deshalb $\operatorname{gr} S$ ein endlich erzeugter $(\operatorname{gr} \overline{R})$-Modul und folglich ganz über $\operatorname{gr} \overline{R}$. Nach Voraussetzung erhalten wir $\operatorname{gr} S = \operatorname{gr} \overline{R}$ und damit $\overline{R} = S$ (Eigenschaft 3 von gr), d. h. $\overline{R}$ ist normal. ††

<u>Folgerung 2:</u> <u>Ist</u> $V' := \{v \in V^O \mid (d\pi)_v : V \to T_{\pi(O)}(V/\!\!/G) \text{ ist surjektiv}\}$ <u>nicht leer und gilt</u> $\operatorname{codim}_{V^O} \overline{V^O - V'} \geq 2$, <u>so sind alle Fasern von</u> π <u>reduziert und normal, und der Quotient</u> $V/\!\!/G$ <u>ist ein affiner Raum.</u>

<u>Beweis</u>: Ist $v \in V'$, so folgt

$$\begin{aligned} \dim_v V^O &\leq \dim T_v(V^O) \leq \dim \operatorname{Ker}(d\pi)_v = \dim V - \dim T_{\pi(O)}(V/\!\!/G) \\ &\leq \dim V - \dim_{\pi(O)} V/\!\!/G = \dim V - \dim V/\!\!/G \leq \dim_v V^O . \end{aligned}$$

Somit gilt $\dim T_{\pi(O)}(V/\!\!/G) = \dim V/\!\!/G$, d. h. $\pi(O)$ ist ein regulärer Punkt von $V/\!\!/G$. Aus 4.3 Lemma1 folgt $V/\!\!/G \cong \mathbb{C}^t$, und nach dem Normalitätskriterium (AI.6.2) ist die Nullfaser V^O reduziert und normal und somit nach Satz 5 jede Faser. ††

Beispiel (vgl. 4.1 Satz 5 und Lemma 4): Sei $\dim U + \dim W \leq \dim V$. Dann sind alle Fasern der Quotientenabbildung

$$\pi : L(U,V) \times L(V,W) \to L(U,W)$$

reduziert und normal.

Bemerkung: Ein entsprechendes Resultat wie Satz 5 läßt sich auch für ander Eigenschaften der Nullfaser beweisen, etwa für die Cohen-Macaulay-Eigenschaft oder die Eigenschaft, rationale Singularitäten zu haben. (Man vergleiche hierzu 4.3. C.)

4.3 Einige Strukturaussagen für algebraische Quotienten

Wir wollen hier ein paar allgemeine Resultate über Quotienten $\pi : Z \to Y$ zusammenstellen, Z eine G-Varietät und G linear reduktiv. Einige werden wir beweisen oder haben wir schon bewiesen; für ein paar andere reichen unsere Methoden nicht aus und wir verweisen auf die Literatur.

A. Übertragungseigenschaften

Ist Z irreduzibel oder normal, so auch Y. (3.3 Satz 1)

Ist Z faktoriell und G halbeinfach (d. h. zusammenhängend mit trivialer Charaktergruppe), so ist Y faktoriell. (3.3 Satz 2 und Bemerkung 3)

Ist Z glatt, so hat Y die Cohen-Macaulay-Eigenschaft. (Hochster-Roberts [HR]; der Beweis ist sehr kompliziert und wurde von Kempf etwas vereinfacht.)

Hat Z rationale Singularitäten, so auch Y. (Theorem von Boutot [Bo]; dies verallgemeinert das voranstehende Resultat von Hochster-Roberts.)

B. Singularitäten im Quotienten

Es sei V ein Vektorraum mit linearer G-Operation und $\pi : V \to Y := V/\!\!/G$ der Quotient.

Lemma 1: Ist $\pi(0) \in Y$ ein glatter Punkt, so ist $Y \cong \mathbb{C}^t$ für ein geeignetes $t \in \mathbb{N}$.

Beweis: Dies folgt direkt aus 3.2 Lemma: $S = \mathcal{O}(Y)$ ist graduiert mit $S_o = \mathbb{C}$, und $\underline{n} := \underline{m}_{\pi(0)}$ ist das homogene Maximalideal. Wählen wir $x_1,\dots,x_t \in \underline{n}$ derart, daß die $\overline{x_i} \in \underline{n}/\underline{n}^2$ eine Basis bilden, so ist $S = \mathbb{C}[x_1,\dots,x_t]$ und $\dim S = \dim \underline{n}/\underline{n}^2 = t$. Die x_i sind daher algebraisch unabhängig. ††

Dieses Resultat läßt sich in einen etwas allgemeineren Rahmen stellen. Hierzu bemerken wir zunächst, daß die Skalarmultiplikation auf V eine $\mathbb{C}^*$-Operation auf dem Quotienten Y induziert:

$$\lambda\pi(z) \;:=\; \pi(\lambda z)$$

(Beweis als Übung). Diese $\mathbb{C}^*$-Operation ist die geometrische Interpretation der Graduierung des Koordinatenrings $\mathcal{O}(Y)$, eine Eigenschaft, die wir schon mehrfach verwendet haben.

Satz 1: Sei $Z \subset V$ ein G-stabiler abgeschlossener Kegel und $\pi : Z \to Z/\!\!/G \subset V/\!\!/G$ der Quotient. Dann bilden die singulären bzw. nicht normalen Punkte in $Z/\!\!/G$ einen abgeschlossenen Kegel. Es ist deshalb $Z/\!\!/G$ genau dann glatt bzw. normal, wenn $\pi(0)$ ein glatter bzw. normaler Punkt von $Z/\!\!/G$ ist.

(Dabei nennen wir eine Teilmenge von V bzw. $V/\!\!/G$ einen Kegel, falls sie $\mathbb{C}^*$-stabil ist. Es ist klar, daß die singulären bzw. nicht normalen Punkte von $Z/\!\!/G$ einen Kegel bilden; die Abgeschlossenheit folgt aus AI.5.6 bzw. AI.4.3.)

Bemerkung 1: Die $\mathbb{C}^*$-Operation auf $V/\!\!/G$ ist ein Spezialfall des folgenden Resultats: Sei Z eine G-Varietät, auf der eine weitere Gruppe H operiert, vertauschbar mit G. Dann operiert H auch auf dem Quotienten $Z/\!\!/G$ und $\pi : Z \to Z/\!\!/G$ ist H-äquivariant.

Wir geben noch ein weiteres Kriterium für die Singularitätenfreiheit eines Quotienten. Wir betrachten der Einfachheit halber wieder einen Vektorraum V mit linearer G-Operation.

Satz 2: Hat die Nullfaser V^o die Dimension $\dim V - \dim V/\!\!/G$ und ist sie in einem glatten Punkt $z \in V^o$ reduziert, so ist der Quotient $V/\!\!/G$ ein affiner Raum.

Zum Beweis: Nach Voraussetzung ist das Differential $d\pi$ in einem Punkt $z \in V^o$ von maximalem Rang, also auch in einer ganzen Umgebung U von z. Hieraus folgt, daß $\pi|_U : U \to \pi(U)$ eine glatte Abbildung ist (d. h. sie sieht lokal im analytischen Sinne aus wie die Projektion eines Vektorraumes auf einen Teilraum). Da der Quotient $V/\!\!/G$ normal ist, also insbesondere unverzweigt, ist $\pi(U)$ eine offene Teilmenge von $V/\!\!/G$, welche $\pi(0)$ enthält. Die Behauptung folgt dann aus dem Lemma 1. ††

Bemerkung 2: Es wird vermutet, daß aus der Dimensionsvoraussetzung, d. h. aus der Äquidimensionalität von π (vgl. 4.2 Folgerung 1) bereits folgt, daß der Quotient ein affiner Raum ist. Dies scheint ein sehr schwieriges Problem zu sein. Mit Hilfe der bisher vorliegenden Klassifikationsresultate (vgl. Bemerkung 3) folgt, daß die Vermutung für einfache Gruppen G und auch für irreduzible Darstellungen von halbeinfachen Gruppen G zutrifft.

Wir haben früher schon festgestellt, daß ein eindimensionaler Quotient $V/\!\!/G$ isomorph zur affinen Gerade $\mathbb{C}$ ist (3.3 Satz 4). Ist $V/\!\!/G$ zweidimensional, so folgt aus der Normalität und obigem Lemma, daß entweder $\pi(0) \in V/\!\!/G$ eine isolierte Singularität ist oder $V/\!\!/G$ ein affiner Raum ist. V. L. Popov hat vermutet (dies wurde durch viele Beispiele erhärtet), daß für eine halbeinfache Gruppe G immer der zweite Fall vorliegt:

Satz 3 (Kempf [Ke2]): Ist G halbeinfach, V ein G-Modul und $\dim V/\!\!/G = 2$, so ist $V/\!\!/G$ isomorph zu $\mathbb{C}^2$.

Bemerkung 3: Es gibt in diesem Zusammenhang eine ganze Serie von Klassifikationsresultaten (V. Kac, V. L. Popov, E. B. Vinberg, G. Schwarz, M. Sato, T. Kimura,...; vgl. [KPV], [P2], [P3], [SK], [S1], [S2], [Kc]). Man findet unter anderem in [S2] die Liste aller Darstellungen V von einfachen Gruppen G mit der Eigenschaft, daß $V/\!\!/G$ ein affiner Raum ist (coreguläre Darstellungen), und in [Kc] die Liste aller irreduziblen Darstellungen von halbeinfachen Gruppen mit der Eigenschaft, daß V^o nur endlich viele Bahnen enthält (überschaubare Darstellungen, vgl. [SK]).

C. Halbstetigkeitsaussagen

Beim Studium von Quotientenabbildungen $\pi : Z \to Z/\!\!/G$ ist man oft daran interessiert, ob die Menge der Punkte $y \in Z/\!\!/G$, für die die Faser $\pi^{-1}(y)$ eine bestimmte Eigenschaft hat, offen in $Z/\!\!/G$ ist. Wir wollen dieser Frage hier etwas nachgehen.

Lemma 2: Die Funktion $d : Z/\!\!/G \to \mathbb{N}$, $y \mapsto \dim \pi^{-1}(y)$, ist halbstetig nach oben.

Beweis: Wir haben zu zeigen, daß für jedes $n \in \mathbb{N}$ die Teilmenge $Y' := \{y \in Z/\!\!/G \mid \dim \pi^{-1}(y) \geq n\}$ abgeschlossen in $Z/\!\!/G$ ist. Nach dem Satz von Chevalley (AI.3.3) ist $Z' := \{z \in Z \mid \dim_z \pi^{-1}(\pi(z)) \geq n\}$ abgeschlossen in Z. Zudem ist Z' auch G-stabil, und es gilt $Y' = \pi(Z')$. Die Behauptung folgt mit der G-Abgeschlossenheit von Quotienten (3.2). ††

Als Anwendung finden wir folgendes Resultat.

Satz 4: Sei $\pi : Z \to Z/\!\!/G$ ein Quotient. Dann ist die Menge

$$\{y \in Z/\!\!/G \mid \pi^{-1}(y) \text{ besteht aus endlich vielen Bahnen}\}$$

offen in $Z/\!\!/G$.

Beweis: Sei $S \subset Z$ eine Schicht (2.6; o. E. sei G zusammenhängend) bestehend aus Orbiten der Dimension n und $\overline{S}$ ihr Abschluß. Dann ist $\pi(\overline{S}) \subset Z/\!\!/G$ abgeschlossen und $\pi' : \overline{S} \to \pi(\overline{S})$ ein Quotient (3.2). Sei $y \in \pi(\overline{S})$. Ist $\dim \pi'^{-1}(y) > n$, so enthält $\pi^{-1}(y)$ ∞-viele Bahnen der Dimension n. Enthält umgekehrt $\pi^{-1}(y)$ ∞-viele Bahnen der Dimension n, so gilt $\dim \pi'^{-1}(y) > n$. Das Komplement der im Satz betrachteten Menge ist daher die Vereinigung der Mengen

$$\{y \in \pi(\overline{S}) \mid \dim(\pi^{-1}(y) \cap \overline{S}) > n_S\},$$

wobei S die Schichten durchläuft und n_S die Orbitdimension in S ist. Diese sind nach dem Lemma 2 alle abgeschlossen, und die Behauptung folgt. ††

Satz 5: Unter den gleichen Voraussetzungen wie in Satz 4 ist die Menge

$$\{y \in Z/\!\!/G \mid \pi^{-1}(y) \text{ ist reduziert und normal}\}$$

offen in $Z/\!\!/G$.

Zum Beweis: Diese Aussage beruht auf folgendem Resultat ([EGA] IV, 12.1.7): Ist $\eta : Z \to Y$ ein Morphismus, so ist die Teilmenge $Z' := \{z \in Z \mid \eta^{-1}(\eta(z))$ reduziert und normal in $z\}$ offen in Z . In der obigen Situation ist Z' zudem G-stabil und die Behauptung folgt aus der G-Abgeschlossenheit von Quotienten (3.2), angewendet auf $Z - Z'$. ††

Bemerkung 4: Es gibt noch eine Reihe weiterer Eigenschaften, für die sich ein entsprechendes Resultat wie Satz 5 beweisen läßt, etwa reduziert, singularitätenfrei, Cohen-Macaulay, rationale Singularitäten,... (vgl. [EGA] IV, 12.1.7 und [E]).

D. Generische Faser

Hier geht es um die Frage, welche Eigenschaften einer allgemeinen Faser der Quotientenabbildung a priori zukommen.

Satz 6 (Luna, Popov): Sei G halbeinfach, V ein G-Modul und $\pi : V \to V/\!\!/G$ der Quotient. Dann enthält die generische Faser eine dichte Bahn. Zudem ist die generische Bahn abgeschlossen genau dann, wenn sie affin ist.

Folgerung: Ist der generische Stabilisator endlich, d. h. die maximale Bahndimension gleich $\dim G$, so ist die generische Faser von π eine abgeschlossene Bahn.

Zum Beweis: Für die erste Aussage des Satzes verweisen wir auf die Literatur ([Lu] III.4; vgl. 4.3 E). Ist dann der generische Orbit abgeschlossen, so ist er natürlich affin. Sei umgekehrt der generische Orbit affin. Wäre er nicht abgeschlossen, so wäre das Komplement in seinem Abschluß von der Kodimension 1 . Die Vereinigung dieser Komplemente hätte dann eine G-stabile Hyperfläche H in V als Abschluß, welche das Nullstellengebilde einer invarianten Funktion f ist. Dies ist aber ein Widerspruch, da $\pi(H)$ dicht in $V/\!\!/G$ ist. Die Folgerung ist klar. ††

In der Literatur findet man verschiedene Untersuchungen über generische Bahnen, Stabilisatoren und Fasern (E. M. Andreev, E. B. Vinberg, A. G. Elashvili, A. M. Popov,... vgl. [AVE], [P']).

E. Invariante rationale Funktionen

Ein wichtiges Resultat von Rosenlicht besagt, daß es in jeder irreduziblen G-Varietät Z eine offene dichte G-stabile Teilmenge Z' gibt, deren Bahnen durch die auf Z' definierten G-invarianten rationalen Funktionen getrennt werden, d. h. es gibt einen Morphismus

$$\phi \; : \; Z' \to Y \; ,$$

dessen Fasern genau die Bahnen sind. (Man beachte, daß Z' im allgemeinen nicht affin ist.) Insbesondere ist der Transzendenzgrad von $\mathbb{C}(Z)^G$ gleich der "Dimension" der Familie der Bahnen maximaler Dimension:

$$\operatorname{tr\,deg}_{\mathbb{C}} \mathbb{C}(Z)^G \; = \; \dim Z - \max_{z \in Z}(\dim Gz)$$

(vgl. [Lu] III. 4). Wir wollen einen Spezialfall davon, welchen wir für einen Torus bereits kennen (3.3 Satz 5), allgemein beweisen.

Satz 7: Sei Z eine irreduzible G-Varietät. Es gilt $\mathbb{C}(Z)^G = \mathbb{C}$ genau dann, wenn Z eine dichte Bahn enthält.

Beweis (nach D. Luna): Die eine Richtung der Behauptung ist klar: Ist $Gz \subset Z$ ein dichter Orbit, so ist jede rationale invariante Funktion konstant auf Gz und damit auf Z. Für die Umkehrung betrachten wir die Abbildung

$$\phi \; : \; G \times Z \to Z \times Z \; , \; (g,z) \mapsto (gz,z) \; .$$

Wir wollen zeigen, daß ϕ dominant ist, d. h. daß

$$\phi^* \; : \; \mathcal{O}(Z) \otimes \mathcal{O}(Z) \to \mathcal{O}(G) \otimes \mathcal{O}(Z)$$

injektiv ist. Nach Definition gilt

$$\phi^*(f \otimes h)(g,z) \; = \; f(gz) \cdot h(z) \; = \; ((g^{-1}f) \cdot h)(z) \; .$$

Sei nun $\phi^*(\sum_{i=1}^{s} f_i \otimes h_i) = 0$, wobei wir o. E. annehmen können, daß $f_1,\ldots,f_s$ linear unabhängig über $\mathbb{C}$ sind. Es gilt dann

$$\sum_{i=1}^{s} (gf_i) \cdot h_i \; = \; 0 \qquad \text{für alle} \quad g \in G \; . \tag{*}$$

Sei $V = \langle f_1,\dots,f_s \rangle \subset \mathbb{C}(Z)$. Da $\mathbb{C}$ der Fixkörper von G in $\mathbb{C}(Z)$ ist, besagt der Satz von Artin (vgl. [BA] chap. V, § 7, théorème 1), daß es $s := \dim V$ Elemente $g_1,\dots,g_s \in G$ gibt, deren Einschränkungen $g_i|_V : V \to \mathbb{C}(Z)$ linear unabhängig über $\mathbb{C}(Z)$ sind. Dies bedeutet, daß die Matrix $(g_j f_i)_{i,j=1}^{s}$ den Rang s hat. In (*) gilt daher $h_i = 0$ für alle i , also ist ϕ^* injektiv und damit ϕ dominant.

Nun ist für $g \in G$, $z \in Z$

$$\phi^{-1}(\phi(g,z)) = \{(h,z) \mid hz = gz\} \tilde{\to} G_z ,$$

wobei der Isomorphismus durch $(h,z) \mapsto g^{-1}h$ gegeben ist. Nach der Dimensionsformel für Fasern (AI.3.3) gilt daher

$$\operatorname*{Min}_{z \in Z} \dim G_z = \dim G - \dim Z$$

und somit

$$\operatorname*{Max}_{z \in Z} \dim Gz = \dim Z ,$$

d. h. Z hat einen dichten Orbit. ††

F. <u>Ein Endlichkeitssatz</u>

Zum Schluß geben wir noch ein Resultat von Hilbert ([H2], Kap. I, § 4). Dieses zeigt, wie man aus der Kenntnis der Nullfaser V^O Rückschlüsse auf den Invariantenring ziehen kann.

<u>Satz 8</u>: <u>Sei</u> G <u>linear reduktiv und zusammenhängend und</u> V <u>ein</u> <u>G-Modul</u>. <u>Sind</u> $f_1,\dots,f_t$ <u>homogene invariante Funktionen</u>, <u>welche die Nullfaser</u> V^O <u>definieren</u>, d. h. $\mathcal{V}(f_1,\dots,f_t) = V^O$, <u>so ist</u> $\mathcal{O}(V)^G$ <u>ein endlicher Modul</u> <u>über</u> $\mathbb{C}[f_1,\dots,f_t]$, <u>nämlich der ganze Abschluß von</u> $\mathbb{C}[f_1,\dots,f_t]$ <u>in</u> $\mathcal{O}(V)$.

Beweis: Wir setzen $R := \mathcal{O}(V)^G = \bigoplus_{i\geq 0} R_i$, $\underline{m} := \bigoplus_{i>0} R_i$. Nach dem Nullstellensatz (AI.1.5) gilt $\sqrt{\sum_i Rf_i} = \underline{m}$, also $\underline{m}^N \subset \sum_{i=1}^{t} Rf_i$ für ein geeignetes $N > 0$. Hieraus folgt mit $d_i := \operatorname{grad} f_i$

$$R_n \subset \sum_{i=1}^{t} f_i R_{n-d_i} \quad \text{für} \quad n \geq N .$$

Betrachten wir deshalb den endlichdimensionalen Vektorraum $B := \bigoplus_{i=0}^{N-1} R_i$, so erhalten wir durch Induktion über n

$$R_n \subset \mathbb{C}[f_1,\ldots,f_t] \cdot B \quad \text{für alle} \quad n$$

und damit die Behauptung (vgl. 3.3 Bemerkung 2). ††

KAPITEL III

DARSTELLUNGSTHEORIE UND DIE METHODE DER U-INVARIANTEN

In den ersten beiden Kapiteln haben wir uns eingehend mit dem algebraischen Quotienten einer G-Varietät Z nach einer linear reduktiven Gruppe G beschäftigt. Es hat sich gezeigt, dass dabei die Darstellungen der Gruppe G eine fundamentale Rolle spielen. Im ersten Abschnitt dieses Kapitels wollen wir deshalb ausführlich die Darstellungstheorie der linear reduktiven Gruppen behandeln. Wir werden diese für GL_n und SL_n vollständig entwickeln. Im allgemeinen Fall begnügen wir uns jedoch mit der Beschreibung der verwendeten Begriffe und der Formulierung der Hauptresultate; für weitere Einzelheiten und Beweise verweisen wir auf die Literatur ([Hu2] Chap. XI, [St] Chap. III).

Im zweiten Abschnitt behandeln wir das Hilbertkriterium (auch Hilbert-Mumford-Kriterium genannt) und einige seiner vielfältigen Anwendungen; einzelne sind schon im ersten Kapitel vorgekommen. Wir geben zwei Beweise: Den ersten findet man bei Hilbert [H2]; er funktioniert für GL_n und SL_n und wurde von Mumford auf beliebige linear reduktive Gruppen verallgemeinert ([MF] Chap. 2). Der zweite geht auf R. W. Richardson zurück (siehe [Bi]) und benutzt die Iwasawa-Zerlegung einer linear reduktiven Gruppe (vgl. Anhang II).

Der Kern dieses Kapitels bildet die von D. Luna und Th. Vust entwickelte Theorie der U-Invarianten; dabei ist U eine maximale unipotente Untergruppe der linear reduktiven Gruppe G. Solche Untergruppen spielen schon bei der Darstellungstheorie von G eine zentrale Rolle. Sie haben nämlich die Eigenschaft, dass jeder G-Modul M von Null verschiedene Fixpunkte unter U hat. Wir werden sehen, dass zwischen dem Koordinatenring A einer G-Varietät und ihrem U-Invariantenring A^U eine sehr enge Beziehung besteht. Zunächst ist mit A auch A^U endlich erzeugt (Hadziev [Hd], Grosshans [Gr]) und umgekehrt. Weiter werden wir zeigen, dass A genau dann nullteilerfrei bzw. normal ist, wenn dies für A^U gilt (Luna-Vust [V1]). Letzteres liefert uns ein recht handliches Kriterium für die Normalität gewisser G-Varietäten. Als Beispiele werden die Determinantenvarietäten und die Bahnabschlüsse von Höchstgewichtsvektoren behandelt. Weitere Anwendungen ergeben sich bei Multiplizitäten-Problemen. Wir studieren multiplizitätenfreie Operationen, d.h. solche G-Varietäten, bei denen jede irreduzible Darstellung von G höchstens einmal im Koordinatenring auftritt, und untersuchen etwas allgemeiner die U-Invariantenringe von quasihomogenen Varietäten. Am Ende des Abschnittes beweisen wir noch den Satz von Weitzenböck.

Zum Abschluss geben wir - sozusagen als Krönung der hier entwickelten Methoden - die vollständige Klassifikation der sogenannten SL_2-Einbettungen, d.h. derjenigen affinen SL_2-Varietäten, welche einen dichten Orbit enthalten. Dieses schöne Resultat geht auf V. L. Popov zurück [P1]; wir folgen hier einer Darstellung von D. Luna.

Damit haben wir auch den Anschluss an ein Forschungsgebiet gefunden, auf welchem in den letzten Jahren einiges gelaufen ist. Ausgangspunkt war die von Mumford et al studierten Toruseinbettungen [KK] und ihre vielfältigen Anwendungen auf Kompaktifizierungsprobleme. Diese wurden von F. Pauer auf sogenannte G/U-Einbettungen verallgemeinert ([Pa1],[Pa2]), wobei U wiederum eine maximale unipotente Untergruppe von G ist. Luna und Vust entwickelten eine allgemeine Theorie von Einbettungen von homogenen Räumen ([LV]). Der Fall der symmetrischen Räume G/H wurde von Vust und DeConcini-Procesi bearbeitet; es ergaben sich interessante Anwendungen auf klassische Fragen der abzählenden Geometrie ([DP2], [DP3]). Das Studium dieser Arbeiten können wir zur Fortsetzung und Vertiefung der hier dargestellten Theorie sehr empfehlen.

LITERATUR

[B] Borel, A.: *Linear Algebraic Groups*. Benjamin, New York (1969)

[BA] Bourbaki, N.: *Algèbre* I-IX. Hermann, Paris (1958ff)

[Bi] Birkes, D.: *Orbits of linear algebraic groups*. Ann. Math. 93 (1971) 459-475

[Br] Brion, M.: *Sur la théorie des invariants*. Publ. Math. Univ. Pierre et Marie Curie **45** (1981)

[DP2] DeConcini, C.; Procesi, C.: *Complete symmetric varieties*. In: Invariant Theory. LN **996**, Springer Verlag (1983) 1-44

[DP3] DeConcini, C.;Procesi, C.: *Complete symmetric varieties* II. Preprint, Rome (1983)

[DC] Dieudonné, J.; Carrell, J.B.: *Invariant theory, old and new*. Advances in Math. **4** (1970) 1-80; als Buch bei Academic Press, New York (1971)

[Gr] Grosshans, F.: *Observable groups and Hilbert's fourteenth prolem*. Amer. J. Math. **95** (1973) 229-253

[H2] Hilbert, D.: *Ueber die vollen Invariantensysteme*. Math. Ann. **42** (1893) 313-373

[Hd] Hadziev, D.: *Some questions in the theory of vector invariants*. Math. USSR-Sb. 1 (1967) 383-396

[Hp] Happel, D.: *Relative invariants and subgeneric orbits of quivers of finite and tame type*. J. Algebra **78** (1982) 445-453

[Hu2] Humphreys, J.E.: *Linear Algebraic Groups*. GTM **21**, Springer Verlag (1975)

[KK] Kempf, G.; Knudson, F.; Mumford, D.; Saint-Donat, B.: Toroidal Embeddings I. LN 339, Springer Verlag (1973)

[K2] Kraft, H.: Geometric Methods in Representation Theory. In: Representations of Algebras. Workshop Proceedings, Puebla, Mexico (1980). LN 944, Springer Verlag (1982)

[Lu] Luna, D.: Slices étales. Bull. Soc. Math. France, Mémoire 33 (1973) 81-105

[LV] Luna, D.; Vust, Th.: Plongements d'espaces homogènes. Comment. Math. Helv. 58 (1983) 186-245

[MF] Mumford, D.; Fogarty, J.: Geometric Invariant Theory. Second enlarged edition. Ergebnisse 34, Springer Verlag (1982)

[N1] Nagata, M.: On the 14th problem of Hilbert. Amer. J. Math. 81 (1959) 766-772

[Pa1] Pauer, F.: Normale Einbettungen von G/U. Math. Ann 257 (1981) 371-396

[Pa2] Pauer, F.: Glatte Einbettungen von G/U. Math. Ann. 262 (1983) 421-429

[P1] Popov, V.L.: Quasihomogeneous affine algebraic varieties of the group SL(2). Math USSR-Izv. 7 (1973) 793-831

[S1] Schwarz, G.: Representations of simple Lie groups with regular rings of invariants. Invent. Math. 49 (1978) 167-191

[S3] Schwarz, G.: Lifting smooth homotopics of orbit spaces. Inst. Hautes Etudes Sci. Publ. Math. 51 (1980) 37-135

[Se] Seshardi, C.S.: On a theorem of Weitzenböck in invariant theory. J. Math. Kyoto Univ 1 (1962) 403-409

[St] Steinberg, R.: Conjugacy Classes in Algebraic Groups. LN 366, Springer Verlag (1974)

[VP] Vinberg, E.B.; Popov, V.L.: On a class of quasihomogeneous affine varieties. Math. USSR-Izv. 6 (1972) 743-758

[V1] Vust, Th.: Sur la théorie des invariants des groupes classiques. Ann. Inst. Fourier 26 (1976) 1-31

[V2] Vust, Th.: Opérations de groupes réductifs dans un type de cônes presque homogènes. Bull. Soc. Math. France 102 (1974) 317-334

[Wz] Weitzenböck, R.: Ueber die Invarianten von linearen Gruppen. Acta Math. 58 (1932) 230-250

1. DARSTELLUNGSTHEORIE LINEAR REDUKTIVER GRUPPEN

Wie bisher sagen wir Darstellung für eine lineare rationale Darstellung einer algebraischen Gruppe G auf einem endlichdimensionalen Vektorraum V und nennen V auch kurz G-Modul. Wir erinnern noch an folgende Bezeichnungen (II.1.1):

B_n := Untergruppe von GL_n aller oberen Dreiecksmatrizen
$= \{ \begin{pmatrix} * & * \\ 0 & * \end{pmatrix} \in GL_n \}$.

U_n := Untergruppe von GL_n aller unipotenten oberen Dreiecksmatrizen
$= \{ \begin{pmatrix} 1 & * \\ 0 & 1 \end{pmatrix} \} \subset B_n$.

T_n := Untergruppe aller Diagonalmatrizen von GL_n
$= \{ \begin{pmatrix} * & 0 \\ 0 & * \end{pmatrix} \in GL_n \} \subset B_n$.

Es ist U_n ein Normalteiler von B_n, und B_n ist ein semidirektes Produkt von U_n und T_n, d. h. $B_n = T_n \cdot U_n = U_n \cdot T_n$ und $U_n \cap T_n = \{e\}$. Insbesondere ist die Abbildung $U_n \times T_n \to B_n$, $(u,t) \mapsto u \cdot t$, ein Isomorphismus. (Übung; benutze II.3.4 Lemma von Richardson.)

1.1 Tori und unipotente Gruppen

Definition: Eine zu T_n isomorphe algebraische Gruppe heißt ein n-dimensionaler Torus.

Mit dem eindimensionalen Torus $T_1 = \mathbb{C}^*$ haben wir schon öfters gearbeitet.

Lemma 1: Sei H eine beliebige kommutative Untergruppe von GL_n .
a) Es existiert ein $g \in GL_n$ mit $gHg^{-1} \subset B_n$.
b) Sind alle $h \in H$ halbeinfach, so ist H diagonalisierbar, d. h. es gibt ein $g \in GL_n$ mit $gHg^{-1} \subset T_n$.

Beweis: Sei $h \in H$, $h \notin \mathbb{C}^*e$, und sei $W \subset \mathbb{C}^n$ ein Eigenraum von h . Dann ist W stabil unter H . Durch Induktion können wir annehmen, daß die Behauptungen für die Bilder von H in $GL(W)$ und in $GL(\mathbb{C}^n/W)$ zutreffen. Damit gelten sie aber auch für H selbst. ††

Bemerkung 1: Wir werden dieses Resultat meist in folgender Form benutzen: Ist $H \subset GL(V)$ eine beliebige kommutative Untergruppe, so gibt es eine Basis von V mit $H \subset B_n \subset GL_n$, $n := \dim V$. Besteht H zudem aus halbeinfachen Elementen, so kann man sogar $H \subset T_n \subset GL_n$ erreichen.

<u>Satz 1</u>: a) <u>Besteht eine kommutative Untergruppe</u> H <u>von</u> GL_n <u>nur aus Elementen endlicher Ordnung, so ist</u> H <u>diagonalisierbar</u>.

b) <u>Jeder abgeschlossene Torus</u> T <u>in</u> GL_n <u>ist diagonalisierbar</u>. <u>Insbesondere sind alle maximalen Tori von</u> GL_n <u>(und</u> SL_n) <u>zueinander konjugiert</u>.

Beweis: Für a) beachte man, daß ein Element endlicher Ordnung halbeinfach ist. Für b) benutze man a) und die Tatsache, daß die Elemente endlicher Ordnung in einem Torus T dicht liegen.

<u>Definition</u>: Eine zu einer abgeschlossenen Untergruppe eines U_n isomorphe algebraische Gruppe heißt <u>unipotent</u>.

<u>Beispiel 1</u>: $\mathbb{C}^+ = \mathrm{Add} \cong U_2$ ist unipotent.

<u>Lemma 2</u>: <u>Ist</u> $U \neq \{e\}$ <u>eine unipotente algebraische Gruppe</u>, <u>so existiert ein surjektiver regulärer Gruppenhomomorphismus</u> $U \to \mathbb{C}^+$.

Beweis: O. E. sei $U \subset U_n$. Wir schreiben $u = (u_{ij}) \in U$ in der Form

$$u = \begin{pmatrix} 1 & u_1 & u_n & \cdots & \\ & 1 & u_2 & u_{n+1} & \\ & & 1 & u_3 & \ddots \\ & & & \ddots & u_{n-1} \\ & & & & 1 \end{pmatrix}$$

Ist $r \in \{1,2,\ldots,\binom{n}{2}\}$ minimal mit $u_r = u_{kl} \neq 0$ für ein $u \in U$, so ist die Abbildung $U \to \mathbb{C}^+$, $u \mapsto u_r = u_{kl}$, ein Gruppenhomomorphismus. Da $\mathbb{C}^+$ keine endlichen Untergruppen enthält, ist er surjektiv (II.1.2 Satz 3).

<u>Übung 1</u>: Eine unipotente Gruppe $U \neq \{e\}$ ist nicht linear reduktiv (vgl. II.3.5 Beispiel b).

<u>Satz 2</u>: <u>Sei</u> U <u>eine unipotente Gruppe</u>.

a) U <u>ist zusammenhängend</u>.

b) <u>Jeder Gruppenhomomorphismus</u> $U \to \mathbb{C}^*$ <u>ist trivial</u>.

c) <u>Es existiert eine Kompositionsreihe</u>

$$U = U^{(0)} \supset U^{(1)} \supset U^{(2)} \supset \ldots \supset U^{(r)} = \{e\}\ ,\ r = \dim U\ ,$$

<u>von abgeschlossenen Normalteilern von</u> U <u>mit</u> $U^{(i)}/U^{(i+1)} \cong \mathbb{C}^+$.

Beweis: a) Sei U' der Kern eines surjektiven Gruppenhomomorphismus $U \to \mathbb{C}^+$. Durch Induktion über $\dim U$ können wir annehmen, daß U' zusammenhängend ist. Die Behauptung ergibt sich dann aus folgendem kommutativen Diagramm mit exakten Zeilen:

$$\begin{array}{ccccccccc} 1 & \to & U' & \to & U & \to & \mathbb{C}^+ & \to & 0 \\ & & \| & & \cup & & \| & & \\ 1 & \to & U' & \to & U^o & \to & \mathbb{C}^+ & \to & 0 . \end{array}$$

b) Sei $\rho : U \to \mathbb{C}^*$ ein nicht-trivialer Gruppenhomomorphismus. Wegen a) ist ρ surjektiv. Das Urbild einer endlichen Untergruppe $\neq \{e\}$ von $\mathbb{C}^*$ ist dann eine nicht-zusammenhängende Untergruppe von U, im Widerspruch zu a).

c) Sei $U = U_n$ und $U^{(i)} \subset U$ gegeben durch $u_1 = u_2 = \ldots = u_i = 0$ in den Bezeichnungen des Beweises von Lemma 2. Dies liefert eine Kompositionsreihe von U_n von der gesuchten Form. Für ein beliebiges $U \subset U_n$ erhält man nun die gewünschte Kompositionsreihe durch "runterschneiden". ††

Bemerkung 2: Wir haben einen kanonischen Homomorphismus

$$\mu : B_n \to T_n \, , \quad \begin{pmatrix} t_1 & & * \\ & \ddots & \\ 0 & & t_n \end{pmatrix} \mapsto \begin{pmatrix} t_1 & & 0 \\ & \ddots & \\ 0 & & t_n \end{pmatrix} ,$$

mit $\operatorname{Ker} \mu = U_n$ und $\mu|_{T_n} = \operatorname{Id}_{T_n}$. Insbesondere ist jede unipotente Untergruppe U von B_n bereits in U_n enthalten.

Beispiele: 2) Eine zusammenhängende eindimensionale Gruppe H ist entweder zu $\mathbb{C}^+$ oder zu $\mathbb{C}^*$ isomorph.

(Lie H ist eindimensional, also kommutativ. Folglich ist auch H kommutativ (II.2.5 Folgerung 5), also o. E. $H \subset B_n$ für geeignetes n. Nun ist $H \cap U_n$ zusammenhängend (Satz 2a), also entweder $H \subset U_n$ oder $H \cap U_n = \{e\}$. Im ersten Fall ist $H \xrightarrow{\sim} \mathbb{C}^+$ (Lemma 2), im zweiten $H \xrightarrow{\sim} \mathbb{C}^*$ (Bemerkung 2).)

3) Der Stabilisator in SL_2 einer binären Nullform $f \in R_n$ mit 3-dimensionaler Bahn O_f ist zyklisch.

(Wir können annehmen, daß die Form f den Linearfaktor X mit einer Vielfachheit $> \frac{n}{2}$ enthält (I.5 Satz 1). Aus $gf = f$ für ein $g \in SL_2$ folgt daher $gX = \lambda X$ für ein $\lambda \in \mathbb{C}$, also $(SL_2)_f \subset B := B_2 \subset SL_2$.
Die endliche Gruppe $(SL_2)_f$ wird durch $\mu : B \to \mathbb{C}^*$ (vgl. Bemerkung 2)

isomorph auf eine endliche Untergruppe von $\mathbb{C}^*$ abgebildet, welche bekanntlich zyklisch ist.)

Satz 3: Sei $\rho : U \to GL(V)$, $V \neq \{0\}$, eine n-dimensionale Darstellung einer unipotenten Gruppe U . Dann ist

$$V^U := \{v \in V \mid \rho(u)(v) = v \text{ für alle } u \in U\} \neq \{0\} ,$$

und für eine geeignete Basis von V gilt $\rho(U) \subset U_n$.

Beweis: O. E. sei V ein einfacher U-Modul. Sei U' der Kern eines surjektiven Gruppenhomomorphismus $U \to \mathbb{C}^+$. Durch Induktion können wir $V^{U'} \neq \{0\}$ annehmen. Nun ist $V^{U'}$ U-stabil (U' ist ein Normalteiler von U) und V einfach, also $V^{U'} = V$. Hieraus folgt $U' \subset \operatorname{Ker} \rho$, und somit ist $\rho(U)$ kommutativ. Nach Lemma 1 ist dann $\rho(U) \subset B_n$ für eine geeignete Basis von V $(n = \dim V)$, also $\rho(U) \subset U_n$. Folglich hat U einen Fixpunkt $\neq 0$ in V , nämlich den ersten Basisvektor der gewählten Basis.

Es gibt also eine Basis $\{v_1,\ldots,v_n\}$ von V und ein $t > 0$ mit $\{v_1,\ldots,v_t\}$ Basis von V^U und mit der Eigenschaft, daß die induzierte Darstellung von U auf V/V^U bezüglich der Basis $\{\bar{v}_{t+1},\ldots,\bar{v}_n\}$ durch Matrizen aus U_{n-t} gegeben ist (Induktion nach $\dim V$). Bezüglich $\{v_1,\ldots,v_n\}$ schreibt sich dann jedes $\rho(u)$ in der Form

$$\left(\begin{array}{ccc|ccc} 1 & & 0 & & & \\ & \ddots & & & * & \\ 0 & & 1 & & & \\ \hline & & & 1 & & * \\ & 0 & & & \ddots & \\ & & & 0 & & 1 \end{array}\right) \begin{array}{l} t \\ \\ \\ n-t \end{array}$$

und die Behauptung folgt. ††

Folgerung 1: a) Jede unipotente Untergruppe $U \subset GL_n$ ist konjugiert zu einer Untergruppe von U_n ; alle maximalen unipotenten Untergruppen sind zueinander konjugiert.

b) Homomorphe Bilder von unipotenten Gruppen sind unipotent.

c) Die Liealgebra Lie U einer unipotenten Untergruppe $U \subset GL_n$ besteht aus nilpotenten Endomorphismen.

Für später wollen wir noch folgende Anwendung von Satz 3 festhalten.

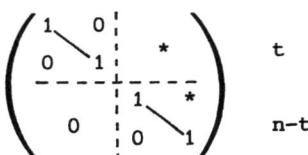

Folgerung 2: Ist $\rho : G \to GL(V)$ eine lineare Darstellung der linear reduktiven Gruppe G und $U \subset G$ eine unipotente Untergruppe, so wird V als G-Modul von den U-Invarianten erzeugt: $V = \langle GV^U \rangle$.

Beweis: Die Behauptung ist klar für einfache G-Moduln V (da $V^U \neq \{0\}$) und folgt daher für beliebige V aus der vollen Reduzibilität der Darstellung ρ . ††

Übung 2: Sei G linear reduktiv und $U \subset G$ unipotent. Ist V ein G-Modul mit $\dim V^U = 1$, so ist V einfach. Folgere hieraus, daß die Darstellungen von $GL(V)$ und $SL(V)$ auf $\mathcal{O}_d(V)$ und $\Lambda^d V$ irreduzibel sind.

Satz 4: Sei U eine unipotente Gruppe und Z eine U-Varietät. Dann ist jede Bahn in Z abgeschlossen.

Beweis: Wir können o. E. annehmen, daß Z der Abschluß einer Bahn Uz ist. Ist $Z \neq Uz$, so gibt es eine Funktion $f \in \mathcal{O}(Z)$, $f \neq 0$, welche auf $Z - Uz$ verschwindet. Der von Uf aufgespannte Vektorraum $\langle Uf \rangle \subset \mathcal{O}(Z)$ ist ein endlichdimensionaler U-Modul (II. 2.4 Lemma) und besteht aus Funktionen, welche alle auf $Z - Uz$ verschwinden. Nach Satz 3 ist $\langle Uf \rangle^U \neq \{0\}$, also gibt es eine U-invariante Funktion $h \in \langle Uf \rangle$, $h \neq 0$. Diese ist konstant auf Uz , also auf ganz Z , und muß daher nach obigem $= 0$ sein, im Widerspruch zur Wahl von h . ††

1.2 Auflösbare Gruppen und Boreluntergruppen

Definition: Eine algebraische Gruppe G heißt auflösbar, falls es eine Kompositionsreihe $G = G_0 \supset G_1 \supset G_2 \supset \ldots \supset G_m = \{e\}$ von abgeschlossenen Untergruppen gibt, so daß G_{i+1} ein Normalteiler von G_i mit kommutativer Restklassengruppe G_i/G_{i+1} ist, $i = 0,1,\ldots,m-1$.

Bemerkung: Die Bedingungen an die Untergruppen G_i sind äquivalent dazu, daß G_{i+1} die Kommutatorgruppe (G_i,G_i) umfaßt. Hieraus folgt unter anderem, daß man für eine zusammenhängende auflösbare Gruppe G die G_i alle zusammenhängend wählen kann. (G_1^o ist Normalteiler in G und enthält alle Kommutatoren, also ist G/G_1^o kommutativ, usw.)

Übung: Sei $1 \to K \to G \to H \to 1$ eine exakte Sequenz von algebraischen Gruppen. Es ist G genau dann auflösbar, wenn H und K auflösbar sind. Ist

G zusammenhängend, so genügt es, daß H und K^o auflösbar sind.

Wir wollen noch den Zusammenhang mit der Liealgebra von G herstellen. Entsprechend wie bei der Gruppe nennen wir eine Liealgebra L auflösbar, wenn es eine Folge von Unteralgebren $L = L_0 \supset L_1 \supset \ldots \supset L_m = \{0\}$ gibt mit $[L_i, L_i] \subset L_{i+1}$ für $i = 0,1,\ldots,m-1$.

Satz 1: Eine zusammenhängende Gruppe G ist genau dann auflösbar, wenn Lie G auflösbar ist.

Beweis: Die eine Richtung ist klar: Ist $G = G_0 \supset G_1 \supset \ldots \supset G_m = \{0\}$ wie in der Definition, so hat Lie $G \supset$ Lie $G_1 \supset \ldots \supset$ Lie $G_m = \{0\}$ die gewünschten Eigenschaften. Für die Umkehrung genügt es, folgendes zu zeigen: Ist G nicht kommutativ, so gibt es eine nicht-triviale Darstellung $\phi : G \to GL(V)$ mit dim Ker $\phi \geq 1$. (Die Behauptung folgt dann durch Induktion über dim G unter Verwendung obiger Übung.) Ist das Zentrum Z(G) von positiver Dimension, so wählen wir $\phi = Ad$ (II. 2.5 Folgerung 4). Andernfalls betrachten wir ein kommutatives Ideal $I \neq \{0\}$. (Ein solches existiert immer: Die Folge $L_0 =$ Lie $G \supset L_1 := [L_0, L_0] \supset L_2 := [L_1, L_1]$ .. besteht aus Idealen, das letzte von Null verschiedene L_i hat die gewünschte Eigenschaft.) Dieses Ideal I ist stabil unter der adjungierten Darstellung von G auf Lie G (II. 2.5 Folgerung 3). Für die Darstellung $\phi : G \to GL(I)$ gilt Lie Ker $\phi = \{X \in \text{Lie } G \mid [X,I] = 0\}$ (II. 2.5 Folgerung 2), also $I \subset$ Lie Ker $\phi \subsetneqq$ Lie G, da das Zentrum von Lie G nach Voraussetzung trivial ist. ϕ hat also die gewünschte Eigenschaft. ††

Beispiel 1: Jede zusammenhängende 2-dimensionale Gruppe G ist auflösbar (vgl. II. 1.5 Übung: Jede 2-dimensionale Liealgebra ist auflösbar).

Satz 2: Ist H eine auflösbare zusammenhängende algebraische Gruppe und $\rho : H \to GL(V)$ eine lineare Darstellung positiver Dimension, so enthält V eine H-stabile Gerade, d. h. es existiert ein $v \neq 0$ aus V mit $\rho(h)v \in \mathbb{C}v$ für alle $h \in H$.

Beweis: O. E. ist V ein einfacher H-Modul. Sei $H' \subsetneqq H$ ein zusammenhängender abgeschlossener Normalteiler mit kommutativer Restklassengruppe H/H' und V' der von allen H'-stabilen Geraden von V aufgespannte Untervektorraum. Nach Induktionsannahme ist $V' \neq \{0\}$. Da H' ein Normalteiler von H ist, ist V' auch H-stabil, also $V' = V$. Für

$\chi \in \mathrm{Hom}(H',\mathbb{C}^*)$ setzen wir $V_\chi := \{v \in V \mid \rho(h')v = \chi(h')v\}$. Da jede H'-stabile Gerade in einem V_χ enthalten ist, folgt $V = \oplus V_\chi$. Da $H' \subset H$ normal ist, permutiert H die verschiedenen Eigenräume V_χ ; da H zusammenhängend ist, sind alle V_χ auch H-stabil, also $V = V_\chi$ für ein $\chi \in \mathrm{Hom}(H',\mathbb{C}^*)$. Es folgt $\rho(H') \subset \mathbb{C}^* \cdot e = Z(GL(V))$. Für alle $h, h_o \in H$ gilt daher $\rho(h)\cdot\rho(h_o)\cdot\rho(h)^{-1}\cdot\rho(h_o)^{-1} = \alpha(h)\cdot e$ für geeignetes $\alpha(h) \in \mathbb{C}^*$, sowie $\det(\alpha(h)\cdot e) = 1$, also $\alpha(h) \in \mu_n := \{\beta \in \mathbb{C} \mid \beta^n = 1\}$. Für festes $h_o \in H$ ist die Abbildung $H \to \mathbb{C}$, $h \mapsto \alpha(h)$, regulär. Da H zusammenhängend ist, folgt $\alpha(h) = 1$ für alle $h \in H$, d. h. $\rho(H)$ ist kommutativ. Für eine geeignete Basis von V ist daher $\rho(H) \subset B_n$ (1.1 Lemma 1), und die Behauptung folgt. ††

Folgerung 1: Jede zusammenhängende auflösbare Untergruppe von GL_n ist konjugiert zu einer Untergruppe von B_n .

Beweis: Dieses Resultat ergibt sich aus dem voranstehenden Satz entsprechend wie in 1.1 Satz 3. ††

Folgerung 2: Eine zusammenhängende auflösbare Gruppe G ist genau dann linear reduktiv, wenn G ein Torus ist.

Beweis: Nach Folgerung 1 können wir o. E. $G \subset B_n$ voraussetzen. Wir betrachten den kanonischen Homomorphismus $\mu : B_n \to T_n$ (1.1 Bemerkung). Dann ist $G \cap \mathrm{Ker}\,\mu = G \cap U_n$ ein unipotenter Normalteiler, also trivial (1.1 Übung 1 und II. 3.5 Satz 2a). Die Abbildung $G \to \mu(G) \subset T_n$ ist daher bijektiv und somit ein Isomorphismus (II. 3.4 Beispiel). ††

Folgerung 3: Ist G zusammenhängend und linear reduktiv, so ist die Kommutatorgruppe $G' := (G,G)$ halbeinfach (d. h. G' hat triviale Charaktergruppe), und es gilt $G' = (G',G')$.

Beweis: Die erste Behauptung folgt aus der zweiten. Es ist (G',G') ein Normalteiler von G , also linear reduktiv und ebenso $G/(G',G')$ (II. 3.5 Satz 2a). Nach Konstruktion ist $G/(G',G')$ auflösbar und damit nach Folgerung 2 kommutativ. Es folgt $(G',G') \supset (G,G)$. ††

Bemerkung: Dieses Resultat haben wir auf anderem Wege bereits in II.3.5 hergeleitet (vgl. Sätze 3 und 4).

<u>Definition</u>: Eine maximale zusammenhängende auflösbare Untergruppe B einer algebraischen Gruppe G heißt <u>Boreluntergruppe</u>.

Die Folgerung 1 besagt also, daß <u>alle Boreluntergruppen in</u> GL_n <u>zu</u> B_n <u>konjugiert sind</u>.

Damit haben wir für $G = GL_n$ (und wie man hieraus leicht schließt auch für $G = SL_n$ und $G = PGL_n$) das folgende Theorem vollständig bewiesen. Für einen Beweis dieses zentralen Resultats im allgemeinen Fall verweisen wir auf die Literatur ([Hu2] Chap. XI und [St] Chap. III).

<u>Theorem</u>: <u>Sei</u> G <u>eine linear reduktive Gruppe</u>. <u>Dann gilt</u>:

a) <u>Alle maximalen Tori von</u> G <u>sind zueinander konjugiert</u>.

b) <u>Alle maximalen unipotenten Untergruppen von</u> G <u>sind zueinander konjugiert</u>.

c) <u>Ist</u> $U \subset G$ <u>maximal unipotent</u>, <u>dann ist</u> $B := N_G(U) = \{g \in G \mid gUg^{-1} = U\}$ <u>zusammenhängend</u>, <u>enthält einen maximalen Torus</u> T <u>von</u> G <u>und</u> $B = T \cdot U = U \cdot T$ <u>ist ein semidirektes Produkt</u>.

d) $B := N_G(U)$ <u>ist eine Boreluntergruppe von</u> G, <u>und alle Boreluntergruppen von</u> G <u>sind zueinander konjugiert</u>. <u>Jede Boreluntergruppe</u> B <u>von</u> G <u>enthält genau eine maximale unipotente Untergruppe von</u> G (<u>das unipotente Radikal von</u> B).

e) <u>Ist</u> $B \subset G$ <u>eine Boreluntergruppe und</u> $T \subset G$ <u>ein maximaler Torus</u>, <u>so gilt</u>

$$2 \dim B = \dim G + \dim T .$$

f) <u>Ist</u> $B \subset G$ <u>eine Boreluntergruppe</u>, $B = T \cdot U$ <u>mit maximalem Torus</u> T <u>und unipotentem Radikal</u> U , <u>so gibt es eine Boreluntergruppe</u> B^- <u>mit</u> $B^- \cap B = T$. <u>Zudem ist</u> $B^- \cdot U$ <u>dicht in</u> G . ($B_n^- := B_n^t$ im Falle GL_n.)

<u>Beispiel 2</u>: Eine zusammenhängende 2-dimensionale Untergruppe von SL_2 ist eine Boreluntergruppe (vgl. Beispiel 1).

1.3 Rationale Darstellungen von Tori

Beim Studium der rationalen Darstellungen einer linear reduktiven Gruppe G wird die Einschränkung dieser Darstellung auf einen maximalen Torus T von G eine wesentliche Rolle spielen. Der folgende Satz zeigt nun, daß die Darstellungen der Tori besonders einfach und übersichtlich sind.

Sei T ein beliebiger Torus. Wir setzen

$$X(T) := \{\chi \in \mathcal{O}(T) \mid \chi : T \to \mathbb{C}^* \text{ ist ein Gruppenhomomorphismus}\} .$$

Die $\chi \in X(T)$ heißen die <u>Charaktere von</u> T ; es sind genau die eindimensionalen Darstellungen von T . $X(T)$ ist eine kommutative Gruppe, die wir additiv schreiben. Für $T_n \subset GL_n$ finden wir etwa die Charaktere

$$\varepsilon_i : \begin{pmatrix} t_1 & & \\ & \ddots & \\ & & t_n \end{pmatrix} \mapsto t_i \ , \quad i = 1,2,\ldots n .$$

<u>Satz</u>: a) <u>Es gilt</u> $X(T_n) = \bigoplus_{i=1}^{n} \mathbb{Z}\varepsilon_i$.

b) <u>Für jede Darstellung</u> $\rho : T_n \to GL(V)$ <u>ist</u> V <u>die direkte Summe der Eigenräume</u> $V_\chi := \{v \in V \mid \rho(t)v = \chi(t)\cdot v \text{ für } t \in T_n\}$, $\chi \in X(T_n)$.

<u>Beweis</u>: a) Sei $\chi \in X(T_n)$. Nach Definition ist χ eine Einheit von $\mathcal{O}(T_n) = \mathbb{C}[\varepsilon_1,\ldots,\varepsilon_n,\varepsilon_1^{-1},\ldots,\varepsilon_n^{-1}]$ mit $\chi(e) = 1$. Bekanntlich wird die Einheitengruppe in $\mathcal{O}(T_n)$ multiplikativ erzeugt von $\mathbb{C}^*$ und den ε_i , also hat χ die Gestalt $\chi = \prod_{i=1}^{n} \varepsilon_i^{\nu_i}$ mit $\nu_i \in \mathbb{Z}$, oder additiv geschrieben: $\chi = \sum_{i=1}^{n} \nu_i\varepsilon_i$.

b) Wie in 1.1 Satz 1b schließt man, daß $\rho(T_n) \subset GL(V)$ diagonalisierbar ist. ††

<u>Bemerkung</u>: Wir können diesen Satz auch anders formulieren (vgl. II.3.1): <u>Jede lineare Darstellung eines Torus</u> T <u>ist voll reduzibel in eindimensionale Darstellungen</u>. Damit gilt $\Omega_T = X(T)$, und die Eigenraum-Zerlegung $V = \oplus V_\chi$ ist die Zerlegung in isotypische Komponenten.

Sei nun $\rho : G \to GL(V)$ eine Darstellung der linear reduktiven Gruppe G und T ein maximaler Torus von G . Dann induziert die Einschränkung von ρ auf T eine Zerlegung

$$V = \bigoplus_{\lambda \in X(T)} V_\lambda \ , \ V_\lambda := \{v \in V \mid \rho(t)(v) = \lambda(t)\cdot v \text{ für } t \in T\} .$$

<u>Definition</u>: Die $\lambda \in X(T)$ mit $V_\lambda \neq \{0\}$ heißen die <u>Gewichte von</u> V <u>oder auch von</u> ρ (bezüglich T), die zugehörigen V_λ die <u>Gewichtsräume von</u> V . Die Zerlegung $V = \oplus V_\lambda$ nennt man auch <u>Gewichtszerlegung</u>.

<u>Beispiele</u>: 1) Bei der natürlichen Darstellung von T_n auf $\mathbb{C}^n$ gilt $(\mathbb{C}^n)_{\varepsilon_i} = \mathbb{C}e_i$ für $1 \le i \le n$ und $(\mathbb{C}^n)_\lambda = \{0\}$ für alle sonstigen $\lambda \in X(T_n)$.
(Dabei ist $\{e_1,\ldots,e_n\}$ die natürliche Basis von $\mathbb{C}^n$.)

2) Sei $\Lambda^s\mathbb{C}^n$ die s-te äußere Potenz der natürlichen Darstellung von GL_n. Dann sind die auftretenden Gewichte von der Gestalt $\lambda = \varepsilon_{i_1} + \ldots + \varepsilon_{i_s}$, $i_1 > i_2 > \ldots > i_s$, mit dem Gewichtsraum

$$(\Lambda^s\mathbb{C}^n)_\lambda = \mathbb{C}(e_{i_1} \wedge \ldots \wedge e_{i_s}) .$$

3) Es sei $\{X_1,\ldots,X_n\}$ die zu $\{e_1,\ldots,e_n\}$ duale Basis des Dualraums von $\mathbb{C}^n$. Für die reguläre Darstellung von T_n auf $R_d = \mathcal{O}_d(\mathbb{C}^n)$ (vgl. II.2.3 Beispiel 5) finden wir für $\lambda = \sum_{i=1}^n a_i \varepsilon_i$:

$$(R_d)_{-\lambda} = \begin{cases} \mathbb{C} \cdot X_1^{a_1} X_2^{a_2} \cdot \ldots \cdot X_n^{a_n} & \text{für } \sum_{i=1}^n a_i = d , \\ \{0\} & \text{sonst.} \end{cases}$$

<u>Übung</u>: Ist $\rho : T_n \to GL(V)$ eine Darstellung mit den Gewichten $\{\lambda_i\}$, so sind die Gewichte der davon induzierten Darstellung auf $\mathcal{O}_d(V)$ von der Gestalt $\mu = -\sum a_i\lambda_i$ mit $\sum_i a_i = d$.

1.4 <u>Die irreduziblen Darstellungen von</u> GL_n

Es sei $\rho : GL_n \to GL(V)$ eine Darstellung von GL_n . Schränken wir ρ auf T_n ein, so können wir V nach 1.3 als direkte Summe von Gewichtsräumen V_λ schreiben. Wir betrachten nun die Operation der <u>Permutationsmatrizen</u> auf dieser Gewichtszerlegung.

Sei hierzu $\{E_{ij} \in M_n \mid 1 \le i , j \le n\}$ die kanonische Basis von M_n und Σ_n die symmetrische Gruppe. Jedes $\sigma \in \Sigma_n$ definiert einen linearen Automorphismus

$$\hat{\sigma} : \mathbb{C}^n \to \mathbb{C}^n , e_i \mapsto e_{\sigma(i)} .$$

Die zugehörige Matrix ist $\sum_{i=1}^n E_{\sigma(i)i} \in GL_n$. Wir erhalten dadurch einen <u>Gruppenhomomorphismus von</u> Σ_n <u>in</u> GL_n . Das Bild dieser Abbildung normalisiert T_n :

(*) $\quad \hat{\sigma}^{-1} \cdot \begin{pmatrix} t_1 & & \\ & \ddots & \\ & & t_n \end{pmatrix} \cdot \hat{\sigma} = \begin{pmatrix} t_{\sigma(1)} & & \\ & \ddots & \\ & & t_{\sigma(n)} \end{pmatrix}$

Dadurch operiert Σ_n in natürlicher Weise auf $X(T_n)$: Für $\lambda \in X(T_n)$ und $\sigma \in \Sigma_n$ definieren wir $\sigma\lambda$ durch

$$\sigma\lambda(t) := \lambda(\hat{\sigma}^{-1} t \hat{\sigma}) \qquad \text{für } t \in T_n .$$

Lemma 1: a) <u>Ist</u> $\lambda = \sum_{i=1}^{n} a_i \varepsilon_i \in X(T_n)$, <u>so folgt</u> $\sigma\lambda = \sum_{i=1}^{n} a_i \varepsilon_{\sigma(i)}$.
b) <u>Es gilt</u> $\rho(\hat{\sigma})(V_\lambda) = V_{\sigma\lambda}$; <u>insbesondere ist</u> $\dim V_{\sigma\lambda} = \dim V_\lambda$.

Beweis: Statt $\rho(\hat{\sigma})(v)$ schreiben wir kurz $\hat{\sigma}v$. Für $v \in V_\lambda$ und $t \in T_n$ folgt: $t(\hat{\sigma}v) = \hat{\sigma}((\hat{\sigma}^{-1}t\hat{\sigma})v) = \hat{\sigma}((\sigma\lambda(t))v) = \sigma\lambda(t)(\hat{\sigma}v)$, d. h. $\hat{\sigma}v \in V_{\sigma\lambda}$, und die Behauptung folgt. ††

Für $1 \leq i \neq j \leq n$ und $t \in \mathbb{C}$ setzen wir

$$x_{ij}(t) := \begin{pmatrix} 1 & & & & & & \\ & 1 & & & & & \\ & & \ddots & & t & & \\ & & & 1 & & & \\ & & & & \ddots & & \\ & & & & & & 1 \end{pmatrix} \overset{j}{\underset{i}{}} = E_n + t \cdot E_{ij} .$$

Es ist also

$$x_{ij}(t)e_h = e_h \quad \underline{\text{für}} \ h \neq j \ \underline{\text{und}} \ x_{ij}(t)e_j = e_j + te_i .$$

<u>Bei der kontragredienten Operation auf</u> $(\mathbb{C}^n)^* = \Theta_1(\mathbb{C}^n)$ <u>gilt daher</u>

$$x_{ij}(t)X_h = X_h \quad \underline{\text{für}} \ h \neq i \ \underline{\text{und}} \ x_{ij}(t)X_i = X_i - tX_j .$$

Offenbar ist $x_{ij} : \mathbb{C}^+ \to GL_n$ ein regulärer Gruppenhomomorphismus; man sieht leicht, daß U_n als Gruppe von den $x_{ij}(t)$ mit $t \in \mathbb{C}$ und $i < j$ erzeugt wird.

Im weiteren ist die folgende Vertauschungsregel sehr wichtig. Für alle $a \in T_n$ und $t \in \mathbb{C}$ gilt

$$a\, x_{ij}(t)\, a^{-1} = x_{ij}((\varepsilon_i-\varepsilon_j)(a)\cdot t)\ .$$

Lemma 2: Zu $1 \leq i \neq j \leq n$ und $v \in V_\lambda$ existieren $v_h \in V_{\lambda+h(\varepsilon_i-\varepsilon_j)}$, $h = 1,2,\ldots$, fast alle $v_h = 0$, mit

$$\rho(x_{ij}(t))v = v + \sum_{h \geq 1} t^h v_h \quad \text{für alle} \quad t \in \mathbb{C}\ .$$

Beweis: Die Abbildung $t \mapsto x_{ij}(t)v$ ist polynomial in t; bezüglich einer Basis $\{f_1,\ldots,f_m\}$ von V gilt also

$$\rho(x_{ij}(t))v = \sum_{s=1}^{m} \Big(\sum_{h \geq 0} c_{h,s}t^h\Big) f_s = \sum_{h \geq 0} t^h v_h$$

mit geeigneten $c_{h,s} \in \mathbb{C}$ und $v_h := \sum_{s=1}^{m} c_{h,s}f_s$. Wegen $x_{ij}(0) = E_n$ folgt $\rho(x_{ij}(0))v = v$, also $v_0 = v$. Zu zeigen bleibt $v_h \in V_{\lambda+h(\varepsilon_i-\varepsilon_j)}$. Für $a \in T_n$, $t \in \mathbb{C}$ finden wir mit der obigen Vertauschungsregel:

$$\rho(a) \circ \rho(x_{ij}(t))(v) = \rho(ax_{ij}(t)a^{-1}) \circ \rho(a)(v)$$

$$= \rho(x_{ij}((\varepsilon_i-\varepsilon_j)(a)\cdot t))(\lambda(a)v) = \lambda(a)\cdot \sum_{h \geq 0} ((\varepsilon_i-\varepsilon_j)(a)\cdot t)^h \cdot v_h$$

$$= \lambda(a)\cdot \sum_{h \geq 0} t^h((\varepsilon_i-\varepsilon_j)(a))^h\cdot v_h = \sum_{h \geq 0} t^h(\lambda+h(\varepsilon_i-\varepsilon_j))(a)\cdot v_h\ .$$

Andererseits ist offenbar

$$\rho(a)\rho(x_{ij}(t))v = \rho(a)\Big(\sum_{h \geq 0} t^h v_h\Big) = \sum_{h \geq 0} t^h \rho(a)(v_h)\ .$$

Durch Vergleich folgt somit

$$\rho(a)(v_h) = (\lambda+ h(\varepsilon_i-\varepsilon_j))(a)v_h\ , \text{ d. h. } v_h \in V_{\lambda+h(\varepsilon_i-\varepsilon_j)}\ .$$

Wir führen nun auf $X(T_n)$ eine Ordnungsrelation " $\leqq$ " ein.

Definition: Für $\lambda,\mu \in X(T_n)$, $\lambda = \sum_i a_i\varepsilon_i$, $\mu = \sum_i b_i\varepsilon_i$, setzen wir $\lambda \leqq \mu$, falls $\sum a_i = \sum b_i$ und $a_1 +\ldots+ a_s \leqq b_1 +\ldots+ b_s$ gilt für $s = 1,2,\ldots,n$.

Bemerkung 1: Die Ordnungsrelation ist mit der Addition auf $X(T_n)$ verträglich, d. h. aus $\lambda \leqq \mu$ und $\nu \in X(T_n)$ folgt $\lambda + \nu \leqq \lambda + \mu$. Zudem gilt $0 < (\varepsilon_i - \varepsilon_j)$ für $1 \leq i < j \leq n$.

Damit finden wir einen neuen Beweis für die Existenz einer stabilen Geraden in jedem B_n-Modul V (1.2 Satz 2) : Wir betrachten die Zerlegung von V in die Gewichtsräume V_λ, $\lambda \in X(T_n)$. Nimmt man nun ein bezüglich " $\leqq$ " maximales Element λ unter den Gewichten von V, so folgt mit Lemma 2 oben $V_\lambda = (V_\lambda)^{U_n}$. Folglich operiert B_n auf V_λ skalar, d. h. V_λ besteht aus B_n-stabilen Geraden.

Betrachten wir nun eine Darstellung von GL_n auf einem Vektorraum V, und zerlegen wir V in eine direkte Summe von einfachen GL_n-Moduln $V = \bigoplus_{i=1}^{s} V_i$, so enthält jeder Modul V_i eine B_n-stabile Gerade. Enthält also V nur eine B_n-stabile Gerade, so ist V ein einfacher GL_n-Modul (vgl. Übung in 1.1).

Beispiele: 1) Bei der natürlichen Darstellung von GL_n auf $\mathbb{C}^n$ ist $\mathbb{C}e_1$ die einzige B_n-stabile Gerade, und zwar zum Gewicht ε_1.

2) Unter der regulären Darstellung von GL_n auf $R_d := \mathcal{O}_d(\mathbb{C}^n)$ ist $\mathbb{C}x_n^d$ die einzige B_n-stabile Gerade (zum Gewicht $-d\varepsilon_n$). Insbesondere ist R_d ein einfacher GL_n-Modul.

3) Sei $\Lambda^i\mathbb{C}^n$ die i-te äußere Potenz der natürlichen Darstellung von GL_n. Dann ist $\mathbb{C}(e_1 \wedge e_2 \wedge \ldots \wedge e_i)$ die einzige B_n-stabile Gerade (mit dem Gewicht $w_i := \varepsilon_1 + \ldots + \varepsilon_i$). Insbesondere ist $\Lambda^i\mathbb{C}^n$ ein einfacher GL_n-Modul.

Lemma 3: Sei $\rho : GL_n \to GL(V)$ eine Darstellung von GL_n, $\mathbb{C}v \neq \{0\}$ eine B_n-stabile Gerade und $\lambda \in X(T)$ das Gewicht von v. Sei weiter $W := \langle GL_n \cdot v \rangle$ der von v erzeugte GL_n-Untermodul von V. Dann gilt:

a) $W \subset \mathbb{C}v + \sum_{\mu < \lambda} V_\mu$.

b) W ist ein einfacher GL_n-Modul.

Beweis: a) Sei $U_n^- := \{\begin{pmatrix} 1 & 0 \\ * & 1 \end{pmatrix}\} \subset GL_n$ die Untergruppe der unteren unipotenten Dreiecksmatrizen. Dann ist $U_n^- T_n U_n$ eine dichte Teilmenge von GL_n : Die reguläre Abbildung $U_n^- \times T_n \times U_n \to GL_n$, $(u', a, u) \mapsto u'au$, ist injektiv und $\dim(U_n^- \times T_n \times U_n) = \dim GL_n$ (vgl. Theorem 1.2 f). U_n^- wird von den $x_{ij}(t)$ mit $1 \leq j < i \leq n$ und $t \in \mathbb{C}$ erzeugt. Wegen $\lambda + (\varepsilon_i - \varepsilon_j) < \lambda$

für $j < i$ folgt aus Lemma 2

$$\rho(U_n^- T_n U_n)(v) = \rho(U_n^-)\rho(B_n)(v) \subset \rho(U_n^-)(\mathbb{C}v) \subset \mathbb{C}v + \sum_{\mu < \lambda} V_\mu .$$

Da $U_n^- T_n U_n$ in GL_n dicht ist, erhalten wir

$$\rho(GL_n)(v) \subset \overline{\rho(U_n^- T_n U_n)(v)} \subset \mathbb{C}v + \sum_{\mu < \lambda} V_\mu$$

und damit die Behauptung.

b) Es gibt einen einfachen Untermodul $W' \subset W$ mit $W'_\lambda \neq \{0\}$ Wegen a) ist W_λ eindimensional und daher $W_\lambda = W'_\lambda \subset W'$. Es folgt $v \in W'$, und somit ist $W = \langle GL_n \cdot v\rangle = W'$ einfach. ††

Damit können wir für $G = GL_n$ den folgenden Hauptsatz der Darstellungstheorie beweisen.

<u>Satz 1</u>: a) <u>Sei</u> $\rho : GL_n \to GL(V)$ <u>eine irreduzible Darstellung von</u> GL_n. <u>Dann gibt es genau eine</u> B_n<u>-stabile Gerade</u> $\mathbb{C}v$ <u>in</u> V. <u>Ist</u> $\lambda = \sum_{i=1}^{n} a_i \varepsilon_i$ <u>das Gewicht von</u> v, <u>so ist</u> $V_\lambda = \mathbb{C}v$. <u>Es ist</u> $a_1 \geq a_2 \geq \ldots \geq a_n$, <u>und es gilt</u> $\mu \leqq \lambda$ <u>für alle Gewichte</u> μ <u>von</u> V.

In dieser Situation heißt λ das <u>höchste Gewicht</u> von V (oder ρ) und v ein <u>Höchstgewichtsvektor</u>.

b) <u>Zwei irreduzible Darstellungen</u> $\rho : GL_n \to GL(V)$ <u>und</u> $\rho' : GL_n \to GL(V')$ <u>sind genau dann äquivalent, wenn ihre höchsten Gewichte</u> λ <u>und</u> λ' <u>gleich sind</u>.

c) <u>Sei</u> $\lambda = \sum_{i=1}^{n} a_i \varepsilon_i \in X(T_n)$ <u>mit</u> $a_1 \geq a_2 \geq \ldots \geq a_n$. <u>Dann existiert eine irreduzible Darstellung von</u> GL_n <u>mit dem höchsten Gewicht</u> λ.

<u>Beweis</u>: a) Ist $\mathbb{C}v \subset V$ eine B_n-stabile Gerade, so folgt aus Lemma 3

$$V = \langle GL_n \cdot v\rangle = \mathbb{C}v + \sum_{\mu < \lambda} V_\mu .$$

Es ist also $V_\lambda = \mathbb{C}v$, und für alle Gewichte $\mu \neq \lambda$ von V gilt $\mu < \lambda$. Ist $\mathbb{C}v' \neq \{0\}$ eine beliebige B_n-stabile Gerade in V und λ' ihr Gewicht, so folgt $\lambda \leqq \lambda' \leqq \lambda$, also $\lambda = \lambda'$ und $\mathbb{C}v' = V_\lambda$.

Die letzte Aussage erhalten wir so: Für ein geeignetes $\sigma \in \Sigma_n$ gilt $\sigma\lambda = \sum_{i=1}^{n} b_i \varepsilon_i$ mit $b_1 \geq b_2 \geq \ldots \geq b_n$, also $\sigma\lambda \geqq \lambda$. Da $\sigma\lambda$ ebenfalls ein Gewicht von V ist (Lemma 1), folgt nach dem Vorangehenden $\sigma\lambda \leq \lambda$. Wir erhalten $\sigma\lambda = \lambda$ und somit $a_1 \geq a_2 \geq \ldots \geq a_n$.

b) Sind ρ und ρ' äquivalent, d. h. $V \cong V'$ als GL_n-Moduln, so gilt offensichtlich $\lambda = \lambda'$.

Sei nun umgekehrt $\lambda = \lambda'$ und seien $\mathbb{C}v \subset V$ und $\mathbb{C}v' \subset V'$ die B_n-stabilen Geraden in V und V'. Wir betrachten $V \oplus V'$ und darin $(v,v') =: w$; dies ist wieder ein Eigenvektor von B_n zum Gewicht λ. Ist $W := \langle GL_n \cdot w\rangle$ der von w erzeugte GL_n-Untermodul von $V \oplus V'$, so ist W einfach mit $W_\lambda = \mathbb{C}w$ (Lemma 3). Nun ist $W \cap V'$ ein GL_n-Untermodul von V', also $W \cap V' = \{0\}$ oder $W \cap V' = V'$. Wegen $W_\lambda = \mathbb{C}w \not\subset V' = \mathbb{C}(0,v')$ muß $W \cap V' = \{0\}$ sein. Daher ist die Einschränkung der Projektionsabbildung $pr : V \oplus V' \to V$ auf W injektiv, induziert also einen Isomorphismus zwischen den beiden einfachen Moduln W und V. Entsprechend erhält man einen Isomorphismus zwischen W und V'.

c) Sei $\omega_i := \varepsilon_1 + \varepsilon_2 + \ldots + \varepsilon_i \in X(T_n)$, $1 \leq i \leq n$. Dann ist $\lambda = \sum_{i=1}^{n} b_i\omega_i$ mit $b_n = a_n \in \mathbb{Z}$ und $b_i = a_i - a_{i+1} \in \mathbb{N}$ für $1 \leq i \leq n-1$. Setze

$$V := (\Lambda^1\mathbb{C}^n)^{\otimes b_1} \otimes_{\mathbb{C}} (\Lambda^2\mathbb{C}^n)^{\otimes b_2} \otimes_{\mathbb{C}} \ldots \otimes_{\mathbb{C}} (\Lambda^n\mathbb{C}^n)^{\otimes b_n} ;$$

hierbei ist $(\Lambda^i\mathbb{C}^n)^{\otimes b_i}$ das k-fache Tensorprodukt von $\Lambda^i\mathbb{C}^n$ über $\mathbb{C}$ für $k \in \mathbb{N}$, $(\Lambda^i\mathbb{C}^n)^0 = \mathbb{C}$ die triviale Darstellung, und $(\Lambda^n\mathbb{C}^n)^{\otimes m}$ die eindimensionale Darstellung $g \mapsto (\det g)^m$ für beliebige $m \in \mathbb{Z}$. ($b_n < 0$ ist möglich!)

Ist $\{e_1,\ldots,e_n\}$ die natürliche Basis von $\mathbb{C}^n$ mit der Dualbasis $\{X_1,\ldots,X_n\}$, so sind die Geraden $\mathbb{C}(e_1 \wedge e_2 \wedge \ldots \wedge e_i) \subset \Lambda^i\mathbb{C}^n$ stabil unter B_n zum Gewicht ω_i, und $\mathbb{C}(X_1 \wedge X_2 \wedge \ldots \wedge X_n) \subset \Lambda^n(\mathbb{C}^n)^*$ ist B_n-stabil zum Gewicht $-\omega_n$ (vgl. Beispiel 3). Setzen wir

$$v := e_1^{\otimes b_1} \otimes (e_1 \wedge e_2)^{\otimes b_2} \otimes \ldots \otimes (e_1 \wedge \ldots \wedge e_n)^{\otimes b_n} \quad \text{für } b_n \in \mathbb{N} \text{ und}$$

$$v := e_1^{\otimes b_1} \otimes (e_1 \wedge e_2)^{\otimes b_2} \otimes \ldots \otimes (X_1 \wedge \ldots \wedge X_n)^{\otimes(-b_n)} \quad \text{für } b_n < 0 ,$$

so ist $\mathbb{C}v$ eine B_n-stabile Gerade zum Gewicht $\sum_{i=1}^{n} b_i\omega_i = \lambda$. Nach Lemma 3 ist dann $\langle GL_n \cdot v\rangle$ ein einfacher GL_n-Modul mit dem höchsten Gewicht λ. ††

Bemerkung 2: *Sei $\rho : GL_n \to GL(V)$ eine irreduzible Darstellung mit dem höchsten Gewicht λ. Definiere $\sigma_o \in \Sigma_n$ durch $\sigma_o(i) = n+1-i$ für $1 \leq i \leq n$. Dann ist die kontragrediente Darstellung von GL_n auf V^* irreduzibel mit dem höchsten Gewicht $-\sigma_o\lambda$.*

Beweis: Man beachte, daß die Zuordnung $\lambda \mapsto -\sigma_o\lambda$ ordnungserhaltend ist (σ_o und $\lambda \mapsto -\lambda$ sind jeweils ordnungsumkehrend) und die Gewichte von V bijektiv auf die Gewichte von V^* abbildet. Es ist daher $-\sigma_o\lambda$ das höchste Gewicht von V^*. ††

Beispiel: 4) Die d-te symmetrische Potenz $S_d(\mathbb{C}^n)$ der natürlichen Darstellung von GL_n hat das höchste Gewicht $d\varepsilon_1$. Der duale Modul ist $R_d = \mathcal{O}_d(\mathbb{C}^n)$ mit dem höchsten Gewicht $-d\varepsilon_n$.

Bemerkung 3: Nach Satz 1 stehen die irreduziblen Darstellungen von GL_n in Bijektion zu den möglichen höchsten Gewichten

$$\lambda = \sum_{i=1}^{n-1} a_i\omega_i + b_n\omega_n \ , \ a_1,\dots,a_{n-1} \in \mathbb{N} \ , \ b_n \in \mathbb{Z} \ , \ \omega_i = \varepsilon_1+\dots+\varepsilon_i \ .$$

Wir identifizieren deshalb die Isomorphieklassen Ω_{GL_n} der einfachen GL_n-Moduln (II.3.1) mit diesen Gewichten:

$$\Omega_{GL_n} = \bigoplus_{i=1}^{n-1} \mathbb{N}\omega_i \oplus \mathbb{Z}\omega_n \subset X(T_n) \ .$$

Ω_{GL_n} ist ein endlich erzeugtes Monoid in $X(T_n)$ mit dem Erzeugendensystem $\{\omega_1,\omega_2,\dots,\omega_n,-\omega_n\}$. Die Gewichte $\omega_1,\dots,\omega_n$ heißen auch die *Fundamentalgewichte von* GL_n. Es sind die höchsten Gewichte der einfachen GL_n-Moduln $\Lambda^i(\mathbb{C}^n)$, $1 \leq i \leq n$ (vgl. Beispiel 3).

Satz 2: *Sei $\rho : GL_n \to GL(V)$ eine Darstellung von GL_n und $\{v_1,\dots,v_s\}$ eine Basis von V^{U_n} bestehend aus lauter T_n-Eigenvektoren. Dann ist $V = \bigoplus_{i=1}^{s} \langle GL_n v_i\rangle$ eine Zerlegung von V in einfache GL_n-Moduln. Ist M_λ ein einfacher Modul zum höchsten Gewicht λ, so gilt*

$$V \cong \bigoplus_\lambda M_\lambda^{d_\lambda} \ , \ d_\lambda = \dim V_\lambda^{U_n} \ .$$

(Beweis als Übung.)

Beispiel: 5) GL_n operiere durch Konjugation auf M_n. Mit der natürlichen Basis $\{E_{ij} \mid 1 \leq i,j \leq n\}$ von M_n erhält man folgende Zerlegung von M_n in die Gewichtsräume bezüglich T_n :

$$M_n = M_n^{T_n} \oplus \bigoplus_{i \neq j} \mathbb{C}E_{ij} .$$

($M_n^{T_n} = \bigoplus_{i=1}^{n} \mathbb{C}E_{ii}$ ist der Nullgewichtsraum.) Man findet leicht

$$(M_n)^{U_n} = \mathbb{C}(\sum_{i=1}^{n} E_{ii}) \oplus \mathbb{C}E_{1n} = \mathbb{C}E \oplus \mathbb{C}E_{1n} .$$

Somit ist M_n die direkte Summe zweier einfacher GL_n-Moduln, nämlich

$$M_n = \mathbb{C} \cdot E \oplus sl_n$$

mit $sl_n = \{A \in M_n \mid sp\ A = 0\} = \langle GL_n \cdot E_{1n} \rangle$.

Bemerkung 4: Die von Null verschiedenen Gewichte in der adjungierten Darstellung von GL_n auf M_n sind die $\{\varepsilon_i - \varepsilon_j \mid i \neq j\}$ und heißen die Wurzeln von GL_n . Die Wurzeln $\varepsilon_i - \varepsilon_j$ mit $i < j$ heißen positiv. Damit kann man die Ordnungsrelation auf $X(T_n)$ einfacher beschreiben: Für $\lambda, \mu \in X(T_n)$ gilt $\lambda \leqq \mu$ genau dann, wenn $\mu - \lambda$ eine Summe von positiven Wurzeln ist.

1.5 Die irreduziblen Darstellungen einer linear reduktiven Gruppe

Die Ergebnisse des letzten Abschnitts für $G = GL_n$ gelten entsprechend für beliebige zusammenhängende linear reduktive Gruppen. Für $G = SL_n$ werden wir dies am Schluß dieses Abschnitts zeigen.

Sei G eine zusammenhängende linear reduktive Gruppe, B eine Borelgruppe von G , U das unipotente Radikal von B und T ein maximaler Torus von B (vgl. 1.2 Theorem).

Theorem: a) Ist M ein einfacher G-Modul, so gilt $\dim M^U = 1$.

b) Für jeden einfachen G-Modul sei der Charakter $\omega_M \in X(T)$ definiert durch $tm = \omega_M(t) \cdot m$ für $t \in T$ und $m \in M^U$. Dann sind zwei einfache G-Moduln M , N genau dann isomorph, wenn $\omega_M = \omega_N$ gilt.

c) $\Omega_G := \{\omega_M \in X(T) \mid M$ einfacher G-Modul$\}$ ist ein endlich erzeugtes Monoid, d. h. $\Omega_G = \sum_{i=1}^{r} \mathbb{N}\omega_i$ für geeignete $\omega_i \in \Omega_G \subset X(T)$.

d) Es gibt eine Ordnungsrelation " $\leqq$ " auf $X(T)$ (verträglich mit der Addition), so daß für jeden einfachen G-Modul M und jedes Gewicht γ von M gilt $\gamma \leqq \omega_M$.

Bemerkung 1: Man nennt ω_M das höchste Gewicht von M ; ein $m \neq 0$ aus M^U heißt Höchstgewichtsvektor von M . Wir werden in Zukunft die Menge der Isomorphieklassen der einfachen G-Moduln mit dem Monoid $\Omega_G \subset X(T)$ identifizieren. Ist M ein einfacher G-Modul mit höchstem Gewicht $\omega \in \Omega_G$, so sagen wir auch, M ist einfach vom Typ ω und schreiben kurz $M \in \omega$ (vgl. II. 3.1).

Wir stellen nun noch einige einfache Folgerungen aus diesem Hauptergebnis zur Darstellungstheorie linear reduktiver Gruppen zusammen.

Eigenschaften:

1) Sei V ein G-Modul. Dann wird V als G-Modul von dem Unterraum V^U erzeugt: $V = \langle G \cdot V^U \rangle$ (1.1 Folgerung 2). Es gilt $V^U = \bigoplus_{\lambda \in X(T)} V_\lambda^U$, und für jedes $v \neq 0$ aus V_λ^U ist $\langle G \cdot v \rangle$ ein einfacher Untermodul von V mit dem höchsten Gewicht λ .

2) Ist V ein G-Modul und $V = \bigoplus_{\omega \in \Omega_G} V_{(\omega)}$ die Zerlegung von V in isotypische Komponenten, so gilt für die Multiplizität von ω in V :
$m_\omega(V) = \dim V_\omega^U$. (II, 3.1). Ist $V_\omega^U = \bigoplus_{i=1}^{d} \mathbb{C} v_i$, so folgt
$V_{(\omega)} = \langle G \cdot V_\omega^U \rangle = \bigoplus_{i=1}^{d} \langle G \cdot v_i \rangle$.

3) Für jeden G-Modul V gilt:

$$V^G = V^B = (V^U)_o ,$$

$o \in \Omega_G$ der triviale Charakter (= Nullgewicht).

4) Sind M und N G-Moduln, so bestehen die Gewichte von $M \otimes N$ aus paarweisen Summen der Gewichte von M mit den Gewichten von N . Sind M und N einfach mit den höchsten Gewichten ω und η , so ist $\omega + \eta$ ein höchstes Gewicht in $M \otimes N$ und $\dim(M \otimes N)_{\omega+\eta} = 1$.
(Offenbar ist $M^U \otimes N^U$ eine U-stabile Gerade mit dem Gewicht $\omega + \eta$ in $M \otimes N$, also $M^U \otimes N^U \subset (M \otimes N)^U$. Wegen Satz 1 d) sind alle anderen Gewichte von $M \otimes N$ echt kleiner als $\omega + \eta$.)

5) Sei M ein einfacher G-Modul mit dem höchsten Gewicht $\omega = \omega_M$ und sei $\omega^* := \omega_{M^*}$ das höchste Gewicht der kontragredienten Darstellung von G auf M^*. Die Abbildung $\omega \mapsto \omega^*$ von Ω in sich ist additiv, bijektiv und läßt sich zu einem ordnungserhaltenden Automorphismus von $X(T)$ fortsetzen.

(Man verwende den kanonischen Isomorphismus $M^* \otimes N^* \xrightarrow{\sim} (M \otimes N)^*$; es folgt dann $(\omega+\eta)^* = \omega^* + \eta^*$.)

Beispiel 1: Für $G = GL_n$ und $\omega = \sum_{i=1}^{n} a_i \varepsilon_i$ mit $a_1 \geq a_2 \geq \ldots \geq a_n$ gilt $\omega^* = -\sigma_o \omega = -\sum_{i=1}^{n} a_i \varepsilon_{n-i}$; insbesondere folgt

$$\omega_k^* = \omega_{n-k} - \omega_n \quad \text{für} \quad 1 \leq k \leq n$$

(vgl. 1.4 Bemerkung 2).

Zum Abschluß wollen wir noch die irreduziblen Darstellungen von SL_n behandeln. Hierzu setzen wir

$$T := SL_n \cap T_n , \; B := SL_n \cap B_n , \; U := SL_n \cap U_n .$$

Die Aussagen des letzten Abschnitts lassen sich nun mit der Bemerkung, daß jede irreduzible Darstellung von SL_n die Einschränkung einer irreduziblen Darstellung von GL_n ist (II.2.3 Beispiel 10), fast wörtlich auf SL_n übertragen.

Sei M ein einfacher SL_n-Modul und $\hat{M}$ der zugehörige GL_n-Modul, d. h. $M = \hat{M}|_{SL_n}$. Sei weiter $\hat{\lambda} = \sum_{i=1}^{n} a_i \varepsilon_i \in X(T_n)$ ein Gewicht von $\hat{M}$. Mit ε_i' , $1 \leq i \leq n$, bezeichnen wir die Einschränkungen der ε_i auf T . Offensichtlich gilt dann $\varepsilon_1' + \varepsilon_2' + \ldots + \varepsilon_n' = 0$, also

$$X(T) = \sum_{i=1}^{n} \mathbb{Z} \varepsilon_i' = \bigoplus_{i=1}^{n-1} \mathbb{Z} \varepsilon_i' \quad \text{und} \quad \lambda := \hat{\lambda}|_T = \sum_{i=1}^{n} a_i \varepsilon_i' = \sum_{i=1}^{n-1} (a_i - a_n) \varepsilon_i' .$$

Ist $\hat{\lambda}$ das höchste Gewicht von $\hat{M}$, so folgt $a_i - a_n \in \mathbb{N}$ und $a_i - a_n \geq a_{i+1} - a_n$ für $1 \leq i \leq n-1$. Die surjektive Abbildung $X(T_n) \to X(T)$ induziert nun folgende Ordnungsrelation auf $X(T)$:

$$\sum_{i=1}^{n-1} a_i' \varepsilon_i' \leq \sum_{i=1}^{n-1} b_i' \varepsilon_i' \overset{\text{Def.}}{\Longleftrightarrow} \sum_{i=1}^{k} a_i' \leq \sum_{i=1}^{k} b_i' \quad \text{für} \quad 1 \leq k \leq n-1 .$$

Ist dann λ die Einschränkung des höchsten Gewichts $\hat{\lambda}$ von $\hat{M}$ auf T, so gilt $\mu \leq \lambda$ für alle Gewichte $\mu \in X(T)$ von M.

Mit diesen Vorbemerkungen ist der Beweis des folgenden Satzes nicht mehr schwierig. (Man vergleiche auch mit 1.4 Satz 1 und dem Beweis.)

Satz 2: a) Sei $\rho : SL_n \to GL(V)$ eine irreduzible Darstellung von SL_n. Dann gibt es genau eine B-stabile Gerade $\mathbb{C}v \neq \{0\}$ in V. Ist $\lambda = \sum_{i=1}^{n-1} a_i \varepsilon_i'$ das Gewicht von v, so ist $V_\lambda = \mathbb{C}v$. Es ist $a_1 \geq a_2 \geq \ldots \geq a_{n-1} \geq 0$, und es gilt $\mu \leq \lambda$ für alle Gewichte μ von V.

b) Zwei irreduzible Darstellungen von SL_n sind genau dann äquivalent, wenn ihre höchsten Gewichte gleich sind.

c) Sei $\lambda = \sum_{i=1}^{n-1} a_i \varepsilon_i' \in X(T)$ mit $a_1 \geq a_2 \geq \ldots \geq a_{n-1} \geq 0$. Dann gibt es eine irreduzible Darstellung von SL_n mit dem höchsten Gewicht λ.

d) Es ist $\omega_i' = \varepsilon_1' + \ldots + \varepsilon_i'$ das höchste Gewicht des einfachen SL_n-Moduls $\Lambda^i(\mathbb{C}^n)$, $i = 1,\ldots,n-1$, und es gilt

$$\Omega_{SL_n} = \bigoplus_{i=1}^{n-1} \mathbb{N}\omega_i' \quad \text{und} \quad \omega_i'^* = \omega_{n-i}' .$$

Übung 1: Formuliere und beweise den entsprechenden Satz für $G = PGL_n = GL_n/\mathbb{C}^*$.

Beispiel 2 (vgl. I.5 und II.3.1 Beispiel 1): Die binären Formen R_n vom Grad $n \in \mathbb{N}$ bilden ein vollständiges Repräsentantensystem der Isomorphieklassen der irreduziblen SL_2-Moduln; insbesondere sind R_n und R_n^* als SL_2-Moduln isomorph.

Beweis: R_n ist einfach mit höchstem Gewicht $n\varepsilon_1'$ (1.4 Beispiel 2) und $\Omega_{SL_2} = \mathbb{N}\varepsilon_1'$ nach obigem Satz. ††

Bemerkung 2: Sei $G = G_1 \times G_2$ das Produkt zweier linear reduktiver Gruppen, $B_i \subset G_i$ eine Borelunterguppe und $T_i \subset B_i$ ein maximaler Torus. Dann gilt

(i) $B := B_1 \times B_2$ ist eine Borelunterguppe und $T := T_1 \times T_2 \subset B$ ein maximaler Torus von G, und jede Borelunterguppe und jeden maximalen Torus erhält man auf diese Weise.

(ii) <u>Die irreduziblen Darstellungen von</u> G <u>sind von der Gestalt</u> $V_1 \otimes V_2$, <u>wobei</u> V_i <u>eine irreduzible Darstellung von</u> G_i <u>ist</u>, d. h. die höchsten Gewichte $\lambda \in X(T) = X(T_1) \oplus X(T_2)$ sind von der Form $\lambda = \lambda_1 + \lambda_2$ mit höchsten Gewichten λ_i von G_i.

<u>Übung 2</u>: $G = SL_2$, R_n = binäre Formen vom Grad n, $\varepsilon := \varepsilon_1'$.

a) Die Gewichte in R_n sind $-n\varepsilon$, $(-n+2)\varepsilon$, $(-n+4)\varepsilon, \ldots, (n-2)\varepsilon$, $n\varepsilon$.

b) <u>Clebsch-Gordan-Zerlegung</u>: Für $n \geq m$ ist

$$R_n \otimes R_m \underset{SL_2}{\xrightarrow{\sim}} R_{n+m} \oplus R_{n+m-2} \oplus \ldots \oplus R_{n-m+2} \oplus R_{n-m} .$$

(Betrachte die Gewichte in $R_n \otimes R_m$.)

c) Auf R_n gibt es für gerades n genau eine nicht-ausgeartete SL_2-invariante quadratische Form (die <u>Apolare</u>), für ungerades n genau eine nicht-ausgeartete SL_2-invariante alternierende Bilinearform (bis auf skalare Vielfache).

(Verwende die Isomorphie $R_n \xrightarrow{\sim} R_n^*$ aus Beispiel 2.)

d) Zeige $PSL_2 \xrightarrow{\sim} SO_3$ und $(SL_2 \times SL_2)/\{\pm Id\} \xrightarrow{\sim} SO_4$.

(Benütze die Darstellungen auf R_2 bzw. $R_1 \otimes R_1$ und Dimensionsbetrachtungen.)

e) Ist Z eine G-Varietät und $z \in Z$ ein Punkt, dessen Stabilisator G_z eine Boreluntergruppe enthält, so ist z ein Fixpunkt.

(Verwende Eigenschaft 3.)

2. DAS HILBERT-KRITERIUM

Das Hilbert-Kriterium ist das zentrale Hilfsmittel beim Studium der Nullfaser einer Quotientenabbildung. Einige Beispiele haben wir im ersten Kapitel kennengelernt (I.5, I.7). In den Abschnitten II. 4.2 und 4.3 wurde dann gezeigt, welche Informationen man aus der Kenntnis der Nullfaser erhalten kann, sowohl über die Struktur des Quotienten als auch über die Struktur der anderen Fasern der Quotientenabbildung.

Wir geben hier zwei Beweise für dieses wichtige Resultat. Der erste geht auf Hilbert zurück ([H2] Kap. V.), der zweite stammt von Richardson (vgl. [Bi] Theorem 4.2).

2.1 Einparameter-Untergruppen

Sei G eine algebraische Gruppe.

Definition (vgl. II.2.3 Bemerkung 3): Eine Einparameter-Untergruppe (kurz: 1-PUG) von G ist ein Gruppenhomomorphismus $\lambda : \mathbb{C}^* \to G$. Die Menge der 1-PUG von G wird mit $Y(G)$ bezeichnet.

Ist G kommutativ, so ist $Y(G)$ eine abelsche Gruppe, welche wir additiv schreiben:

$$(\lambda_1+\lambda_2)(t) := \lambda_1(t) \cdot \lambda_2(t) \quad , \quad t \in \mathbb{C}^* \quad .$$

Beispiel 1: Ist T ein n-dimensionaler Torus, so ist $Y(T) \cong \mathbb{Z}^n$. (Es ist $Y(\mathbb{C}^*) = \mathbb{Z}$ in natürlicher Weise: $n \mapsto ?^n : \mathbb{C}^* \to \mathbb{C}^*$, und es gibt eine kanonische Bijektion $Y(G_1 \times G_2) = Y(G_1) \times Y(G_2)$.) Zudem haben wir eine nicht-ausgeartete Paarung zwischen $Y(T)$ und der Charaktergruppe $X(T)$:

$$< , > \; : \; X(T) \times Y(T) \to \mathbb{Z} \quad ,$$

gegeben durch $\langle\chi,\lambda\rangle = n$, falls $\chi \circ \lambda = ?^n : \mathbb{C}^* \to \mathbb{C}^*$.

Sei Z eine G-Varietät und λ eine 1-PUG von G . Für $z \in Z$ erhalten wir einen Morphismus

$$\mu = \mu(\lambda,z) \; : \; \mathbb{C}^* \to Z \quad , \quad t \mapsto \lambda(t)z \quad .$$

Läßt sich μ regulär auf $\mathbb{C}$ fortsetzen mit $\mu(o) = y$, so schreiben wir dafür kurz

$$\lim_{t\to o} \lambda(t)z = y .$$

Diese Bezeichnungsweise ist durch das folgende Lemma gerechtfertigt.

Lemma: Läßt sich eine reguläre Abbildung $\mu : \mathbb{C}^* \to Z$ $\mathbb{C}$-stetig auf ganz $\mathbb{C}$ fortsetzen, so ist die Fortsetzung regulär.

Beweis: μ läßt sich genau dann regulär auf $\mathbb{C}$ fortsetzen, wenn für $\mu^* : \mathcal{O}(Z) \to \mathbb{C}[t,t^{-1}]$ gilt $\mu^*(\mathcal{O}(Z)) \subset \mathbb{C}[t]$. Ist dies nicht der Fall, so gibt es eine Funktion $f \in \mathcal{O}(Z)$ mit $\mu^*(f) = \frac{p(t)}{t^s}$, $p \in \mathbb{C}[t]$, $p(o) \neq o$ und $s > o$. Für diese Funktion gilt dann $f(\mu(t)) = \frac{p(t)}{t^s} \to \infty$ für $t \to o$, also kann es keine $\mathbb{C}$-stetige Fortsetzung von μ auf $\mathbb{C}$ geben. ††

Satz 1: Sei Z eine G-Varietät, λ eine 1-PUG von G und $z \in Z$ mit $\lim_{t\to o} \lambda(t)z = y$. Dann ist $y \in \overline{Gz}$ und $\lambda(\mathbb{C}^*) \subset G_y$, d. h. λ ist 1-PUG von G_y .

Beweis: $\mathbb{C}^*$ operiert via λ auf Z, und es gilt $\overline{\mathbb{C}^*z} = \mathbb{C}^*z \cup \{y\}$. Insbesondere ist y ein Fixpunkt für $\mathbb{C}^*$. ††

Beispiel 2: Sei G linear reduktiv, V ein G-Modul, $v \in V$ mit $\lim_{t\to o} \lambda(t)v = o$ für eine 1-PUG λ . Dann gehört v zur Nullfaser V^o .

Das Hilbert-Kriterium behauptet nun die Umkehrung dieser Tatsache.

Theorem (Hilbert, Mumford): Sei G linear reduktiv, V ein G-Modul und $v \in V^o$. Dann gibt es eine 1-PUG λ von G mit $\lim_{t\to o} \lambda(t)v = o$.

Eine etwas allgemeinere Formulierung wird in den folgenden Abschnitten bewiesen werden, für GL_n in 2.3 und allgemein in 2.4. Vorher behandeln wir noch in 2.2 den Fall eines Torus.

Bemerkung: Da alle maximalen Tori in G konjugiert sind (III. 1.2 Theorem a), kann man das Theorem auch folgendermassen formulieren: Ist G linear reduktiv, $T \subset G$ ein maximaler Torus, V ein G-Modul und $v \in V^o$, so gibt es ein $v' \in Gv$ und eine 1-PUG λ von T mit $\lim_{t\to o} \lambda(t)v' = o$.

2.2 Torusoperationen

In diesem Abschnitt sei T ein n-dimensionaler Torus. Wir betrachten eine T-Varietät Z und ihren Koordinatenring $A := \mathcal{O}(Z)$. Die Eigenraumzerlegung (vgl. 1.3 Bemerkung)

$$A = \bigoplus_{\chi \in X(T)} A_\chi$$

ist eine $X(T)$-Graduierung, d. h. es gilt $A_{\chi_1} \cdot A_{\chi_2} \subset A_{\chi_1+\chi_2}$. Nach dem Endlichkeitssatz (II.3.2 Theorem und Zusatz) ist $A_o = \mathcal{O}(Z)^T$ eine endlich erzeugte $\mathbb{C}$-Algebra, und die A_χ sind endlich erzeugte A_o-Moduln.

Satz: Ist $z \in Z$ und $y \in \overline{Tz}$, so gibt es eine 1-PUG λ von T mit $\lim_{t \to o} \lambda(t)z \in Ty$.

Man beachte, daß diese Formulierung etwas stärker ist als beim Theorem 2.1 (vgl. hierzu die Bemerkung im folgenden Abschnitt 2.3).

Für den Beweis des Satzes brauchen wir einige Vorbereitungen. Zunächst ist klar, daß wir uns auf den Fall einer linearen Darstellung beschränken können. Ist V ein T-Modul, $V = \bigoplus_{\chi \in X(T)} V_\chi$ und $v = \sum_\chi v_\chi \in V$, so gilt für eine 1-PUG λ von T:

$$\lambda(t)v = \sum t^{<\chi,\lambda>} \cdot v \quad .$$

Zu v betrachten wir den Kegel C_v in $X(T)_\mathbb{Q} := \mathbb{Q} \otimes X(T)$ aufgespannt von den χ mit $v_\chi \neq o$:

$$C_v = \sum_{v_\chi \neq o} \mathbb{Q}^+ \cdot \chi \subset X(T)_\mathbb{Q} \quad ,$$

$\mathbb{Q}^+ := \{q \in \mathbb{Q} \mid q \geq o\}$. Sei weiter $v_1,\dots,v_m$ eine Basis von V aus Eigenvektoren $v_i \in V_{\chi_i}$, $i = 1,2,\dots,m$. Ist $v = \sum_{i=1}^m x_i v_i = (x_1,\dots,x_m)$, so gilt

$$\lambda(t)v = (\dots,t^{<\chi_i,\lambda>} \cdot x_i,\dots) \quad .$$

Lemma: Sei $w \in \overline{Tv}$, $v = (x_1,\dots,x_m)$, $w = (y_1,\dots,y_m)$.

(a) Es gibt ein $w' = (y_1',\dots,y_m') \in Tw$ mit $y_i' = x_i$ oder $= o$ für alle i.

(b) $C_v \cap -C_v \subset <\chi \mid w_\chi \neq o> = <\chi_i \mid y_i \neq o>$.

Beweis: a) Wir betrachten den direkten Summanden $W := \langle v_i | y_i \neq o \rangle$ von V und bezeichnen mit $\bar{v}$ und $\bar{w}$ die Projektionen von v und w auf W. Dann ist $\bar{w} \in \overline{T\bar{v}}$, und alle Koordinaten von $\bar{w}$ sind $\neq o$. Nun gilt für die Stabilisatoren

$$T_{\bar{w}} = \bigcap_{y_i \neq o} \operatorname{Ker} \chi_i \subset \bigcap_{\substack{y_i \neq o \\ x_i \neq o}} \operatorname{Ker} \chi_i = T_{\bar{v}} .$$

Wegen $T\bar{w} \subset \overline{T\bar{v}}$ folgt hieraus $\dim T_{\bar{w}} = \dim T_{\bar{v}}$, also $\bar{w} \in T\bar{v}$, und damit die Behauptung.

b) Sei $c \in C_v \cap -C_v$, $c \notin \langle \chi_i | y_i \neq o \rangle$. Durch Multiplikation mit einer positiven natürlichen Zahl können wir o. E. annehmen, daß folgendes gilt:

$$c = \sum_I n_i \chi_i = \sum_I (-m_i)\chi_i \quad \text{mit} \quad n_i, m_i \in \mathbb{N},\ I := \{i | x_i \neq o\} .$$

Es folgt $\sum (n_i + m_i)\chi_i = o$, und die Funktion

$$f = \prod_{i \in I} X_i^{n_i + m_i} \in \mathcal{O}(V)$$

ist daher T-invariant. ($X_1, \ldots, X_m$ ist die duale Basis zu $v_1, \ldots v_m$.) Nach Definition von I ist $f(v) = \prod_{i \in I} x_i^{n_i+m_i} \neq o$, also f eine Konstante $\neq o$ auf Tv und damit auf $\overline{Tv}$. Andererseits besagt die Voraussetzung $c \notin \langle \chi_i | y_i \neq o \rangle$, daß es ein $j \in I$ gibt mit $y_j = o$ und $n_j > o$. Hieraus folgt $f(w) = o$, also kann w nicht in $\overline{Tv}$ liegen. Dieser Widerspruch beweist die Behauptung. ††

Damit können wir nun den Satz beweisen.

Beweis Satz: Wir haben zu zeigen, daß es zu $v \in V$ und $w \in \overline{Tv}$ eine 1-PUG λ von T gibt mit $\lim_{t \to o} \lambda(t) v \in Tw$. Wir können o. E. annehmen, daß w die Bedingung a) des obigen Lemmas erfüllt: $v = (x_1, \ldots, x_m)$, $w = (y_1, \ldots, y_m)$ mit $y_i = x_i$ oder $= o$. Wir behaupten nun, daß es eine 1-PUG λ gibt mit

$$\langle \chi_i, \lambda \rangle \begin{cases} = o & \text{für alle } i \text{ mit } y_i \neq o , \\ > o & \text{für alle } i \text{ mit } y_i = o . \end{cases} \qquad (*)$$

Für dieses λ gilt dann

$$\lim_{t\to o} \lambda(t)v = \lim_{t\to o} (\ldots, t^{\langle\chi_i,\lambda\rangle} x_i, \ldots) = (y_1,\ldots,y_m) = w .$$

Die Existenz eines solchen λ ergibt sich aus obigem Lemma (b). Wir betrachten den Restklassenraum $\overline{X} := X(T)_{\mathbb{Q}}/\langle\chi_i | y_i \neq o\rangle$ und den Bildkegel $\overline{C} \subset \overline{X}$ von C_v. Dieser ist spitz, d. h. $\overline{C} \cap -\overline{C} = \{o\}$. Dann gibt es aber eine Hyperebene $\overline{H}$ in $\overline{X}$ mit $\overline{H} \cap \overline{C} = \{o\}$, d. h. $\overline{C}$ liegt ganz auf einer Seite von $\overline{H}$. (Dies ist anschaulich klar; der präzise Existenzbeweis sei dem Leser als Übung überlassen.) Das Urbild H von $\overline{H}$ in $X(T)_{\mathbb{Q}}$ hat dann offenbar die Eigenschaft $\langle H \cap C_v\rangle = \langle\chi_i | y_i \neq o\rangle$. Ist nun λ eine 1-PUG von T mit $H = \lambda^{\perp} := \{\chi \in X(T)_{\mathbb{Q}} \mid \langle\chi,\lambda\rangle = o\}$, so hat entweder λ oder $-\lambda$ die behauptete Eigenschaft (*). ††

<u>Bemerkung</u>: Mit Hilfe des Scheibensatzes von Luna [Lu] kann man folgendes zeigen: <u>Ist</u> Z <u>eine G-Varietät mit dichtem Orbit</u> Gz, $z_o \in Z$ <u>ein Punkt des abgeschlossenen Orbits und</u> $H := G_{z_o}$ <u>sein Stabilisator, so trifft</u> $\overline{Hz}$ <u>jeden Orbit in</u> Z. Mit obigem Satz ergibt sich daher folgende

<u>Anwendung</u>: Sei Z eine G-Varietät, $z \in Z$ und $z_o \in \overline{Gz}$ ein Punkt des abgeschlossenen Orbits in $\overline{Gz}$. Ist der Stabilisator G_{z_o} ein Torus, so gibt es zu jedem $y \in \overline{Gz}$ eine 1-PUG λ mit $\lim_{t\to o} \lambda(t)z \in Gy$.

<u>Beispiel</u> (vgl. II.2.7): Ist A eine endlich erzeugte Algebra und M ein endlichdimensionaler A-Modul mit paarweise nicht-isomorphen Kompositionsfaktoren, so ist jede Degeneration von M gleich dem assoziierten graduierten Modul bezüglich einer geeigneten Filtrierung von M.

2.3 Das Hilbert-Kriterium für GL_n

Wir kommen zum Hilbertschen Beweis des Kriteriums für die allgemeine lineare Gruppe GL_n (vgl. [H2] Kap. V, §§ 15, 16).

<u>Satz 1</u>: <u>Sei</u> V <u>ein</u> GL_n<u>-Modul und</u> $v \in V^o$ <u>ein Nullvektor. Dann gibt es eine</u> 1-PUG λ <u>mit</u> $\lim_{t\to o} \lambda(t)v = o$.

Die Hilbertsche Beweisidee funktioniert auch für die folgende etwas allgemeinere Fassung, welche auf D. Birkes und R. W. Richardson zurückgeht (siehe [Bi] Theorem 4.2).

Satz 2: Sei Z *eine* GL_n*-Varietät,* $O_z := GL_n \cdot z$ *eine Bahn in* Z *und* $Y \subset \overline{O_z}$ *eine* GL_n*-stabile abgeschlossene Teilmenge. Dann gibt es eine 1-PUG* λ *mit* $\lim_{t \to o} \lambda(t) z \in Y$.

Für den Beweis dieses Resultats brauchen wir einige Vorbereitungen. Sei $A = \mathbb{C}[[t]]$ der Potenzreihenring in einer Variablen t und $K = \mathbb{C}((t))$ sein Quotientenkörper. Ist V ein GL_n-Modul, $v \in V$ ein Vektor und $g = (g_{ij}(t)) \in GL_n(K)$ eine Matrix mit Koeffizienten in K und Determinante $\neq o$, so kann man g auf v anwenden und erhält einen Vektor $gv \in K \otimes_{\mathbb{C}} V$, d. h. einen Vektor mit Koordinaten in K . Liegt gv schon in $A \otimes_{\mathbb{C}} V$, so können wir gv an der Stelle $t = o$ auswerten und erhalten einen Vektor in V , welchen wir kurz mit $(gv)_{t=o}$ oder mit $\lim_{t \to o} g(t)v$ bezeichnen.

Lemma 1: Ist V *ein* GL_n*-Modul,* $v \in V$ *und* $w \in \overline{GL_n \cdot v}$, *so gibt es eine Matrix* $g \in GL_n(K)$ *mit* $(gv)_{t=o} = w$.

Beweis: Sei $\mu : GL_n \to V$, $h \mapsto hv$, die Orbitabbildung. Das Lemma besagt nun, daß es einen Algebrenhomomorphismus $\eta : \mathcal{O}(GL_n) \to K$ gibt, nämlich $\eta(x_{ij}) = g_{ij}(t)$, und ein kommutatives Diagramm

$$\begin{array}{ccc} \mathcal{O}(GL_n) & \xrightarrow{\eta} & K \\ \uparrow{\scriptstyle \mu^*} & & \cup \\ \mathcal{O}(V) & \xrightarrow[\eta']{} & A \end{array}$$

mit $\eta'^{-1}(A \cdot t) = \underline{m}_w$ = Maximalideal von $w \in V$. Dies erhält man auf folgende Weise. Zunächst gibt es eine irreduzible Kurve $C \subset GL_n$ mit $w \in \overline{\mu(C)}$ (AI.4.5 Folgerung). Setzen wir $L := \mathbb{C}(C)$ und $R := \mathcal{O}(\overline{\mu(C)})$, so ergibt sich folgendes Diagramm:

$$\begin{array}{ccc} \mathcal{O}(GL_n) & \longrightarrow & L \\ \uparrow{\scriptstyle \mu^*} & & \cup \\ \mathcal{O}(V) & \longrightarrow & R \end{array}$$

Ist $\tilde{R}$ der ganze Abschluß von R in L und $\underline{m} \subset \tilde{R}$ ein Maximalideal, das über $\underline{m}_w$ liegt (d. h. $\underline{m} \cap R = \underline{m}_w$; vgl. AI.4.3), so ist die $\underline{m}$ - adische

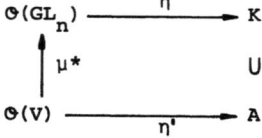

Komplettierung $\hat{\tilde{R}} \cong A$ (AI. Satz 5.6 und AI. 6.1 Beispiel 2). Wir können daher das obige Diagramm folgendermassen ergänzen

$$\begin{array}{ccccccc} \mathcal{O}(GL_n) & \longrightarrow & L & = & L & \subset & K \\ \uparrow{\scriptstyle \mu^*} & & \cup & & \cup & & \cup \\ \mathcal{O}(V) & \longrightarrow & R & \subset & \tilde{R} & \subset & A \end{array},$$

und die horizontalen Kompositionen sind die gesuchten Homomorphismen η und η' . ††

Das zweite Resultat ist eine Version des Elementarteilersatzes; der Beweis bleibt dem Leser überlassen.

Lemma 2: _Jedes_ $g \in GL_n(K)$ _kann in der Form_ $g = h_1 \cdot \tau \cdot h_2$ _geschrieben werden mit_ $h_1, h_2 \in GL_n(A)$ _und_

$$\tau = \begin{pmatrix} t^{r_1} & & 0 \\ & \ddots & \\ 0 & & t^{r_n} \end{pmatrix}, \quad r_i \in \mathbb{Z} .$$

Beweis Satz 1 und 2: O. E. ist $Z = V$ ein GL_n-Modul. Nach Lemma 1 gibt es ein $g \in GL_n(K)$ mit $(gz)_{t=o} = y \in Y$, welches nach Lemma 2 die Gestalt $g = h_1 \cdot \tau \cdot h_2$ hat mit $h_1, h_2 \in GL_n(A)$ und $\tau = \begin{pmatrix} \ddots & & \\ & t^{r_i} & \\ & & \ddots \end{pmatrix}$, $r_i \in \mathbb{Z}$. Es folgt $(\tau h_2 z)_{t=o} = h_1(o)^{-1} y \in Y$. Nun ist $h_2 z = \sum_{i=o}^{\infty} t^i z_i$ mit geeigneten $z_i \in V$, $z_o = h_2(o) z$, und folglich

$$\begin{aligned} (\tau h_2 z)_{t=o} &= \sum_{i=o}^{\infty} (\tau t^i z_i)_{t=o} \\ &= (\tau z_o)_{t=o} + (\tau t z_1)_{t=o} + \ldots . \end{aligned}$$

Nun gilt

$$\lim_{t'\to o} \tau^{-1}(t')\left((\tau t^i z_i)_{t=o}\right) = \begin{cases} (\tau z_o)_{t=o} & \text{für } i = o , \\ o & \text{sonst} , \end{cases}$$

wie man leicht unter Verwendung einer Basis aus Eigenvektoren bezüglich τ

sieht. Da $(\tau h_2 z)_{t=o} \in Y$ ist und Y abgeschlossen und GL_n-stabil ist, gilt

$$\lim_{t\to o} \tau^{-1}(t)(\tau h_2 z)_{t=o} \in Y \quad , \quad \text{d.h.} \quad (\tau z_o)_{t=o} \in Y \quad ,$$

und somit $\lim_{t\to o} \lambda(t)z \in Y$ mit der 1-PUG $\lambda = h_2(o)^{-1}\tau h_2(o)$. ††

Bemerkung 1: Aus dem Beweis sieht man, daß die Abgeschlossenheit von Y wesentlich ist. Im Gegensatz zum Torus ist hier nicht zu erwarten und im allgemeinen auch falsch, daß man jeden Orbit im Abschluß von $GL_n \cdot z$ durch eine 1-PUG erreichen kann. Ein einfaches Gegenbeispiel bildet der zweidimensionale Orbit in der Nullfaser der binären Formen vom Grad $n \geq 3$, der im Abschluß jeder 3-dimensionalen Bahn der Nullfaser liegt aber nicht Limespunkt einer 1-PUG sein kann, da die Zusammenhangskomponente seines Stabilisators unipotent ist und daher keinen Torus enthält (2.1 Satz 1). Ein etwas interessanteres Beispiel findet man bei der Varietät der 3-dimensionalen Moduln über der Algebra $\mathbb{C}\{X,Y\}$ ([K2] Chap. II. 4.6 remark 2; vgl. II. 2.7 Bemerkung 3).

Bemerkung 2: Lemma 1 und 2 lassen sich leicht auf SL_n und Produkte übertragen. Die Sätze 1 und 2 gelten daher für beliebige Produkte von allgemeinen, speziellen und projektiven linearen Gruppen. Auf diesem Wege hat Mumford das Kriterium allgemein bewiesen, und zwar in der Formulierung von Satz 1 ([MF] Chap. 2, § 1).

2.4 Der allgemeine Fall

Satz: Sei G linear reduktiv, Z eine G-Varietät, Gz ein Orbit und $Y \subset \overline{Gz}$ eine abgeschlossene G-stabile Teilmenge. Dann gibt es eine 1-PUG λ von G mit $\lim_{t\to o} \lambda(t)z \in Y$.

Die nachfolgende Beweisidee stammt von Richardson (vgl. [Bi] Theorem 4.2).

Beweis: Wegen Satz 2.2 genügt es zu zeigen, daß es einen maximalen Torus T gibt mit $\overline{Tz} \cap Y \neq \emptyset$. Sei $\overline{Tz} \cap Y = \emptyset$ für jeden maximalen Torus in G . Für einen fixierten maximalen Torus $T \subset G$ folgt dann $\overline{Tx} \cap Y = \emptyset$ für alle $x \in Gz$. Es gibt daher zu jedem $x \in Gz$ eine Funktion $f_x \in \mathcal{O}(Z)^T$ mit $f_x = 1$ auf Tx und $f_x = o$ auf Y ; wir setzen $U_x := \{w \in Z \mid f_x(w) \neq o\}$. Sei nun $K \subset G$ eine kompakte Untergruppe mit $G = K \cdot T \cdot K$ (AII.7). Dann ist Kz kompakt, also $Kz \subset U_{x_1} \cup \ldots \cup U_{x_n}$ für geeignet gewählte

$x_1,\dots,x_n \in Gz$. Wir definieren nun eine $\mathbb{C}$-stetige Funktion $f : Z \to \mathbb{C}$ durch $f(w) := \sum_{i=1}^{n} |f_{x_i}(w)|$. Diese nimmt auf Kz ein positives Minimum an, also auch auf TKz , da f T-invariant ist, und damit auf dem $\mathbb{C}$-Abschluß $\overline{TKz}^{\mathbb{C}}$. Hieraus folgt $Y \cap \overline{TKz}^{\mathbb{C}} = \emptyset$, also auch $Y \cap \overline{KTKz}^{\mathbb{C}} = \emptyset$, da Y G-stabil ist. Nun ist $\overline{KTKz}^{\mathbb{C}}$ $\mathbb{C}$-abgeschlossen und enthält $KTKz = Gz$. Es folgt $\overline{KTKz}^{\mathbb{C}} = \overline{Gz}$ (AI.7.2 Bemerkung), und wir erhalten $Y \cap \overline{Gz} = \emptyset$ im Widerspruch zur Voraussetzung. ††

Beispiel 1: k-Tupel von n×n-Matrizen.

Wir betrachten die Darstellung von GL_n auf $V := (M_n)^k$ durch simultane Konjugation. Wir bezeichnen mit $N_n \subset M_n$ den Untervektorraum der oberen Dreiecksmatrizen mit Nullen in der Diagonale

$$N_n := \left\{ \begin{pmatrix} 0 & & * \\ & \ddots & \\ 0 & & 0 \end{pmatrix} \in M_n \right\} .$$

Dann gilt für die Nullfaser V^o von V :

(a) $V^o = GL_n \cdot (N_n^k)$, d. h. jedes Element aus V^o hat einen Repräsentanten aus N_n^k .

(b) V^o ist irreduzibel von der Dimension $(k+1)\binom{n}{2}$.

Beweis: (a) Sei $A = (A_1,\dots,A_k) \in V^o$ und sei λ eine 1-PUG von GL_n mit $\lim_{t\to o} \lambda(t)A = 0$. Durch Konjugation $(\lambda \mapsto g\lambda g^{-1}, A \mapsto gAg^{-1})$ können wir annehmen, daß λ die Gestalt

$$\lambda(t) = \begin{pmatrix} t^{r_1} & & \\ & \ddots & \\ & & t^{r_n} \end{pmatrix} , \qquad r_1 \geq r_2 \geq \dots \geq r_n ,$$

hat. Aus $\lim_{t\to o} \lambda(t)A_i = o$ folgt dann $A_i \in N_n$.

(b) Nach (a) ist die Abbildung $\phi : GL_n \times N_n^k \to V^o$, $(g,A) \mapsto gAg^{-1}$, surjektiv, insbesondere also V^o irreduzibel. Ist nun $A \in N_n$ von maximalem Rang $n-1$ und gilt $gAg^{-1} \in N_n$ für ein $g \in GL_n$, so folgt $g \in B_n = \left\{ \begin{pmatrix} * & * \\ 0 & * \end{pmatrix} \in GL_n \right\}$ (Beweis als Übung). Dies impliziert, daß die Faser der Abbildung ϕ über den Punkten $A = (A_1,\dots,A_k) \in V^o$, wo mindestens ein A_i den Rang $n-1$ hat, die Dimension $\dim B_n$ hat, und über allen anderen Punkten eine Dimension $\geq \dim B_n$ hat. Es folgt also

$$\dim V^o = \dim GL_n + \dim N_n^k - \dim B_n = (k+1)\binom{n}{2} . \text{ ††}$$

Beispiel 2: SL_2-Moduln.

Sei V ein nicht trivialer SL_2-Modul und λ die Standard-1-PUG $t \mapsto \begin{pmatrix} t & \\ & t^{-1} \end{pmatrix}$. Wir betrachten die Zerlegung in Eigenräume

$$V = \bigoplus_{i \in \mathbb{Z}} V_i \,, \quad V_i := \{v \in V \mid \lambda(t)v = t^i v \text{ für alle } t \in \mathbb{C}^*\}.$$

Nach dem Hilbertkriterium hat jede Nullform einen Repräsentanten in $V^+ := \bigoplus_{i>o} V_i$:

$$V^o = SL_2 \cdot V^+ .$$

Insbesondere ist V^o irreduzibel. V^+ ist B-stabil, aber nicht SL_2-stabil, also gilt (vgl. 1.5 Beispiel 2 und Uebung 2a)

$$\dim V^o = \dim V^+ + 1 = \frac{\dim V - \dim V^T}{2} + 1 .$$

Ist $m_i = m_i(V)$ die Multiplizität von R_i in V, so folgt

$$\dim V^o = \Big(\sum_{i > o} i(m_{2i-1} + m_{2i})\Big) + 1 .$$

Es gibt daher nur endlich viele Fälle, für die V^o einen dichten Orbit enthält; notwendig ist $\dim V^o \leq 3$, also $m_i = o$ für $i > 4$ und $m_1 + m_2 + 2m_3 + 2m_4 \leq 2$. Es ergibt sich folgende Tabelle.

V	$\dim V^o$	# Bahnen in V^o	$V/\!\!/SL_2$
R_1	2	2	*
R_1^2	3	∞	$\mathbb{C}$
R_2	2	2	$\mathbb{C}$
$R_1 \oplus R_2$	3	∞	$\mathbb{C}^2$
R_2^2	3	∞	$\mathbb{C}^3$
R_3	3	3	$\mathbb{C}$
R_4	3	3	$\mathbb{C}^2$

Das Studium dieser Darstellungen sei dem Leser als Uebung überlassen. Die Struktur der Quotienten kann etwa mit den Resultaten aus II.4.3, speziell Satz 6 und 3, bestimmt werden.

2.5 Assoziierte parabolische Untergruppen

Sei λ eine 1-PUG von $GL(V)$ und $V = \bigoplus_i V_i$ die zugehörige Eigenraumzerlegung, $V_i := \{v \in V \mid \lambda(t)v = t^i v \text{ für } t \in \mathbb{C}^*\}$. Dann bildet die Menge der $g \in GL(V)$, für die $\lim_{t\to 0} \lambda(t)g\lambda(t)^{-1}$ existiert, eine Untergruppe von $GL(V)$, und ebenso die Menge der $g \in GL(V)$ mit $\lim_{t\to 0} \lambda(t)g\lambda(t)^{-1} = e$, und diese haben folgende Beschreibung:

$$P^\lambda := \{g \in GL(V) \mid \lim_{t\to 0} \lambda(t)g\lambda(t)^{-1} \text{ existiert}\} =$$

$$= \{g \in GL(V) \mid gV_i \subset \sum_{j \geq i} V_j\} ,$$

$$U^\lambda := \{g \in GL(V) \mid \lim_{t\to 0} \lambda(t)g\lambda(t)^{-1} = e\} =$$

$$= \{g \in GL(V) \mid (g-e)V_i \subset \sum_{j > i} V_j\} .$$

Zudem gilt für $g \in P^\lambda$

$$\lim_{t\to 0} \lambda(t)g\lambda(t)^{-1} \in L^\lambda := \mathrm{Zent}_{GL(V)}(\lambda(\mathbb{C}^*)) = \prod_i GL(V_i) .$$

Es ist U^λ ein <u>unipotenter Normalteiler</u> in P^λ, L^λ eine <u>reduktive Untergruppe</u> von P^λ und $P^\lambda = L^\lambda \cdot U^\lambda$ ein <u>semidirektes Produkt</u>. Bei geeigneter Basiswahl haben diese Untergruppen folgende Gestalt:

$P^\lambda =$ 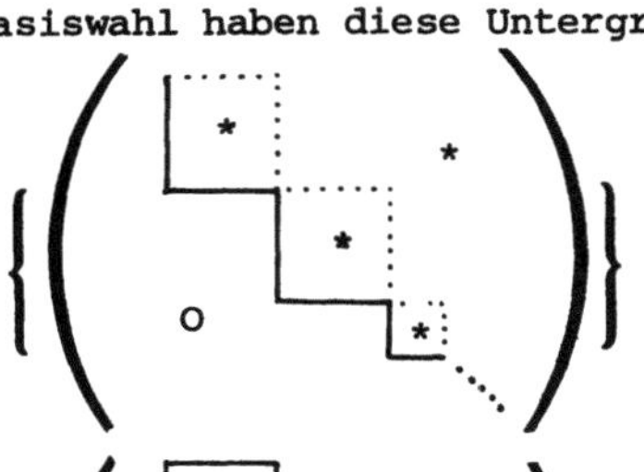 $U^\lambda =$ 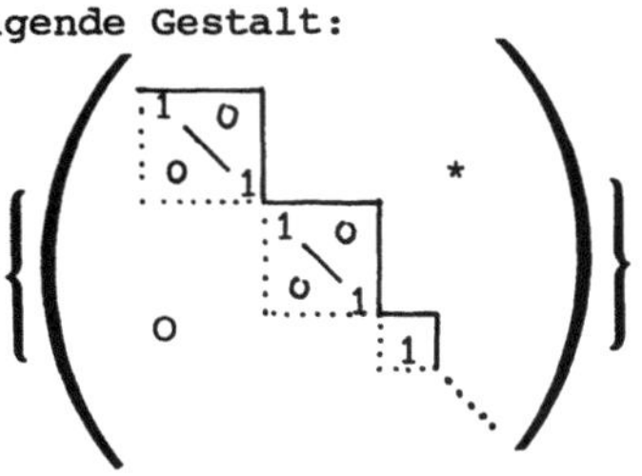

$L^\lambda =$ 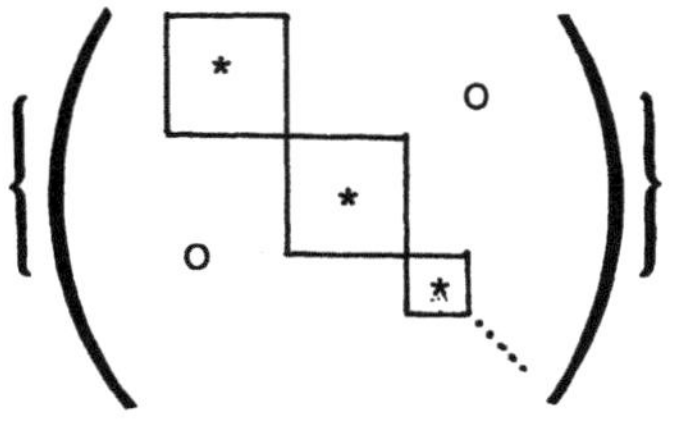

Etwas Entsprechendes gilt nun auch im allgemeinen Fall.

Satz 1: <u>Sei G linear reduktiv und λ eine 1-PUG von G. Dann ist</u>
$P^\lambda := \{g \in G \mid \lim_{t\to 0} \lambda(t)g\lambda(t)^{-1} \text{ existiert}\}$ <u>eine abgeschlossene Untergruppe</u>

von G, $U^\lambda := \{g \in G \mid \lim_{t\to o} \lambda(t) g \lambda(t)^{-1} = e\}$ ein unipotenter Normalteiler von P^λ, $L^\lambda := \mathrm{Zent}_G(\lambda(\mathbb{C}^*))$ eine reduktive Untergruppe und $P^\lambda = L^\lambda \cdot U^\lambda$ ein semidirektes Produkt.

Zum Beweis: Es folgt unmittelbar aus der Definition, daß P^λ eine Untergruppe von G, U^λ ein Normalteiler von P^λ und $P^\lambda = L^\lambda \cdot U^\lambda$ ein semidirektes Produkt ist. Daß die Untergruppe abgeschlossen und U^λ unipotent ist, folgt aus dem Fall $GL(V)$ durch "Hinunterschneiden" (o.E. $G \subset GL(V)$; für die Abgeschlossenheit siehe auch Satz 4). Für den Beweis der Reduktivität von L^λ müssen wir auf die Literatur verweisen ([Hu2] IX. 26.2 Corollary A). ††

Zusatz: (a) $\mathrm{Lie}\, G = \mathrm{Lie}\, U^{-\lambda} \oplus \mathrm{Lie}\, L^\lambda \oplus \mathrm{Lie}\, U^\lambda$.
(b) $\dim U^{-\lambda} = \dim U^\lambda = \frac{1}{2}(\dim G - \dim L^\lambda)$.
(c) P^λ enthält eine Boreluntergruppe.

Beweis: (a) Ist $\mathrm{Lie}\, G = \bigoplus_i (\mathrm{Lie}\, G)_i$ die Eigenraumzerlegung, so gilt $\mathrm{Lie}\, L^\lambda = (\mathrm{Lie}\, G)_o$, $\mathrm{Lie}\, U^\lambda = \bigoplus_{i>o} (\mathrm{Lie}\, G)_i$, $\mathrm{Lie}\, U^{-\lambda} = \bigoplus_{i<o} (\mathrm{Lie}\, G)_i$; dies ist klar für $G = GL(V)$ und folgt im allgemeinen Fall durch "Hinunterschneiden" (II. 2.5 Satz 1b).
(b), (c) Ist $B \subset L^\lambda$ eine Boreluntergruppe von L^λ, so sind $B \cdot U^\lambda$ und $B \cdot U^{-\lambda}$ auflösbare Untergruppen von G mit $\dim B\cdot U^\lambda + \dim B\cdot U^{-\lambda} - \dim T = \dim U^\lambda + \dim U^{-\lambda} + \dim L^\lambda = \dim G$ nach (a), also sind $B \cdot U^\lambda$ und $B \cdot U^{-\lambda}$ beide Boreluntergruppen von G (1.2 Theorem e)), und die Behauptungen folgen. ††

Definition: Eine abgeschlossene Untergruppe $P \subset G$ heißt parabolisch, falls P eine Boreluntergruppe enthält. Ist λ eine 1-PUG von G, so heißt P^λ die assoziierte parabolische Untergruppe.

Bemerkung: Ist $P \subset G$ parabolisch, so ist G/P $\mathbb{C}$-kompakt (AII.7 : Wir haben die kanonische Projektion $G/B \longrightarrow G/P$). Man kann zudem zeigen, daß parabolische Untergruppen zusammenhängend sind. Eine weitere wichtige Eigenschaft der parabolischen Untergruppen kommt im folgenden Resultat zum Ausdruck.

Satz 2: Ist Z eine G-Varietät, $P \subset G$ eine parabolische Untergruppe und $Y \subset Z$ eine P-stabile abgeschlossene Teilmenge, so ist $G\cdot Y$ abgeschlossen in Z.

Beweis: Es genügt zu zeigen, daß $G\cdot Y$ $\mathbb{C}$-abgeschlossen ist (AI.7.2 Bemerkung). Hierzu zerlegen wir den Morphismus $G\times Z \to Z$, $(g,z)\mapsto gz$, in folgender Weise

$$\begin{array}{ccccc} G\times Z & \xrightarrow[\sim]{\mu} & G\times Z & & \\ & & \rho = \Big\downarrow pr\times Id & \searrow pr_Z & \\ & & G/P\times Z & \xrightarrow[pr_Z]{} & Z \end{array}$$

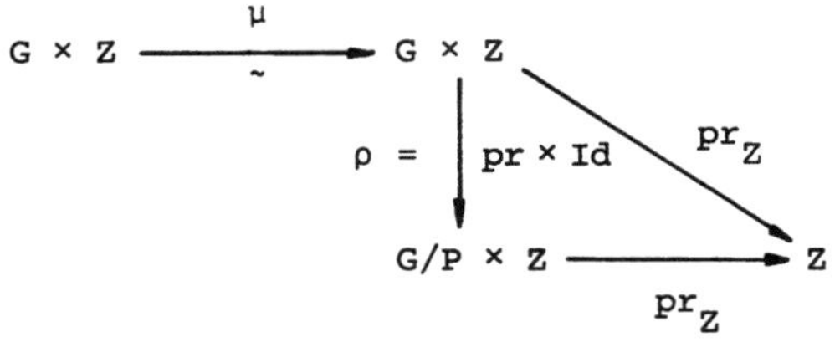

mit $\mu(g,z) = (g,gz)$. Da Y abgeschlossen und P-stabil ist, ist das Bild $Y' := \mu(Y)$ abgeschlossen, und es gilt $\rho^{-1}(\rho(Y')) = Y'$. Es ist daher $\rho(Y')$ $\mathbb{C}$-abgeschlossen in $G/P\times Z$. Da G/P $\mathbb{C}$-kompakt ist, ist das Bild Y'' von $\rho(Y')$ unter der Projektion ebenfalls $\mathbb{C}$-abgeschlossen. Nach Konstruktion ist $Y'' = G\cdot Y$, und die Behauptung folgt. ††

Folgerung 1: Sei $z\in Z$. Dann trifft $\overline{Pz}$ jeden G-Orbit in $\overline{Gz}$.

Beispiel: Ist M ein einfacher nicht trivialer G-Modul und $m\in M$ ein Höchstgewichtsvektor, so gilt $\overline{Gm} = Gm\cup\{0\}$. (Die Gerade $\mathbb{C}m$ ist stabil unter einer Boreluntergruppe B , und es gilt $Bm = \mathbb{C}^*m$, also $\overline{Bm} = \mathbb{C}^*m\cup\{0\}$.)

Dieses Beispiel läßt sich wie folgt verallgemeinern.

Folgerung 2: Seien $M_1,\ldots,M_t$ einfache G-Moduln mit linear unabhängigen höchsten Gewichten, und seien $m_i\in M_i$ Höchstgewichtsvektoren. In $M := M_1\oplus M_2\oplus\ldots\oplus M_t$ definieren wir für jede Teilmenge $I\subset\{1,2,\ldots,t\}$

$$m_I := \sum_{i=1}^{t} \varepsilon_i m_i \quad \text{mit} \quad \varepsilon_i = \begin{cases} 1 & i\in I\,, \\ 0 & \text{sonst.}\end{cases}$$

Dann gilt

$$\overline{Gm_J} = \bigcup_{I\subset J} Gm_I \,.$$

(Der Beweis ist nicht schwierig und bleibt dem Leser überlassen.)

Folgerung 3: Sei $z\in Z$ mit der Eigenschaft, daß der Stabilisator G_z einen maximalen Torus von G enthält. Dann ist der Orbit Gz abgeschlossen.

Beweis: Sei $T \subset G_z$ ein maximaler Torus von G und $B \supset T$ eine Boreluntergruppe, $B = T \cdot U = U \cdot T$. Dann ist $Bz = U \cdot Tz = Uz$ abgeschlossen (1.1 Satz 4), also auch $Gz = G \cdot Bz$. ††

2.6 Dimensionsabschätzungen für die Nullfaser

Satz 1: Sei λ eine 1-PUG von G, Z eine G-Varietät und $Y \subset Z$ eine L^{λ}-stabile abgeschlossene Teilmenge. Dann ist

$$Z' := \{z \in Z \mid \lim_{t \to o} \lambda(t) z \in Y\}$$

abgeschlossen und P^{λ}-stabil.

Beweis: O.E. ist $Z = V$ ein G-Modul. Ist $V = \bigoplus_i V_i$ die Eigenraumzerlegung bezüglich λ, so ist $\{v \in V \mid \lim_{t \to o} \lambda(t) v \text{ existiert}\} = V^{+} := \bigoplus_{i \geq o} V_i$, und für ein $v = \sum_{i \geq o} v_i \in V^{+}$ gilt $\lim_{t \to o} \lambda(t) v = v_o$. Hieraus folgt

$$V' := \{v \in V \mid \lim_{t \to o} \lambda(t) v \in Y\} = \{v = \sum_{i \geq o} v_i \in V^{+} \mid v_o \in Y\}$$

$$= (Y \cap V_o) \times (\bigoplus_{i > o} V_i),$$

also ist V' abgeschlossen. Ist nun $g \in P^{\lambda}$ und $v \in V'$, so gilt

$$\lim_{t \to o} \lambda(t) g v = \lim_{t \to o} (\lambda(t) g \lambda(t)^{-1}) (\lambda(t) v) = g_o v_o$$

mit $g_o = \lim_{t \to o} \lambda(t) g \lambda(t)^{-1} \in L^{\lambda}$ und $v_o \in Y$, also $g_o v_o \in Y$ und damit $gv \in V'$. ††

Wir können damit eine allgemeine Dimensionsabschätzung für die Nullfaser eines G-Moduls angeben, in Verallgemeinerung der Formel für $G = SL_2$ in 2.4 Beispiel 2.

Satz 2 (G. Schwarz [S3] II. 10.1 und 10.2): Sei G linear reduktiv, $T \subset G$ ein maximaler Torus und V ein G-Modul. Dann gilt für die Nullfaser V^{o}

$$\dim V^{o} \leq \dim V - \dim V^{T} + \frac{1}{2} (\dim G - \dim T) .$$

Ist V selbstdual (d. h. $V \xrightarrow{\sim} V^{*}$ als G-Modul), so gilt

$$\dim V^{o} \leq \frac{1}{2}(\dim V - \dim V^{T} + \dim G - \dim T) .$$

Beweis: Für $\lambda \in Y(T)$ setzen wir $V^{\lambda} := \{v \in V \mid \lim\limits_{t\to o} \lambda(t)v = o\}$. Dann gilt nach dem Hilbert-Mumford-Theorem (vgl. Bemerkung 2.1)

$$V^{o} = \bigcup_{\lambda \in Y(T)} GV^{\lambda} .$$

Ist $v_1,\dots,v_m$ eine Basis von V aus Eigenvektoren bezüglich T, $v_i \in V_{\chi_i}$, so folgt $V^{\lambda} = \sum\limits_{\langle\chi_i,\lambda\rangle > o} \mathbb{C}v_i$. Nach Satz 1 ist V^{λ} stabil unter P^{λ} und daher

$$\begin{aligned}\dim G\cdot V^{\lambda} &\leq (\dim G - \dim P^{\lambda}) + \dim V^{\lambda}\\ &\leq \frac{1}{2}(\dim G - \dim T) + \dim V^{\lambda}\end{aligned}$$

(2.5 Zusatz). Die erste Ungleichung folgt nun aus $\dim V^{\lambda} \leq \dim V - \dim V^{T}$ und der Tatsache, daß es nur endlich viele verschiedene V^{λ} gibt. Ist V selbstdual, so gibt es eine nicht-ausgeartete G-invariante Bilinearform $\beta : V \times V \to \mathbb{C}$. Für diese gilt offenbar $\beta(V_{\chi},V_{\chi'}) = o$, falls $\chi + \chi' \neq o$. Es ist daher $\dim V_{\chi} = \dim V_{-\chi}$, und wir erhalten die Beziehung

$$\dim V^{\lambda} = \sum_{\langle\chi,\lambda\rangle > o} \dim V_{\chi} \leq \frac{1}{2}(\dim V - \dim V^{T}) .$$

Hieraus folgt die zweite Ungleichung. ††

3. U-INVARIANTEN UND NORMALITÄTSFRAGEN

In diesem Abschnitt ist G eine zusammenhängende linear reduktive Gruppe, B eine Boreluntergruppe von G mit dem maximalen Torus $T \subset B$ und dem unipotentem Radikal U (vgl. Theorem 1.2). Wir betrachten Ω_G als Teilmenge der Charaktergruppe $X(T)$ (vgl. 1.5 Bemerkung 1) und schreiben kurz Ω statt Ω_G.

3.1 Ω-Graduierung auf dem U-Invariantenring

Ist A ein Vektorraum, auf dem G lokalendlich und rational operiert, so haben wir die Zerlegung in isotypische Komponenten:

$$A = \bigoplus_{\omega \in \Omega} A_{(\omega)}$$

(II. 3.1). Wir erinnern kurz an die Bezeichnungen:

$A_{(\omega)}$ = isotypische Komponente von A zum Gewicht $\omega \in \Omega$,

A_ω = Eigenraum von A bezüglich T zum Gewicht $\omega \in \Omega$.

Aus den Untersuchungen im ersten Abschnitt ergeben sich folgende Beziehungen (vgl. 1.3, 1.4 und 1.5) :

$$A^G = A^B = A_{(0)} \quad , \quad (A_{(\omega)})^U = (A^U)_\omega =: A^U_\omega \quad , \quad A^U = \bigoplus_{\omega \in \Omega} A^U_\omega \quad ,$$

$$A_{(\omega)} = \langle GA^U_\omega \rangle \quad , \quad A = \langle GA^U \rangle \quad , \quad m_\omega(A) = \dim A^U_\omega \quad .$$

Ist A eine kommutative $\mathbb{C}$-Algebra, auf der G lokalendlich und rational durch Algebrenautomorphismen operiert, (z. B. $A = \mathcal{O}(Z)$ für eine G-Varietät Z), so ist die Zerlegung

$$A^U = \bigoplus_{\omega \in \Omega} A^U_\omega$$

eine Ω-Graduierung, d. h. $A^U_\omega \cdot A^U_{\omega'} \subset A^U_{\omega+\omega'}$ für alle $\omega, \omega' \in \Omega$.

Lemma: Sei A^U eine endlich erzeugte $\mathbb{C}$-Algebra. Dann gilt:

a) $A^G = A^U_0$ ist eine endlich erzeugte $\mathbb{C}$-Algebra, und für alle $\omega \in \Omega$ ist A^U_ω ein endlich erzeugter A^G-Modul.

b) A ist eine endlich erzeugte $\mathbb{C}$-Algebra, und für alle $\omega \in \Omega$ ist $A_{(\omega)}$ ein endlich erzeugter A^G-Modul.

Beweis: a) Sei $\{a_1,\dots,a_k\}$ ein bezüglich der Ω-Graduierung von A^U homogenes Erzeugendensystem von A^U als $\mathbb{C}$-Algebra mit $a_i \in A^U_{\omega_i}$. Dann wird $A^G = A^U_o$ erzeugt von den Produkten $\prod_{j=1}^{k} a_j^{m_j}$, $m_j \in \mathbb{N}$, mit $\sum_{j=1}^{k} m_j\omega_j = 0$. Die Menge der Tupel $(m_1,\dots,m_k) \in \mathbb{N}^k$ mit dieser Eigenschaft besitzt bezüglich der Produktordnung auf $\mathbb{N}^k$ (d. h. $(m_1,\dots,m_k) \leq (m'_1,\dots,m'_k) \iff m_i \leq m'_i$ für alle i) nur endlich viele minimale Elemente. (Beweis mittels Induktion als Übung.) Die dazu gehörigen Produkte erzeugen dann A^G als Algebra über $\mathbb{C}$.

Der Beweis für A^U_ω geht analog.

b) Sei W endlichdimensional in A^U mit $A^U = \mathbb{C}[W]$. Dann gilt $\mathbb{C}[\langle GW\rangle] = A$, denn $\mathbb{C}[\langle GW\rangle]$ enthält A^U und ist G-stabil. Da $\langle GW\rangle$ endlichdimensional ist, folgt die Behauptung. Sei nun V endlichdimensional in A^U_ω mit $A^U_\omega = A^G V$ (nach a)). Dann ist $\langle GV\rangle$ ebenfalls endlichdimensional in $A_{(\omega)}$, und es folgt

$$A^G\langle GV\rangle = \langle A^G\cdot(GV)\rangle = \langle G(A^G\cdot V)\rangle = \langle GA^U_\omega\rangle = A_{(\omega)} \,. \quad ††$$

Bemerkungen: 1) Wir werden im folgenden Abschnitt 3.2 zeigen, daß für jede G-Varietät Z der U-Invariantenring $\mathcal{O}(Z)^U$ endlich erzeugt ist. Es folgt dann mit diesem Lemma, daß die isotypischen Komponenten $\mathcal{O}(Z)_{(\omega)}$ endlich erzeugte $\mathcal{O}(Z)^G$-Moduln sind. Dies haben wir im 2. Kapitel auf andere Weise schon bewiesen (II. 3.2, Zusatz zum Theorem).

2) Ist $\underline{a}$ ein G-stabiles Ideal der Algebra A, so ist $(A/\underline{a})^U = A^U/\underline{a}^U$. (Man benutze die Existenz einer G-stabilen Zerlegung $A = \underline{a} \oplus V$.)

Satz 1: Sei A nullteilerfrei mit den beiden Eigenschaften

i) $m_\omega(A) \leq 1$ für alle $\omega \in \Omega$,

ii) $\Omega_A := \{\omega \in \Omega \mid m_\omega(A) > 0\}$ ist ein endlich erzeugtes Monoid.

Dann ist A^U und damit auch A eine endlich erzeugte $\mathbb{C}$-Algebra. Ist $\Omega_A = \sum_{i=1}^{t} \mathbb{N}\omega_i$ und sind $f_i \neq 0$ Elemente von $A^U_{\omega_i}$ für $1 \leq i \leq t$, so gilt $A^U = \mathbb{C}[f_1,f_2,\dots,f_t]$.

Beweis: Betrachte $R := \mathbb{C}[f_1,f_2,\dots,f_t] \subset A^U$. Wegen der Voraussetzung i) genügt es zu zeigen, daß $R_\omega \neq \{0\}$ gilt für alle $\omega \in \Omega_A$.

Ist $\omega = \sum_{i=1}^{t} n_i\omega_i \in \Omega_A$, so ist $f := f_1^{n_1},\ldots,f_t^{n_t} \in R_\omega$, und $f \neq 0$ wegen der Nullteilerfreiheit von A . ††

<u>Definition</u>: Eine G-Varietät Z oder ihr Koordinatenring $\mathcal{O}(Z)$ heißt <u>multiplizitätenfrei</u>, wenn $m_\omega(Z) \leq 1$ ist für alle $\omega \in \Omega$.

<u>Bemerkung 3</u>: Ist A nullteilerfrei und sind $\omega_1,\ldots,\omega_t \in \Omega_A$ linear unabhängige Gewichte, so ist jedes System von Elementen $f_i \in A^U_{\omega_i} - \{0\}$, $i = 1,2,\ldots,t$, <u>algebraisch unabhängig</u>. (Verschiedene Monome in den f_i haben verschiedene Gewichte, also impliziert eine algebraische Abhängigkeit der f_i das Verschwinden eines Monoms, was der Nullteilerfreiheit widerspricht.)

Ist A zudem <u>multiplizitätenfrei</u> und Ω_A ein <u>freies Monoid</u>, d. h. $\Omega_A = \sum_{i=1}^{t} \mathbb{N}\omega_i$ mit linear unabhängigen ω_i , so ist A^U ein <u>Polynomring</u>: $A^U = \mathbb{C}[f_1,\ldots,f_t]$, $f_i \in A^U_{\omega_i}$, $f_i \neq 0$.

Allgemein gilt für eine nullteiler- und multiplizitätenfreie Algebra A

$$\dim A = \dim_{\mathbb{Q}} \mathbb{Q}\Omega_A ,$$

wobei $\mathbb{Q}\Omega_A$ der von Ω_A in $X(T)_{\mathbb{Q}}$ aufgespannte $\mathbb{Q}$-Vektorraum ist. (Uebung)

Unter etwas stärkeren Voraussetzungen an A läßt sich die Freiheit des Monoids Ω_A herleiten; wir werden das folgende Resultat u. a. beim Studium der Determinantenvarietäten verwenden (siehe 3.6 und 3.7).

<u>Satz 2</u>: <u>Sei</u> A <u>faktoriell und multiplizitätenfrei mit Einheitengruppe</u> $\mathbb{C}^*$. <u>Dann ist</u> Ω_A <u>ein freies Monoid und folglich</u> A^U <u>ein Polynomring</u>.

<u>Beweis</u>: Mit A ist auch A^U faktoriell (vgl. II. 3.3 Bemerkung 3), und jedes homogene Element $f \in A^U_\omega$ läßt sich als Produkt von homogenen Primelementen schreiben, und zwar eindeutig bis auf Konstanten und Reihenfolge. Ist $f \in A^U_\omega - \{0\}$, so ist f genau dann ein Primelement, wenn ω unzerlegbar in Ω_A ist, d. h. $\omega \neq 0$ und $\omega \neq \omega_1 + \omega_2$ für $\omega_i \in \Omega_A$, $\omega_i \neq 0$. Sei $\{\omega_i\}_{i\in I}$ die Menge der unzerlegbaren Gewichte und $f_i \in A^U_{\omega_i} - \{0\}$ für $i \in I$. Wie wir oben gesehen haben, sind die f_i prim und erzeugen A^U.

Also ist $\{\omega_i\}_{i\in I}$ ein Erzeugendensystem für das Monoid Ω_A, und wir haben zu zeigen, daß sie linear unabhängig sind. Wäre nun $\sum_{i\in I} n_i\omega_i = 0$, $n_i \in \mathbb{Z}$ und nicht alle $= 0$, so erhalten wir durch Trennen der positiven und negativen n_i eine Gleichung der Gestalt

$$\sum_{i\in I'} n_i\omega_i = \sum_{j\in I''} m_j\omega_j$$

mit $I', I'' \subset I$ endlich und disjunkt und $n_i, m_j \in \mathbb{N}^+$. Hieraus folgt die Beziehung

$$\prod_{i\in I'} f_i^{n_i} = \lambda \cdot \prod_{j\in I''} f_j^{n_j} \text{ mit geeignetem } \lambda \in \mathbb{C}^*,$$

also ein Widerspruch zur eindeutigen Primzerlegung. ††

3.2 Endliche Erzeugbarkeit der U-Invarianten

Wir untersuchen zunächst die U-invarianten Funktionen auf dem Koordinatenring $\mathcal{O}(G)$ der Gruppe selbst und zwar bezüglich der R-Operation, d. h. wir lassen U durch Rechtsmultiplikation auf G operieren (II. 3.1 Bemerkung 3).

Lemma: Es ist $\mathcal{O}(G)^U$ eine endlich erzeugte $\mathbb{C}$-Algebra, welche G-stabil bezüglich der Linksmultiplikation ist mit $m_\omega(\mathcal{O}(G)^U) = 1$ für alle $\omega \in \Omega_G$.

Beweis: Nach II. 3.1 Satz 3 sind die isotypischen Komponenten $\mathcal{O}(G)_{(\omega)}$ (bezüglich der Linksmultiplikation) auch stabil bezüglich der Rechtsmultiplikation, und es ist $\mathcal{O}(G)_{(\omega)} \simeq V \otimes_{\mathbb{C}} V^*$ als $G\times G$ Modul, wobei V ein einfacher G-Modul vom Typ ω ist. Wir erhalten $\mathcal{O}(G)_\omega^U \simeq V \otimes_{\mathbb{C}} (V^*)^U \simeq V$, also $m_\omega(\mathcal{O}(G)^U) = 1$ für alle $\omega \in \Omega$. Die Behauptung folgt aus 3.1 Satz 1 unter Benützung von Theorem 1.5 c). ††

Ein entsprechendes Resultat gilt natürlich für den U-Invariantenring bezüglich der Linksmultiplikation.

Wir können nun den U-Invariantenring geometrisch interpretieren. Da $\mathcal{O}(G)^U$ eine endlich erzeugte G-stabile Unteralgebra von $\mathcal{O}(G)$ ist, gibt es eine affine G-Varietät G_U und einen Punkt $\bar{e} \in G_U$ mit folgenden beiden Eigenschaften:

1) Die kanonische Abbildung $\phi : G \to G_U$, $g \mapsto g\bar{e}$, ist dominant, d. h. $G\bar{e}$ ist dicht in G_U,

2) $\phi^*(\mathcal{O}(G_U)) = \mathcal{O}(G)^U$.

Bemerkung 1: Es ist leicht zu sehen, daß U im Stabilisator von $\bar{e} \in G_U$ liegt: Für alle $f \in \mathcal{O}(G_U)$ und alle $u \in U$ gilt $f(u\bar{e}) = f(\phi(u)) = \phi^*f(u) = \phi^*f(1) = f(\bar{e})$. Man kann zeigen, daß $G_{\bar{e}} = U$ ist, und daß $G\bar{e}$ in G_U ein Komplement der Kodimension ≥ 2 hat.

Beispiel: Sei $G = SL_2 = \{\begin{pmatrix} x & y \\ z & w \end{pmatrix} \mid xw - zy = 1\}$ und $U = U_2 = \{\begin{pmatrix} 1 & y \\ 0 & 1 \end{pmatrix} \mid y \in \mathbb{C}\} \subset SL_2$. Es ist

$$\mathcal{O}(SL_2) = \mathbb{C}[X,Y,Z,W]/(XW-YZ-1) .$$

$\mathcal{O}(SL_2)$ enthält den Polynomring $\mathbb{C}[X,Z]$, und dieser besteht aus U-invarianten Funktionen bezüglich der Rechtsmultiplikation von U auf SL_2.

Es gilt: $\mathcal{O}(SL_2)^U = \mathbb{C}[X,Z]$.

(Seien $g = \begin{pmatrix} x & y \\ z & w \end{pmatrix}$ und $g' = \begin{pmatrix} x & y' \\ z & w' \end{pmatrix}$ aus SL_2; dann gilt $g^{-1}g' = u \in U$ und somit $f(g) = f(g')$ für alle $f \in \mathcal{O}(G)^U$. Für jedes $f \in \mathcal{O}(G)^U$ hängt $f(\begin{pmatrix} x & y \\ z & w \end{pmatrix})$ also nur von x und z ab, d. h. f läßt sich als Polynom in X und Z schreiben.)

Es ist also $(SL_2)_U = \mathbb{C}^2$ mit der natürlichen Darstellung von SL_2, $\bar{e} = (1,0)$, und $\phi : SL_2 \to \mathbb{C}^2$ ist gegeben durch $\phi\begin{pmatrix} x & y \\ z & w \end{pmatrix} = (x,z)$. Insbesondere gilt $SL_2 \cdot \bar{e} = \mathbb{C}^2 - \{(0,0)\}$ und $(SL_2)_{\bar{e}} = U$.

Übung: Sei $V_i \in \omega_i$ die i-te fundamentale Darstellung von GL_n und $v_i \in V_i$ ein Höchstgewichts-Vektor (siehe 1.4 Bemerkung 3). Dann ist der Stabilisator von $v = (v_1,\dots,v_n) \in V_1 \oplus \dots \oplus V_n$ gleich U_n. Folgere hieraus die Behauptung in Bemerkung 1.

Satz (Hadziev [Hd], Grosshans [Gr]): Für jede G-Varietät Z ist $\mathcal{O}(Z)^U$ eine endlich erzeugte $\mathbb{C}$-Algebra.

Beweis: Wir lassen G komponentenweise auf $G_U \times Z$ operieren und betrachten das folgende kommutative Diagramm von G-äquivarianten Abbildungen:

$$\begin{array}{ccc} Z & \xrightarrow{\psi} & G_U \times Z \\ & \searrow^{\rho = \pi \circ \psi} & \downarrow \pi \\ & & (G_U \times Z)\tilde{/}G \end{array} \qquad z \mapsto (\bar{e}, z)$$

Nach Definition ist $\psi^* : \mathcal{O}(G)^U \otimes \mathcal{O}(Z) \to \mathcal{O}(Z)$ gegeben durch $\sum_i h_i \otimes f_i \mapsto \sum_i h_i(\bar{e}) f_i$. Wir wollen zeigen, daß ρ einen Isomorphismus

$$(\mathcal{O}(G)^U \otimes \mathcal{O}(Z))^G \xrightarrow{\sim} \mathcal{O}(Z)^U$$

induziert. Mit obigem Lemma und dem Endlichkeitssatz (II. Theorem 3.2) folgt dann die Behauptung.

Zunächst gilt $\rho(Z) = \pi(\{\bar{e}\} \times Z) = \pi(G(\{\bar{e}\} \times Z)) = \pi(G\bar{e} \times Z)$. Da $G\bar{e}$ dicht in G_U ist, ist daher ρ dominant. Wegen $\rho(uz) = \rho(z)$ für alle $z \in Z$ und $u \in U$ gilt zudem $\rho^*(\mathcal{O}(G)^U \otimes \mathcal{O}(Z))^G \subset \mathcal{O}(Z)^U$. Es bleibt zu zeigen, daß dieses Bild ganz $\mathcal{O}(Z)^U$ ist. Sei hierzu $f \in \mathcal{O}(Z)^U_\omega$ und $V = \langle Gf \rangle$ der einfache G-Modul zum Gewicht ω erzeugt von f (vgl. Eigenschaften 1.5). Nach obigem Lemma kommt der duale Modul V^* in $\mathcal{O}(G)^U$ vor, also enthält $\mathcal{O}(G)^U \otimes \mathcal{O}(Z)$ den Modul $V^* \otimes V$. Nach dem Vorangehenden ist die von ρ^* induzierte Abbildung $V^* \otimes V \to V$, $\sum h_i \otimes v_i \mapsto \sum h_i(\bar{e}) v_i$, bei Einschränkung auf $(V^* \otimes V)^G \cong \mathbb{C}$ injektiv und landet in $V^U = \mathbb{C}f$. Es folgt $f \in \rho^*((V^* \otimes V)^G) \subset \rho^*((\mathcal{O}(G)^U \otimes \mathcal{O}(Z))^G)$ und damit die Behauptung. ††

<u>Folgerungen</u>: 1) <u>Die isotypischen Komponenten</u> $\mathcal{O}(Z)_{(\omega)}$ <u>sind endlich erzeugte</u> $\mathcal{O}(Z)^G$<u>-Moduln</u> (Lemma 3.1; vgl. II. 3.2 Zusatz).

2) <u>Ist</u> $Z\tilde{/}G$ <u>endlich</u> (d. h. $\mathcal{O}(Z)^G$ ist eine endlichdimensionale $\mathbb{C}$-Algebra), <u>so sind alle Multiplizitäten in</u> $\mathcal{O}(Z)$ <u>endlich</u>.

Folgerung 2 läßt sich anwenden, wenn Z einen <u>dichten</u> G-<u>Orbit</u> enthält, oder wenn Z <u>eine Faser eines Quotienten</u> $\pi : Y \to Y\tilde{/}G$ ist.

<u>Bemerkung 2</u>: Ähnlich wie vorher läßt sich auch hier der U-Invariantenring geometrisch beschreiben: Nach dem Satz ist $\mathcal{O}(Z)^U$ <u>der Koordinatenring einer affinen Varietät</u> Z_U, und es gibt einen kanonischen <u>dominanten Mor-</u>

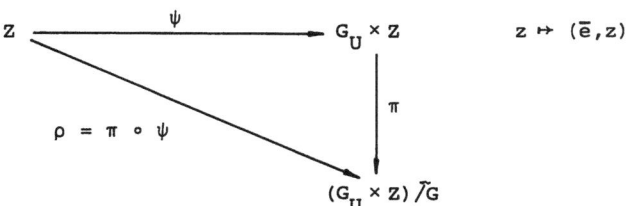

phismus

$$\rho : Z \to Z_U$$

mit $\rho^*(\mathcal{O}(Z_U)) = \mathcal{O}(Z)^U$. Die Operation von T auf Z induziert eine T-Operation auf Z_U, und ρ ist T-äquivariant. (T normalisiert U.)

Aus dem obigen Beweis ergibt sich folgende Beschreibung von Z_U und ρ:

$$\rho = \pi \circ \psi : Z \to Z_U = (G_U \times Z)\tilde{/}G$$

mit $\psi(z) = (\bar{e}, z) \in G_U \times Z$.

Bemerkung 3: Ist Z eine G-Varietät und $\eta : Z \to Y$ eine Abbildung, welche auf den U-Bahnen konstant ist (d. h. $\phi(uz) = \phi(z)$ für alle $u \in U$), so faktorisiert η eindeutig über ρ:

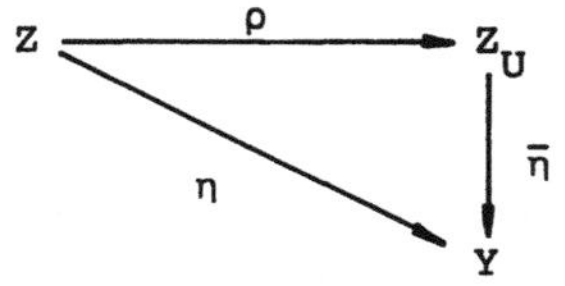

Insbesondere induziert jede G-äquivariante Abbildung $\phi : Z \to Y$ zwischen zwei G-Varietäten ein kommutatives Diagramm

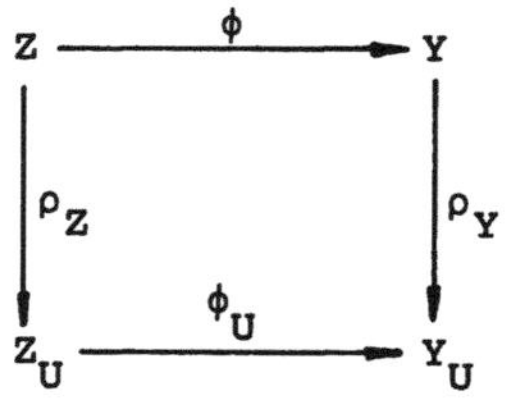

Bei der Identifikation $Z_U = (G_U \times Z)\tilde{/}G$ und entsprechend für Y_U gilt $\phi_U = (\mathrm{Id} \times \phi)\tilde{/}G$.

Übung: Beschreibe explizit die Varietät $(SL_3)_U$, $U = U_3$. Überlege, dass $(SL_n)_U$ einen Fixpunkt unter der Linksoperation von SL_n hat und dass dieser singulär ist.

3.3 Ein Normalitätskriterium

Satz 1: Ist $\phi : Z \to Y$ ein endlicher G-äquivarianter Morphismus zwischen

<u>zwei G-Varietäten, so sind</u> $\phi_U : Z_U \to Y_U$ <u>und</u> $\phi/\tilde{G} : Z/\tilde{G} \to Y/\tilde{G}$ <u>ebenfalls endlich.</u>

<u>Beweis:</u> Mit ϕ ist auch $\mathrm{Id}\times\phi : G_U\times Z \to G_U\times Y$ endlich. Wegen $\phi_U = (\phi\times\mathrm{Id})/\tilde{G}$ (3.2 Bemerkung 3) genügt es, die zweite Behauptung nachzuweisen. Nach Voraussetzung ist $A := \mathcal{O}(Z)$ ein endlich erzeugter Modul über $B := \phi^*(\mathcal{O}(Y)) \subset A$. Wir haben zu zeigen, daß A^G ganz über B^G ist (AI. 4.3 Lemma). Ist $a\in A^G$, so genügt a einer Ganzheitsgleichung $a^n = \sum_{i=0}^{n-1} b_i a^i$ mit $b_i\in B$. Da G linear reduktiv ist, erhalten wir G-äquivariante Zerlegungen

$$B = B^G \oplus B' \quad \text{und} \quad A = A^G \oplus A' \quad \text{mit} \quad B'\subset A' .$$

Aus der Zerlegung der Koeffizienten $b_i = \bar{b}_i + b_i'$ mit $\bar{b}_i\in B^G$ und $b_i'\in B'\subset A'$ $(i = 1,\dots,n-1)$ erhalten wir die Zerlegung

$$a^n = \sum_{i=0}^{n-1} \bar{b}_i a^i + \sum_{i=0}^{n-1} b_i' a^i .$$

Wegen $a^n\in A^G$ folgt $a^n = \sum_{i=0}^{n-1} \bar{b}_i a^i$ und damit die Behauptung. ††

<u>Lemma:</u> <u>Eine G-Varietät</u> Z <u>ist genau dann irreduzibel, wenn</u> Z_U <u>irreduzibel ist. In diesem Fall gilt</u> $\mathbb{C}(Z)^U = \mathbb{C}(Z_U)$.

<u>Beweis:</u> Ist Z irreduzibel, so ist Z_U wegen $\mathcal{O}(Z)^U\subset\mathcal{O}(Z)$ ebenfalls irreduzibel.

Sei umgekehrt Z_U irreduzibel, $\rho : Z \to Z_U$ die natürliche Projektion (3.2) und Z' eine irreduzible Komponente von Z mit $\overline{\rho(Z')} = Z_U$. Dann ist der kanonische Homomorphismus $\mathcal{O}(Z)^U \to \mathcal{O}(Z') = \mathcal{O}(Z)/\underline{i}(Z')$ injektiv, also

$$\mathcal{O}(Z)^U \cap \underline{i}(Z') = \underline{i}(Z')^U = \{0\} .$$

Hieraus folgt $\underline{i}(Z') = \{0\}$ (1.1 Satz 3). Somit ist $Z = Z'$ irreduzibel.

Für $r = \frac{f}{g} \in \mathbb{C}(Z)^U$ mit $f,g\in\mathcal{O}(Z)$ sei $M := \{h\in\mathcal{O}(Z)\,|\,h\cdot r\in\mathcal{O}(Z)\}$. M ist ein U-stabiler Untervektorraum von $\mathcal{O}(Z)$. Es ist $M \neq \{0\}$, also auch $M^U \neq \{0\}$ (1.1 Satz 3). Ist daher $t \neq 0$ aus M^U, so ist $s := t\cdot r\in\mathcal{O}(Z)^U$ und somit $r = \frac{s}{t} \in \mathbb{C}(Z_U)$. ††

Satz 2 (Luna-Vust [V1]): Eine G-Varietät Z ist genau dann normal, wenn Z_U normal ist.

Beweis: Sei Z_U normal. Nach dem Lemma ist dann Z irreduzibel. Wir betrachten die Normalisierung $\eta : \tilde{Z} \to Z$ (AI. 4.4: $\tilde{Z}$ ist eine G-Varietät und η ist G-äquivariant). Nach Satz 1 ist $\eta_U : \tilde{Z}_U \to Z_U$ endlich, und es gilt

$$\mathbb{C}(\tilde{Z}_U) = \mathbb{C}(\tilde{Z})^U = \mathbb{C}(Z)^U = \mathbb{C}(Z_U) .$$

Wegen der Normalität von Z_U folgt hieraus, daß η_U ein Isomorphismus ist, d. h. $\mathcal{O}(\tilde{Z})^U = \mathcal{O}(Z)^U$. Betrachten wir eine G-stabile Zerlegung

$$\mathcal{O}(\tilde{Z}) = \mathcal{O}(Z) \oplus C ,$$

so erhalten wir daraus $C^U = \{0\}$. Es folgt $C = \{0\}$ (1.1 Satz 3), also $\mathcal{O}(\tilde{Z}) = \mathcal{O}(Z)$, d. h. Z ist normal.

Die Umkehrung ergibt sich wie in II. 3.3 Satz 1. ††

Beispiele zu diesem Satz folgen im Abschnitt 3.5.

Bemerkung: Es gibt noch weitere Eigenschaften, welche Z genau dann besitzt, wenn sie auch für Z_U zutreffen. Das wichtigste Beispiel bilden die rationalen Singularitäten (II. 4.3 A; vgl. [Br] thêorême 1.5 und 1.6). Ist etwa $\mathcal{O}(Z)^U$ ein Polynomring, so hat Z rationale Singularitäten.

3.4 Geometrische Interpretation der Multiplizitäten

Für eine affine Varietät Z und einen Vektorraum V bildet die Menge $\mathrm{Mor}(Z,V)$ der regulären Abbildungen von Z nach V in natürlicher Weise einen $\mathbb{C}$-Vektorraum, welcher im allgemeinen unendlich-dimensional ist. Betrachtet man im Falle einer G-Varietät Z und eines einfachen G-Moduls V nur die G-äquivarianten Abbildungen, so erhält man das folgende Resultat.

Lemma: Sei Z eine G-Varietät und V ein einfacher G-Modul mit höchstem Gewicht $\omega \in \Omega$. Dann gilt

$$m_\omega(Z) = \dim_{\mathbb{C}} \mathrm{Mor}_G(Z,V^*) .$$

Beweis: Nach II. 3.1 Bemerkung 2 gilt

$$m_\omega(Z) \quad := \quad m_\omega(\mathcal{O}(Z)) \quad = \quad \frac{\dim \mathcal{O}(Z)_{(\omega)}}{\dim \omega} \quad = \quad \dim \mathcal{O}(Z)^U_\omega \quad .$$

Weiter erhält man durch die Wahl eines Höchstgewichtsvektors $v \in V^U$ einen Isomorphismus

$$\mathrm{Hom}_G(V,\mathcal{O}(Z)) \;\tilde{\to}\; \mathcal{O}(Z)^U_\omega \quad , \quad \alpha \mapsto \alpha(v) \quad .$$

Andererseits haben wir die Bijektionen

$$\mathrm{Mor}(Z,V^*) \;\tilde{\to}\; \mathrm{Hom}(\mathcal{O}(V^*),\mathcal{O}(Z)) \;\tilde{\to}\; \mathrm{Hom}(V,\mathcal{O}(Z))$$

gegeben durch $\phi \mapsto \phi^*$ und $\rho \mapsto \rho|_V$, $V = (V^*)^* \subset \mathcal{O}(V^*)$ (vgl. AI. 2.2 Beispiel), woraus wir einen Isomorphismus

$$\mathrm{Mor}_G(Z,V^*) \;\tilde{\to}\; \mathrm{Hom}_G(V,\mathcal{O}(Z))$$

erhalten. Insgesamt gilt also $\mathcal{O}(Z)^U_\omega \cong \mathrm{Mor}_G(Z,V^*)$. ††

Folgerung: $\Omega_Z := \{\omega \in \Omega \mid m_\omega(\mathcal{O}(Z)) \geq 1\} = \{\omega \in \Omega \mid$ es gibt einen nichttrivialen G-äquivarianten Morphismus $\phi : Z \to V$ für $V \in \omega^*\}$.

Bemerkung: Sei V ein einfacher G-Modul und $\phi : Z \to V$ ein G-äquivarianter Morphismus. Ein Höchstgewichtsvektor $h \in V^*$ zum höchsten Gewicht $\omega \in \Omega$ definiert ein $f = \phi^*(h) \in \mathcal{O}(Z)^U_\omega$. Es ist dann $\mathrm{Ker}\ h$ ein maximaler echter U-stabiler Unterraum von V, und es gilt $\mathcal{V}_Z(f) = \phi^{-1}(\mathrm{Ker}\ h)$.

f ist bis auf skalare Vielfache durch ϕ bestimmt. Wir nennen f einen assoziierten Höchstgewichtsvektor zum G-äquivarianten Morphismus ϕ .

Wir geben noch ein Resultat von Kostant ([Ko] 2.2 proposition 9), welches unter geeigneten Bedingungen interessante Multiplizitätenbeziehungen für einen Orbitabschluß liefert (vgl. [BK]).

Satz: Sei Z eine irreduzible G-Varietät mit dichtem Orbit Gz und Stabilisator $H := G_z$.

a) Es ist $\mathbb{C}(Z) = \mathbb{C}(G)^H$ der H-Invariantenkörper bezüglich der R-Operation (II. 3.1 Bemerkung 3 und 4).

b) Ist Z normal und $\mathrm{codim}_Z(Z-Gz) \geq 2$, so gilt $\mathcal{O}(Z) = \mathcal{O}(G)^H$. Insbesondere folgt $m_\omega(Z) = \dim V^{*H}$ für $V \in \omega \in \Omega_G$.

Beweis: a) Die Fasern der Orbitabbildung $\phi : G \to Z$, $g \mapsto gz$, sind die Nebenklassen gH . Die Behauptung folgt mit AI. 3.7 Satz 2.

b) Nach a) definiert jedes $f \in \mathcal{O}(G)^H$ eine rationale Funktion auf Z , deren Polstellen offenbar außerhalb des dichten Orbits Gz liegen. Die erste Behauptung folgt nun aus der Normalität von Z und der Kodimensionsbedingung (AI. 6.1 Lemma 1). Für die Multiplizitätengleichung verwenden wir den Isomorphismus $\mathcal{O}(G)_{(\omega)} \cong V \otimes V^*$ (II. 3.1 Satz 3), aus dem $\mathcal{O}(G)^H_{(\omega)} \cong V \otimes V^{*H}$ folgt. ††

3.5 Anwendungen auf Abschlüsse von Bahnen

Als eine erste Anwendung beweisen wir folgendes Resultat über die "Varietät der Höchstgewichtsvektoren", welches auf Vinberg und Popov zurückgeht ([VP] theorem 3).

Satz: Sei M ein einfacher, nicht-trivialer G-Modul und $m \in M$ ein Höchstgewichtsvektor. Der Abschluß $\overline{Gm}$ ist eine normale Varietät, ist ein Kegel und besteht aus der Bahn Gm und dem Fixpunkt 0 :

$$\overline{Gm} = Gm \cup \{0\} .$$

Im Falle $\overline{Gm} \neq M$ ist der Nullpunkt eine isolierte Singularität in $\overline{Gm}$.

Beweis: Wir zeigen zunächst, daß $\mathcal{O}(\overline{Gm})^U$ ein Polynomring in einer Variablen ist, woraus die Normalität von $\overline{Gm}$ folgt (3.3 Satz 2). Sei ω das höchste Gewicht von M und $\phi : \overline{Gm} \to V$ ein G-äquivarianter Morphismus in einen einfachen Modul V mit höchstem Gewicht $\eta \neq 0$. Offenbar ist ϕ durch $\phi(m) \in V^U$ eindeutig festgelegt, also folgt mit Lemma 3.4

$$m_{\eta^*}(\overline{Gm}) = \dim_{\mathbb{C}} \mathrm{Mor}(\overline{Gm},V) \leq 1 . \tag{*}$$

Nach Voraussetzung induziert ϕ einen T-äquivarianten surjektiven Morphismus

$$\phi' : \mathbb{C}m \to \mathbb{C}v , \quad \omega(t)\cdot m \mapsto \eta(t)\cdot v \quad \text{für alle} \quad t \in T , \; v := \phi(m) .$$

Wegen $\phi'^{-1}(0) = \{0\}$ ist ϕ' von der Gestalt $c\cdot m \mapsto c^r \cdot v$ mit einem positiven $r \in \mathbb{N}$ und folglich $\eta = r\cdot\omega$. Wir erhalten $\Omega_{\overline{Gm}} \subset \mathbb{N}\omega^*$ (3.4 Folgerung), und die Inklusion $\overline{Gm} \subset M$ liefert $\omega^* \in \Omega_{\overline{Gm}}$. Ist $f \in \mathcal{O}(\overline{Gm})^U_{\omega^*}$,

$f \neq 0$, so folgt mit (*) und der Nullteilerfreiheit von $\mathcal{O}(\overline{Gm})$

$$\mathbb{C}[f] = \mathcal{O}(\overline{Gm})$$

(vgl. 3.1 Bemerkung 3), also die Behauptung.

Sei nun Z eine irreduzible Komponente von $\overline{Gm} - Gm$. Diese ist G-stabil und $\mathcal{O}(Z) \cong \mathcal{O}(\overline{Gm})/\underline{a}$ mit dem G-stabilen Ideal $\underline{a} = \underline{i}(Z) \neq \{0\}$. Wegen $\underline{a}^U \neq \{0\}$ (1.1 Satz 3) ist $\mathcal{O}(Z)^U \cong \mathcal{O}(\overline{Gm})^U/\underline{a}^U$ (3.1 Bemerkung 2) ein echter, nullteilerfreier Restklassenring von $\mathbb{C}[f]$. Hieraus folgt $\mathcal{O}(Z)^U = \mathbb{C}$, also $\mathcal{O}(Z) = \mathbb{C}$. Somit ist Z ein G-stabiler Punkt in M , also $Z = \{0\}$ und damit $\overline{Gm} = Gm \cup \{0\}$.

Für die letzte Behauptung betrachten wir die Tangentialräume $T_0(\overline{Gm}) \subset T_0(M) = M$. Da $0 \in \overline{Gm}$ ein Fixpunkt ist, ist $T_0(\overline{Gm})$ ein G-Untermodul von M (II. 2.4 Beispiel), also $T_0(\overline{Gm}) = M$ wegen der Einfachheit von M . Aus $\overline{Gm} \neq M$ folgt $\dim \overline{Gm} < \dim M = \dim T_0(\overline{Gm})$, also ist 0 ein singulärer Punkt von $\overline{Gm}$. ††

Bemerkung 1: Die Zerlegung $\overline{Gm} = Gm \cup \{0\}$ haben wir schon früher angetroffen (2.5 Beispiel).

Folgerung: Ist V ein G-Modul und $\mathbb{C}v \subset V$ eine B-stabile Gerade, so ist $\overline{Gv} = Gv \cup \{0\}$ eine normale Varietät.

Beweis: $M := \langle Gv \rangle$ ist ein einfacher G-Modul mit Höchstgewichtsvektor v (1.5 Eigenschaft 1), und die Behauptung folgt mit obigem Satz. ††

Beispiele: 1) Seien M und N endlichdimensionale $\mathbb{C}$-Vektorräume. Wir betrachten die irreduzible Darstellung von $G := GL(M) \times GL(N)$ auf $\mathrm{Hom}_{\mathbb{C}}(M,N)$ gegeben durch $(g,h)(\alpha) = h\alpha g^{-1}$ für $g \in GL(M)$, $h \in GL(N)$, $\alpha \in \mathrm{Hom}_{\mathbb{C}}(M,N)$ (II. 2.3 Beispiel 9). Sind $U(M) \subset GL(M)$ und $U(N) \subset GL(N)$ maximale unipotente Untergruppen, so ist $U := U(M) \times U(N)$ eine maximale unipotente Untergruppe von G (Bemerkung 2 in 1.5). Ist weiter $M' \subset M$ ein maximaler echter $U(M)$-stabiler Unterraum ($\mathrm{codim}_M M' = 1$, siehe 3.4 Bemerkung) und $\alpha : M \to N$ eine nicht-triviale lineare Abbildung mit $M' \subset \mathrm{Ker}\, \alpha$ und $\alpha(M) \subset N^{U(N)}$, so ist α U-stabil, also ein Höchstgewichtsvektor. Mit Satz 1 finden wir:

$\overline{G\alpha} = \{\beta \in \mathrm{Hom}_{\mathbb{C}}(M,N) \mid \mathrm{rg}\beta \leq 1\}$ ist eine normale Varietät der Dimension $d := \dim M + \dim N - 1$; für $d > 1$ ist 0 eine isolierte Singularität in $\overline{G\alpha}$.

2) Wir betrachten $C := \{A \in M_n \mid \operatorname{rg} A \leq 1, A^2 = 0\}$ für ein $n \geq 2$. Es ist $C = \overline{C_N}$ der Abschluß der Konjugationsklasse der nilpotenten Matrix

$$N = \begin{pmatrix} 0\ldots0 & 1 \\ & 0 \\ 0 & \vdots \\ & 0 \end{pmatrix} .$$

Nun ist $\mathbb{C}N$ stabil unter B_n bezüglich Konjugation, also ist N ein Höchstgewichtsvektor des einfachen GL_n-Moduls $\langle GL_n N\rangle = sl_n$ (vgl. 1.4 Beispiel 5). Aus dem Satz folgt:
$\overline{C_N}$ ist normal mit einer isolierten Singularität im Nullpunkt.

3) Im Vektorraum R_n der binären Formen vom Grad n ist Y^n ein Höchstgewichtsvektor bezüglich der Darstellung von SL_2 oder GL_2 (1.5 Beispiel 2). Wir finden also, daß

$$C := \{l^n \mid l \in R_1\}$$

eine normale Varietät ist, welche für $n > 1$ eine isolierte Singularität in 0 hat.

4) Sei $V = \mathbb{C}^2 \oplus \mathbb{C}^2$ mit der natürlichen Darstellung von SL_2 durch Multiplikation von links (vgl. 1.4). Es gilt $V/\!\!/SL_2 \cong \mathbb{C}$, und $\det : V \to \mathbb{C}$, $(\binom{a}{c}, \binom{b}{d}) \mapsto ad - bc$, ist die Quotientenabbildung (benutze etwa das Quotienten-Kriterium II. 3.4). Sei $v \neq 0$ aus der Nullfaser $V^0 := \det^{-1}(0)$. Dann folgt $SL_2 v = SL_2(\binom{1}{0}, \binom{\lambda}{0})$ für ein $\lambda \in \mathbb{C}$. Nun ist $\mathbb{C}(\binom{1}{0}, \binom{\lambda}{0})$ B_2-stabil, nach Folgerung 1 also $\overline{SL_2 v}$ normal. Genauer erhält man $SL_2 v = \{(w, \lambda w) \mid w \in \mathbb{C}^2 - \{0\}\}$ und somit $\overline{SL_2 v} \cong \mathbb{C}^2$. Das Beispiel 1 zeigt, daß hier auch die ganze Nullfaser V^0 normal ist.

Bemerkung 2: Man kann zeigen, daß für einen einfachen Modul M der Höchstgewichtsvektor $m \in M$ im Abschluß einer jeden Bahn $\neq \{0\}$ der Nullfaser ist. An den obigen Beispielen ist dies leicht zu verifizieren.

3.6 Multiplizitätenfreie Operationen

In den bisher studierten Beispielen von Abschlüssen von Bahnen traten immer nur endlich viele Bahnen auf, und zwar auch in Beispielen, wo sich Satz 3.5 nicht anwenden läßt, etwa bei den Konjugationsklassen (I.3) oder den ternären kubischen Formen (I.7). Es gibt aber auch Beispiele mit unendlich vielen Bahnen, etwa bei der natürlichen Darstellung von GL_2 auf $\mathbb{C}^2 \oplus \mathbb{C}^2$, wo eine dichte Bahn und eine unendliche Familie von 2-dimensionalen Bahnen vorkommt (vgl. 3.5 Beispiel 4).

Ein allgemeineres Kriterium für die Endlichkeit enthält der folgende Satz (vgl. II. 3.3 Satz 5).

Satz 1: Sei Z eine irreduzible G-Varietät. Dann sind folgende Aussagen äquivalent:

(i) B hat eine dichte Bahn in Z;

(ii) Z ist multiplizitätenfrei, d. h. $m_\omega(Z) \leq 1$ für alle $\omega \in \Omega_G$.

(iii) $\mathbb{C}(Z)^B = \mathbb{C}$.

Aus jeder dieser Aussagen folgt, daß Z nur endlich viele G-Bahnen enthält.

Beweis: Die Äquivalenz von (i) und (iii) haben wir bereits in einem allgemeineren Zusammenhang bewiesen (II. 4.3.E Satz 7).

(i) => (ii): Ist $\overline{Bz} = Z$, so ist $\rho(Bz) = T\rho(z)$ dicht in Z_U (3.2 Bemerkung 2), also sind die T-Multiplizitäten in Z_U kleiner oder gleich 1 (II. 3.3 Satz 5). Die T-Multiplizitäten von $\mathcal{O}(Z_U) = \mathcal{O}(Z)^U$ sind aber gerade die G-Multiplizitäten von $\mathcal{O}(Z)$.

(ii) => (iii): Die obigen Überlegungen zeigen, daß die T-Multiplizitäten von Z_U alle ≤ 1 sind, also $\mathbb{C}(Z_U)^T = \mathbb{C}$ gilt (II. 3.3 Satz 5). Wegen $\mathbb{C}(Z_U) = \mathbb{C}(Z)^U$ (3.3 Lemma) folgt $\mathbb{C}(Z)^B = (\mathbb{C}(Z)^U)^T = \mathbb{C}$.

Die letzte Aussage ergibt sich leicht durch Induktion über die Dimension (vgl. entsprechender Beweis von II. 3.3 Satz 5): Ist $\overline{Gz} = Z$ und Z' eine irreduzible Komponente von $Z - Gz$, so erfüllt Z' die Bedingung (ii), enthält also nur endlich viele Bahnen. ††

Folgerung 1: Ist Z ein G-Modul und $z \in Z$ ein Punkt, dessen Stabilisator eine maximale unipotente Untergruppe von G umfaßt, so ist der Abschluß $\overline{Gz}$ multiplizitätenfrei und enthält nur endlich viele Bahnen.

Beweis: Sei $U \subset G_z$ eine maximale unipotente Untergruppe von G und $B := N_G(U)$ ihr Normalisator. Wir wählen eine "gegenüberliegende" Boreluntergruppe B^- (1.2 Theorem (f)). Da $B^- \cdot U$ dicht in G ist (loc. sit.), ist $B^- z = (B^- \cdot U)z$ dicht in Gz. Folglich enthält $\overline{Gz}$ eine dichte

B^--Bahn, und die Behauptung folgt aus Satz 1. ††

Beispiel 1: Wie im ersten Beispiel von 3.5 betrachten wir die Darstellung von $G = GL(M) \times GL(N)$ auf $L := \mathrm{Hom}_{\mathbb{C}}(M,N)$. Bekanntlich sind hier die Bahnen gerade die Abbildungen von einem festen Rang. Die Endlichkeit folgt auch mit obigem Satz aus der Existenz einer dichten B-Bahn: Wir wählen Basen in M und N und nehmen o. E. an, daß $m := \dim M \geq n := \dim N$ gilt. Ist $\xi : M \to N$ gegeben durch die Matrix $(x_{ij})^{i=1,..,n}_{j=1,..,m}$, so sei $f_i(\xi)$ der Minor der ersten i Zeilen und Spalten, d. h.

$$f_i(\xi) = \det \begin{pmatrix} x_{11} & \dots & x_{1i} \\ \vdots & & \vdots \\ x_{i1} & \dots & x_{ii} \end{pmatrix}, \quad i = 1,2,\dots,n.$$

Für

$$\alpha = \begin{pmatrix} 1 & 0 \dots & & \\ 0 & \ddots & & 0 \\ \vdots & & 1 & \end{pmatrix}$$

und $B := B_m \times B_n^-$ findet man dann bekanntlich

$$B\alpha = B_n^- \cdot \alpha \cdot B_m = \{ \xi \in L \mid f_i(\xi) \neq 0 \text{ für } i=1,..,n \}.$$

Aus 3.1 Satz 2 folgt zudem, dass der U-Invariantenring $\mathcal{O}(L)^U$ ein Polynomring ist. Setzen wir $U := U_m \times U_n^-$, so ergibt sich

$$U\alpha = U_n^- \cdot \alpha \cdot U_m = \{ \xi \in L \mid f_i(\xi) = 1 \text{ für } i=1,..,n \},$$

also $\dim L_U \leqq n$.

Wir werden im nächsten Abschnitt eine genauere Beschreibung angeben.

Ist $H \subset G$ eine reduktive Untergruppe, so ist G/H eine affine G-Varietät mit der Operation $g \cdot hH = (gh)H$ (II. 3.3 Beispiel 3), und es gilt für $\omega \in \Omega_G$ und $W \in \omega$

$$m_\omega(G/H) := \dim W^{*H}$$

(Satz 3.4). Mit obigem Satz finden wir das folgende Resultat.

Es ist $\dim V^H \leq 1$ für alle einfachen G-Moduln V genau dann, wenn B eine dichte Bahn in G/H hat. Dies ist äquivalent dazu, daß H eine dichte Bahn in G/B hat (bzgl. Zariski- oder $\mathbb{C}$-Topologie) oder auch dazu, daß für eine geeignete Boreluntergruppe B gilt

$$\dim H \cap B = \dim H + \dim B - \dim G .$$

Ein einfaches Beispiel hierfür ist $G = SL_2$ und $H \cong \mathbb{C}^*$.

Im Falle $G = GL_n$ oder SL_n ist G/B die <u>Fahnenmannigfaltigkeit</u> $\mathbb{F}_n$ der vollständigen Fahnen F der Dimension n :

$$\mathbb{F}_n = \{F = (V_1,V_2,\ldots,V_n) \mid V_i \subset \mathbb{C}^n \text{ Untervektorraum}, \\ \dim V_i = i \text{ und } V_1 \subset V_2 \subset \ldots \subset V_n\} .$$

Es ist klar wie GL_n auf $\mathbb{F}_n$ operiert: $F = (V_1,\ldots,V_n) \mapsto gF = (gV_1,\ldots,gV_n)$. Man sieht sofort, daß GL_n und SL_n transitiv auf $\mathbb{F}_n$ operieren und daß der Stabilisator der Standardfahne

$$F^\circ = (V_1,\ldots,V_n) \quad , \quad V_i := \langle e_1,e_2,\ldots,e_i\rangle \quad ,$$

gerade die Boreluntergruppe B_n ist, also

$$GL_n/B_n = SL_n/B'_n \cong \mathbb{F}_n .$$

Aus diesen Überlegungen ergibt sich das folgende Resultat: (Benutze die Beziehung $\dim \mathbb{F}_n = \binom{n}{2}$.)

<u>Folgerung 2</u>: <u>Für eine reduktive Untergruppe</u> $H \subset GL_n$ <u>sind folgende Aussagen äquivalent</u>:

(i) $\dim V^H \leq 1$ <u>für alle einfachen</u> G-<u>Moduln</u> V .

(ii) <u>Es gibt eine Fahne</u> $F \in \mathbb{F}_n$ <u>mit</u> $\dim H_F \leq \dim H - \binom{n}{2}$.

<u>Beispiel 2</u>: Sei $H = GL_2 \times GL_2 \subset GL_4$. Dann ist G/H multiplizitätenfrei. Dies ergibt sich aus der obigen Folgerung: Der Stabilisator der Fahne F aufgespannt von den Vektoren $(1,0,1,0)$, $(0,1,0,1)$, $(0,0,0,1)$ und $(0,0,1,0)$ ist gegeben durch

$$H_F = \{(t,t) \mid t \in T_2\} \text{ , also } \dim H_F = 2 .$$

Entsprechend behandelt man den allgemeinen Fall $H = GL_m \times GL_m \subset GL_{2m}$. Hier verwende man die Fahne aufgespannt von den Vektoren

$$e_1+e_{m+1},e_2+e_{m+2},\ldots,e_m+e_{2m},e_{2m},e_{2m-1},\ldots,e_{m+1} .$$

<u>Bemerkung 1</u>: Ein allgemeines Resultat von Vust besagt folgendes ([V2] théorème 3): <u>Ist</u> G <u>reduktiv</u>, $\theta : G \to G$ <u>ein Gruppenautomorphismus der Ordnung</u> 2 <u>und</u> $H = G^\theta := \{g \in G \mid \theta g = g\}$, <u>so ist</u> H <u>reduktiv und</u> G/H <u>multiplizitätenfrei</u>.

Beispiel 2 fällt in diese Kategorie: Ist $h \in GL_n$ gegeben durch

$$h = \left(\begin{array}{c|c} E_r & 0 \\ \hline 0 & -E_s \end{array}\right) \quad , \quad r+s = n$$

und $\theta : GL_n \to GL_n$ die Konjugation mit h, so gilt $GL_n^\theta = GL_r \times GL_s$.

Übung: Die Darstellung von $G = GL(U) \times GL(V) \times GL(W)$ auf $Hom(U,V) \times Hom(V,W)$ hat endlich viele Bahnen, ist aber nicht notwendig multiplizitätenfrei.

Der folgende Satz zeigt, daß für einen G-Modul mit dichtem Orbit die Relativinvarianten, d. h. die Invarianten unter der Kommutatorgruppe, eine besonders einfache Gestalt haben. Das Resultat geht auf Sato und Kimura zurück ([SK] § 4).

Satz 2: Sei V ein G-Modul mit dichtem Orbit. Dann gilt für die Relativinvarianten

$$V/\widetilde{}(G,G) \cong \mathbb{C}^r \quad \text{mit} \quad 0 \le r \le \dim Z(G) .$$

Beweis: Da (G,G) halbeinfach ist (II. 3.5 Satz 4), ist $A := \mathcal{O}(V/\widetilde{}(G,G)) = \mathcal{O}(V)^{(G,G)}$ faktoriell (II.3.3 Satz 2) mit Einheitengruppe $\mathbb{C}^*$. Der Torus $T = Z(G)^\circ$ operiert auf $V/\widetilde{}(G,G)$ mit dichtem Orbit (wegen $G = (G,G)\cdot T$; vgl. II. 3.5 Satz 4), also ist A multiplizitätenfrei (als T-Modul; II. 3.3 Satz 5). Hieraus folgt mit 3.1 Satz 2 die Behauptung. ††

Bemerkung 2: Die Dimension von $V/\widetilde{}(G,G)$ oder sogar ein homogenes, algebraisch unabhängiges Erzeugendensystem für die Relativinvarianten erhält man folgendermassen: Man betrachte die irreduziblen Hyperflächen $H_1,\ldots,H_r$ im Komplement des dichten G-Orbits $Gv \subset V$, und ihre definierenden Funktionen $f_1,\ldots,f_r \in \mathcal{O}(V)$, $\underline{i}(H_j) = (f_j)$. Dann gilt $\mathcal{O}(V)^{(G,G)} = \mathbb{C}[f_1,\ldots,f_r]$, und die f_j sind algebraisch unabhängig (Beweis als Übung).

Beispiel 3 (vgl. [Hp]): Betrachte die Darstellung von $G := \prod_{i=1}^{n} GL(V_i)$ auf $L := \bigoplus_{i=1}^{n-1} Hom(V_i,V_{i+1})$. Hier sind die Voraussetzungen von Satz 2 erfüllt, also ist $L/G' \cong \mathbb{C}^r$ mit $G' = \prod_{i=1}^{n} SL(V_i)$. Die Dimension r hat eine darstellungstheoretische Interpretation und hängt nur vom "Dimensionsvektor" $d = (\dim V_1, \dim V_2,\ldots,\dim V_n)$ ab: r ist gleich der Anzahl der Paare $i<j$ mit (i) $\dim V_i = \dim V_j$ und (ii) $\dim V_k > \dim V_i$ für $i<k<j$.

3.7 Normalität der Determinantenvarietäten (nach Th. Vust [V1])

Wie im Beispiel 1 von 2.5 seien M und N endlichdimensionale $\mathbb{C}$-Vektorräume, $G := GL(M) \times GL(N)$ und $L := Hom_{\mathbb{C}}(M,N)$, und die Darstellung sei gegeben durch $(g,h)\alpha = h\alpha g^{-1}$ für $(g,h) \in G$, $\alpha \in L$. Für $0 \leq p \leq m :=$ $Min(\dim M, \dim N)$ betrachten wir die sogenannten Determinantenvarietäten

$$L_p := \{\alpha \in L \mid rg\ \alpha \leq p\} \subset L .$$

Die L_p bilden eine Kette $L_o = \{0\} \subset L_1 \subset \ldots \subset L_{n-1} \subset L_n = L$ von G-stabilen, irreduziblen abgeschlossenen Untervarietäten der Dimensionen

$$\dim L_p = p \cdot (\dim M + \dim N - p)$$

(II. 4.1 Lemma 1).

Beim Studium des klassischen Problems für GL_n in II. 4.1 stiessen wir auf die Frage nach der Normalität der Determinantenvarietäten. Diese können wir nun beantworten.

Satz: Die L_p sind normale abgeschlossene Untervarietäten von L .

Beweis: Wir wollen zeigen, daß der U-Invariantenring $\mathcal{O}(L_p)^U$ ein Polynomring in p Variablen ist. Die Behauptung folgt dann aus dem Normalitätskriterium 3.3 (Satz 2).

Wir fixieren Boreluntergruppen $B(M) \subset GL(M)$, $B(N) \subset GL(N)$ und maximale Tori $T(M) \subset B(M)$, $T(N) \subset B(N)$ mit den Zerlegungen $B(M) = T(M) \cdot U(M)$, $B(N) = T(N) \cdot U(N)$. Dann ist $T := T(M) \times T(N) \subset G$ ein maximaler Torus in der Boreluntergruppe $B := B(M) \times B(N)$ und $U := U(M) \times U(N)$ maximal unipotent. Bezeichnen wir mit ω_i^M bzw. ω_i^N die Fundamentalgewichte von $GL(M)$ bzw. $GL(N)$, so ist

$$Hom_{\mathbb{C}}(\Lambda^p M, \Lambda^p N) \cong (\Lambda^p M)^* \otimes \Lambda^p N$$

ein einfacher G-Modul zum höchsten Gewicht

$$(\omega_p^M)^* + \omega_p^N \in X(T) = X(T(M)) \oplus X(T(N))$$

(1.5 Bemerkung 2). Für $p = 1,2,\ldots$ sei $f_p \in \mathcal{O}(L)^U$ der zu dem G-äquivarianten Morphismus

$$\phi_p \quad : \quad L \to \mathrm{Hom}_{\mathbb{C}}(\Lambda^p M, \Lambda^p N) \quad , \quad \alpha \mapsto \Lambda^p \alpha \quad ,$$

assoziierte Höchstgewichtsvektor (3.4 Bemerkung: $f_p = \phi_p^*(t_p)$, t_p ein Höchstgewichtsvektor von $(\mathrm{Hom}_{\mathbb{C}}(\Lambda^p M, \Lambda^p N))^*$). Da ϕ_p eine homogene Abbildung vom Grad p ist, ist $f_p \in \mathcal{O}(L)$ ein homogenes Element vom Grad p , und es gilt

$$f_p \in \mathcal{O}(L)^U_{\omega_p} \quad \text{mit} \quad \omega_p := \omega_p^M + (\omega_p^N)^* \in X(T) \ .$$

Da die Gewichte $\omega_1, \ldots, \omega_m$ linear unabhängig sind, sind die f_i algebraisch unabhängig (vgl. 3.1 Bemerkung 3). Wir werden nachher zeigen, daß $\mathcal{O}(L)^U = \mathbb{C}[f_1, \ldots, f_m]$ gilt. Dann folgt aber, daß $\mathcal{O}(L_p)^U$ von den Einschränkungen $\overline{f_i} = f_i|_{L_p}$ erzeugt wird, denn die Restriktionsabbildung $\mathcal{O}(L)^U \to \mathcal{O}(L_p)^U$ ist surjektiv (3.1 Bemerkung 2). Nun gilt nach Definition $L_p = \phi_{p+1}^{-1}(0)$, also ist $f_i|_{L_p} = 0$ für $i > p$ und $f_i|_{L_p} \neq 0$ für $i = 1, 2, \ldots, p$. Es folgt

$$\mathcal{O}(L_p)^U = \mathbb{C}[\overline{f_1}, \ldots, \overline{f_p}] \ ,$$

und wie oben sind die $\overline{f_i}$, $i = 1, \ldots, p$, algebraisch unabhängig.

Es bleibt noch zu zeigen, daß die f_i die Algebra $\mathcal{O}(L)^U$ erzeugen. Wir wissen bereits, daß L multiplizitätenfrei und $\Omega_L = \{\omega \in \Omega \mid m_\omega(L) > 0\}$ ein freies Monoid vom Rang $\leq m$ ist (3.1 Satz 2 und 3.6 Beispiel 1). Da sich $\omega_1, \ldots, \omega_m$ zu einer $\mathbb{Z}$-Basis von $X(T)$ ergänzen lassen, folgt zunächst $\mathbb{Z}\Omega_L = \sum_{i=1}^m \mathbb{Z}\omega_i$ (jedes Element $\omega \notin \sum_i \mathbb{Z}\omega_i$ ist linear unabhängig von den ω_i) und dann $\Omega_L = \sum_{i=1}^m \mathbb{N}\omega_i$, wegen der Freiheit von Ω_L . ††

Mit diesem Resultat haben wir die noch offene Lücke im Beweis des ersten Fundamentaltheorems für GL_n geschlossen (siehe II. 4.1).

Bemerkung: Der Beweis zeigt (siehe Bemerkung 3.3), daß die Determinantenvarietäten L_p rationale Singularitäten haben.

3.8 U-Invariantenringe von quasihomogenen Varietäten

Wir wollen die Ergebnisse der Abschnitte 3.6 und 3.7 noch von einer anderen Seite beleuchten. Sei V ein einfacher G-Modul, $v \in V$ ein Element $\neq 0$

und

$$\mu : G \to V \ , \quad g \mapsto gv \ ,$$

die Orbitabbildung. Es ist $\mu^* : V^* \to \mathcal{O}(G)$ G-äquivariant und daher eindeutig festgelegt durch die Einschränkung auf die U-Invarianten. Bezüglich der R-Operation auf $\mathcal{O}(G)^U$ kommt jeder einfache G-Modul genau einmal vor (3.2 Lemma). Der Vektor $v \in V$ definiert daher einen <u>eindeutig bestimmten eindimensionalen Unterraum in</u> $\mathcal{O}(G)^U$, welchen wir kurz mit $\mathbb{C}v$ bezeichnen: Man nehme das Bild von $\mathbb{C}v \subset V$ unter einer G-äquivarianten Einbettung $V \to \mathcal{O}(G)^U$.

<u>Lemma</u>: $\mu^*(V^{*U}) = \mathbb{C}v \subset \mathcal{O}(G)^U$.

<u>Beweis</u>: Die kanonische Abbildung $\phi : V^* \otimes V \to \mathcal{O}(G)$ ist definiert durch $\lambda \otimes w \mapsto f_{\lambda,w}$ mit $f_{\lambda,w}(g) = \lambda(gw)$ (vgl. II. 3.1 Satz 3 und Beweis), und $\mu^* : V^* \to \mathcal{O}(G)$ ist gegeben durch $\lambda \mapsto f_\lambda$ mit $f_\lambda(g) = \lambda(gv)$. Es ist also μ^* die Komposition

$$V^* \xrightarrow{\sigma} V^* \otimes V \xrightarrow{\phi} \mathcal{O}(G)$$

mit $\sigma(\lambda) = \lambda \otimes v$. Nun ist $V^{*U} \otimes V \xrightarrow{\sim} V$ als G-Modul und daher $\phi(V^{*U} \otimes V) \subset \mathcal{O}(G)^U$ der einfache Untermodul (bez. R-Operation) isomorph zu V . Es folgt $\mu^*(V^{*U}) = \phi(V^{*U} \otimes \mathbb{C}v) = \mathbb{C}v \subset \mathcal{O}(G)^U$, also die Behauptung. ††

Wir starten nun mit einer U-invarianten Funktion $f \in \mathcal{O}(G)^U$ und betrachten den G-Modul (bez. R-Operation) W aufgespannt von f :

$$W := \langle {}^g f \mid g \in G \rangle \subset \mathcal{O}(G)^U \ .$$

Ist O_f die Bahn von f in W , $\overline{O_f}$ ihr Abschluß und $\mu : G \to W$ die Bahnabbildung, so fassen wir den Koordinatenring vermittels μ^* als Unterring $\mathcal{O}(\overline{O_f}) \subset \mathcal{O}(G)$ auf.

<u>Satz</u>: <u>Es ist</u> $\mathcal{O}(\overline{O_f}) = \mathbb{C}[gf \mid g \in G] \subset \mathcal{O}(G)$. <u>Insbesondere enthält</u> $\mathcal{O}(\overline{O_f})^U$ <u>alle Komponenten von</u> f <u>in den einfachen Untermoduln von</u> $\mathcal{O}(G)^U$.

<u>Beweis</u>: Die Abbildung $\mu^* : W^* \to \mathcal{O}(G)$ ist gegeben durch $\lambda \mapsto f_\lambda$ mit $f_\lambda(g) = \lambda({}^g f)$. Für $h \in G$ sei $\lambda_h \in W^*$ das "Auswerten an der Stelle h ": $\lambda_h(p) = p(h)$ für $p \in W \subset \mathcal{O}(G)$. Dann gilt

$$f_{\lambda_h}(g) = \lambda_h({}^g f) = ({}^g f)(h) = f(hg) = (h^{-1}f)(g)$$

also $\mu^*(\lambda_h) = h^{-1}f$. Da W^* durch die λ_h , $h \in G$, aufgespannt wird (vgl. AI. 1.5 Übung), folgt $\mu^*(W^*) = \langle gf \mid g \in G\rangle$ und damit die Behauptung. ††

Die nachstehenden beiden Folgerungen ergeben sich leicht aus dem Vorausgehenden.

Folgerung 1: Sei W ein G-Modul, $W = \bigoplus_{i=1}^{t} W_i$ eine Zerlegung in einfache Moduln und $w = \sum_{i=1}^{t} w_i$ ein Element von W . Die Komponenten $w_i \in W_i$ definieren eindimensionale Unterräume $\mathbb{C}w_i \subset \mathcal{O}(G)^U$, und wir setzen $W' := \sum_{i=1}^{t} \mathbb{C}w_i \subset \mathcal{O}(G)^U$. Dann gilt

$$\mathcal{O}(\overline{O_w}) = \mathbb{C}[G\cdot W'] \subset \mathcal{O}(G) .$$

Folgerung 2: Sei $A \subset \mathcal{O}(G)^U$ eine endlich erzeugte Unteralgebra mit der Eigenschaft, daß der von A erzeugte G-Modul $B := \langle G\cdot A\rangle$ eine Unteralgebra von $\mathcal{O}(G)$ ist. Sind $f_1,\dots,f_t \in A$ linear unabhängige Erzeugende von A , $W := \langle {}^g f_i \mid g \in G , i = 1,\dots,t\rangle \subset \mathcal{O}(G)^U$ und $f := \sum_{i=1}^{t} f_i \in W$, so gilt

$$\mathcal{O}(\overline{O_f})^U = A \subset \mathcal{O}(\overline{O_f}) = B .$$

Beispiel: Sei $f \in \mathcal{O}(G)^U$ ein Höchstgewichtsvektor bezüglich der R-Operation vom Gewicht $\omega \in \Omega_G$, $V := \langle {}^g f \mid g \in G\rangle$ der zugehörige einfache Modul und O_f die Bahn von f in V . Dann gilt $\mathcal{O}(\overline{O_f})^U = \mathbb{C}[f] \subset \mathcal{O}(G)^U$; insbesondere ist $\overline{O_f}$ normal (vgl. Satz 3.5).

(Nach Voraussetzung liegt f in der homogenen Komponente zum Gewicht ω des U-Invariantenringes J bezüglich der R-Operation. Es ist daher $\langle G\cdot\mathbb{C}[f]\rangle$ eine (graduierte) Unteralgebra von J .)

3.9 Der Satz von Weitzenböck

Wir haben schon in der Einleitung zum zweiten Kapitel bemerkt, daß ein Endlichkeitssatz, wie wir ihn in II. 3.2 für linear reduktive Gruppen bewiesen haben, allgemein nicht gilt; ein Gegenbeispiel stammt von Nagata ([N 1]; siehe auch [DC]). Es folgt aus diesem Beispiel unter anderem, daß es eine Operation der additiven Gruppe $\mathbb{C}^+$ auf einer affinen Varietät Z gibt mit der Eigenschaft, dass der Invariantenring nicht endlich erzeugbar ist. Es ist deshalb bemerkenswert, dass ein Endlichkeitssatz für $\mathbb{C}^+$ noch gilt, wenn wir uns auf lineare Operationen auf Vektorräumen beschränken. Dies wurde von R. Weitzenböck im Jahre 1932 bewiesen ([Wz]; vgl. auch [Se]).

Satz (Weitzenböck): Ist $\rho : \mathbb{C}^+ \to GL(V)$ eine Darstellung der additiven Gruppe, so ist der Invariantenring $\mathcal{O}(V)^{\mathbb{C}^+}$ endlich erzeugbar.

Beweis: Wir betrachten den kanonischen Isomorphismus $\mathbb{C}^+ \xrightarrow{\sim} U_1 = \{\begin{pmatrix}1 & \lambda\\ 0 & 1\end{pmatrix} \mid \lambda \in \mathbb{C}\} \subset SL_2$. Mit dem Endlichkeitssatz für die U-Invarianten (3.2) folgt die Behauptung unmittelbar aus dem nachstehenden Lemma. ††

Lemma: Jede Darstellung $\rho : U_1 \to GL(V)$ ist Einschränkung einer Darstellung von SL_2.

Beweis: $\rho(U_1) \subset GL(V)$ ist eine unipotente Untergruppe, also ist $A := (d\rho)_e \begin{pmatrix}0 & 1\\ 0 & 0\end{pmatrix}$ ein nilpotenter Endomorphismus von V (1.1 Folgerung 1 b) und c)). Es genügt damit zu zeigen, daß es zu jedem nilpotenten Endomorphismus $A \in \text{End } V$ eine Darstellung $\tilde{\rho} : SL_2 \to GL(V)$ gibt mit $(d\tilde{\rho})_e \begin{pmatrix}0 & 1\\ 0 & 0\end{pmatrix} = A$. Hieraus folgt nämlich $(d\rho)_e = (d\tilde{\rho}|_{U_1})_e$ und damit $\rho = \tilde{\rho}|_{U_1}$ (II. 2.5 Satz 1a), also die Behauptung.

Zum Beweis betrachten wir zunächst die Darstellungen $\rho_i : SL_2 \to GL(R_i)$ von SL_2 auf den binären Formen R_i vom Grad i (II. 3.1 Beispiel 1). Eine kleine Rechnung zeigt, daß $A_i := (d\rho_i)_e \begin{pmatrix}0 & 1\\ 0 & 0\end{pmatrix} \in \text{End}(R_i)$ mit dem Differentialoperator $-Y \frac{\partial}{\partial X}$ übereinstimmt, woraus folgt, daß A_i ein nilpotenter Endomorphismus vom Rang i ist. Ist $n = i_1+i_2+\ldots+i_s$, $W := \bigoplus_{\nu=1}^{s} R_{i_\nu}$ und $\tilde{\rho} : SL_2 \to GL(W)$ die zugehörige Darstellung, so ist $A' := (d\tilde{\rho})_e \begin{pmatrix}0 & 1\\ 0 & 0\end{pmatrix}$ ein nilpotenter Endomorphismus von W zur Partition $n = (i_1, i_2, \ldots, i_s)$ (vgl. I. 3), d. h. A hat bei geeigneter Basiswahl in W Jordangestalt mit Blöcken der Größen $i_1, i_2, \ldots, i_s$. Damit ist das Lemma bewiesen. ††

4. SL_2 - EINBETTUNGEN

Bei den binären Formen R_n haben wir folgende Inklusionsdiagramme für die Abschlüsse der Bahnen unter SL_2 in der Nullfaser R_n^o gefunden:

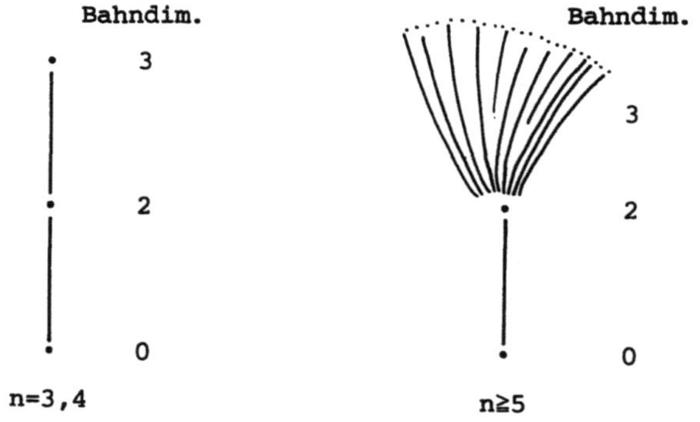

Man sieht leicht, daß die Form $X^{r+1}Y^r$ für $r > o$ einen trivialen Stabilisator hat. Ihre Bahn $O(X^{r+1}Y^r)$ ist deshalb zu SL_2 isomorph, und der Abschluß der Bahn hat die folgende Gestalt:

$$\overline{O}(X^{r+1}Y^r) = O(X^{r+1}Y^r) \cup O(X^{2r+1}) \cup \{0\} :$$

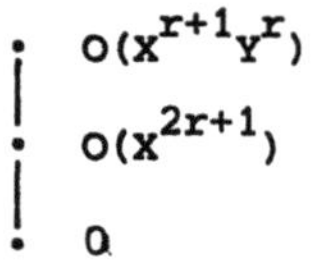

Es handelt sich also um eine SL_2-Einbettung im Sinne der folgenden Definition.

Definition: Eine SL_2-Einbettung ist eine SL_2-Varietät E , welche eine dichte Bahn O mit trivialem Stabilisator enthält:

$$E = \overline{O} \supset O \xrightarrow{\sim} SL_2 .$$

4.1 Erste Eigenschaften

Im folgenden sei E eine SL_2-Einbettung und $O \subset E$ der dichte Orbit. Wir wollen zunächst die Bahnen beschreiben, die in E auftreten können. Wir wissen bereits, daß E genau eine abgeschlossene Bahn enthält (II. 3.3 Satz 3a).

Lemma 1: E enthält keine eindimensionalen Bahnen und höchstens einen Fixpunkt.

Beweis: Sei $SL_2 \cdot z$ eine Bahn in E der Dimension ≤ 1. Dann hat der Stabilisator von z eine Dimension ≥ 2 und enthält daher eine Boreluntergruppe (1.2 Beispiel 2). Hieraus folgt, daß z ein Fixpunkt ist (1.5 Übung 2e). Die zweite Behauptung ist klar (siehe oben). ††

Lemma 2: Eine eindimensionale Untergruppe von SL_2 ist zu einer der folgenden Untergruppen konjugiert:

$$T := \left\{ \begin{pmatrix} t & 0 \\ 0 & t^{-1} \end{pmatrix} \mid t \in \mathbb{C}^* \right\} , \quad N := N_{SL_2}(T) = T \cup \begin{pmatrix} 0 & 1 \\ -1 & 0 \end{pmatrix} T ,$$

$$U_{(n)} := \left\{ \begin{pmatrix} \zeta & b \\ 0 & \zeta^{-1} \end{pmatrix} \mid \zeta, b \in \mathbb{C} , \zeta^n = 1 \right\} , \quad n = 1,2,\ldots .$$

Beweis: Eine 1-dimensionale zusammenhängende Untergruppe von SL_2 ist isomorph zu $\mathbb{C}^*$ oder $\mathbb{C}^+$ (1.1 Beispiel 2), also konjugiert zu T oder $U_{(1)}$. Da N der Normalisator von T und $B_2 := \left\{ \begin{pmatrix} * & * \\ 0 & * \end{pmatrix} \in SL_2 \right\}$ der Normalisator von $U_{(1)}$ ist, folgt die Behauptung. ††

Bemerkung 1: Für die SL_2-Varietäten SL_2/T und SL_2/N haben wir folgende isotypischen Zerlegungen der Koordinatenringe

$$\mathcal{O}(SL_2/T) = \mathcal{O}(SL_2)^T \cong \bigoplus_{i=o}^{\infty} R_{2i} ,$$

$$\mathcal{O}(SL_2/N) = \mathcal{O}(SL_2)^N \cong \bigoplus_{i=o}^{\infty} R_{4i} .$$

Entsprechend finden wir die Zerlegungen

$$\mathcal{O}(SL_2)^{U_{(n)}} \cong \bigoplus_{i=o}^{\infty} R_{ni} .$$

Lemma 3: Ein zweidimensionaler Orbit in E ist abgeschlossen genau dann, wenn der Stabilisator konjugiert zu T oder N ist.

Beweis: Die eine Richtung ist klar: Enthält der Stabilisator einen maximalen Torus, so ist der Orbit abgeschlossen (2.5 Folgerung 3). Die Umkehrung folgt aus dem Hilbertkriterium (2.3, 2.4): Der abgeschlossene Orbit in E enthält im Stabilisator das Bild einer 1-PUG, also einen eindimensionalen Torus. ††

Lemma 4: Ist $O \neq \overline{O} = E$, so ist $\dim E - O = 2$.

Beweis: Andernfalls wäre die Bahnabbildung $SL_2 \to E$ auf den dichten Orbit ein Isomorphismus. (II. 3.4 Bemerkung zum Richardson-Lemma; man ersetze zunächst E durch die Normalisierung.) ††

Damit ergeben sich folgende zwei Möglichkeiten (der triviale Fall $E = O$ wird im weiteren nicht mehr betrachtet):

Typ I : $E = O \cup O_o$, O_o abgeschlossener zweidimensionaler Orbit isomorph zu SL_2/T oder SL_2/N .

Typ II : $E = O \cup \bigcup_i O_i \cup \{p\}$, p ein Fixpunkt, O_i zweidimensionale Orbiten isomorph zu $SL_2/U_{(n)}$ für geeignete n .

Wir werden später sehen, daß auch im Typ II genau ein zweidimensionaler Orbit auftritt (Theorem 4.5).

Bemerkung 2: Ist $\eta : \tilde{E} \to E$ die Normalisierung einer Einbettung E , so ist $\tilde{E}$ wieder eine Einbettung (vgl. AI.4.4). Die Abbildung η ist auf dem dichten Orbit ein Isomorphismus und überlagert die zweidimensionalen Orbiten endlich oft. Wir werden im folgenden vor allem normale Einbettungen studieren. (Einige Untersuchungen im nicht-normalen Fall findet man in [Ba].)

Das folgende Resultat ergibt sich leicht aus der Tatsache, daß die Singularitäten einer normalen Varietät in der Kodimension 2 liegen (AI.6.1).

Satz: Sei E eine normale Einbettung. Ist E vom Typ I, so ist E glatt; ist E vom Typ II, so ist höchstens der Fixpunkt singulär.

Daß der Fixpunkt wirklich singulär ist, zeigt das folgende Lemma.

Lemma 5: Sei E vom Typ II und $p \in E$ der Fixpunkt. Dann ist der lokale Ring $\mathcal{O}_{E,p}$ in p nicht faktoriell und folglich p ein singulärer Punkt.

Beweis: a) Wir wählen einen Punkt e im dichten Orbit mit $\lim_{t\to o} \lambda(t)e = p$, $\lambda(t) := \begin{pmatrix} t & \\ & t^{-1} \end{pmatrix} \in SL_2$, und betrachten die beiden Hyperflächen $D := \overline{Be}$ und $D_o := \begin{pmatrix} 0 & 1 \\ -1 & 0 \end{pmatrix} D$, $B := \left\{ \begin{pmatrix} * & * \\ 0 & * \end{pmatrix} \in SL_2 \right\}$. Offenbar gilt $p \in D \cap D_o$. Ist umgekehrt $q \in D \cap D_o$, so folgt $\lim_{t\to o} \lambda(t)q = p$ (2.6) und wegen $\begin{pmatrix} 0 & 1 \\ -1 & 0 \end{pmatrix} \lambda = \lambda^{-1}$ auch $\lim_{t\to o} \lambda^{-1}(t)q = p$. Folglich stabilisiert $\lambda(t)$ den Punkt q , also ist $q = p$. Somit gilt $D \cap D_o = \{p\}$.

b) Die beiden Hyperflächen D und D_o definieren Primideale $\underline{p}$ und $\underline{p}_o$ in $\mathcal{O}_{E,p}$. Wäre $\mathcal{O}_{E,p}$ faktoriell, so wären $\underline{p}$ und $\underline{p}_o$ Hauptideale, $\underline{p} = (f)$ und $\underline{p}_o = (f_o)$. Dann ist aber der Durchschnitt $D \cap D_o$ in p definiert durch die beiden Gleichungen $f = f_o = o$, also $\operatorname{codim}_E D \cap D_o \leq 2$ (AI.3.4), im Widerspruch zu a). ††

Bemerkung 3: Mit einem ähnlichen Argument zeigt man, daß bei einer normalen Einbettung vom Typ I gilt $D \cap D_o = \emptyset$.

Übung: Sei $f = (X^2Y^2 + X^4, X) \in R_4 \oplus R_1$ und $E := \overline{O_f}$ der Abschluß des SL_2-Orbits von f. Dann ist E eine nicht-normale Einbettung vom Typ I. (Verwende obige Bemerkung.)

4.2 Ein Fortsetzungssatz

Für das Folgende fixieren wir eine SL_2-Einbettung E und einen Punkt e im dichten Orbit $O \subset E$ mit der Eigenschaft, daß $\lim_{t \to o} \lambda(t)e$ existiert, $\lambda(t) := \begin{pmatrix} t & \\ & t^{-1} \end{pmatrix} \in SL_2$. Dieser Limes gehört dann automatisch zum abgeschlossenen Orbit, denn die nicht abgeschlossenen Bahnen enthalten keinen Torus in ihrem Stabilisator.

Damit haben wir einen Isomorphismus $SL_2 \xrightarrow{\sim} O$ festgelegt und können so den Koordinatenring $\mathcal{O}(E)$ als Unterring von $\mathcal{O}(SL_2)$ mit gleichem Quotientenkörper auffassen:

$$\mathcal{O}(E) \subset \mathcal{O}(SL_2) = \mathbb{C}[X,Y,Z,W]/(XW-YZ-1) .$$

(Wir verwenden die üblichen Bezeichnungen: $X(\begin{pmatrix} x & y \\ z & w \end{pmatrix}) = x, \ldots$.)

Satz: Ist E normal, so läßt sich die Funktion $X \in \mathcal{O}(SL_2)$ regulär auf ganz E fortsetzen mit Null auf dem Rand $\partial O = E - O$.

Beweis: Wir betrachten die SL_2-Varietät $E \times \mathbb{C}^2$ mit der natürlichen Darstellung von SL_2 auf $\mathbb{C}^2$. Sei $e' := (e,(1,o))$ und $E' := \overline{O_{e'}} \subset E \times \mathbb{C}^2$ der Abschluß des Orbits von e'.

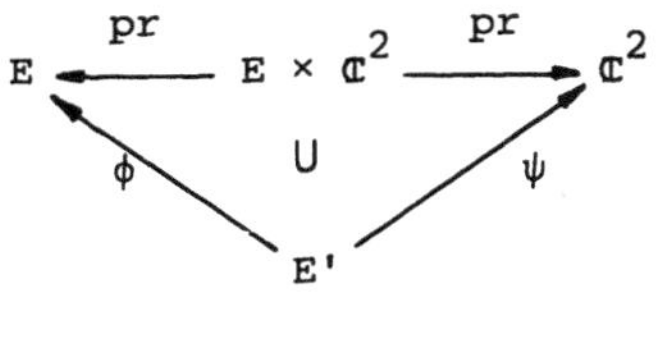

E' ist eine SL_2-Einbettung mit dichtem Orbit $O' = O_{e'}$, und es gilt

$$\mathcal{O}(E) \subset \mathcal{O}(E') \subset \mathcal{O}(SL_2) \ ,$$

wobei die beiden Inklusionen durch ϕ und die Orbitabbildung $SL_2 \to E'$, $g \mapsto ge'$, induziert sind. Für den Beweis genügt es nun, folgendes zu zeigen:

i) X läßt sich auf E' fortsetzen mit Null am Rand;
ii) ϕ ist ein Isomorphismus.

Eine Fortsetzung von X ist gegeben durch die Funktion $\tilde{X} \in \mathcal{O}(E')$, $\tilde{X}(z,(x,y)) := x$. Damit $\tilde{X}$ am Rand verschwindet, genügt es nachzuweisen, daß $\psi^{-1}(O)$ alle 2-dimensionalen Bahnen von E' enthält. Da $\psi : E' \to \mathbb{C}^2$ äquivariant unter SL_2 ist, sind die Fasern über $\mathbb{C}^2 - \{0\}$ alle isomorph Folglich ist jede Komponente der Faser $F := \psi^{-1}((1,0))$ eindimensional. Der Stabilisator von $(1,0)$ ist $U_{(1)} = \{\begin{pmatrix}1 & *\\ 0 & 1\end{pmatrix}\} \subset SL_2$, und F ist daher $U_{(1)}$-stabil. Nun ist $F \cap O' = U_{(1)} \cdot e'$ abgeschlossen in E' (1.1 Satz 4), also eine Komponente von F. Jede andere Komponente C von F ist ebenfalls $U_{(1)}$-stabil und trifft folglich $U_{(1)}e'$ nicht. Wegen $\psi(SL_2 \cdot C) = \mathbb{C}^2 - \{0\}$ ist $\dim SL_2 \cdot C = 3$ im Widerspruch zu $SL_2 \cdot C \subset E' - O'$. Es folgt $\psi^{-1}(\mathbb{C}^2 - \{0\}) = O'$ und damit die Behauptung i).

Für ii) bemerken wir zunächst, daß ϕ die dichten Bahnen von E' und E isomorph aufeinander abbildet, also insbesondere birational ist. Nach dem Richardson-Lemma (II.3.4) genügt es daher zu zeigen, daß ϕ surjektiv ist. Dies ist klar, falls E vom Typ I ist: $f := \lim_{t \to o} \lambda(t)e$ ist ein Punkt des 2-dimensionalen Orbits, und $f' := \lim_{t \to o} \lambda(t)e' = (f,o) \in E'$ wird unter ϕ auf f abgebildet, also $O_f = \phi(O_{f'})$. Beim Typ II genügt es wegen der SL_2-Äquivarianz von ϕ zu zeigen, daß $\overline{Be}$ im Bild liegt, $B = \{\begin{pmatrix}* & *\\ 0 & *\end{pmatrix} \in SL_2\}$, denn $\overline{Be}$ trifft jeden Orbit in E (2.5 Folgerung 1). Ist $y \in \overline{Be}$, so gibt es nach dem nachstehenden Lemma eine Folge $g_n \in SL_2$, $g_n = \begin{pmatrix}a_n & b_n\\ 0 & a_n^{-1}\end{pmatrix}$, mit $\lim_{n\to\infty} g_n e = y$ und $\lim_{n\to\infty} a_n = a \in \mathbb{C}$. Hieraus folgt $\lim_{n\to\infty} g_n e' = (y,(a,o)) \in E'$, also $y \in \phi(E')$. ††

<u>Lemma</u>: <u>Sei</u> V <u>ein</u> B-<u>Modul und</u> $v \in V$ <u>mit</u> $\lim_{t\to o} \lambda(t)v = o$. <u>Zu jedem</u> $w \in \overline{Bv}$ <u>gibt es eine Folge</u> $g_n \in B$, $g_n = \begin{pmatrix}a_n & b_n\\ 0 & a_n^{-1}\end{pmatrix}$, <u>mit</u> $w = \lim_{n\to\infty} g_n v$ <u>und</u> $\lim_{n\to\infty} a_n = a \in \mathbb{C}$.

Beweis: Sei $V = \bigoplus_{i \in \mathbb{Z}} V_i$ die Gewichtszerlegung bezüglich λ, $V_i := \{u \in V \mid \lambda(t)u = t^i u$ für $t \in \mathbb{C}^*\}$. Nach Voraussetzung ist $v = \sum_{i \geq s} v_i$ mit $v_s \neq o$ und $s > o$, und es gibt eine Folge $g_n \in B$ mit $\lim_{n\to\infty} g_n v = w$. Ist $g_n = \begin{pmatrix} a_n & b_n \\ 0 & a_n^{-1} \end{pmatrix}$, so ist $g_n v = a_n^s \cdot v_s + v'$ mit $v' \in \sum_{i>s} V_i$, also muß die Folge a_n^s konvergieren. Die Behauptung folgt durch Übergang zu einer geeigneten Teilfolge. ††

4.3 Bestimmung des U-Invariantenringes

Wir können nun den U-Invariantenring einer normalen SL_2-Einbettung E bestimmen. Dabei ist

$$U \;:=\; U^-_{(1)} \;=\; \{(\begin{smallmatrix} 1 & 0 \\ * & 1 \end{smallmatrix})\} \subset SL_2 .$$

Es ist $\mathcal{O}(SL_2)^U := \mathbb{C}[X,Y]$ und die R-Operation von SL_2 auf $\mathbb{C}[X,Y]$ ist gegeben durch

$$({}^gX, {}^gY) \;=\; (X,Y) \cdot g ,$$

d. h. für $g = (\begin{smallmatrix} a & b \\ c & d \end{smallmatrix})$

$${}^gX \;=\; aX + cY \quad , \quad {}^gY \;=\; bX + dY$$

(vgl. II. 3.1 Bemerkung 3). Wir sehen also, daß sich diese R-Operation auf den homogenen Bestandteilen $\mathbb{C}[X,Y]_n$ von der üblichen Darstellung von SL_2 auf den binären Formen R_n nur durch Voranstellen des SL_2-Automorphismus $g \mapsto (g^t)^{-1}$ unterscheidet (II. 3.1 Beispiel 1).

Fixieren wir wie in 4.2 einen Punkt e im dichten Orbit von E, für welchen $\lim_{t\to o} \lambda(t)e$ existiert, so wird der U-Invariantenring $\mathcal{O}(E)^U$ zu einer homogenen Unteralgebra von $\mathcal{O}(SL_2)^U$,

$$\mathcal{O}(E)^U \subset \mathcal{O}(SL_2)^U \;=\; \mathbb{C}[X,Y] ,$$

mit Quotientenkörper $\mathbb{C}(X,Y)$. Ist E zudem normal, so gilt $X \in \mathcal{O}(E)^U$ nach Satz 4.2.

Lemma: Ist $A \subset \mathbb{C}[X,Y]$ eine normale homogene Unteralgebra mit $X \in A$ und Quotientenkörper $\mathbb{C}(X,Y)$, so wird A von Monomen erzeugt.

Beweis: Wir zeigen zuerst, daß A Monome X^rY^s für alle s enthält. Sei hierzu $P = X^aY^b + \sum_{i>o} a_i X^{a+i}Y^{b-i}$ ein homogenes Element von A, $a_i \in \mathbb{C}$, mit $b > o$. Ist $k \in \mathbb{N}$ mit $kb \geq a$, so folgt

$$X^{bk-a}\ P = (X^kY)^b + \sum_{i>o} a_i X^{(k+1)i}(X^kY)^{b-i} \in A,$$

also $X^kY \in A$ wegen der Normalität. Wir wollen nun weiter zeigen, daß $X^aY^b \in A$ gilt; hieraus folgt durch Induktion die Behauptung. Ist $X^aY^b \notin A$, so sei n maximal mit $X^{n+a}Y^b \notin A$. Dann folgt für alle $0 \leq i \leq b$

$$(X^{n+a+i}Y^{b-i})^b = X^d(X^{n+a+1}Y^b)^{b-i} \quad \text{mit}$$

$$d = b(n+a+i) - (b-i)(n+a+1) = b(i-1) + i(n+a+1),$$

also $X^{n+a+i}Y^{b-i} \in A$ für $i > o$. Wegen $X^nP = X^{n+a}Y^b + \sum_{i>o} a_i X^{n+a+i}Y^{b-i} \in A$ erhalten wir einen Widerspruch. ††

Es ist also für eine normale Einbettung E der U-Invariantenring $\mathcal{O}(E)^U$ eine von Monomen erzeugte normale Unteralgebra von $\mathbb{C}[X,Y]$ mit $X \in \mathcal{O}(E)^U$ und Quotientenkörper $\mathbb{C}(X,Y)$. Diese Algebren lassen sich leicht beschreiben:

Satz 1: Ist E eine normale SL_2-Einbettung, so gibt es eine positive rationale Zahl h mit

$$\mathcal{O}(E)^U = A_h := \langle X^iY^j \mid \tfrac{j}{i} \leq h \rangle .$$

Beweis: Ist $X^{i_1}Y^{j_1}, \ldots, X^{i_s}Y^{j_s}$ ein Erzeugendensystem von $\mathcal{O}(E)^U$ durch Monome, so nehme man $h = \operatorname{Max}_s \frac{j_s}{i_s}$. Ist nämlich

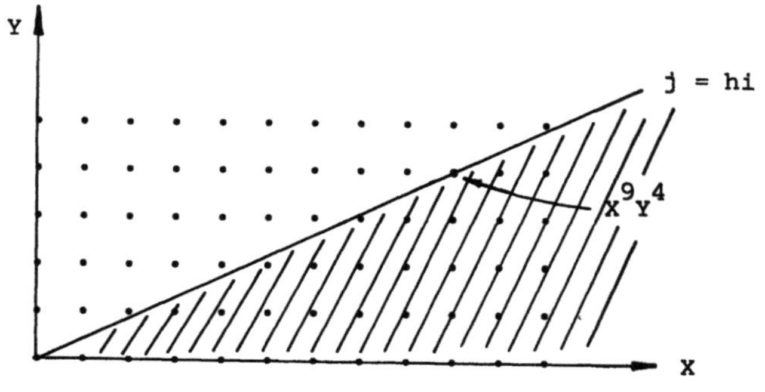

$X^aY^b \in \mathcal{O}(E)^U$, so folgt wie im Beweis des Lemmas $X^iY^j \in \mathcal{O}(E)^U$ für $\frac{j}{i} \leq \frac{b}{a}$ wegen

$$(X^iY^j)^b = X^{bi-aj}(X^aY^b)^j ,$$

und damit die Behauptung. ++

<u>Definition</u>: Die rationale Zahl h mit der im Satz 1 angegebenen Eigenschaft heißt die <u>Höhe der Einbettung</u> E und wird mit h(E) bezeichnet.

Ist $\mathcal{O}(E)^U = A_h$, so ist die Multiplizität $m_i(E)$ von R_i in $\mathcal{O}(E)$ gleich der Anzahl Monome $X^{i-k}Y^k$ mit $\frac{k}{i-k} \leq h$. Man findet leicht

$$m_i(E) = [\frac{ih}{1+h}] + 1 .$$

Hieraus ergibt sich sofort das folgende Resultat.

<u>Satz 2</u>: <u>Die Höhe ist eine Isomorphie-Invariante</u>. <u>Es gilt</u>

$$\frac{h(E)}{h(E)+1} = \lim_{n\to\infty} \frac{m_n(E)}{n} .$$

<u>Bemerkung</u>: Ist E eine nicht notwendig normale Einbettung und $\tilde{E}$ ihre Normalisierung, so gilt

$$\mathcal{O}(E)^U \subset \mathcal{O}(\tilde{E})^U = A_h \quad \text{mit} \quad h := h(\tilde{E}) .$$

Es ist $\mathcal{O}(E)^U$ endlich erzeugt und hat A_h als Normalisierung (vgl. 3.3). Hieraus folgt leicht, daß die homogenen Glieder vom Grad n von $\mathcal{O}(E)^U$ und A_h für genügend großes n übereinstimmen. Es gilt daher

$$\lim_{n\to\infty} \frac{m_n(E)}{n} = \frac{h}{h+1} .$$

Somit können wir <u>die Höhe einer beliebigen Einbettung</u> E entweder durch $h(E) = h(\tilde{E})$ oder durch die Formel in Satz 2 definieren.

Aus der Beschreibung der R-Operation am Anfang dieses Abschnitts 4.3 ersieht man, daß die Unteralgebren $A_h \subset \mathbb{C}[X,Y]$ alle stabil unter der R-Operation durch B sind. Für die normale Einbettung E ist daher wegen Satz 1 der Koordinatenring $\mathcal{O}(E) \subset \mathcal{O}(SL_2)$ stabil unter der R-Operation von B .

<u>Folgerung</u>: <u>Sei</u> E <u>eine normale</u> SL_2<u>-Einbettung und</u> $SL_2 \hookrightarrow E$ <u>wie in 4.2</u>. <u>Dann läßt sich die Rechtsoperation von</u> B <u>auf</u> SL_2 <u>auf ganz</u> E <u>fortsetzen</u>.

Wir bemerken noch, daß die Eigenräume zum Gewicht d von $\mathcal{O}(SL_2)^U$ unter der R-Operation von T gegeben sind durch

$$\bigoplus_{i=0}^{\infty} \mathbb{C}\, X^{i+d}Y^i .$$

4.4 Existenzsätze

Es stellt sich nun die Frage, welche rationalen Zahlen h als Höhen von Einbettungen E auftreten. Offenbar ist die Unteralgebra $\mathcal{O}(E) \subset \mathcal{O}(SL_2)$ durch $\mathcal{O}(E)^U$ festgelegt, denn $\mathcal{O}(E)$ ist der SL_2-Untermodul erzeugt von $\mathcal{O}(E)^U$ (siehe 1.5 Eigenschaft 1):

$$\mathcal{O}(E) = \langle SL_2 \cdot \mathcal{O}(E)^U \rangle .$$

Umgekehrt ist eine endlich erzeugte Unteralgebra $A \subset \mathbb{C}[X,Y]$ mit der Eigenschaft, daß der von A erzeugte Untermodul $R := \langle SL_2 \cdot A \rangle \subset \mathcal{O}(SL_2)$ eine Unteralgebra ist, der U-Invariantenring einer SL_2-Variatät Y : Mit A ist auch R endlich erzeugt und erfüllt $R^U = A$, und wir wählen für Y eine affine Varietät mit $\mathcal{O}(Y) \cong R$. Es geht also darum zu entscheiden, für welche $h \in \mathbb{Q}$ der Untermodul $\langle SL_2 \cdot A_h \rangle$ eine Unteralgebra von $\mathcal{O}(SL_2)$ ist.

<u>Lemma</u>: <u>In</u> $\mathcal{O}(SL_2)$ <u>gilt für</u> $a,b,r,s \in \mathbb{N}$

$$(\langle SL_2 \cdot X^aY^b \rangle \cdot \langle SL_2 \cdot X^rY^s \rangle)^U \subset \bigoplus_{i \geq 0} \mathbb{C}\, X^{a+r-i}Y^{b+s-i} .$$

Beweis: $\langle SL_2 \cdot X^aY^b \rangle$ ist ein irreduzibler Modul vom höchsten Gewicht $a+b$, enthalten im Eigenraum zum Gewicht $a-b$ unter der R-Operation von T (vgl. 4.3). Es ist daher $M := \langle SL_2 \cdot X^aY^b \rangle \cdot \langle SL_2 \cdot X^rY^s \rangle$ enthalten im Eigenraum zum Gewicht $a-b+r-s$ (bezüglich R-Operation von T). Da M das Bild des Tensorprodukts $\langle SL_2 \cdot X^aY^b \rangle \otimes \langle SL_2 \cdot X^rY^s \rangle$ ist, folgt aus der Clebsch-Gordan-Zerlegung (1.5 Übung 2b), daß die höchsten Gewichte in M alle $\leq a+b+r+s$ sind. Ein Monom X^pY^q kann daher nur dann in M^U vorkommen, wenn $p-q = a-b+r-s$ und $p+q \leq a+b+r+s$ gilt:

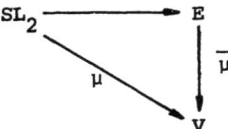

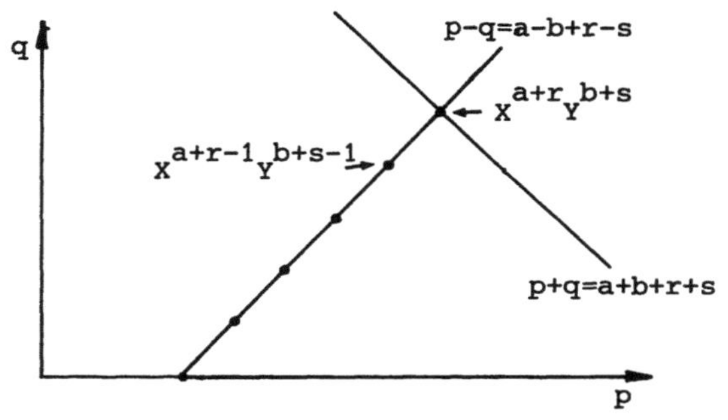

Es folgt $(p,q) = (a+r-i, b+s-i)$ für ein $i \in \mathbb{N}$, und damit die Behauptung. ††

Satz: a) Ist E eine Einbettung mit mindestens zwei Bahnen, so ist $h(E) \leq 1$.

b) Zu jeder positiven rationalen Zahl $h \leq 1$ gibt es eine normale Einbettung E mit $h(E) = h$.

Beweis: a) Sei $f := X^iY^j \in \mathcal{O}(E)^U$. Wir haben zu zeigen, daß $i \geq j$ gilt. Bezüglich der R-Operation spannt f den einfachen Modul $V := \mathbb{C}[X,Y]_{i+j}$ auf. Die Orbitabbildung

$$\mu : SL_2 \to V \quad , \quad g \mapsto {}^gf \quad ,$$

induziert eine Abbildung $\mu^* : \mathcal{O}(V) \to \mathcal{O}(SL_2)$, für welche nach 3.8 folgendes gilt (siehe Satz 3.8) : Das Bild von μ ist der Orbit O_f von f in V und

$$\mathcal{O}(\overline{O_f}) = \mathbb{C}[gf \mid g \in SL_2] \subset \mathcal{O}(SL_2) \quad .$$

Die Orbitabbildung μ faktorisiert daher über E

$$\begin{array}{ccc} SL_2 & \longrightarrow & E \\ & \searrow^{\mu} & \downarrow \overline{\mu} \\ & & V \end{array}$$

mit $\overline{\mu}(e) = f$. Da $\lim\limits_{t\to o} \lambda(t)e$ existiert, muß auch $\lim\limits_{t\to o} \lambda(t)f$ existieren.

Nun gilt $\lambda(t)f = t^{i-j}X^iY^j$, und es folgt $i \geq j$.

b) Wir haben zu zeigen, daß unter den gegebenen Voraussetzungen $\langle SL_2 \cdot A_h \rangle$ eine Unteralgebra von $\mathcal{O}(SL_2)$ ist. Sind X^aY^b, X^rY^s zwei Monome aus A_h, d. h. $\frac{b}{a}, \frac{s}{r} \le h \le 1$, so gilt $\frac{b+s-i}{a+r-i} \le h$ für alle $i \ge o$. Mit dem Lemma folgt $(\langle SL_2 \cdot X^aY^b \rangle \cdot \langle SL_2 \cdot X^rY^s \rangle)^U \subset A_h$ und damit $\langle SL_2 \cdot X^aY^b \rangle \cdot \langle SL_2 \cdot X^rY^s \rangle \subset \langle SL_2 \cdot A_h \rangle$. Da A_h von Monomen aufgespannt wird, folgt die Behauptung: Die normale Einbettung E mit Koordinatenring $\mathcal{O}(E) = \langle SL_2 \cdot A_h \rangle$ hat A_h als U-Invariantenring und folglich die Höhe h. ††

4.5 Struktursätze

Theorem: Sei E eine normale SL_2-Einbettung mit dichtem Orbit $O \subsetneq E$.
a) $E - O$ ist irreduzibel und normal. Insbesondere enthält E genau einen zweidimensionalen Orbit O'.
b) Ist $h(E) = 1$, so ist $O' = E - O$ ein abgeschlossener Orbit isomorph zu SL_2/T. Zudem gibt es eine SL_2-äquivariante Retraktion $\rho : E \to O'$, d. h. $\rho|_{O'} = Id_{O'}$.
c) Ist $h(E) < 1$, $h(E) = \frac{p}{q}$ mit teilerfremden positiven ganzen Zahlen p,q, so enthält E einen Fixpunkt e_o, und der zweidimensionale Orbit O' ist isomorph zu $SL_2/U_{(p+q)}$.

Beweis: a) Sei $h := h(E) = \frac{p}{q}$ mit teilerfremden $p,q \in \mathbb{N}$, und sei $\underline{a} \subset \mathcal{O}(E)$ das Ideal der Funktionen, die auf $E - O$ verschwinden. Die exakte Sequenz

$$o \to \underline{a} \to \mathcal{O}(E) \to \mathcal{O}(E-O) \to o$$

ist SL_2-äquivariant und daher $\mathcal{O}(E-O)^U = \mathcal{O}(E)^U/\underline{a}^U = A_h/\underline{a}^U$. Nach Satz 4.2 gilt $X \in \underline{a}$, also $\sqrt{X \cdot A_h} \subset \underline{a}^U$. Nun ist

$$\sqrt{X \cdot A_h} = \langle X^iY^j \mid \tfrac{j}{i} < h \rangle$$

und folglich $\overline{A_h} := A_h/\sqrt{X \cdot A_h}$ ein Polynomring in einer Variablen $t := X^qY^p + \sqrt{X \cdot A_h}$. Wäre $\underline{a}^U \neq \sqrt{X \cdot A_h}$, so wäre $\mathcal{O}(E-O)^U$ als echter Restklassenring von $\overline{A_h}$ eine endlichdimensionale Algebra. Dann wäre auch $\mathcal{O}(E-O)$ endlichdimensional, was $\dim(E-O) = 2$ (4.1 Lemma 4) widerspricht. Es gilt also

$$\mathcal{O}(E-O)^U = A_h/\sqrt{X \cdot A_h} = \mathbb{C}[t]$$

mit $t = X^qY^p + \sqrt{X \cdot A_h}$. Insbesondere ist $E - O$ irreduzibel und normal

(3.3 Lemma und Satz 2), womit a) bewiesen ist.

b) Ist E eine normale Einbettung der Höhe 1, so ist $XY \in \mathcal{O}(E)^U = A_1$, und die Inklusion $\mathbb{C}[XY] \subset A_1$ induziert einen Isomorphismus $\mathbb{C}[XY] \tilde{\to} \overline{A_1} = A_1/\sqrt{X \cdot A_1}$. Die Unteralgebra $\mathbb{C}[XY] \subset \mathbb{C}[X,Y]$ besteht aus den T-Invarianten bezüglich der R-Operation, also ist

$$B \;:=\; \langle SL_2 \cdot \mathbb{C}[XY] \rangle \;=\; \mathcal{O}(SL_2)^T \;=\; \mathcal{O}(SL_2/T)$$

(vgl. 4.1 Bemerkung 1) eine Unteralgebra von $\mathcal{O}(E)$ und die Komposition

$$B \xrightarrow{i} \mathcal{O}(E) \xrightarrow{p} \mathcal{O}(E-O)$$

ein SL_2-äquivarianter Isomorphismus. Es ist daher $E - O$ ein Orbit isomorph zu SL_2/T und der Morphismus $\rho : E \to E - O$ definiert durch $\rho^* = i \circ (p \circ i)^{-1}$ die gesuchte Retraktion.

c) Sei $\underline{n} := A_h \cap (X,Y)$ das homogene Maximalideal in A_h. Ist $h < 1$, so folgt aus Lemma 4.4, daß

$$\underline{m} \;:=\; \langle SL_2 \cdot \underline{n} \rangle \subset \mathcal{O}(E)$$

ein maximales Ideal ist und somit einen Fixpunkt $e_o \in E$ definiert. Aus a) folgt daher

$$E - O \;=\; \overline{O'} \;=\; O' \cup \{e_o\} ,$$

und O' ist isomorph zu $SL_2/U_{(n)}$ für ein geeignetes $n \in \mathbb{N}$ (4.1 Fall II). Da $\overline{O'}$ normal ist und der Fixpunkt die Kodimension 2 hat, gilt

$$\mathcal{O}(\overline{O'}) \;=\; \mathcal{O}(SL_2)^{U_{(n)}} \;\cong\; \bigoplus_{i=o}^{\infty} R_{ni}$$

(4.1 Bemerkung 1). Nun ist der U-Invariantenring von $\overline{O'} = E - O$ gegeben durch $A_h/\sqrt{X \cdot A_h} = \mathbb{C}[t]$ mit $t = X^qY^p + \sqrt{X \cdot A_h}$. Die auftretenden Gewichte sind also die Vielfachen von $p+q$, und wir erhalten $n = p+q$. ††

<u>Bemerkung:</u> Die Existenz einer Retraktion im Falle der Höhe 1 ist ein Spezialfall eines allgemeinen Resultates von D. Luna [Lu]: <u>Ist</u> G <u>reduktiv</u>, Z <u>eine G-Varietät mit</u> $\mathcal{O}(Z)^G = \mathbb{C}$ <u>und</u> $O' \subset Z$ <u>der abgeschlossene Orbit, so gibt es eine</u> SL_2-<u>äquivariante Retraktion</u> $\rho : Z \to O'$, <u>welche</u> Z <u>zu einem Faserbündel über</u> O' <u>macht</u>.

Aus dem Theorem folgt, daß es genau eine normale Einbettung mit 2 Bahnen gibt, nämlich die Einbettung der Höhe 1. Es gibt mehrere Möglichkeiten, diese zu konstruieren; wir wollen zwei davon angeben (vgl. auch Abschnitt 4.6).

Beispiel 1: Wir betrachten den SL_2-Modul $W := sl_2 \oplus \mathbb{C}^2 \cong R_2 \oplus R_1$, $sl_2 :=$ Lie $SL_2 = \{A = \begin{pmatrix} a & b \\ c & d \end{pmatrix} \mid a+d = o\}$ mit der adjungierten Darstellung und $\mathbb{C}^2$ mit der natürlichen Darstellung. Das Element $e := (\begin{pmatrix} 1 & 0 \\ 0 & -1 \end{pmatrix}, \begin{pmatrix} 1 \\ 0 \end{pmatrix}) \in W$ hat trivialen Stabilisator, also ist $E = \overline{O_e}$ eine SL_2-Einbettung. Es gilt

$$O_e = \{(A,v) \mid \det A = -1, v \neq o, Av = v\},$$

also

$$E = \{(A,v) \mid \det A = -1, Av = v\} = O_e \cup O'$$

mit

$$O' := \{(A,o) \mid \det A = -1\} \cong SL_2/T.$$

Setzt man $A = \begin{pmatrix} a & b \\ c & -a \end{pmatrix}$ und $v = \begin{pmatrix} x \\ y \end{pmatrix}$, so ist E durch die Gleichungen

$$a^2 + bc = 1$$

$$ax + by = x$$

$$cx - ay = y$$

definiert. Man zeigt leicht mit dem Jacobi-Kriterium (AI.5.6), daß E glatt ist. Es ist also E die gesuchte normale SL_2-Einbettung der Höhe 1.

Beispiel 2: Wir betrachten die Varietät $SL_2 \times \mathbb{C}$ und lassen darauf $T \subset SL_2$ folgendermassen operieren:

$$t(h,x) := (ht^{-1}, \lambda x) \quad \text{für} \quad t = \begin{pmatrix} \lambda & 0 \\ 0 & \lambda^{-1} \end{pmatrix}.$$

Damit erhalten wir eine freie Operation, d. h. alle Stabilisatoren sind trivial, und der Quotient

$$\pi : SL_2 \times \mathbb{C} \to (SL_2 \times \mathbb{C})/\tilde{}T$$

ist geometrisch. Wir bezeichnen ihn mit $SL_2 *^T \mathbb{C}$ und setzen $\pi((h,x)) =: h * x$. Nun operiert SL_2 auf dem Quotienten durch $g(h * x) = gh * x$ (vgl. II.4.3 Bemerkung 1). Die Projektion $SL_2 \times \mathbb{C} \to SL_2$ induziert eine SL_2-äquivariante Abbildung

$$SL_2 *^T \mathbb{C} \to SL_2/T, \quad g * v \mapsto gT,$$

welche den Schnitt $\sigma : gT \mapsto g * 0$ hat. Das Element $e := \begin{pmatrix} 1 & 0 \\ 0 & 1 \end{pmatrix} * 1$ hat trivialen Stabilisator in SL_2, und sein Orbit ist gegeben durch

$$O_e = \{g * x \mid g \in SL_2 , x \neq o\} .$$

Es folgt

$$SL_2 *^T \mathbb{C} = \overline{O_e} = O_e \cup O'$$

mit

$$O' \underset{\sigma}{\tilde{\leftarrow}} SL_2/T .$$

Da $SL_2 *^T \mathbb{C}$ nach Konstruktion normal ist, handelt es sich also um die normale Einbettung der Höhe 1 .

4.6 Tangentialraum im Fixpunkt

Wir wissen bereits, daß in einer Einbettung E der Fixpunkt e_o immer ein singulärer Punkt ist (4.1 Lemma 5). Wir bestimmen noch den Tangentialraum $T_{e_o}(E)$, und zwar als SL_2-Modul (vgl. II. 2.4 Beispiel).

Sei $M_h \subset A_h$ das (multiplikative) Monoid der Monome von positivem Grad. M_h ist eine $\mathbb{C}$-Basis des homogenen Maximalideales $\underline{n} \subset A_h$, und die unzerlegbaren Monome, d. h. die Monome aus $M_h - M_h \cdot M_h$ bilden eine Basis eines Komplementes von $\underline{n}^2$ in $\underline{n}$.

Lemma: Sei $h < 1$, $\underline{n}$ in A_h das homogene Maximalideal und $\underline{m} := \langle SL_2 \cdot \underline{n} \rangle$. Dann ist $(\underline{m}^2)^U = \underline{n}^2$.

Beweis: Nach dem Lemma 4.4 hat ein Monom in $(\underline{m}^2)^U$ die Gestalt $X^{a+r-i}Y^{b+s-i}$ mit X^aY^b , $X^rY^s \in M_h$ und $i \in \mathbb{N}$, und dieses ist wegen $h > 1$ zerlegbar: Schreibt man $i = i' + i''$ mit $i' \leq b$ und $i'' \leq s$, so ist

$$X^{a+r-i}Y^{b+s-i} = (X^{a-i'}Y^{b-i'}) \cdot (X^{r-i''}Y^{s-i''}) \in M_h \cdot M_h .$$

Es folgt also $\underline{n}^2 \subset (\underline{m}^2)^U \subset \underline{n}^2$ und damit die Behauptung. ††

Satz: Ist E eine normale Einbettung der Höhe $h < 1$ und ist $\{(r_i,s_i) \mid v = 1,\ldots,N\}$ die Menge der unzerlegbaren Elemente des (additiven) Monoids $\{(r,s) \in \mathbb{N} \times \mathbb{N} \mid (r,s) \neq (o,o), s \leq hr\}$, so hat der Tangentialraum im Fixpunkt e_o von E folgende Zerlegung als SL_2-Modul:

$$T_{e_o}(E) \cong \bigoplus_{i=1}^{N} R_{r_i+s_i} .$$

Beweis: Es ist $T_{e_o}(E)^* \cong \underline{m}/\underline{m}^2$, und mit dem Lemma folgt $(\underline{m}/\underline{m}^2)^U \cong \underline{n}/\underline{n}^2 \cong \bigoplus_{i=1}^{N} \mathbb{C}\, X^{r_i}Y^{s_i}$ als T-Modul (bez. L-Operation). Die Höchstgewichte in $T_{e_o}(E)$ sind daher die Zahlen r_i+s_i , $i = 1,\ldots,N$. ††

Folgerung 1: Ist $h = \frac{p}{q} < 1$ mit teilerfremden $p,q \in \mathbb{N}$, so enthält $T_{e_o}(E)$ die Darstellung $R_1 \oplus R_{p+q}$. Insbesondere ist $\dim T_{e_o}(E) \geq 6$, also e_o ein singulärer Punkt.

Folgerung 2 (D. Bartels [Ba]): Ist $f \in R_n$ eine Nullform mit trivialem Stabilisator, so ist $\overline{O_f}$ nicht normal.

Beweis: $\overline{O_f}$ ist eine Einbettung mit Fixpunkt $e_o = 0$. Es ist $T_o(\overline{O_f}) = R_n$, da R_n irreduzibel ist. Wäre $\overline{O_f}$ normal, so müßte nach der Folgerung 1 der Tangentialraum mindestens zwei irreduzible Moduln enthalten. ††

Übung: a) Sei $f = (X, X^2Y) \in R_1 \oplus R_3$; dann ist $\overline{O_f}$ eine normale Einbettung der Höhe 1/2 .

b) Sei $f = (X, X^2Y^3) \in R_1 \oplus R_5$; dann ist $\overline{O_f}$ eine nicht normale Einbettung der Höhe 2/3 .

4.7 Konstruktion von Einbettungen und Bestimmung der Höhe

Zur Konstruktion der normalen Einbettung der Höhe h verwenden wir die Überlegungen in Abschnitt 3.8.

Satz 1: Sei $h \leq 1$ und sei $\{X^{r_i}Y^{s_i} \mid i = 1,\ldots,t\}$ das minimale Erzeugendensystem des Monoids M_h (4.5). Sei weiter

$$f := (X^{r_1}Y^{s_1},\ldots,X^{r_t}Y^{s_t}) \in R_{n_1} \oplus \ldots \oplus R_{n_t} \ , \ n_i := r_i+s_i \ .$$

Dann ist $\overline{O_f}$ eine normale SL_2-Einbettung der Höhe h .

Beweis: Nach Konstruktion sind die $f_i := X^{r_i}Y^{s_i}$, $i=1,\ldots,t$ linear unabhängig und erzeugen A_h . Wir haben eine kanonische Identifizierung von $\bigoplus_{i=1}^{t} R_{n_i}$ mit $W := \langle {}^g f_i \mid g \in SL_2, i=1,\ldots,t\rangle \subset \mathbb{C}[X,Y] = \mathcal{O}(SL_2)^U$, welche bis auf den Automorphismus $g \mapsto (g^t)^{-1}$ ein SL_2-Isomorphismus ist (4.3). Dabei wird $\overline{O_f}$ mit dem Orbitabschluß von $\Sigma f_i \in W$ identifiziert, und die Behauptung folgt aus 3.8 Folgerung 2 . ††

<u>Beispiele</u>: 1) Sei $f := (X, X^nY) \in R_1 \oplus R_{n+1}$. Dann ist $\overline{O_f}$ eine normale Einbettung der Höhe $\frac{1}{n}$.

2) Sei $f := (X, X^2Y, X^3Y^2, \ldots, X^{n+1}Y^n) \in R_1 \oplus R_3 \oplus \ldots \oplus R_{2n+1}$. Dann ist $\overline{O_f}$ eine normale Einbettung der Höhe $\frac{n}{n+1}$. Die durch die Projektion auf den letzten Summanden induzierte Abbildung $\eta : \overline{O_f} \to \overline{O}_{X^{n+1}Y^n}$ ist die <u>Normalisierung</u> und ist <u>bijektiv</u>.

Ist umgekehrt $f \in R_{n_1} \oplus \ldots \oplus R_{n_t}$ eine <u>Nullform</u>, d. h. $\overline{O_f} \ni o$, und hat f einen trivialen Stabilisator, so ist $\overline{O_f}$ eine SL_2-Einbettung, und es stellt sich die Frage, wie man aus den "Daten" von f die Höhe von $\overline{O_f}$ berechnen kann und eventuell auch ablesen kann, ob $\overline{O_f}$ normal ist. Wir können o. E. annehmen, daß $\lim_{t\to\infty} \lambda(t)f = o$ gilt. (Wir nehmen den Limes für $t \to \infty$, weil dieser bei der Operation auf $\mathcal{O}(SL_2)^U = \mathbb{C}[X,Y]$ in den Limes $t \to o$ übergeht!) Dann haben die Komponenten $f_i \in R_{n_i}$ von f die Gestalt

$$f_i = a_i X^{r_i} Y^{s_i} + \sum_{j>o} a_{ij} X^{r_i+j} Y^{s_i-j} \tag{*}$$

mit $n_i = r_i + s_i$, $a_i \neq o$ und $r_i > s_i$. Wir nennen $\{X^{r_i}Y^{s_i} \mid i=1,\ldots,t\}$ die <u>charakteristischen Monome</u> von f; sie sind durch O_f eindeutig festgelegt.

<u>Definition</u>: Die rationale Zahl $h(f) = \operatorname{Max}_{i=1}^{t} \frac{s_i}{r_i}$ heißt die <u>Höhe</u> der Nullform f.

<u>Satz 2</u>: <u>Ist</u> $f \in \bigoplus_{i=1}^{t} R_{n_i}$ <u>eine Nullform mit trivialem Stabilisator</u>, <u>so ist</u> $\overline{O_f}$ <u>eine Einbettung der Höhe</u> $h(f)$.

<u>Beweis</u>: Wir verwenden auf den binären Formen R_n die Operation ${}^gf := (g^t)^{-1}f$. Dabei ändern sich die Bahnen nicht, und wir können R_n mit $\mathbb{C}[X,Y]_n$ identifizieren (4.3). Weiter nehmen wir wie oben an, daß $\lim_{t\to o} {}^{\lambda(t)}f = o$ gilt, daß also die Komponenten f_i die Gestalt (*) haben. Nach 3.8 Folgerung 2 gilt dann

$$\mathcal{O}(\overline{O_f}) = \mathbb{C}[gf_i \mid g \in SL_2, i=1,\ldots,t] \subset \mathcal{O}(SL_2) . \tag{**}$$

Sei $\eta : E \to \overline{O_f}$ die Normalisierung von $\overline{O_f}$ und $\tilde{f} \in E$ das Urbild von f

(4.1 Bemerkung 2). Da η endlich und abgeschlossen ist (AI.4.1), existiert $\lim_{t\to o} \lambda(t)\tilde{f}$ und ist gleich dem Fixpunkt $e_o \in E$. Es ist daher $\mathcal{O}(E)^U = A_{h_o} \subset \mathbb{C}[X,Y]$ für ein geeignetes h_o (4.3 Satz 1). Nach Definition ist $h(f)$ das kleinste h mit $f_i \in A_h$ für alle i. Wegen $f_i \in \mathcal{O}(\overline{O_f})^U \subset \mathcal{O}(E)^U$ gilt daher $h_o \geq h(f)$. Umgekehrt ist $\langle SL_2 \cdot A_{h(f)} \rangle$ normal und enthält $\mathcal{O}(\overline{O_f})$ (siehe (**)). Es folgt $\mathcal{O}(E) \subset \langle SL_2 \cdot A_{h(f)} \rangle$, d. h. $h_o \leq h(f)$, und damit die Behauptung. ††

Satz 3: <u>In den Bezeichnungen von Satz 2 ist</u> $\overline{O_f}$ <u>genau dann normal, wenn die charakteristischen Monome von</u> f <u>das Monoid</u> $M_{h(f)}$ <u>erzeugen.</u>

Beweis: Sei $\underline{n} \subset A_{h(f)}$ das homogene Maximalideal. Wir nehmen an, daß die Komponenten f_i die Form (*) haben. Erzeugen die Monome $\{X^{r_i}Y^{s_i} \mid i=1,\ldots,t\}$ das Monoid $M_{h(f)}$, so bilden die Restklassen $f_i + \underline{n}^2 = X^{r_i}Y^{s_i} + \underline{n}^2$ ein Erzeugendensystem für den Vektorraum $\underline{n}/\underline{n}^2$, also gilt $A_{h(f)} = \mathbb{C}[f_1,\ldots,f_t]$ (II. 3.2 Lemma). Es folgt $\mathcal{O}(\overline{O_f})^U = A_{h(f)}$ und damit die Normalität von $\overline{O_f}$.

Für die Umkehrung bemerken wir folgendes: Ist $B \subsetneqq A_h$ eine echte Unteralgebra und $A := \mathbb{C}[SL_2 B]$ die von B erzeugte SL_2-stabile Unteralgebra von $\mathcal{O}(SL_2)$, so ist $A^U \subsetneqq A_h$. (Dies ergibt sich wie im Beweis von Lemma 4.6 aus dem Lemma 4.4.) Erzeugen nun die charakteristischen Monome das Monoid $M_{h(f)}$ nicht, so ist $\mathbb{C}[f_1,\ldots,f_t]$ eine echte Unteralgebra von $A_{h(f)}$ und somit auch $\mathcal{O}(\overline{O_f})^U = \mathbb{C}[SL_2 \cdot f_i \mid i=1,\ldots,t]^U$. Folglich ist $\overline{O_f}$ nicht normal. ††

4.8 Homomorphismen und Automorphismen

Sei E eine Einbettung und $e \in E$ ein Punkt des dichten Orbits. Es ist klar, daß jeder Automorphismus $\sigma : E \to E$ eindeutig durch das Bild $\sigma(e) = h_\sigma \cdot e$ festgelegt ist. Damit erhalten wir einen Homomorphismus

$$\operatorname{Aut} E \to SL_2 \quad , \quad \sigma \mapsto h_\sigma^{-1} \quad ,$$

welcher Aut E mit einer <u>abgeschlossenen Untergruppe von</u> SL_2 identifiziert, nämlich mit dem <u>Normalisator von</u> $\mathcal{O}(E) \subset \mathcal{O}(SL_2)$ <u>unter der R-Operation auf</u> $\mathcal{O}(SL_2)$. Wählen wir e wie in 4.2, so stimmt dieser mit dem Normalisator von $\mathcal{O}(E)^U \subset \mathbb{C}[X,Y]$ bezüglich der R-Operation auf $\mathbb{C}[X,Y]$

überein. Ist E normal, so ergibt sich aus dem Struktursatz in 4.3 Aut $E \supset B$ (vgl. 4.3 Folgerung).

<u>Satz 1</u>: <u>Ist</u> E <u>eine normale Einbettung</u> $\not\cong SL_2$, <u>so ist</u> Aut $E \xrightarrow{\sim} B$.

<u>Beweis</u>: Wäre Aut $E \supsetneq B$, so folgt Aut $E = SL_2$ (Übung!). Es ist aber klar, daß $A_h \subset \mathbb{C}[X,Y]$ nicht stabil unter SL_2 ist. ††

<u>Bemerkung</u>: Im nicht-normalen Fall kann die Automorphismengruppe kleiner werden (vgl. [Ba]).

<u>Satz 2</u>: <u>Seien</u> E , E' <u>zwei normale Einbettungen</u>.

a) <u>Es gibt genau dann einen dominanten</u> SL_2<u>-äquivarianten Morphismus</u> $\phi : E' \to E$, <u>wenn</u> $h(E') \geq h(E)$ <u>gilt</u>.

b) <u>Ist</u> $h(E') > h(E)$, <u>so hat</u> E <u>einen Fixpunkt, und für jeden dominanten</u> SL_2<u>-äquivarianten Morphismus</u> $\phi : E' \to E$ <u>gilt</u> $\phi^{-1}(e_o) = E' - O'$, $O' \subset E'$ <u>der dichte Orbit</u>.

c) <u>Zwei verschiedene dominante</u> SL_2<u>-äquivariante Morphismen</u> $\phi, \phi' : E' \to E$ <u>unterscheiden sich nur durch einen Automorphismus von</u> E (oder von E'): $\phi' = \sigma \circ \phi$, $\sigma \in \mathrm{Aut}\, E$.

<u>Beweis</u>: a) Es gibt genau dann einen solchen Morphismus, wenn $\mathcal{O}(E) \subset \mathcal{O}(E') \subset \mathcal{O}(SL_2)$. Dies ist aber äquivalent zu $\mathcal{O}(E)^U = A_{h(E)} \subset \mathcal{O}(E')^U = A_{h(E')}$, also zu $h(E') \geq h(E)$.

b) Würde $\phi^{-1}(e_o)$ den zweidimensionalen Orbit von E' nicht enthalten, so wäre $\mathrm{codim}_E\, E - \phi(E') \geq 3$. Hieraus folgt aber, daß ϕ ein Isomorphismus ist (II. 3.4 Lemma und Bemerkung).

c) Ist $e' \in E'$ ein Punkt aus dem dichten Orbit, für welchen $\lim_{t \to o} \lambda(t)e'$ existiert, so gilt dies auch für $e_1 = \phi(e')$ und $e_2 = \phi'(e')$. Dann gibt es nach dem folgenden Lemma ein $\sigma \in \mathrm{Aut}\, E$ mit $\sigma(e_1) = e_2$, also gilt $\phi' = \sigma \circ \phi$. ††

<u>Lemma</u>: <u>Für eine normale Einbettung</u> E <u>mit dichtem Orbit</u> $O \neq E$ <u>ist die Menge</u> $\{e \in O \mid \lim_{t \to o} \lambda(t)e \text{ existiert}\}$ <u>ein Orbit unter</u> Aut E .

<u>Beweis</u>: Seien e_1, e_2 zwei Punkte in O , für welche der Limes $\lim_{t \to o} \lambda(t)e_i$ existiert, und $\mu_i : SL_2 \to E$, $g \mapsto ge_i$, die zugehörigen Inklusionen. Dann ist $\mu_1^*(\mathcal{O}(E)) = \mu_2^*(\mathcal{O}(E))$ als Unteralgebra von $\mathcal{O}(SL_2)$, denn beide haben als U-Invariantenring $A_{h(E)} \subset \mathbb{C}[X,Y] = \mathcal{O}(SL_2)^U$. Die Komposition $(\mu_1^*)^{-1} \circ \mu_2^*$ definiert daher einen Automorphismus $\sigma : E \to E$ mit $\sigma(e_1) = e_2$. ††

4.9 Verallgemeinerung auf endliche Stabilisatoren

Zum Schluß wollen wir die vorangehenden Ergebnisse benützen, um einige allgemeine Eigenschaften von Abschlüssen von dreidimensionalen SL_2-Orbiten herzuleiten; der Fall der zweidimensionalen Bahnen ist einfach zu behandeln und sei dem Leser überlassen.

Sei E eine SL_2-Einbettung und $H \subset \operatorname{Aut} E$ eine endliche Untergruppe. Dann ist der Quotient E/H eine dreidimensionale SL_2-Varietät mit dichtem Orbit $O \xleftarrow{\sim} SL_2/H$. Der nachfolgende Satz zeigt nun, daß man auf diese Art alle normalen 3-dimensionalen SL_2-Varietäten mit dichtem Orbit erhält.

Satz 1: Sei Y eine normale SL_2-Varietät der Dimension 3 mit dichtem Orbit O. Dann ist Y der Quotient einer normalen SL_2-Einbettung E nach einer endlichen Untergruppe $H \subset \operatorname{Aut} E$:

$$Y \cong E/H .$$

E ist durch Y bis auf Isomorphie eindeutig bestimmt, und H ist isomorph zum Stabilisator von $y \in O$.

Beweis: Sei $y \in O$ und $H := (SL_2)_y$ der endliche Stabilisator von y, also $O \xrightarrow{\sim} SL_2/H$. Der Morphismus $SL_2 \to Y$, $g \mapsto gy$, definiert eine Inklusion $\mathcal{O}(Y) \subset \mathcal{O}(SL_2)$. Für die R-Operation von H auf $\mathcal{O}(SL_2)$ gilt dann nach Konstruktion

$$\mathcal{O}(Y) \subset \mathcal{O}(SL_2/H) = \mathcal{O}(SL_2)^H \subset \mathcal{O}(SL_2)$$

und

$$\mathbb{C}(Y) = \mathbb{C}(SL_2/H) = \mathbb{C}(SL_2)^H .$$

Es ist also $\mathbb{C}(SL_2)/\mathbb{C}(Y)$ eine Galoiserweiterung mit Galoisgruppe H. Sei A der ganze Abschluß von $\mathcal{O}(Y)$ in $\mathbb{C}(SL_2)$. Dann gilt:

(a) A ist endlicher $\mathcal{O}(Y)$-Modul, also insbesondere eine endlich erzeugte Algebra mit Quotientenkörper $\mathbb{C}(SL_2)$. (AI.4.3)

(b) $A \subset \mathcal{O}(SL_2)$ ist stabil unter der L-Operation von SL_2 und der R-Operation von H, und $A^H = \mathcal{O}(Y)$. (Dies folgt nach Definition von A aus den D entsprechenden Stabilitätseigenschaften von $\mathcal{O}(Y)$ und der Beziehung $\mathcal{O}(Y) = A \cap \mathbb{C}(Y) = A \cap \mathbb{C}(SL_2)^H = A^H$.)

Dies besagt nun, daß A der Koordinatenring einer SL_2-Einbettung E ist, daß H durch Automorphismen auf E operiert und daß $E/H \xrightarrow{\sim} Y$ ist. Die restlichen Behauptungen sind klar. ††

Folgerung 1: Sei Y eine dreidimensionale SL_2-Varietät mit dichtem Orbit $O_Y \neq Y$. Dann ist der Stabilisator $(SL_2)_y$ zyklisch.

Beweis: Wir können o. E. Y normal annehmen. Dann ist $(SL_2)_y$ eine endliche Untergruppe von $\operatorname{Aut} E$ für eine normale Einbettung $E \neq SL_2$, also eine endliche Untergruppe von B (4.8 Satz 1), und diese sind alle zyklisch (vgl. 1.1 Beispiel 3). ††

Folgerung 2: Ist Z eine SL_2-Varietät und $z \in Z$ ein Punkt, dessen Stabilisator einen Torus oder eine nicht kommutative endliche Untergruppe enthält, so ist die Bahn O_z abgeschlossen.

Beweis: Dies ergibt sich aus Folgerung 1, 2.5 Folgerung 3 und 4.1 Lemma 2 und 3. ††

Durch Satz 1 wird jeder dreidimensionalen SL_2-Varietät Y mit dichtem Orbit eine normale SL_2-Einbettung E zugeordnet.

Definition: Die Höhe von Y ist definiert durch $h(Y) = h(E)$, der Grad $d(Y)$ durch die Ordnung des Stabilisators eines Punktes des dichten Orbits.

Bemerkung 1: Für die Höhe von Y haben wir folgende Formel, welche nochmals zeigt, daß $h(Y)$ eine Isomorphieinvariante ist:

$$\frac{h(Y)}{h(Y)+1} = d \cdot \lim_{n\to\infty} \frac{m_n(Y)}{n} ;$$

dabei ist d die Ordnung des Stabilisators eines Punktes des dichten Orbits, also der Grad von Y.

(Die Formel folgt aus der Tatsache, daß $\mathcal{O}(E)$ ein endlicher Modul über $\mathcal{O}(Y)$ ist mit $[\mathbb{C}(E) : \mathbb{C}(Y)] = d$, zusammen mit 4.3 Satz 2.)

Der folgende Klassifikationssatz ergibt sich nun leicht aus dem bisherigen.

Satz 2: Die Isomorphieklassen der normalen dreidimensionalen SL_2-Varietäten Y mit dichtem Orbit $O \neq Y$ entsprechen eineindeutig den Elementen aus $(0,1]_{\mathbb{Q}} \times \mathbb{N}^+$. Die Zuordnung ist gegeben durch $Y \mapsto (h(Y), d(Y))$.

Es ist nicht schwierig, die Resultate aus 4.7 auf die allgemeine Situation zu übertragen. Wir überlassen die Details dem Leser und geben nur noch ein Resultat über die Bestimmung der Höhe an (vgl. 4.7 Satz 2).

Satz 3: Ist $f \in \bigoplus_{i=1}^{t} R_{n_i}$ eine Nullform mit endlichem Stabilisator, so ist der Stabilisator zyklisch, und $\overline{O_f}$ hat die Höhe $h(f)$.

<u>Beispiel</u>: Sei $f := (X^nY, X^{n-1}) \in R_{n+1} \oplus R_{n-1}$. Dann ist $\overline{O_f}$ normal mit Höhe $\frac{1}{n}$ und Grad $n-1$. Die zugehörige Einbettung E kann man folgendermassen konstruieren: Sei $e := (X^nY, X) \in R_{n+1} \oplus R_1$ und $\eta : R_{n+1} \oplus R_1 \to R_{n+1} \oplus R_{n-1}$ gegeben durch $\eta(f_1, f_2) = (f_1, f_2^{n-1})$. Dann ist $E := \overline{O_e}$ eine normale Einbettung der Höhe $\frac{1}{n}$, und η induziert die Quotientenabbildung

$$E \to \overline{O_f} \ .$$

<u>Bemerkung 2</u>: Wie in 4.6 kann man auch in der allgemeineren Situation den Tangentialraum im Fixpunkt y_o einer normalen Einbettung bestimmen. Man findet unter anderem das folgende Resultat von D. Bartels [Ba]: <u>Für eine Nullform</u> $f \in R_n$ <u>mit endlichem Stabilisator ist der Abschluß</u> $\overline{O_f}$ <u>nicht normal</u>.

ANHANG I

EINIGE GRUNDLAGEN AUS DER ALGEBRAISCHEN GEOMETRIE

In diesem Anhang stellen wir einige Begriffe und Resultate aus der algebraischen Geometrie zusammen, welche im Laufe des Textes benutzt werden. Die Beweise sind oft nur angedeutet und zum Teil sogar ganz weggelassen. Dies geschieht mit Absicht: Den fortgeschrittenen Leser möchten wir nur kurz an die Grundtatsachen erinnern, während der Anfänger nicht darum herumkommt, sich noch intensiver mit der algebraischen Geometrie zu befassen (etwa anhand der Lehrbücher [Ha], [M1], [M2], [Sh]; siehe die unten angegebene Literatur). Als Ersatz haben wir viele Beispiele angegeben, welche die neuen Begriffe klar machen sollen und an denen man die Sätze verifizieren kann.

LITERATUR

[AM] Atiyah, M.F.; Macdonald, I.G.: Introduction to Commutative Algebra. Addison-Wesley, Reading Mass. (1969)

[BAC] Bourbaki, N.: Algèbre Commutative I-VIII. Hermann, Paris (1961ff)

[D] Dieudonné, J.: Cours de Géométrie Algébrique I, II. Presses Univ. France, Collection Sup (1974)

[EGA] Grothendieck, A.; Dieudonné, J.: Eléments de Géométrie Algébrique I-IV. Inst. Hautes Etudes Sci. Publ. Math. **4**, **8**, **11**, **17**, **20**, **24**, **28**, **32** (1960-1967)

[GH] Griffiths, P.; Harris, J.: Principles of Algebraic Geometry. Wiley (Interscience), New York (1978)

[Ha] Hartshorne, R.: Algebraic Geometry. GTM **52**, Springer Verlag

[Ka] Kapalansky, I.: Commutative Rings. Univ. of Chicago Press, Chicago and London (1974)

[M1] Mumford, D.: Introduction to Algebraic Geometry. (Havard-Notes)

[M2] Mumford, D.: Algebraic Geometry I. Grundlehren **221**, Springer Verlag (1976)

[Ma] Matsumura, H.: Commutative Algebra. Benjamin, New York (1970)

[Sh] Shafarevich, I.R.: Basic Algebraic Geometry. Grundlehren **213**, Springer Verlag (1977)

[ZS] Zariski, O.; Samuel, P.: Commutative Algebra I, II. Van Nostrand, Princeton (1958, 1960)

1. AFFINE VARIETÄTEN

1.1 Reguläre Funktionen

Ein Polynom $f \in \mathbb{C}[X_1,\ldots,X_n]$ können wir als $\mathbb{C}$-wertige Funktion auf dem $\mathbb{C}^n$ auffassen, und zwar durch "Einsetzen" :

$$x = (x_1,x_2,\ldots,x_n) \mapsto f(x) := f(x_1,x_2,\ldots,x_n) \in \mathbb{C} .$$

Solche Funktionen auf dem $\mathbb{C}^n$ heißen regulär. Die linearen Funktionen $X_1,\ldots,X_n$ bilden die Dualbasis zur kanonischen Basis des $\mathbb{C}^n$; wir nennen sie auch die Koordinatenfunktionen des $\mathbb{C}^n$. Sie sind algebraisch unabhängig und erzeugen die $\mathbb{C}$-Algebra $\mathcal{O}(\mathbb{C}^n)$ der regulären Funktionen auf $\mathbb{C}^n$: $\mathcal{O}(\mathbb{C}^n) = \mathbb{C}[X_1,\ldots,X_n]$.

Beispiel: $M_n(\mathbb{C}) \cong \mathbb{C}^{n^2}$ mit den regulären Funktionen

$$\mathcal{O}(M_n(\mathbb{C})) = \mathbb{C}[X_{11},X_{12},\ldots,X_{nn}] = \mathbb{C}[X_{ij}] .$$

Determinante und Spur sind reguläre Funktionen auf $M_n(\mathbb{C})$:

$$\det := \sum_{\sigma \in \Sigma_n} \operatorname{sign} \sigma \cdot X_{1\sigma(1)}\cdots X_{n\sigma(n)} ,$$

$$\operatorname{sp} := X_{11} + X_{22} + \ldots + X_{nn} .$$

1.2 Nullstellengebilde

Für eine beliebige Teilmenge M von $\mathbb{C}[X_1,\ldots,X_n]$ definieren wir das Nullstellengebilde von M durch

$$\mathcal{V}_{\mathbb{C}^n}(M) := \{x \in \mathbb{C}^n \mid f(x) = 0 \text{ für alle } f \in M\} = \mathcal{V}(M) .$$

Ist $\underline{a} := M \cdot \mathbb{C}[X_1,\ldots,X_n] = (M)$ das von M erzeugte Ideal und $f_1,\ldots,f_r$ ein Erzeugendensystem von $\underline{a}$, so gilt offenbar

$$\mathcal{V}_{\mathbb{C}^n}(M) = \mathcal{V}_{\mathbb{C}^n}(\underline{a}) = \mathcal{V}_{\mathbb{C}^n}(f_1,\ldots,f_r) .$$

Beispiele: $SL_n \;:=\; \mathbb{V}_{M_n}(\det - 1)$.

$O_n \;:=\;$ Menge der orthogonalen Matrizen in M_n

$= \{X \in M_n \mid X \cdot X^t = E\}$

$= \mathbb{V}_{M_n}(\{\sum_{j=1}^{n} X_{ij}X_{kj} - \delta_{ik} \mid i,k = 1,\ldots,n\})$.

$\mathbb{V}_{\mathbb{C}^2}(Y^2 - X^3 + X)$:

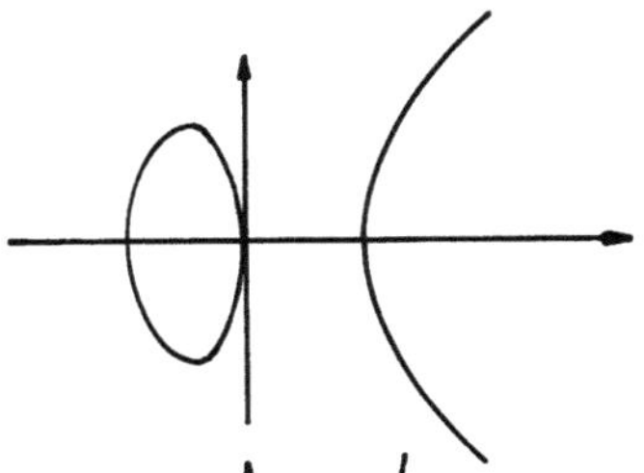

elliptische Kurve

$\mathbb{V}_{\mathbb{C}^2}(Y^2 - X^3)$:

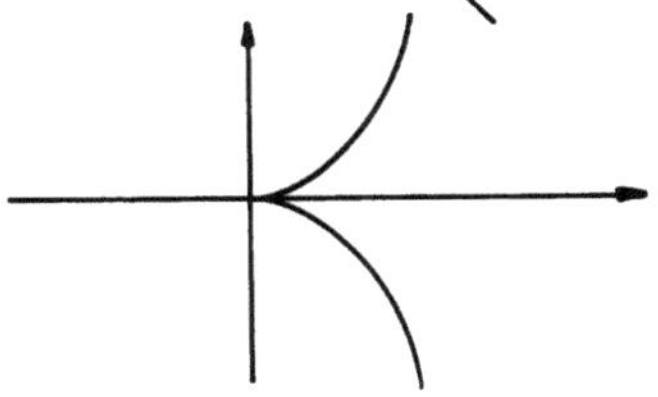

Neilsche Parabel

1.3 Zariski-Topologie

Für Ideale $\underline{a}$, $\underline{b}$, $\underline{a}_i$ $(i \in I)$ von $\mathbb{C}[X_1,\ldots,X_n]$ gilt:

(i) $\underline{a} \subset \underline{b} \;\Rightarrow\; \mathbb{V}(\underline{a}) \supset \mathbb{V}(\underline{b})$;

(ii) $\bigcap_{i\in I} \mathbb{V}(\underline{a}_i) = \mathbb{V}(\sum_{i\in I} \underline{a}_i)$;

(iii) $\mathbb{V}(\underline{a}) \cup \mathbb{V}(\underline{b}) = \mathbb{V}(\underline{a} \cap \underline{b}) = \mathbb{V}(\underline{a} \cdot \underline{b})$.

(Die Aussagen (i) und (ii) sind klar. Zu (iii) bemerken wir zunächst, daß $\underline{ab} \subset \underline{a} \cap \underline{b} \subset \underline{a},\underline{b}$ gilt. Mit (i) folgt $\mathbb{V}(\underline{a}) \cup \mathbb{V}(\underline{b}) \subset \mathbb{V}(\underline{a} \cap \underline{b}) \subset \mathbb{V}(\underline{a} \cdot \underline{b})$ Sei andererseits $x \notin \mathbb{V}(\underline{a}) \cup \mathbb{V}(\underline{b})$. Dann existieren $f_1 \in \underline{a}$ und $f_2 \in \underline{b}$ mit $f_1(x) \neq 0$ und $f_2(x) \neq 0$. Somit ist auch $(f_1 \cdot f_2)(x) \neq 0$, also $x \notin \mathbb{V}(\underline{a} \cdot \underline{b})$. Damit steht überall das Gleichheitszeichen. ++)

Die Aussagen (i), (ii) und (iii) besagen, daß die Nullstellengebilde die Axiome für abgeschlossene Mengen einer Topologie auf $\mathbb{C}^n$ erfüllen. Diese Topologie heißt Zariski-Topologie.

Beispiel: Für $\mathbb{C}^1$ fällt die Zariski-Topologie mit der kofiniten Topologie zusammen: Die abgeschlossenen Mengen sind alle endlichen Mengen und $\mathbb{C}$. Die Zariski-Topologie ist also im allgemeinen nicht Hausdorffsch.

Bemerkung: Die Zariski-abgeschlossenen Teilmengen von $\mathbb{C}^n$ sind auch in der üblichen $\mathbb{C}$-Topologie abgeschlossen. Anders ausgedrückt: die regulären Funktionen sind stetig in der $\mathbb{C}$-Topologie; oder: die $\mathbb{C}$-Topologie ist feiner als die Zariski-Topologie (vgl. Abschnitt 7).

1.4 Abgeschlossene Untervarietäten

Sei X eine Zariski-abgeschlossene Teilmenge von $\mathbb{C}^n$. Die regulären Funktionen $\mathcal{O}(X)$ auf X definieren wir als die Einschränkungen der regulären Funktionen von $\mathbb{C}^n$:

$$\mathcal{O}(X) \quad := \quad \{f|_X \quad \text{mit} \quad f \in \mathcal{O}(\mathbb{C}^n)\} .$$

Da zwei Funktionen auf X genau dann gleich sind, wenn ihre Differenz auf X identisch verschwindet, folgt

$$\mathcal{O}(X) \tilde{\to} \mathcal{O}(\mathbb{C}^n)/\underline{i}(X) \quad , \quad \underline{i}(X) \quad := \quad \{f \in \mathcal{O}(\mathbb{C}^n) \mid f(x) = 0 \quad \text{für} \quad x \in X\} .$$

Die Teilmenge X zusammen mit den regulären Funktionen $\mathcal{O}(X)$ heißt abgeschlossene Untervarietät von $\mathbb{C}^n$.

1.5 Nullstellensatz: Ist $\underline{a} \subset \mathbb{C}[X_1,\dots,X_n]$ ein Ideal und $X := \mathcal{V}(\underline{a})$ das Nullstellengebilde von $\underline{a}$ in $\mathbb{C}^n$, so ist

$$\underline{i}(X) \quad = \quad \sqrt{\underline{a}} \quad := \quad \{f \in \mathcal{O}(\mathbb{C}^n) \mid f^s \in \underline{a} \quad \text{für ein} \quad s \in \mathbb{N}\}$$

das Radikal von $\underline{a}$. Insbesondere folgt $\mathcal{O}(X) = \mathbb{C}[X_1,\dots,X_n]/\sqrt{\underline{a}}$.

Die abgeschlossenen Untervarietäten von $\mathbb{C}^n$ entsprechen also in eineindeutiger Weise den perfekten Idealen von $\mathcal{O}(\mathbb{C}^n)$. ($\underline{a}$ heißt perfekt, falls $\sqrt{\underline{a}} = \underline{a}$ gilt.)

Betrachten wir ein $f \in \mathbb{C}[X_1,\dots,X_n]$ und seine Primfaktorzerlegung

$$f \quad = \quad \prod_{i=1}^{s} p_i^{\nu_i} \quad , \quad p_i \quad \text{irreduzibel}, \quad \nu_i \in \mathbb{N} ,$$

so gilt $\sqrt{(f)} = (p_1)\dots(p_s) = (p_1\dots p_s) = (p_1) \cap \dots \cap (p_s)$, und alle (p_i)

sind Primideale. Somit ist ein Hauptideal (f) genau dann perfekt, falls f keine mehrfachen Primfaktoren hat.

Beispiele: a) $\mathcal{O}(SL_n) = \mathbb{C}[X_{ij}]/(\det -1)$, denn das Polynom $\det - 1$ ist irreduzibel: Kommt in einer Zerlegung $\det -1 = f \cdot g$ die Variable X_{rs} im Faktor f vor, so kann weder X_{rs} noch eine der Variablen X_{is} , X_{rj} mit $i,j = 1,\ldots,n$ in g auftreten. Hieraus folgt aber, daß kein X_{ij} in g vorkommt und g somit eine Konstante ist.

b) Sei $C = \mathcal{V}_{\mathbb{C}^2}(Y^2-X^3)$ die Neilsche Parabel (1.2). Dann ist

$$\mathcal{O}(C) \;=\; \mathbb{C}[X,Y]/(Y^2-X^3) \xrightarrow{\sim} \mathbb{C}[T^2,T^3] \subset \mathbb{C}[T] \;,$$

wobei der Isomorphismus durch $X \mapsto T^2$, $Y \mapsto T^3$ gegeben ist.

Übung: Sei $X \subset \mathbb{C}^n$ eine abgeschlossene Untervarietät und $W \subset \mathcal{O}(X)$ ein endlichdimensionaler Untervektorraum. Dann wird W^* von den Einschränkungen $\varepsilon_x|_W$, $x \in X$, linear erzeugt, wobei $\varepsilon_x : \mathcal{O}(X) \to \mathbb{C}$ das "Auswerten an der Stelle x " ist: $\varepsilon_x(f) = f(x)$.

1.6 Affine Varietäten

Definition: Eine Menge Z zusammen mit einer $\mathbb{C}$-Algebra $\mathcal{O}(Z)$ von $\mathbb{C}$-wertigen Funktionen heißt affine Varietät, falls es eine abgeschlossene Untervarietät $X \subset \mathbb{C}^n$ und eine Bijektion $\phi : Z \to X$ gibt, welche $\mathcal{O}(X)$ mit $\mathcal{O}(Z)$ identifiziert (d. h. für alle $f \in \mathcal{O}(X)$ ist $f \circ \phi \in \mathcal{O}(Z)$, und $f \mapsto f \circ \phi$ ist ein Isomorphismus $\mathcal{O}(X) \xrightarrow{\sim} \mathcal{O}(Z)$).

$\mathcal{O}(Z)$ nennen wir Koordinatenring oder Ring der regulären Funktionen von Z . Die Zariski-Topologie auf Z definieren wir als die durch ϕ induzierte. Die abgeschlossenen Teilmengen von Z sind also von der Form $\mathcal{V}_Z(M) = \{z \in Z \mid f(z) = 0 \text{ für alle } f \in M\}$ für eine Teilmenge M von $\mathcal{O}(Z)$. Insbesondere ist die Zariski-Topologie auf Z unabhängig von ϕ , und es gelten die zu 1.3(i), (ii), (iii) analogen Eigenschaften.

Bemerkung: Die Punkte von Z sind abgeschlossen, doch ist Z im allgemeinen nicht Hausdorffsch. Die regulären Funktionen sind stetig bezüglich der Zariski-Topologie. Verschiedene Punkte von Z können durch reguläre Funktionen getrennt werden, d. h. für $z_1 \neq z_2$ aus Z gibt es ein $f \in \mathcal{O}(Z)$ mit $f(z_1) \neq f(z_2)$.

Beispiele: a) Sei V ein endlichdimensionaler $\mathbb{C}$-Vektorraum. $f : V \to \mathbb{C}$ heißt regulär, falls f bezüglich einer Basis (und damit jeder Basis!) ein Polynom in den Koordinatenfunktionen ist.

b) Sei M eine endliche Menge mit m Elementen und $\mathcal{O}(M) := \mathbb{C}^M = \{f : M \to \mathbb{C}\} = \underbrace{\mathbb{C} \times \ldots \times \mathbb{C}}_{m\text{-mal}}$. M mit $\mathcal{O}(M)$ ist eine affine Varietät: Bettet man M beliebig in $\mathbb{C}$ ein, so ist jede komplexwertige Funktion auf dieser endlichen Teilmenge von $\mathbb{C}$ die Einschränkung eines Polynoms $f \in \mathbb{C}[X] = \mathcal{O}(\mathbb{C})$.

c) Sei $Z = \{H \subset \mathbb{C}^2 \mid H = \mathbb{V}_{\mathbb{C}^2}(XY-\alpha), \alpha \in \mathbb{C}\}$ ~ Menge von Hyperbeln in $\mathbb{C}^2$, und $\mathcal{O}(Z)$ erzeugt von der Funktion $f : H = \mathbb{V}(XY-\alpha) \mapsto \alpha$. Es ist offensichtlich $Z \tilde{\to} \mathbb{C}$ und $\mathcal{O}(Z) = \mathbb{C}[f] \cong \mathbb{C}[X]$.

d) Für festes $n \in \mathbb{N}$ sei

$$Z := \{M \subset \mathbb{C} \mid M \text{ besteht aus } n \text{ nicht notwendig verschiedenen komplexen Zahlen}\},$$

und $\mathcal{O}(Z) := \mathbb{C}[\sigma_1,\ldots,\sigma_n] \subset \mathbb{C}[X_1,\ldots,X_n]$, wobei σ_i die i-te elementarsymmetrische Funktion in den $X_1,\ldots,X_n$ sei. Die Bijektion

$$\phi : Z \to \mathbb{C}^n, \quad M \mapsto (\sigma_1(M),\ldots,\sigma_n(M))$$

zeigt, daß Z zusammen mit $\mathcal{O}(Z)$ eine affine Varietät ist.

Satz: Eine affine Varietät Z ist durch ihren Koordinatenring $\mathcal{O}(Z)$ eindeutig festgelegt. Die Punkte von Z entsprechen eineindeutig den maximalen Idealen von $\mathcal{O}(Z)$, vermöge den Zuordnungen

$$Z \ni z \longmapsto \underline{m}_z := \{f \in \mathcal{O}(Z) \mid f(z) = 0\} = \underline{i}(\{z\}),$$

$$\mathbb{V}(\underline{m}) \longleftarrow \underline{m} \text{ maximales Ideal in } \mathcal{O}(Z).$$

Beweis: Offensichtlich ist $\mathbb{V}_Z(\underline{m}_z) = \mathbb{V}_Z(\underline{i}(\{z\})) = \{z\}$, denn $\{z\}$ ist abgeschlossen in Z. Mit dem Nullstellensatz 1.5 folgt $\underline{i}(\mathbb{V}_Z(\underline{m})) = \sqrt{\underline{m}} = \underline{m}$. ††

Bemerkung: Sei R eine endlich erzeugte reduzierte $\mathbb{C}$-Algebra (d. h. R hat keine nilpotenten Elemente $\neq 0$). Dann gibt es eine affine Varietät Z mit $\mathcal{O}(Z) \cong R$. Es gilt nämlich $R \cong \mathbb{C}[X_1,\ldots,X_n]/\underline{a}$ mit $\underline{a} = \sqrt{\underline{a}}$. Wähle $Z = \mathbb{V}_{\mathbb{C}^n}(\underline{a})$.

Unabhängig von einer Einbettung in $\mathbb{C}^n$ erhalten wir Z mit Hilfe des obigen Satzes:

$$Z = \operatorname{spec} R := \{\text{maximale Ideale von } R\} ,$$

und die Elemente $f \in R$ liefern folgendermaßen die regulären Funktionen auf Z : Ist $\underline{m}$ ein maximales Ideal von R , so setzen wir $f(\underline{m}) = \overline{f} =$ Restklasse von f in $R/\underline{m} = \mathbb{C}$.

Übung: Ist Z eine affine Varietät und $f \in \mathcal{O}(Z)$ eine reguläre Funktion mit $f(z) \neq 0$ für alle $z \in Z$, so ist f eine Einheit in $\mathcal{O}(Z)$, d. h. es gibt ein $g \in \mathcal{O}(Z)$ mit $f \cdot g = 1$.

1.7 Spezielle offene Mengen

Sei Z eine affine Varietät mit Koordinatenring $\mathcal{O}(Z)$. Für $f \in \mathcal{O}(Z)$ setzen wir

$$Z_f := Z - \mathcal{V}_Z(f) = \{z \in Z \mid f(z) \neq 0\}$$

und nennen die offenen Teilmengen dieser Gestalt spezielle offene Teilmengen von Z .

Lemma: Die speziellen offenen Teilmengen von Z bilden eine Basis der Zariski-Topologie von Z .

Beweis: Sei U offen und nicht leer in Z , $Z - U = \mathcal{V}_Z(\underline{a})$ für ein Ideal $\underline{a}$ von $\mathcal{O}(Z)$. Für jedes $x \in U$ existiert ein $f \in \underline{a}$ mit $f(x) \neq 0$, also gilt $x \in Z_f \subset U$. ††

Übung: a) $f = 0 \iff Z_f = \emptyset$.
b) f Einheit $\iff Z_f = Z$ (vgl. Übung 1.6) .
c) $(\operatorname{spec} R)_f = \{\underline{m} \mid f \notin \underline{m}\}$.

Es sei $\mathcal{O}(Z_f)$ der Funktionenring auf Z_f erzeugt von den Einschränkungen $g|_{Z_f}$, $g \in \mathcal{O}(Z)$, und der auf Z_f definierten Funktion $\frac{1}{f}$.

Satz: Z_f zusammen mit $\mathcal{O}(Z_f)$ ist eine affine Varietät.

Beweis: Sei $Z = \mathbb{V}_{\mathbb{C}^n}(\underline{a}) \subset \mathbb{C}^n$. Wir setzen $\tilde{Z} := \mathbb{V}_{\mathbb{C}^{n+1}}(\langle \underline{a}, f\cdot X_{n+1}-1\rangle) \subset \mathbb{C}^{n+1}$. Dann induziert die Projektion $p : \mathbb{C}^{n+1} \to \mathbb{C}^n$, $(x_1,\dots,x_n,x_{n+1}) \mapsto (x_1,\dots,x_n)$, eine Bijektion $\tilde{Z} \tilde{\to} Z_f$, welche $\mathcal{O}(Z_f)$ mit $\mathcal{O}(Z)[X_{n+1}]/\langle \underline{a}, f\cdot X_{n+1}-1\rangle$ identifiziert. ††

Beispiel: Es ist $GL_n = (M_n)_{\det}$ eine spezielle offene Teilmenge von M_n und $\mathcal{O}(GL_n) = \mathbb{C}[X_{ij}, \det^{-1}] = \mathbb{C}[X_{ij}, T]/(T\cdot\det-1)$. Dies führt zur Definition der linearen algebraischen Gruppen: Man bezeichnet damit die abgeschlossenen Untergruppen von GL_n. Etwas allgemeiner versteht man unter einer algebraischen Gruppe eine affine Varietät mit Gruppenstruktur, welche isomorph (als affine Varietät und als Gruppe!) zu einer abgeschlossenen Untergruppe von GL_n ist.

1.8 Irreduzible Varietäten

Ein topologischer Raum T heißt reduzibel, falls es echte abgeschlossene Teilmengen A, B von T gibt mit $A \cup B = T$; andernfalls heißt T irreduzibel. Man überlegt sich leicht, daß T genau dann irreduzibel ist, wenn jede nichtleere offene Teilmenge dicht in T ist.

Lemma: Eine affine Varietät Z ist genau dann irreduzibel, wenn $\mathcal{O}(Z)$ nullteilerfrei ist.

(Beweis als Übung.)

Beispiele: 1) $\mathbb{V}_{\mathbb{C}^2}(X\cdot Y)$ ist reduzibel:

$$\mathbb{V}(X\cdot Y) = \mathbb{V}(X) \cup \mathbb{V}(Y) = y\text{-Achse} \cup x\text{-Achse}\ .$$

2) Für $f \in \mathbb{C}[X_1,\dots,X_n]$ gilt: $\mathbb{V}_{\mathbb{C}^n}(f)$ ist genau dann irreduzibel, wenn f Potenz eines irreduziblen Polynoms ist (vgl. 1.5).

1.9 Zerlegung in irreduzible Komponenten

Satz: Jede affine Varietät Z ist als endliche Vereinigung $Z = \bigcup_{i=1}^{s} Z_i$ von abgeschlossenen irreduziblen Teilmengen Z_i von Z darstellbar. Ist diese Zerlegung unverkürzbar (d. h. gilt $Z_j \not\subset \bigcup_{i\neq j} Z_i$ für alle $j=1,\dots,s$), so sind die Z_j bis auf ihre Reihenfolge eindeutig bestimmt, und sie sind genau die maximalen irreduziblen abgeschlossenen Teilmengen von Z .

Die Z_j heißen irreduzible Komponenten von Z .

Beispiel: Sei $f = \prod_{i=1}^{s} p_i^{\rho_i} \in \mathbb{C}[X_1,\ldots,X_n]$; dann ist $\mathcal{V}_{\mathbb{C}^n}(f) = \bigcup_{i=1}^{s} \mathcal{V}(p_i)$ die Zerlegung in irreduzible Komponenten (vgl. 1.5).

Bemerkungen: 1) Die irreduziblen abgeschlossenen Teilmengen von Z entsprechen eineindeutig den Primidealen von $\mathcal{O}(Z)$ (1.8). Die irreduziblen Komponenten von Z entsprechen daher eineindeutig den minimalen Primidealen von $\mathcal{O}(Z)$: Ist $\underline{p}$ ein minimales Primideal von $\mathcal{O}(Z)$, so ist $\mathcal{V}_Z(\underline{p})$ eine maximale irreduzible und abgeschlossene Teilmenge von Z , also eine irreduzible Komponente.

2) $Z = \bigcup_{i=1}^{s} Z_i$ mit $Z_i = \mathcal{V}(\underline{p}_i)$ ist äquivalent zu $\bigcap_{i=1}^{s} \underline{p}_i = (0)$.

3) Ist Z' irreduzibel und abgeschlossen in Z , dann existiert eine irreduzible Komponente Z_i von Z mit $Z' \subset Z_i$.

1.10 Rationale Funktionen

Sei Z eine affine irreduzible Varietät, $\mathcal{O}(Z)$ also ein Integritätsbereich. Wir nennen $\mathbb{C}(Z)$:= Quotientenkörper von $\mathcal{O}(Z)$ den Körper der rationalen Funktionen auf Z . $\mathbb{C}(Z)$ besteht aus "fast überall" definierten Funktionen: Sei $r = \frac{f}{g} \in \mathbb{C}(Z)$ mit $f,g \in \mathcal{O}(Z)$; dann ist r eine auf der offenen und in Z dichten Teilmenge Z_g wohldefinierte Funktion.

Beispiele: 1) Sei $Z = \mathbb{C}^2$, $\mathcal{O}(Z) = \mathbb{C}[X,Y]$. Die rationale Funktion $\frac{X}{Y} \in \mathbb{C}(Z) = \mathbb{C}(X,Y)$ ist nur auf der x-Achse ($= \mathcal{V}_Z(Y)$) nicht definiert.

2) Sei $C := \mathcal{V}_{\mathbb{C}^2}(Y^2-X^3)$ die Neilsche Parabel, also $\mathcal{O}(C) = \mathbb{C}[X,Y]/(Y^2-X^3) \cong \mathbb{C}[T^2,T^3] \subset \mathbb{C}[T]$ (vgl. 1.5 Beispiel b).

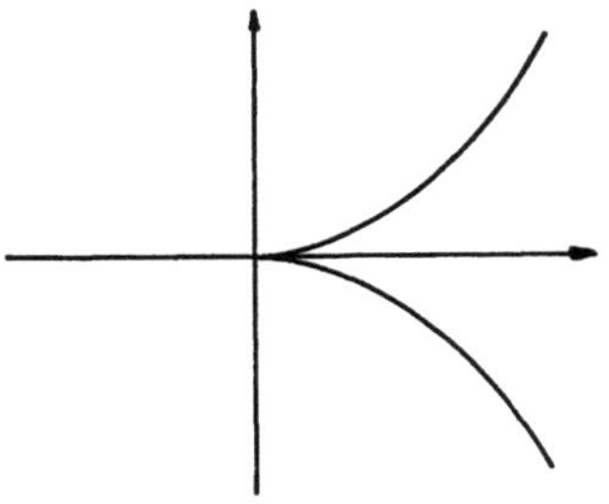

T entspricht der rationalen Funktion $\frac{Y}{X}$, also ist $\mathbb{C}(C) \cong \mathbb{C}(T)$. Obwohl T keine reguläre Funktion auf C ist, läßt sich T stetig auf ganz C fortsetzen (stetig sogar im Sinne der $\mathbb{C}$-Topologie). Dieses Phänomen hängt damit zusammen, daß C keine normale Varietät ist (vgl. Abschnitt 4).

1.11 Lokale Ringe

Sei Z eine affine Varietät, $z \in Z$ und $\underline{m}_z = \{f \in \mathcal{O}(Z) \mid f(z) = 0\}$ das zugehörige maximale Ideal. Wir setzen

$$\mathcal{O}(Z)_z := \mathcal{O}(Z)_{\underline{m}_z} := \left\{ \frac{f}{g} \mid f, g \in \mathcal{O}(Z) \text{ mit } g(z) \neq 0 \right\}$$

$$= \text{Lokalisierung von } \mathcal{O}(Z) \text{ in } \underline{m}_z .$$

$\mathcal{O}(Z)_z$ ist ein lokaler Ring mit der kanonischen Abbildung $\iota_z : \mathcal{O}(Z) \to \mathcal{O}(Z)_z$, $f \mapsto \frac{f}{1}$, und dem einzigen maximalen Ideal erzeugt vom Bild von $\underline{m}_z$. Für dieses maximale Ideal schreiben wir ebenfalls $\underline{m}_z$.

Ist Z irreduzibel, $\mathcal{O}(Z)$ also nullteilerfrei, dann gilt $\mathcal{O}(Z)_z \subset \mathbb{C}(Z)$ in natürlicher Weise. Wir sagen, eine rationale Funktion $r \in \mathbb{C}(Z)$ sei definiert in $z \in Z$, falls eine Darstellung $r = \frac{p}{q}$ mit $p, q \in \mathcal{O}(Z)$ und $q(z) \neq 0$ existiert. Dann ist

$$\mathcal{O}(Z)_z = \{r \in \mathbb{C}(Z) \mid r \text{ ist definiert in } z\} ,$$

$$\underline{m}_z = \{r \in \mathbb{C}(Z) \mid r \text{ ist definiert in } z \text{ und } r(z) = 0\} .$$

Beispiel: $C := \mathcal{V}(Y^2 - X^3)$, $T = \frac{Y}{X} \in \mathbb{C}(C)$ (vgl. 1.10). T ist nicht definiert in $(0,0)$:

$$\mathcal{O}(C)_o = \left\{ \frac{f}{g} \mid f, g \in \mathbb{C}[T] \text{ ohne linearen Term und } g(0) \neq 0 \right\}$$

$$= \left\{ \frac{a_o + a_2 T^2 + \ldots + a_s T^s}{1 + b_2 T^2 + \ldots + b_t T^t} \;\middle|\; a_i, b_i \in \mathbb{C}, s, t \in \mathbb{N} \right\} \subset \mathbb{C}(T) .$$

2. REGULÄRE ABBILDUNGEN

2.1 Definition: Eine Abbildung $\phi : Z \to W$ zwischen affinen Varietäten heißt regulär oder ein Morphismus, falls $f \circ \phi \in \mathcal{O}(Z)$ gilt für alle $f \in \mathcal{O}(W)$.

Aus ϕ erhalten wir also einen $\mathbb{C}$-Algebrenhomomorphismus $\phi^* : \mathcal{O}(W) \to \mathcal{O}(Z)$, definiert durch $f \mapsto f \circ \phi =: \phi^*(f)$ ("Zurückziehen" von Funktionen).

Beispiel: Seien $F_1,\dots,F_m \in \mathcal{O}(\mathbb{C}^n) = \mathbb{C}[X_1,\dots,X_n]$; dann ist $\phi : \mathbb{C}^n \to \mathbb{C}^m$, $x = (x_1,\dots,x_n) \mapsto (F_1(x),\dots,F_m(x))$ eine reguläre Abbildung.

2.2 Satz: Für affine Varietäten Z, W induziert die obige Zuordnung $\phi \mapsto \phi^*$ eine Bijektion zwischen der Menge der Morphismen von Z nach W und den $\mathbb{C}$-Algebrenhomomorphismen von $\mathcal{O}(W)$ nach $\mathcal{O}(Z)$:

$$\mathrm{Mor}(Z,W) \underset{\text{bij.}}{\xrightarrow{\sim}} \mathrm{Alg}_{\mathbb{C}}(\mathcal{O}(W),\mathcal{O}(Z)) .$$

Beweis: a) ϕ ist durch ϕ^* eindeutig festgelegt: Sei nämlich $\phi_1^* = \phi_2^*$ und somit $f(\phi_1(z)) = f(\phi_2(z))$ für alle $z \in Z$ und alle $f \in \mathcal{O}(Z)$; da verschiedene Punkte durch Funktionen getrennt werden (1.6 Bemerkung), folgt hieraus $\phi_1(z) = \phi_2(z)$ und damit $\phi_1 = \phi_2$.

b) Jeder $\mathbb{C}$-Algebrenhomomorphismus $\rho : \mathcal{O}(W) \to \mathcal{O}(Z)$ kommt von einer regulären Abbildung $\phi : Z \to W$ her: Sei W abgeschlossen in $\mathbb{C}^n$ und $X_i' = X_i|_{Z'} \in \mathcal{O}(W)$ die Einschränkung der Koordinatenfunktionen X_i von $\mathbb{C}^n$ auf W . Weiter sei $f_i = \rho(X_i') \in \mathcal{O}(Z)$, $i = 1,\dots,n$. Dann ist $\phi : Z \to \mathbb{C}^n$ mit $\phi(z) = (f_1(z),\dots,f_n(z))$ eine reguläre Abbildung mit $\phi(Z) \subset W$, und man sieht leicht, daß $\phi^* = \rho$ gilt. ††

Beispiel: Sei Z eine affine Varietät und V ein endlichdimensionaler Vektorraum. Ist $\phi : Z \to V$ ein Morphismus, so induziert ϕ^* eine lineare Abbildung $V^* \to \mathcal{O}(Z)$. ϕ ist dadurch eindeutig festgelegt und wir erhalten eine Bijektion $\mathrm{Mor}(Z,V) \xrightarrow{\sim} \mathrm{Hom}(V^*,\mathcal{O}(Z))$.

Bemerkungen: 1) Reguläre Abbildungen sind stetig. Sei $A = \mathcal{V}_W(\underline{a})$ mit einem Ideal $\underline{a}$ von $\mathcal{O}(W)$. Dann ist

$$\phi^{-1}(A) = \{z \in Z \mid (f \circ \phi)(z) = 0 \text{ für alle } f \in \underline{a}\}$$

$$= \{z \in Z \mid \phi^*(f)(z) = 0 \text{ für } f \in \underline{a}\} = \mathcal{V}_Z(\phi^*(\underline{a})) ,$$

also ist $\phi^{-1}(A)$ abgeschlossen in Z .

2) Sei Z bzw. W eine abgeschlossene Untervarietät von $\mathbb{C}^n$ bzw. $\mathbb{C}^m$. Dann ist eine Abbildung $\phi : Z \to W$ genau dann regulär, wenn Polynome $\phi_1,\dots,\phi_m \in \mathbb{C}[X_1,\dots,X_n] = \mathcal{O}(\mathbb{C}^n)$ existieren mit $\phi(z) = (\phi_1(z),\dots,\phi_m(z))$ für alle $z = (z_1,\dots,z_n) \in Z \subset \mathbb{C}^n$. ϕ ist also die Einschränkung einer "polynomialen" Abbildung von $\mathbb{C}^n$ nach $\mathbb{C}^m$.

3) Sind $\phi,\psi : Z \to W$ Morphismen zwischen zwei affinen Varietäten, so ist $\mathrm{Ker}(\phi,\psi) := \{z \in Z \mid \phi(z) = \psi(z)\}$ eine abgeschlossene Teilmenge von Z . (Wir können Z bzw. W in $\mathbb{C}^n$ bzw. $\mathbb{C}^m$ eingebettet voraussetzen. Seien $\phi_1,\dots,\phi_m$ bzw. $\psi_1,\dots,\psi_m$ die nach 2) existierenden Polynome. Ist dann $\phi - \psi : Z \to \mathbb{C}^m$ die von den Polynomen $\phi_1 - \psi_1,\dots,\phi_m - \psi_m$ durch Einschränkung auf Z induzierte reguläre Abbildung, so ist $\mathrm{Ker}(\phi,\psi) = (\phi-\psi)^{-1}(0)$ und somit abgeschlossen.)

4) Ist $\phi : Z \to W$ ein Morphismus zwischen affinen Varietäten und sind $Z' \subset Z$, $W' \subset W$ spezielle offene Teilmengen (1.7) mit $\phi(Z') \subset W'$, so ist die induzierte Abbildung $\phi|_{Z'} : Z' \to W'$ ein Morphismus zwischen affinen Varietäten. Eine entsprechende Aussage gilt beim Übergang zu abgeschlossenen Teilmengen von Z und W .

2.3 Dominante Morphismen

Definition: Ein Morphismus $\phi : Z \to W$ zwischen zwei affinen irreduziblen Varietäten heißt dominant, falls das Bild $\phi(Z)$ dicht in W ist.

Bemerkung: $\phi : Z \to W$ ist genau dann dominant, wenn $\phi^* : \mathcal{O}(W) \to \mathcal{O}(Z)$ injektiv ist. (Dies folgt aus den Äquivalenzen für $f \in \mathcal{O}(W)$: $\phi^*(f) = 0 \iff f|_{\phi(Z)} = 0 \iff f|_{\overline{\phi(Z)}} = 0$.) Insbesondere induziert ein dominanter Morphismus $\phi : Z \to W$ eine Körpererweiterung

$$\phi^* : \mathbb{C}(W) \hookrightarrow \mathbb{C}(Z) .$$

2.4 Lokale Bestimmtheit eines Morphismus

Sei $\phi : Z \to W$ ein Morphismus zwischen zwei affinen Varietäten. Weiter sei $z \in Z$, $w = \phi(z)$ und $f \in \mathcal{O}(W)$ mit $f(w) \neq 0$. Dann gilt $(\phi^*(f))(z) = f(\phi(z)) \neq 0$, und es folgt $\phi^*(\mathcal{O}(W) - \underline{m}_w) \subset \mathcal{O}(Z) - \underline{m}_z$. Wegen der universellen Eigenschaft der Lokalisierung folgt hieraus die eindeutige Existenz eines $\mathbb{C}$-Algebrenhomomorphismus $\phi_z^* : \mathcal{O}(W)_w \to \mathcal{O}(Z)_z$, welcher folgendes Diagramm kommutativ ergänzt:

$$\begin{array}{ccc} \mathcal{O}(W)_w & \xrightarrow{\phi_z^*} & \mathcal{O}(Z)_z \\ \uparrow{\scriptstyle \iota_w} & & \uparrow{\scriptstyle \iota_z} \\ \mathcal{O}(W) & \xrightarrow{\phi^*} & \mathcal{O}(Z) \end{array}$$

<u>Satz</u>: <u>Seien</u> $\phi,\psi : Z \to W$ <u>Morphismen und</u> $z \in Z$ <u>mit</u> $\phi(z) = \psi(z) = w$. <u>Dann folgt aus</u> $\phi_z^* = \psi_z^*$, <u>daß</u> ϕ <u>und</u> ψ <u>auf jeder durch</u> z <u>gehenden irreduziblen Komponente von</u> Z <u>übereinstimmen</u>.

Beweis: Man reduziert leicht auf den Fall, wo Z irreduzibel ist. Dann ist ι_z injektiv. Andererseits folgt aus obigem Diagramm $\iota_z \circ \phi^* = \iota_z \circ \psi^*$.

2.5 Abgeschlossene Bilder, Urbilder und Fasern

<u>Lemma</u>: <u>Sei</u> $\phi : Z \to W$ <u>eine reguläre Abbildung zwischen affinen Varietäten, und seien</u> $\underline{a}$ bzw. $\underline{b}$ <u>Ideale von</u> $\mathcal{O}(Z)$ bzw. $\mathcal{O}(W)$. <u>Dann gilt</u>:

(a) $$\phi^{-1}(\mathbb{V}_W(\underline{b})) = \mathbb{V}_Z(\phi^*(\underline{b})) ,$$

(b) $$\overline{\phi(\mathbb{V}_Z(\underline{a}))} = \mathbb{V}_W(\phi^{*-1}(\underline{a})) .$$

Beweis: (a) vgl. 2.2 Bemerkung 1).

(b) Wegen $\phi^{*-1}(\sqrt{\underline{a}}) = \sqrt{\phi^{*-1}(\underline{a})}$ kann $\underline{a} = \sqrt{\underline{a}}$ angenommen werden. Setzen wir $W' = \phi(\mathbb{V}_Z(\underline{a}))$, so gilt

$$\overline{W'} = \bigcap_{\substack{A \supset W' \\ A \text{ abg.}}} A , \quad \text{und damit}$$

$\overline{W'} = \bigcap_{\underline{c}} \mathbb{V}_W(\underline{c})$, wobei $\underline{c}$ alle Ideale in $\mathcal{O}(W)$ durchläuft mit $\mathbb{V}_W(\underline{c}) \supset W'$, d. h. mit $\phi^*(\underline{c}) \subset \sqrt{\underline{a}} = \underline{a}$. Hieraus folgt die Behauptung. ††

Ist $\phi : Z \to W$ eine reguläre Abbildung und $w \in W$, so heißt $\phi^{-1}(w)$ die <u>Faser</u> von w . Mit a) folgt $\phi^{-1}(w) = \mathbb{V}_Z(\phi^*(\underline{m}_w))$, und somit gilt

$$\mathcal{O}(\phi^{-1}(w)) = \mathcal{O}(Z)/\sqrt{\mathcal{O}(Z)\cdot\phi^*(\underline{m}_w)} .$$

<u>Definition</u>: Die Faser von w heißt <u>reduziert</u>, falls $\phi^*(\underline{m}_w)$ ein perfek-

tes Ideal in $\mathcal{O}(Z)$ erzeugt: $\sqrt{\mathcal{O}(Z)\cdot\phi^*(\underline{m}_w)} = \mathcal{O}(Z)\cdot\phi^*(\underline{m}_w)$. Sie heisst <u>reduziert im Punkt</u> $z \in \phi^{-1}(w)$, falls das Bild von $\phi^*(\underline{m}_w)$ in $\mathcal{O}(Z)_z$ ein perfektes Ideal erzeugt.

2.6 <u>Beispiele:</u> 1) Sei $\phi : M_n(\mathbb{C}) \to M_n(\mathbb{C})$, $A \mapsto A^2$. Dann ist $\phi^*(X_{ij}) = \sum_{k=1}^{n} X_{ik}X_{kj}$. Die invertierbaren Matrizen liegen im Bild von ϕ (betrachte die Jordansche Normalform !), also ist ϕ dominant. $\phi^{-1}(0)$ ist die Vereinigung der Konjugationsklassen C_A der nilpotenten Elemente der Gestalt

$$A = \left(\begin{array}{cccccc|ccc} 0&1&&&&&&&\\ 0&0&&&&&&&\\ &&0&1&&&&&\\ &&0&0&&&&&\\ &&&&\ddots&&&&\\ &&&&0&1&&&\\ &&&&0&0&&&\\ \hline &&&&&&0&&\\ &&&&&&&\ddots&\\ &&&&&&&&0 \end{array}\right) \begin{array}{l} \left.\vphantom{\begin{array}{c}0\\0\\0\\0\\0\\0\\0\end{array}}\right\} 2r \\ \left.\vphantom{\begin{array}{c}0\\0\\0\end{array}}\right\} s \end{array}$$

(d. h. A gehört zur Partition $(\underbrace{2,\ldots,2}_{r},\underbrace{1,\ldots,1}_{s})$ von n mit $2r+s=n$).
Die Anzahl dieser Konjugationsklassen ist $[\frac{n}{2}] + 1$. Insbesondere ist $\phi^{-1}(0)$ <u>nicht endlich</u> für $n \geq 2$.

Die Faser $\phi^{-1}(0)$ ist <u>nicht reduziert</u>, da die lineare Funktion $sp = X_{11}+\ldots+X_{nn}$ auf $\phi^{-1}(0)$ verschwindet, und nicht zum Ideal erzeugt von den (quadratischen) Funktionen $\phi^*(X_{ij})$ gehört.

2) Sei $C = \mathcal{V}_{\mathbb{C}^2}(Y^2-X^3)$ die Neilsche Parabel und $\phi : \mathbb{C} \to C$
$t \mapsto (t^2,t^3)$.

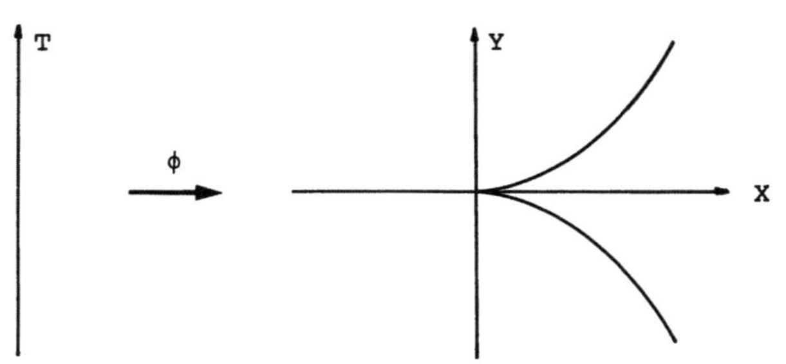

ϕ ist bijektiv, also dominant, und ϕ^* ist die Injektion $\mathcal{O}(C) = \mathbb{C}[T^2,T^3] \hookrightarrow \mathcal{O}(\mathbb{C}) = \mathbb{C}[T]$. Es ist $(T^2,T^3) = \underline{m}_o \subset \mathcal{O}(C)$ und $\sqrt{(T^2,T^3)} = (T)$. Die Faser $\phi^{-1}(0)$ ist also <u>nicht reduziert</u>. Man überlegt sich leicht, daß alle anderen Fasern reduziert sind: ϕ induziert einen Isomorphismus $\mathbb{C}-\{0\} \tilde{\to} C-\{(0,0)\}$.

3) Sei $\phi : SL_2 \to \mathbb{C}^3$, $\begin{pmatrix}\alpha & \beta\\ \gamma & \delta\end{pmatrix} \mapsto (\alpha\beta,\alpha\delta,\gamma\delta)$. Es ist $\phi\left(\begin{pmatrix}\alpha & \beta\\ \gamma & \delta\end{pmatrix}\begin{pmatrix}t & 0\\ 0 & t^{-1}\end{pmatrix}\right) =$ $\phi\begin{pmatrix}\alpha & \beta\\ \gamma & \delta\end{pmatrix}$ für $t \in \mathbb{C}^*$. ϕ ist also auf den Nebenklassen gT von $T := \{\begin{pmatrix}t & 0\\ 0 & t^{-1}\end{pmatrix}, t \in \mathbb{C}^*\} \subset SL_2$ konstant. Zudem gilt $(\alpha\beta)(\gamma\delta) = (\alpha\delta)(\gamma\beta) = (\alpha\delta)(\alpha\delta-1)$ und somit $\phi(SL_2) \subset \mathcal{V}(XZ-Y^2+Y)$.

Man zeigt leicht: (a) $\phi(SL_2) = \mathcal{V}(XZ-Y^2+Y)$.

(b) Die Fasern sind genau die Rechtsnebenklassen gT, $g \in SL_2$.

(c) Alle Fasern sind reduziert.

(ad (c): Es ist $\mathcal{O}(SL_2) = \mathbb{C}[A,B,C,D]/(AD-BC-1)$ und somit $\mathcal{O}(SL_2) \cdot \phi^*(\underline{m}_o) = (\overline{AB},\overline{AD},\overline{CD}) = (\overline{A},\overline{D})$.)

4) Sei $\phi : \mathbb{C}^2 \to \mathbb{C}^2$ gegeben durch $(x,y) \mapsto (x,xy)$. Dann gilt:

(a) $\phi(\mathbb{C}^2) = \mathbb{C}^2 - \{(0,y) \mid y \neq 0\}$,

(b) ϕ führt die Parallelen $X = c$ zur y-Achse in sich über,

(c) ϕ bildet die Parallelen $Y = c$ zur x-Achse in die Ursprungsgeraden mit der Steigung c ab.

(d) Jeder Bildpunkt von ϕ außer $(0,0)$ hat genau einen Urbildpunkt; die Faser $\phi^{-1}(0,0)$ ist die y-Achse.

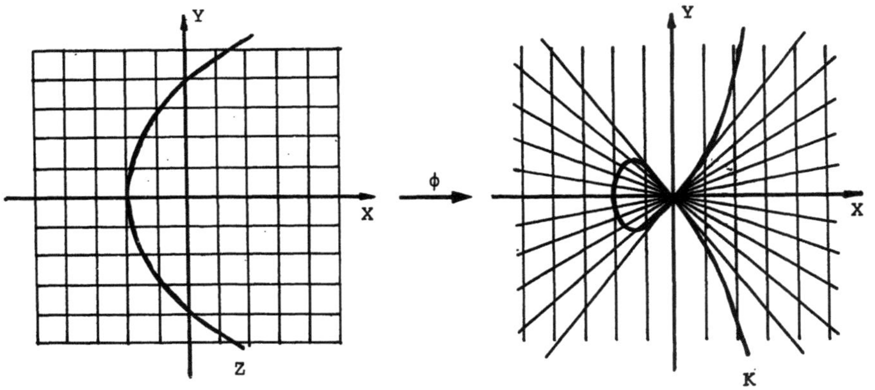

Man kann sich ϕ auch als Projektion vorstellen. Hierzu betrachte man $W := \mathcal{V}_{\mathbb{C}^3}(ZX-Y) \subset \mathbb{C}^3$ und den Isomorphismus $\psi : \mathbb{C}^2 \tilde{\to} W$, $(x,y) \mapsto (x,xy,y)$

(W ist die Vereinigung der Geraden im $\mathbb{C}^3$ parallel zur xy-Ebene, welche durch die z-Achse gehen und deren Steigung gleich dem Abstand von der xy-Ebene ist, und ψ^{-1} ist die Projektion auf die xz-Ebene.) Man erhält nun ϕ als Komposition des Isomorphismus ψ mit der Projektion auf die xy-Ebene:

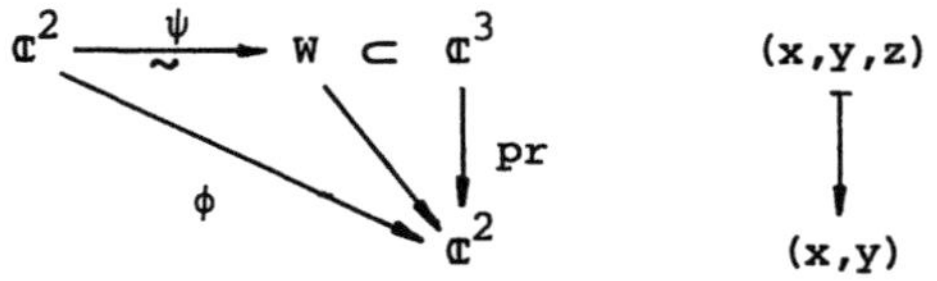

$\phi^* : \mathbb{C}[X,Y] \to \mathbb{C}[X,Y]$ ist gegeben durch $X \mapsto X$, $Y \mapsto XY$, und man findet $\phi^*(\underline{m}_o) = \phi^*((X,Y)) = (X,XY) = (X)$. Die Faser $\phi^{-1}((0,0))$ ist also reduziert.

Sei nun $K := V_{\mathbb{C}^2}(Y^2-X^2-X^3)$ (siehe Zeichnung) und $Z := \phi^{-1}(K)$. K ist irreduzibel und hat im Nullpunkt eine Singularität (vgl. 5.6), und für Z findet man:

$$Z = V_{\mathbb{C}^2}(X^2-X^2Y^2+X^3) = V_{\mathbb{C}^2}(X^2(1-Y^2+X)) ,$$

d. h. Z besteht aus den beiden irreduziblen Komponenten

$$Z_1 = V_{\mathbb{C}^2}(X) = \text{y-Achse} = \phi^{-1}(0) \qquad \text{und}$$

$$Z_2 = V_{\mathbb{C}^2}(1-Y^2+X) = \text{Parabel.}$$

Die Komponenten von Z haben keine Singularitäten. Wir haben die Singularität von K im Ursprung durch "Aufblasen des Ursprungs" zur y-Achse aufgelöst!

Übung: Ist $\phi : Z \to Y$ ein Morphismus und $Y' \subset Y$ eine spezielle offene Teilmenge, so ist auch $\phi^{-1}(Y') \subset Z$ eine spezielle offene Teilmenge.

2.7 Produkte

Seien Z und W affine Varietäten. Mit $Z \times W$ bezeichnen wir wie üblich das kartesische Produkt von Z und W . Ein Element $f = \sum_{i=1}^{s} g_i \otimes h_i \in \mathcal{O}(Z) \otimes_{\mathbb{C}} \mathcal{O}(W)$ definiert durch $f(z,w) = \sum_{i=1}^{s} g_i(z) \cdot h_i(w)$ eine Funktion auf $Z \times W$. Die so erhaltene $\mathbb{C}$-Algebra von Funktionen auf $Z \times W$ bezeichnen wir mit $\mathcal{O}(Z \times W)$.

Lemma: Gilt $f(z,w) = 0$ für alle $(z,w) \in Z \times W$, so ist $f = 0$ in $\mathcal{O}(Z) \otimes_{\mathbb{C}} \mathcal{O}(W)$.

Beweis: Wähle eine Basis $\{f_i\}_{i\in I}$ von $\mathcal{O}(Z)$ über $\mathbb{C}$. Dann hat jedes $f \in \mathcal{O}(Z) \otimes_{\mathbb{C}} \mathcal{O}(W)$ eine eindeutige Darstellung $f = \sum_{i\in I} f_i \otimes g_i$ mit $g_i \in \mathcal{O}(W)$, fast alle $g_i = 0$. Sei $f \equiv 0$ als Funktion auf $Z \times W$. Fixiere ein beliebiges $w_o \in W$. Dann gilt: $\sum_{i\in I} f_i(z) \cdot g_i(w_o) = 0$ für alle $z \in Z$ und somit $\sum_{i\in I} g_i(w_o) f_i = 0$ in $\mathcal{O}(Z)$. Aus der Basiseigenschaft von $\{f_i\}_{i\in I}$ folgt $g_i(w_o) = 0$ für alle $i \in I$. Da w_o beliebig war, erhalten wir $g_i = 0$ und damit $f = 0$. ††

Wir denken uns nun Z bzw. W eingebettet in $\mathbb{C}^n$ bzw. $\mathbb{C}^m$ und damit $Z \times W$ eingebettet in $\mathbb{C}^{n+m}$. Dann ist jede reguläre Funktion auf $Z \times W$ ein Polynom in den Unbestimmten $X_1,\ldots,X_n$ und $Y_1,\ldots,Y_m$, den Koordinatenfunktionen von $\mathbb{C}^n$ bzw. $\mathbb{C}^m$. Jedes solche Polynom f läßt sich schreiben in der Form $f = \sum_{i=1}^{s} g_i(X_1,\ldots,X_n) \cdot h_i(Y_1,\ldots,Y_m)$. Mit der obigen Behauptung ergibt sich nun leicht das folgende Resultat:

Satz: $Z \times W$ mit dem Funktionenring $\mathcal{O}(Z \times W)$ ist eine affine Varietät. Die kanonische Abbildung $\mathcal{O}(Z) \otimes_{\mathbb{C}} \mathcal{O}(W) \to \mathcal{O}(Z \times W)$ ist ein Isomorphismus.

2.8 Beispiele: 1) Seien U, V, W endlichdimensionale $\mathbb{C}$-Vektorräume.

$$\mu : \mathrm{Hom}(U,V) \times \mathrm{Hom}(V,W) \to \mathrm{Hom}(U,W)$$
$$(\phi,\psi) \longmapsto \psi \circ \phi$$

ist eine reguläre Abbildung, und μ^* hat bei Basiswahl die Gestalt

$$\mu^* : \mathbb{C}[X_{ij}] \to \mathbb{C}[X_{ik}] \otimes_{\mathbb{C}} \mathbb{C}[X_{kj}], \quad X_{ij} \mapsto \sum_{k=1}^{\dim V} X_{ik} \otimes X_{kj} .$$

2) Projektionen: Sind Z, W affine Varietäten, so sind die Projektionen

$$pr_Z : Z \times W \to Z, \quad (z,w) \mapsto z,$$

$$pr_W : Z \times W \to W, \quad (z,w) \mapsto w$$

reguläre Abbildungen mit

$$pr_Z^* \; : \; \mathcal{O}(Z) \to \mathcal{O}(Z) \otimes_{\mathbb{C}} \mathcal{O}(W) \quad , \quad f \mapsto f \otimes 1 \;,$$

$$pr_W^* \; : \; \mathcal{O}(W) \to \mathcal{O}(Z) \otimes_{\mathbb{C}} \mathcal{O}(W) \quad , \quad g \mapsto 1 \otimes g \;.$$

3) Produkt von Morphismen: Sind $\phi : Z \to Z'$ und $\psi : W \to W'$ Morphismen zwischen affinen Varietäten, so ist

$$\phi \times \psi \; : \; Z \times W \to Z' \times W' \;, \; (z,w) \mapsto (\phi(z),\psi(w)) \;,$$

ebenfalls regulär und

$$(\phi \times \psi)^* \; = \; \phi^* \otimes \psi^* \; : \; \mathcal{O}(Z') \otimes_{\mathbb{C}} \mathcal{O}(W') \to \mathcal{O}(Z) \otimes_{\mathbb{C}} \mathcal{O}(W).$$

4) Diagonale: Es ist $\Delta : Z \to Z \times Z$, $z \mapsto (z,z)$, eine reguläre Abbildung mit $\Delta^* : \mathcal{O}(Z) \otimes \mathcal{O}(Z) \to \mathcal{O}(Z)$, $f \otimes g \mapsto fg$. Δ heißt Diagonale von $Z \times Z$. Das Bild $\Delta(Z)$ ist die durch das Ideal $\underline{d}_Z := \langle f \otimes 1 - 1 \otimes f \mid f \in \mathcal{O}(Z)\rangle$ definierte Untervarietät von $Z \times Z$, und Δ induziert einen Isomorphismus $Z \xrightarrow{\sim} \Delta(Z)$. Es gilt sogar $\underline{d}_Z = \underline{i}(\Delta(Z))$. (Sei nämlich $\sum_{i=1}^{s} f_i \otimes g_i \big|_{\Delta(Z)} = 0$; dann folgt $\sum_{i=1}^{s} f_i \cdot g_i = 0$ in $\mathcal{O}(Z)$. Somit gilt $\sum_{i=1}^{s} f_i \otimes g_i = \sum_{i=1}^{s} (f_i \otimes g_i - f_i g_i \otimes 1) = \sum_{i=1}^{s} (f_i \otimes 1)(1 \otimes g_i - g_i \otimes 1) \in \underline{d}_Z$.)

5) Graph: Ist $\phi : Z \to W$ ein Morphismus, so nennen wir die Teilmenge

$$\Gamma\phi \; := \; \{(z,\phi(z)) \in Z \times W \mid z \in Z\} \subset Z \times W$$

den Graphen von ϕ. Es gilt:

(a) $\Gamma\phi$ ist abgeschlossen in $Z \times W$,

(b) pr_Z induziert einen Isomorphismus $p : \Gamma\phi \xrightarrow{\sim} Z$,

(c) $\phi = pr_W \circ p^{-1} : Z \xrightarrow[p^{-1}]{\sim} \Gamma\phi \subset Z \times W \xrightarrow[pr]{} W$.

(Zu (a): $\rho : Z \times W \to W \times W$, $(z,w) \mapsto (\phi(z),w)$, ist eine reguläre Abbildung, und $\Gamma\phi = \rho^{-1}(\Delta(W))$ ist als Urbild einer abgeschlossenen Menge abgeschlossen.
Zu (b): Die Umkehrabbildung von p ist $z \mapsto (z,\phi(z))$.

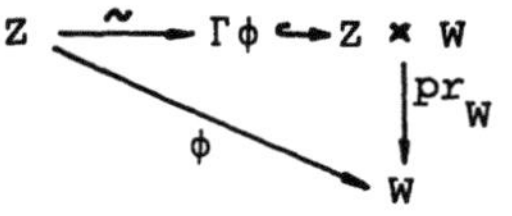

(c) ist klar.)

6) Das Produkt von irreduziblen Varietäten ist irreduzibel

Beweis: Sei $Z \times W = A_1 \cup A_2$, A_1 , A_2 zwei abgeschlossene Teilmengen von $Z \times W$. Setze $Z_i := \{z \in Z \mid \{z\} \times W \subset A_i\}$, $i = 1,2$. Z_i ist in Z abgeschlossen (Übung). Aus der Irreduzibilität von W folgt $Z = Z_1 \cup Z_2$, also etwa $Z_1 = Z$ und somit $A_1 = Z \times W$. ††

Verallgemeinerung: Sind $Z = \bigcup_i Z_i$ und $W = \bigcup_j W_j$ die Zerlegungen in irreduzible Komponenten, so ist $Z \times W = \bigcup_{i,j} Z_i \times W_j$ die Zerlegung von $Z \times W$ in irreduzible Komponenten.

7) Sind G , H algebraische Gruppen (1.7), so sei im folgenden ein Homomorphismus $\phi : G \to H$ immer ein regulärer Gruppenhomomorphismus.

Ist V ein endlichdimensionaler Vektorraum und $\phi : G \to GL(V)$ ein Homomorphismus, so ist die Abbildung $\tilde{\phi} : G \times V \to V$, $(g,v) \mapsto \rho(g)(v)$, regulär (Übung).

Etwas allgemeiner versteht man unter einer G-Operation auf einer affinen Varietät Z eine reguläre Abbildung

$$\rho : G \times Z \to Z$$

mit den üblichen Eigenschaften: $\rho(e,z) = z$ und $\rho(g,\rho(h,z)) = \rho(gh,z)$ für alle $g,h \in G$, $z \in Z$ (e = Einselement in G).

3. DIMENSION

3.1 Definitionen: Sei Z eine irreduzible affine Varietät mit dem Funktionenkörper $\mathbb{C}(Z)$ (= Quotientenkörper von $\mathcal{O}(Z)$, 1.10). Wir definieren die <u>Dimension</u> von Z als den Transzendenzgrad des Körpers $\mathbb{C}(Z)$ über $\mathbb{C}$ (= maximale Anzahl algebraisch unabhängiger Elemente von $\mathcal{O}(Z)$ über $\mathbb{C}$):

$$\dim Z := \operatorname{trdeg}_{\mathbb{C}} \mathbb{C}(Z) \quad (= [\mathbb{C}(Z) : \mathbb{C}]_t) \ .$$

Da $\mathcal{O}(Z)$ eine endlich erzeugte $\mathbb{C}$-Algebra ist, gilt $\dim Z < \infty$.

Beispiel: $Z = \mathbb{C}^n$, $\mathcal{O}(Z) = \mathbb{C}[X_1,\ldots,X_n]$ und $\mathbb{C}(Z) = \mathbb{C}(X_1,\ldots,X_n)$, also $\dim \mathbb{C}^n = \operatorname{trdeg}_{\mathbb{C}} \mathbb{C}(X_1,\ldots,X_n) = n$.

Für beliebiges Z mit der Zerlegung $Z = \bigcup_i Z_i$ in irreduzible Komponenten definieren wir die Dimension durch

$$\dim Z := \operatorname{Max}(\dim Z_i) \ .$$

Die eindimensionalen affinen Varietäten nennen wir auch <u>Kurven</u>.

Lokale Dimension: Sei $Z = \bigcup_i Z_i$ die Zerlegung in irreduzible Komponenten. Für ein $z \in Z$ definieren wir die <u>lokale Dimension</u> von Z in z, durch

$$\dim_z Z := \operatorname*{Max}_{Z_i \ni z} (\dim Z_i) = \text{Maximum der Dimensionen der irreduziblen Komponenten von } Z, \text{ die } z \text{ enthalten.}$$

Bemerkung: Die Funktion $z \mapsto \dim_z Z$ ist <u>halbstetig nach oben</u>, d. h. für jedes $z \in Z$ gibt es eine offene Umgebung von z, in der sie nur Werte $\leq \dim_z Z$ annimmt. (Sei $z \in Z_1,\ldots,Z_r$ und $z \notin Z_{r+1},\ldots,Z_s$; dann ist $U := Z - \bigcup_{i>r} Z_i$ eine solche offene Umgebung von z.)

Lemma: $\dim_z Z = K \dim \mathcal{O}(Z)_z =$ <u>Krulldimension des lokalen Ringes</u> $\mathcal{O}(Z)_z$. (Die Krulldimension eines kommutativen Rings R ist definiert als die maximale Länge r einer Kette von Primidealen $\underline{p}_i$ von R der Gestalt $0 \subset \underline{p}_0 \subsetneq \underline{p}_1 \subsetneq \cdots \subsetneq \underline{p}_r \subsetneq R$.)

(Zum Beweis vgl. [AM] Chap. 11, Theorem 11.25)

3.2 Beispiele: 1) Sei $f \in \mathbb{C}[X_1,\ldots,X_n] - \mathbb{C}$ und $H := \mathbb{V}_{\mathbb{C}^n}(f)$. Dann ist $\dim H = n-1$, und jede Komponente von H hat diese Dimension, d. h. H ist äquidimensional. (Wir können annehmen, daß f irreduzibel ist und X_n in f vorkommt. Es folgt $\mathcal{O}(H) = \mathbb{C}[X_1,\ldots,X_n]/(f)$ und $\overline{X}_n \in \mathcal{O}(H)$ ist algebraisch abhängig von $\overline{X}_1,\ldots,\overline{X}_{n-1}$; insbesondere ist $\dim H \leq n-1$. Andererseits ist die kanonische Abbildung $\mathbb{C}[X_1,\ldots,X_{n-1}] \to \mathbb{C}[X_1,\ldots,X_n]/(f)$ injektiv. Insgesamt folgt $\dim H = n-1$.)

H heißt eine Hyperfläche des $\mathbb{C}^n$.

2) Ist Z eine irreduzible Varietät und Z' eine echte abgeschlossene Teilmenge von Z, so gilt $\dim Z' < \dim Z$. (Sei $d = \dim Z = \dim Z'$. Dann existieren nach dem Noetherschen Normalisierungslemma (siehe 4.2) algebraisch unabhängige Funktionen $f_1,\ldots,f_d \in \mathcal{O}(Z)$, so daß $\mathcal{O}(Z)$ ganz über $\mathbb{C}[f_1,\ldots,f_d]$ ist. Aus der Annahme $\dim Z' = d$ folgt mit 1), daß $\mathbb{C}[f_1,\ldots,f_d] \cap \underline{i}(Z') = (0)$ gilt. Sei andererseits $N : \mathcal{O}(Z) \to \mathbb{C}[f_1,\ldots,f_d]$ die Norm der ganzen Erweiterung $\mathcal{O}(Z)/\mathbb{C}[f_1,\ldots,f_d]$ und sei $g \in \underline{i}(Z')$. Dann gilt $N(g) \in \underline{i}(Z') \cap \mathbb{C}[f_1,\ldots,f_d] = (0)$, also $g = 0$ und somit $\underline{i}(Z') = 0$, d. h. $Z' = Z$. Widerspruch!)

3) Es gilt: $\dim Z \times W = \dim Z + \dim W$,

$$\dim_{(z,w)} Z \times W = \dim_z Z + \dim_w W \qquad \text{(vgl. 2.8 Beispiel 6).}$$

3.3 Dimensionsformel für Morphismen

Satz: Sei $\phi : Z \to W$ ein dominanter Morphismus zwischen irreduziblen affinen Varietäten. Dann gilt für jedes $z \in Z$ und jede irreduzible Komponente C der Faser $\phi^{-1}(\phi(z))$: $\dim C \geq \dim Z - \dim W$. Überdies existiert eine nichtleere offene (und somit in W dichte) Teilmenge U von W mit $U \subset \phi(Z)$ und $\dim \phi^{-1}(u) = \dim Z - \dim W$ für alle $u \in U$.

Zum Beweis: Existenz von U: Sei $d = \dim Z - \dim W$. Wir wenden das Noethersche Normalisierungslemma (4.2) auf $\mathbb{C}(W) \subset \mathbb{C}(W) \cdot \mathcal{O}(Z)$ an: Es existieren ein $s \in \mathcal{O}(W)$ und algebraisch unabhängige $f_1,\ldots,f_d \in \mathcal{O}(Z)_s$, so daß $\mathcal{O}(Z)_s$ ganz über $\mathcal{O}(W)_s[f_1,\ldots,f_d]$ ist. Wir erhalten hieraus folgendes kommutative Diagramm:

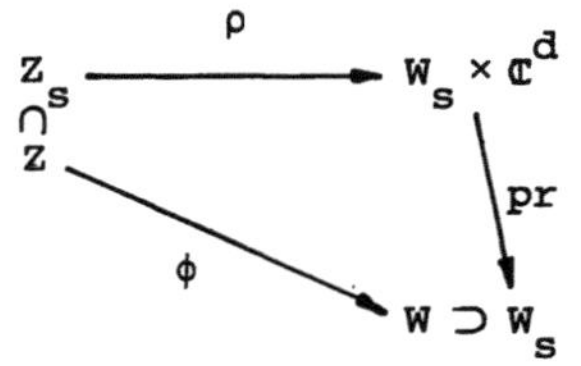

ρ endlich und surjektiv (vgl. 4.1)

Man liest hieraus ab, daß die offene Teilmenge W_s von W im Bild von ϕ liegt und auf W_s die Fasern von ϕ die Dimension d haben.

Für die Ungleichung vergleiche man den folgenden Abschnitt 3.4.

Folgerung 1: Ist $\phi : Z \to W$ ein Morphismus zwischen (beliebigen) affinen Varietäten, so enthält $\phi(Z)$ eine offene dichte Teilmenge von $\overline{\phi(Z)}$.

Definition: Eine Teilmenge M einer affinen Varietät Z heißt lokal abgeschlossen, falls M Durchschnitt einer offenen und einer abgeschlossenen Teilmenge von Z ist. (Äquivalent: M ist offen im Abschluß $\overline{M}$.) Eine Teilmenge M heißt konstruierbar, wenn M endliche Vereinigung von lokal abgeschlossenen Teilmengen ist.

Bemerkung: Endliche Vereinigungen, endliche Durchschnitte und Komplemente von konstruierbaren Teilmengen sind konstruierbar. Weiter enthält jede konstruierbare Teilmenge M eine Menge U , welche offen und dicht in $\overline{M}$ ist.

Folgerung 2 : Ist $\phi : Z \to W$ ein Morphismus zwischen affinen Varietäten, so ist das Bild jeder konstruierbaren Teilmenge konstruierbar.

Beweis: Es genügt zu zeigen, daß $\phi(Z)$ konstruierbar ist. (Benutze, daß jede offene Menge endliche Vereinigung von speziellen offenen Mengen ist, welche ihrerseits affine Varietäten sind; siehe 1.7.) Wir machen Induktion über $\dim \overline{\phi(Z)}$. Nach Folgerung 1 gibt es eine offene dichte Teilmenge $U \subset \overline{\phi(Z)}$, welche in $\phi(Z)$ enthalten ist. Betrachten wir das Komplement $W' = \overline{\phi(Z)} - U$ und sein Urbild $Z' = \phi^{-1}(W')$, so folgt nach Induktion, daß $\phi(Z') \subset W'$ konstruierbar ist, also auch $\phi(Z) = U \cup \phi(Z')$. ††

Wesentlich schwieriger zu beweisen ist das folgende Resultat:

Satz von Chevalley: (Bezeichnungen wie im obigen Satz) Die Funktion $z \mapsto \dim_z \phi^{-1}(\phi(z))$ von Z nach $\mathbb{N}$ ist halbstetig nach oben, d. h. für alle $n \in \mathbb{N}$ ist $\{z \in Z \mid \dim_z \phi^{-1}(\phi(z)) \leq n\}$ eine offene Teilmenge von Z.

Man beachte, daß die Funktion $w \mapsto \dim \phi^{-1}(w)$ von W nach $\mathbb{N}$ i. a. nicht halbstetig nach oben ist.

3.4 Hauptidealsatz von Krull

Satz (vgl. 3.2 Beispiel 1): Sei Z eine irreduzible affine Varietät und seien $f_1,\ldots,f_r \in \mathcal{O}(Z)$ mit $1 \notin (f_1,\ldots,f_r)$. Dann gilt für jede Komponente C von $\mathbb{V}_Z(f_1,\ldots,f_r)$

$$\dim C \geq \dim Z - r .$$

Setzt man $\operatorname{codim}_Z C := \dim Z - \dim C$, so erhält man also $\operatorname{codim}_Z C \leq r$ für jede Komponente C von $\mathbb{V}_Z(f_1,\ldots,f_r)$. (Vgl. [AM] Corollary 11.17)

Bemerkung: Betrachtet man den Morphismus $\phi : Z \to \mathbb{C}^r$, $z \mapsto (f_1(z),\ldots,f_r(z))$, so liefert obige Behauptung die Ungleichung in Satz 3.3.

3.5 Abbildungsgrad

Ist $\phi : Z \to W$ ein dominanter Morphismus zwischen irreduziblen affinen Varietäten gleicher Dimension, so ist $\mathbb{C}(Z)/\mathbb{C}(W)$ eine endliche Körpererweiterung. Wir nennen $\deg \phi := [\mathbb{C}(Z) : \mathbb{C}(W)] = \dim_{\mathbb{C}(W)} \mathbb{C}(Z)$ den Abbildungsgrad von ϕ. Der Morphismus ϕ heißt birational, falls $\deg \phi = 1$ ist.

Satz: In der obigen Situation gibt es eine dichte offene Teilmenge U von W mit

$$\# \phi^{-1}(u) = \deg \phi \quad \text{für alle} \quad u \in U ;$$

d. h. die Fasern von ϕ bestehen "fast überall" aus genau $\deg \phi$ verschiedenen Punkten von Z.

Beweis: Da $\mathbb{C}(Z)/\mathbb{C}(W)$ eine endliche separable Körpererweiterung ist, existiert ein primitives Element $r \in \mathcal{O}(Z)$ mit dem Minimalpolynom $f(T) = T^d - \sum_{j=0}^{d-1} a_j T^j$, $d := \deg \phi$, $a_0,\ldots,a_{d-1} \in \mathcal{O}(W)$. Sei $f_1,\ldots,f_n$ ein Erzeugendensystem von $\mathcal{O}(Z)$ über $\mathcal{O}(W)$, $f_i = \sum_{j=0}^{d-1} b_{ij} r^j$ mit $b_{ij} \in \mathbb{C}(W)$. Ist $b \in \mathcal{O}(W)$ der Hauptnenner aller b_{ij}, so folgt $\mathcal{O}(Z)_b = \sum_{j=0}^{d-1} \mathcal{O}(W)_b \, r^j$. Durch Übergang zu den offenen Teilmengen W_b und $Z_b = \phi^{-1}(W_b)$ können wir ohne Einschränkung $\mathcal{O}(Z) = \sum_{j=0}^{d-1} \mathcal{O}(W)\, r^j$ annehmen. Für ein $w \in W$ mit dem zugehörigen maximalen Ideal $\underline{m}_w \subset \mathcal{O}(W)$ gilt $\phi^{-1}(w) = V_Z(\underline{m}_w \cdot \mathcal{O}(Z))$ und $\mathcal{O}(\phi^{-1}(w)) = \mathcal{O}(Z)/\sqrt{\underline{m}_w \cdot \mathcal{O}(Z)}$. Nun ist $\mathcal{O}(Z)/\underline{m}_w \cdot \mathcal{O}(Z) \cong \mathcal{O}(Z) \otimes_{\mathcal{O}(W)} \mathcal{O}(W)/\underline{m}_w \cong \bigoplus_{j=0}^{d-1} \mathbb{C}\, \bar{r}^j \cong \mathbb{C}[T]/(\bar{f})$ mit $\bar{f} := T^d - \sum_{j=0}^{d-1} \bar{a}_j T^j$, $\bar{a}_j := a_j + \underline{m}_w \in \mathcal{O}(W)/\underline{m}_w$. Es besteht $\phi^{-1}(w)$ genau dann aus d Punkten, wenn $\mathcal{O}(\phi^{-1}(w))$ d verschiedene maximale Ideale hat, d. h. wenn $\bar{f}$ genau d verschiedene Nullstellen hat. Ist $D_f \in \mathcal{O}(W)$ die Diskriminante von f, so ist dies genau dann der Fall, wenn $D_f \notin \underline{m}_w$ ist, d. h. wenn $w \notin V_W(D_f)$ gilt. Damit besteht $\phi^{-1}(w)$ für die w aus der speziellen offenen Menge W_{D_f} aus genau d Punkten. ††

Bemerkung (zum Beweis): Offensichtlich bestehen die Fasern von Punkten aus W_b aus höchstens d Punkten. Außerhalb W_b kann jedoch "alles passieren". (Siehe die folgenden Beispiele, speziell Beispiel 4.)

3.6 Beispiele: 1) Sei $\phi : M_2(\mathbb{C}) \times M_2(\mathbb{C}) \to M_2(\mathbb{C})$ die Matrizenmultiplikation $(A,B) \mapsto AB$. Wir wollen die Fasern von ϕ untersuchen. Nach Satz 3.3 haben fast alle Fasern die Dimension 4.

(a) $C \in GL_2$: $\phi^{-1}(C) = \{(A, A^{-1}C) \mid A \in GL_2\}$. Damit ist $\phi^{-1}(C) \cong GL_2$ und hat die Dimension 4.

(b) $C \in M_2$ mit $\operatorname{rg} C = 1$: Für $A, B \in GL_2$ sind die Fasern $\phi^{-1}(C)$ und $\phi^{-1}(A \cdot C \cdot B)$ isomorph:

$$\{(U,V) \mid UV = C\} \xrightarrow{\sim} \{(U',V') \mid U'V' = ACB\}, \quad (U,V) \mapsto (AU, VB).$$

Wir betrachten deshalb speziell $F := \phi^{-1}(\begin{pmatrix}1&0\\0&0\end{pmatrix})$ und erhalten eine Zerlegung $F = \overline{F'} \cup \overline{F''}$ in zwei irreduzible Komponenten der Dimension 4

$$F' := \{(A, A^{-1} \cdot \begin{pmatrix}1&0\\0&0\end{pmatrix}) \mid A \in GL_2\} \subset F, \quad \dim F' = 4, \text{ und}$$

$$F'' := \{(\begin{pmatrix}1&0\\0&0\end{pmatrix} \cdot B, B^{-1}) \mid B \in GL_2\} \subset F, \quad \dim F'' = 4, \text{ mit}$$

$$D := \overline{F'}\cap\overline{F''} = \{(A,B)\,|\,\mathrm{rg}\,A = \mathrm{rg}\,B = 1\,,\ AB = \begin{pmatrix}1&0\\0&0\end{pmatrix}\}$$
$$= \{(\begin{pmatrix}a&b\\0&0\end{pmatrix},\begin{pmatrix}c&0\\d&0\end{pmatrix})\,|\,ac+bd=1\}\subset F\ .$$

Insbesondere ist $\overline{F'}\cap\overline{F''}$ irreduzibel von der Dimension 3.

(c) $X = 0 : F = \phi^{-1}(0) = \{(A,B)\,|\,AB = 0\}$. Hier erhalten wir die Zerlegung

$$F = M_2\times\{0\}\cup\{0\}\times M_2\cup F_1$$

in zwei irreduzible Komponenten der Dimension 4 und eine irreduzible Komponente $F_1 := \{(A,B)\,|\,\mathrm{rg}\,A = \mathrm{rg}\,B \leq 1$ und $AB = 0\}$ der Dimension 5.
(Es ist $(A,B)\in F_1$ genau dann, wenn $\mathrm{Im}\,B\subset \mathrm{Ker}\,A =: V$ mit $\dim V \leq 1$ gilt. Da V beliebig in $\mathbb{C}^2$ sein kann, erhalten wir insgesamt
$\dim F_1 = \dim \mathrm{Hom}(\mathbb{C}^2,V) + \dim \mathrm{Hom}(\mathbb{C}^2/V,\mathbb{C}^2) + 1 = 5$.)

Mit $R := \{A\in M_2\,|\,\mathrm{rg}\,A \leq 1\}$ erhält man folgendes Inklusionsdiagramm für $\phi^{-1}(0)$:

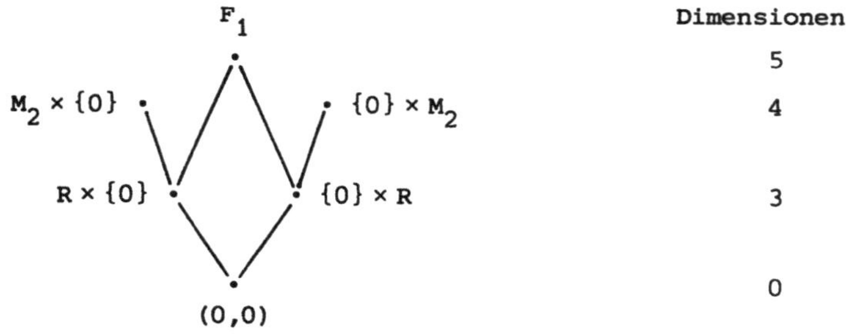

2) Sei $\phi : \mathbb{C}^2 \to \mathbb{C}^2$ gegeben durch $(x,y) \mapsto (x,xy)$ (vgl. 2.6 Beispiel 4).

Die Faser $\phi^{-1}(x,y)$ ist
- genau ein Punkt, falls $x \neq 0$,
- leer für $x = 0$, $y \neq 0$,
- die y-Achse für $x = y = 0$.

Es ist also $\#\,\phi^{-1}(u) = 1$ auf der offenen dichten Teilmenge $\mathbb{C}^2$ - y-Achse. Dies entspricht der Tatsache, daß ϕ birational ist.

3) (a) $\phi : \mathbb{C} \to \mathbb{C}$, $x \mapsto x^n$. ϕ^* ist die Injektion $\mathbb{C}[X^n] \to \mathbb{C}[X]$, und es gilt $\deg \phi = n$.

(b) $\phi : \mathbb{C} \to \mathbb{C}$, $x \mapsto g(x)$ mit einem Polynom $g\in\mathbb{C}[T]$. Es gilt $\deg \phi = \mathrm{grad}\, g$.

(c) $\phi : \mathbb{C}^2 \to \mathbb{C}^2$, $(x,y) \mapsto (f(x),g(y))$ mit $f,g\in\mathbb{C}[T]$. Es gilt $\deg \phi = \mathrm{grad}\, f \cdot \mathrm{grad}\, g$.

4) Sei $\phi : M_2 \to M_2$ das Quadrieren $A \mapsto A^2$. Wir untersuchen die Fasern von ϕ. Dabei genügt es, die Jordansche Normalform zu betrachten.

(a) $\phi^{-1}(0)$ = Menge der nilpotenten Matrizen =

$= \{A \in M_2 \mid \text{sp } A = \det A = 0\}$

$= \{\begin{pmatrix} a & b \\ c & -a \end{pmatrix} \mid a^2 + bc = 0\}$

$\cong$ Kegel im $\mathbb{C}^3$:

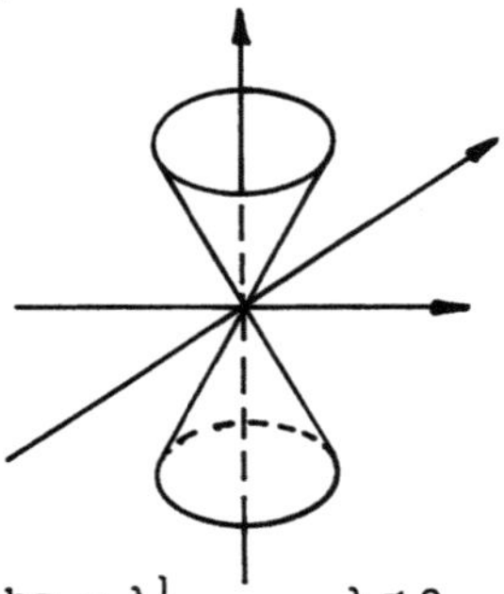

(b) $\phi^{-1}(\begin{pmatrix} \lambda & 0 \\ 0 & \lambda \end{pmatrix}) = \{\pm \begin{pmatrix} \sqrt{\lambda} & 0 \\ 0 & \sqrt{\lambda} \end{pmatrix}\} \cup \{\begin{pmatrix} a & b \\ c & -a \end{pmatrix} \mid a^2 + bc = \lambda\}$, $\lambda \neq 0$.

Geometrisch:

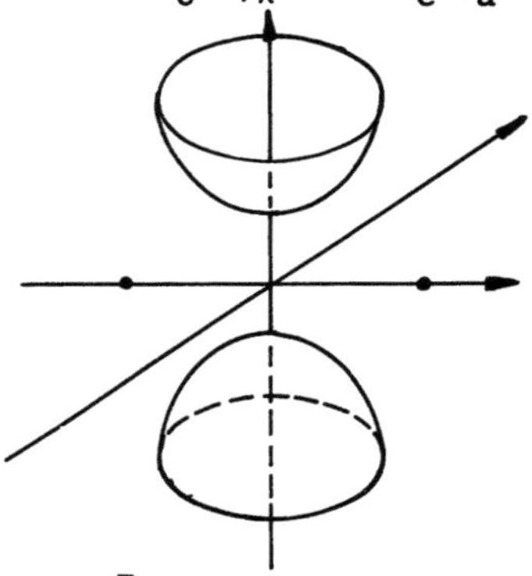

(c) $\phi^{-1}(\begin{pmatrix} \lambda & 0 \\ 0 & \mu \end{pmatrix}) = \{\begin{pmatrix} \pm\sqrt{\lambda} & 0 \\ 0 & \pm\sqrt{\mu} \end{pmatrix}\}$, $(\mu \neq \lambda)$. Es folgt $\# \phi^{-1}(\begin{pmatrix} \lambda & 0 \\ 0 & \mu \end{pmatrix}) = 4$ für λ, $\mu \neq 0$ und $\# \phi^{-1}(\begin{pmatrix} \lambda & 0 \\ 0 & 0 \end{pmatrix}) = 2$ für $\lambda \neq 0$.

Die regulären Matrizen mit verschiedenen Eigenwerten bilden eine offene dichte Teilmenge von M_2 . Damit folgt, daß ϕ dominant vom Grad 4 ist.

(d)
$$\phi^{-1}(\begin{pmatrix} \lambda & 1 \\ 0 & \lambda \end{pmatrix}) = \begin{cases} \{\pm \begin{pmatrix} \sqrt{\lambda} & \frac{1}{2\sqrt{\lambda}} \\ 0 & \sqrt{\lambda} \end{pmatrix}\} & \text{für } \lambda \neq 0 , \\ \emptyset & \text{für } \lambda = 0 , \end{cases}$$

also
$$\#\phi^{-1}(\begin{pmatrix} \lambda & 1 \\ 0 & \lambda \end{pmatrix}) = \begin{cases} 2 & \text{für } \lambda \neq 0 , \\ 0 & \text{für } \lambda = 0 . \end{cases}$$

Zusammenfassung: (1) $\{A^2 \mid A \in M_2\} = M_2$ - Konjugationsklasse von $\begin{pmatrix} 0 & 1 \\ 0 & 0 \end{pmatrix}$.

(2) Das Quadrieren $\phi : M_2 \to M_2$, $A \mapsto A^2$, hat folgende Typen von Fasern:

(i) 4 Punkte (über Matrizen mit zwei verschiedenen Eigenwerten $\neq 0$),

(ii) 2 Punkte (über regulären, nicht diagonalisierbaren Matrizen und über nicht nilpotenten Matrizen vom Rang 1), (iii) ein Kegel (über 0), (iv) eine singularitätenfreie Quadrik zusammen mit 2 Punkten (über $\begin{pmatrix}\lambda & 0\\ 0 & \lambda\end{pmatrix}$, $\lambda \neq 0$).

5) In Verallgemeinerung des ersten Beispiels wollen wir noch die "Nullfaser" $\pi^{-1}(0)$ der Abbildung

$$\pi : M_3 \times M_3 \to M_3 \quad , \quad (A,B) \mapsto A\cdot B \quad ,$$

genauer untersuchen.

Wir setzen

$$F := \pi^{-1}(0) = \{(A,B) \mid AB = 0\} \quad ,$$

$$L := M_3 = L_3 \supset L_2 \supset L_1 \supset L_0 = \{0\} \quad \text{mit} \quad L_i = \{A \in L \mid \text{rg } A \leq i\} \ .$$

Offensichtlich ist $L_2 = V_L(\det)$ eine irreduzible Hyperfläche von L der Dimension 8 . Wir untersuchen nun L_1 und betrachten hierzu die surjektive Abbildung

$$\psi : \mathbb{C}^3 \times \mathbb{C}^3 \to L_1 \quad , \quad \left(\begin{pmatrix}a\\b\\c\end{pmatrix}, (\alpha,\beta,\gamma)\right) \mapsto \begin{pmatrix}a\alpha & a\beta & a\gamma\\ b\alpha & b\beta & b\gamma\\ c\alpha & c\beta & c\gamma\end{pmatrix} \ .$$

Für $B \neq 0$ aus L_1 erhält man $\psi^{-1}(B) \cong \mathbb{C}^*$, also $\dim \psi^{-1}(B) = 1$, und somit ist L_1 irreduzibel mit der Dimension 5 .

Sei nun $\phi : F \to L$ die Abbildung $(A,B) \mapsto A$ induziert durch die Projektion auf den ersten Faktor. Für ein $A \in L$ gilt

$$\phi^{-1}(A) = \{(A,B) \mid AB = 0\} = \{(A,B) \mid \text{Im } B \subset \text{Ker } A\}$$

$$\cong \{A\} \times \text{Hom}(\mathbb{C}^3, \text{Ker } A) \ ,$$

d. h. $\phi^{-1}(A)$ ist irreduzibel und hat die Dimension $3\cdot\dim \text{Ker } A = 3\cdot(3-\text{rg } A)$. Für $i = 0,1,2,3,$ sei

$$L_i' := \{A \in L \mid \text{rg } A = i\} \quad \text{und} \quad F^i := \overline{\phi^{-1}(L_i')} \ .$$

Ist A aus L_i' und $B \in L$ mit $\text{Im } B = \text{Ker } A$, so findet man leicht

$$\phi^{-1}(L_i') = \left\{(RAS^{-1}, SBC) \mid R,S \in GL_3, C \in M_3\right\} \ ,$$

d. h. $\phi^{-1}(L_i')$ ist das Bild der Abbildung

$$GL_3 \times GL_3 \times M_3 \to F \quad , \quad (R,S,C) \mapsto (RAS^{-1},SBC) \ .$$

Insbesondere ist also $\phi^{-1}(L_i')$ und somit auch F^i für $i = 0,1,2,3$ irreduzibel. Als Dimension von F^i erhält man $\dim F^i = \dim L_i + \dim \phi^{-1}(A)$ mit $A \in L_i'$, d. h. $\dim F^i = \dim L_i + 3 \cdot (3-i)$, also

$$\dim F^o = \dim F^3 = 9 \quad \text{und} \quad \dim F^1 = \dim F^2 = 11 \ .$$

Man überzeugt sich weiter leicht von den folgenden Beziehungen:

$$F^o = \{0\} \times L_3 \quad , \qquad , \quad F^3 = L_3 \times \{0\} \quad ,$$
$$F^1 \subsetneqq L_1 \times L_2 \quad , \qquad , \quad F^2 \subsetneqq L_2 \times L_1 \quad , \quad F^1 \cap F^2 \subsetneqq L_1 \times L_1 \quad ,$$
$$F^o \cap F^1 = \{0\} \times L_2 \quad , \quad F^2 \cap F^3 = L_2 \times \{0\} \quad .$$

Zudem erhalten wir das folgende Inklusionsdiagramm in F :

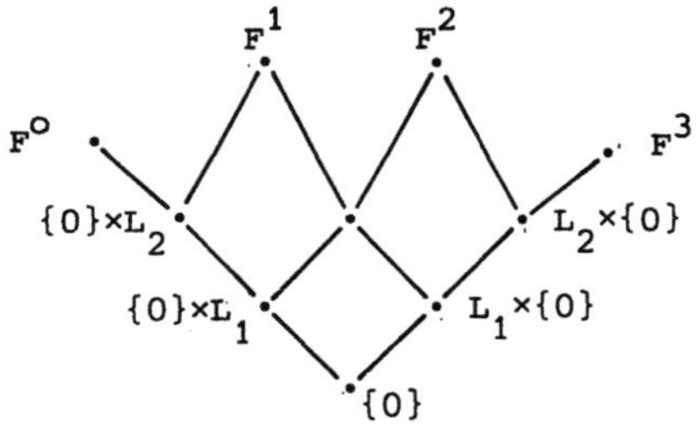

Dimensionen
11
9
8
5
0

3.7 Birationale Morphismen

Wir nennen einen Morphismus $\phi : Z \to Y$ zwischen irreduziblen Varietäten <u>generisch injektiv</u>, falls ϕ auf einer dichten offenen Teilmenge von Z injektiv ist. Man sieht leicht, daß dies äquivalent ist zur Bedingung, daß fast alle Fasern von ϕ nur aus einem Punkt bestehen. Mit Satz 3.5 erhalten wir daher folgendes Resultat.

<u>Lemma</u>: <u>Ein dominanter Morphismus ist genau dann generisch injektiv, wenn er birational ist.</u>

Wir wollen diese Aussage noch verschärfen.

Satz 1: Ein Morphismus $\phi : Z \to Y$ zwischen irreduziblen affinen Varietäten ist genau dann birational, wenn es eine spezielle offene und dichte Teilmenge $Y' \subset Y$ gibt mit der Eigenschaft, daß ϕ einen Isomorphismus $\phi^{-1}(Y') \tilde{\to} Y'$ induziert.

(Man beachte, daß mit Y' auch $\phi^{-1}(Y')$ eine spezielle offene Teilmenge und damit eine affine Varietät ist; vgl. 2.6 Übung.)

Beweis: Die eine Richtung der Behauptung ist nach obigem Lemma klar. Sei nun $\phi : Z \to Y$ birational. Wir identifizieren die Funktionenkörper $\mathbb{C}(Y) = \mathbb{C}(Z) =: K$ und erhalten Inklusionen $\mathcal{O}(Y) \subset \mathcal{O}(Z) \subset K$. Ist $f_1,..,f_n$ ein Erzeugendensystem von $\mathcal{O}(Z)$ als $\mathbb{C}$-Algebra und ist $f_i = \frac{g_i}{h}$ mit $h, g_i \in \mathcal{O}(Y)$ für alle i, so gilt offenbar $\mathcal{O}(Y)_h = \mathcal{O}(Z)_h$. Es induziert daher ϕ einen Isomorphismus $\phi^{-1}(Y_h) = Z_h \tilde{\to} Y_h$. ††

Beispiel (vgl. 3.6 Beispiel 2): $\phi : \mathbb{C}^2 \to \mathbb{C}^2$, $(x,y) \mapsto (x,xy)$, ist birational und induziert einen Isomorphismus $\mathbb{C}^2 -$ y-Achse $\tilde{\to}$ $\mathbb{C}^2 -$ y-Achse.

Wir geben noch eine weitere Anwendung des obigen Lemmas.

Satz 2: Sei $\phi : Z \to Y$ dominant, Z und Y irreduzibel. Dann gilt

$$\mathbb{C}(Y) = \{r \in \mathbb{C}(Z) \mid r \text{ konstant auf den Fasern von } \phi\} .$$

Beweis: Sei $r \in \mathbb{C}(Z)$ konstant auf den Fasern von ϕ. Durch Übergang zu einer speziellen offenen Teilmenge von Z können wir annehmen, daß r regulär ist. Wir betrachten den Morphismus $\psi : Z \to Y \times \mathbb{C}$ gegeben durch $z \mapsto (\phi(z), r(z))$ und erhalten das Diagramm

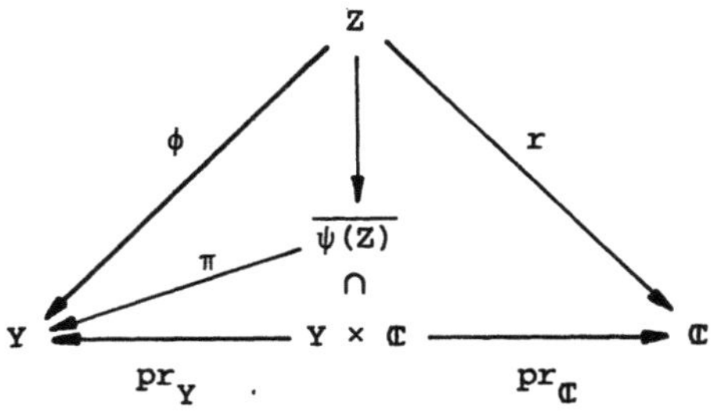

Da r auf den Fasern konstant ist, ist $\pi|_{\overline{\psi(Z)}}$ injektiv, also π birational nach obigem Lemma. Weiter liest man aus dem Diagramm ab, daß $r \in \mathcal{O}(\overline{\psi(Z)}) \subset \mathcal{O}(Z)$. Es folgt daher $r \in \mathbb{C}(\overline{\psi(Z)}) = \mathbb{C}(Y)$. ††

4. NORMALE VARIETÄTEN

4.1 Endliche Morphismen

Sei $\phi : Z \to W$ ein Morphismus zwischen affinen Varietäten und $\phi^* : \mathcal{O}(W) \to \mathcal{O}(Z)$ der induzierte Homomorphismus zwischen den Koordinatenringen.

Definition: ϕ heißt endlich, falls $\mathcal{O}(Z)$ via ϕ^* ein endlich erzeugter $\mathcal{O}(W)$-Modul ist.

Satz: Endliche Morphismen sind abgeschlossen, d. h. das Bild einer abgeschlossenen Teilmenge unter einem endlichen Morphismus ist abgeschlossen.

Beweis: Man kann ohne Einschränkung W durch die abgeschlossene Teilmenge $\overline{\phi(Z)} = \mathcal{V}_W(\text{Ker}\ \phi^*)$ von W ersetzen und daher annehmen, daß ϕ^* eine Inklusion von $\mathbb{C}$-Algebren ist. Die Behauptung folgt dann leicht aus der Tatsache, daß zu jedem maximalen Ideal $\underline{m}$ von $\mathcal{O}(W)$ ein maximales Ideal $\underline{n}$ von $\mathcal{O}(Z)$ existiert mit $\underline{m} = \underline{n} \cap \mathcal{O}(W)$ (vgl. [AM] Theorem 5.10).††

4.2 Noethersches Normalisierungslemma

Mit Hilfe des folgenden Lemmas kann man viele Existenzfragen und Dimensionsuntersuchungen auf den affinen Raum zurückführen. Beispiele hierfür haben wir im Abschnitt 3 schon gesehen (3.2 Beispiel 2, 3.3); eine weitere Anwendung geben wir in Abschnitt 6.

Satz (Hilbert-Noether): Ist Z eine irreduzible Varietät der Dimension n, so gibt es einen endlichen surjektiven Morphismus $\phi : Z \to \mathbb{C}^n$.

Die algebraische (etwas allgemeinere) Version lautet folgendermassen.

Normalisierungslemma: Ist A eine endlich erzeugte, nullteilerfreie Algebra über einem Körper K, so gibt es über K algebraisch unabhängige Elemente $a_1, a_2, \ldots, a_n \in A$ mit der Eigenschaft, daß A ein endlicher Modul über dem Polynomring $K[a_1, \ldots, a_n]$ ist.

(Der Beweis ist nicht schwierig; vgl. etwa [M1] Chap. 1, § 1.)

4.3 Normale Varietäten und Normalisierung

Definition: Sei R ein Integritätsbereich und $S \supset R$ ein Oberring. Ein Element $s \in S$ heißt ganz über R, falls s einer "Ganzheitsgleichung" der Gestalt

$$s^n = \sum_{i=0}^{n-1} r_i s^i \quad \text{mit} \quad r_i \in R$$

genügt. R heißt ganz abgeschlossen oder normal, falls jedes über R ganze Element des Quotientenkörpers K von R schon zu R gehört.

Lemma: Ist $\phi : Z \to Y$ ein dominanter Morphismus zwischen irreduziblen Varietäten, so ist ϕ genau dann endlich, wenn $\mathcal{O}(Z)$ ganz über $\mathcal{O}(Y)$ ist (d. h. jedes Element von $\mathcal{O}(Z)$ ist ganz über $\phi^*(\mathcal{O}(Y))$).

(Zum Beweis vgl. [ZS] V, § 1, Theorem 1.)

Satz: Die über $\mathcal{O}(Z)$ ganzen Elemente von $\mathbb{C}(Z)$ bilden einen in $\mathbb{C}(Z)$ ganz abgeschlossenen Unterring $\widetilde{\mathcal{O}(Z)}$, den ganzen Abschluß von $\mathcal{O}(Z)$ in $\mathbb{C}(Z)$. $\widetilde{\mathcal{O}(Z)}$ ist ein endlich erzeugter $\mathcal{O}(Z)$-Modul, also insbesondere eine endlich erzeugte $\mathbb{C}$-Algebra.

(Zum Beweis vgl. [ZS] V, § 4, Corollary 1.)

Folgerung: Es gibt eine irreduzible Varietät $\tilde{Z}$ und einen endlichen, surjektiven birationalen Morphismus $\eta : \tilde{Z} \to Z$ mit der Eigenschaft, daß $\mathcal{O}(\tilde{Z})$ der ganze Abschluß von $\eta^*(\mathcal{O}(Z))$ in $\mathbb{C}(\tilde{Z})$ ist.

Definitionen: Der Morphismus $\eta : \tilde{Z} \to Z$ (oder auch nur $\tilde{Z}$) heißt Normalisierung von Z. Er ist bis auf Isomorphie eindeutig bestimmt (siehe Bemerkung 1).

Eine affine Varietät Z heißt normal, falls Z irreduzibel und $\mathcal{O}(Z)$ normal ist.

Eine Varietät Z heißt normal in einem Punkt $z \in Z$, falls der lokale Ring $\mathcal{O}(Z)_z$ ein normaler Integritätsbereich ist.

Bemerkungen: 1) Die Normalisierung $\eta : \tilde{Z} \to Z$ von Z besitzt folgende universelle Eigenschaft: Ist W eine normale Varietät und $\phi : W \to Z$ ein dominanter Morphismus, so existiert genau ein Morphismus $\psi : W \to \tilde{Z}$ mit $\phi = \eta \circ \psi$:

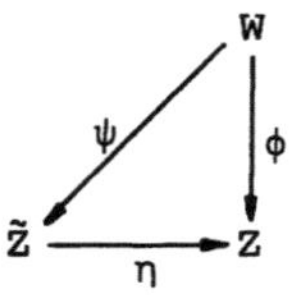

Es folgt daraus, daß die Normalisierung $\eta : \tilde{Z} \to Z$ bis auf eindeutige Isomorphie eindeutig bestimmt ist.

2) Z ist genau dann normal, falls Z irreduzibel und in allen Punkten normal ist.

3) Ist $\phi : Z \tilde{\to} Z$ ein Automorphismus und Z normal im Punkt $z \in Z$, so ist Z auch normal in $\phi(z)$. (ϕ induziert einen Isomorphismus $\phi_z^* : \mathcal{O}(Z)_{\phi(z)} \tilde{\to} \mathcal{O}(Z)_z$; vgl. 2.4.)

4) Ist $\phi : Z \to Y$ ein endlicher surjektiver Morphismus, Z irreduzibel und Y normal, so gilt für alle $y \in Y$

$$\#\phi^{-1}(y) \leq \deg \phi .$$

(Vgl. 3.5: Man benutze die Tatsache, daß das Minimalpolynom von jedem Element in $\mathcal{O}(Z)$ seine Koeffizienten in $\mathcal{O}(Y)$ hat; siehe auch [Sh] II, § 5, Theorem 6.)

Satz: Sei W eine irreduzible affine Varietät. Dann ist $W_{norm} := \{w \in W \mid W \text{ ist normal in } w\}$ eine offene dichte Teilmenge von W .

Beweis: Sei $\underline{a} := \{f \in \mathcal{O}(W) \mid f \cdot \widetilde{\mathcal{O}(W)} \subset \mathcal{O}(W)\}$. Es gilt $\underline{a} \neq 0$, denn $\underline{a}$ enthält z. B. den Hauptnenner eines endlichen Erzeugendensystems von $\widetilde{\mathcal{O}(W)}$ über $\mathcal{O}(W)$. Wir zeigen: $W_{norm} = W - \mathcal{V}_W(\underline{a})$. Sei $w \in W$ und $\underline{m} = \underline{m}_w$ das zu w gehörende maximale Ideal in $\mathcal{O}(W)$. Mit $S := \mathcal{O}(W) - \underline{m}$ gilt: $\mathcal{O}(W)_w = \mathcal{O}(W)_S \subset \widetilde{\mathcal{O}(W)}_S = (\mathcal{O}(W)_S)^{\sim}$, und es ist $\mathcal{O}(W)_S = \widetilde{\mathcal{O}(W)}_S$ genau dann, wenn $S \cap \underline{a} \neq \emptyset$, d. h. $\underline{a} \not\subset \underline{m}$, also $w \notin \mathcal{V}_W(\underline{a})$ ist. ††

Beispiele: 1) Sei $C = \mathbb{V}_{\mathbb{C}^2}(Y^2-X^3) = \{(t^2,t^3)\,|\,t\in\mathbb{C}\}$ die Neilsche Parabel.

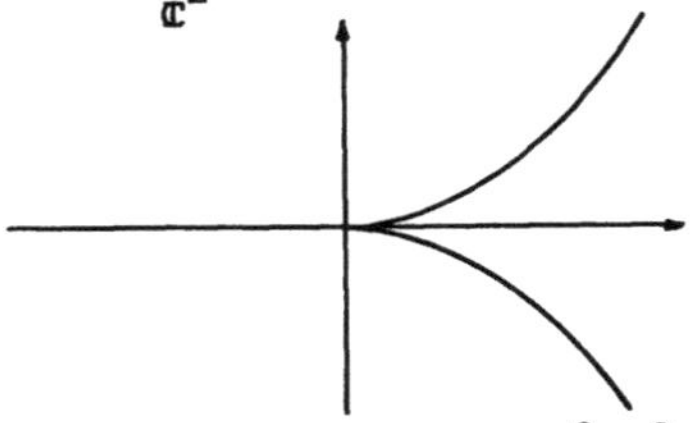

Die reguläre Abbildung $\eta : \mathbb{C} \to C$, $t \mapsto (t^2,t^3)$, ist die Normalisierung von C . ($\mathbb{C}[T]$ ist der ganze Abschluß von $\mathbb{C}[T^2,T^3]$ in $\mathbb{C}[T]$.)

2) Sei $D = \mathbb{V}_{\mathbb{C}^2}(Y^2-X^3-X^2) = \{(t^2-1,t(t^2-1))\,|\,t\in\mathbb{C}\}$,

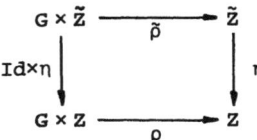

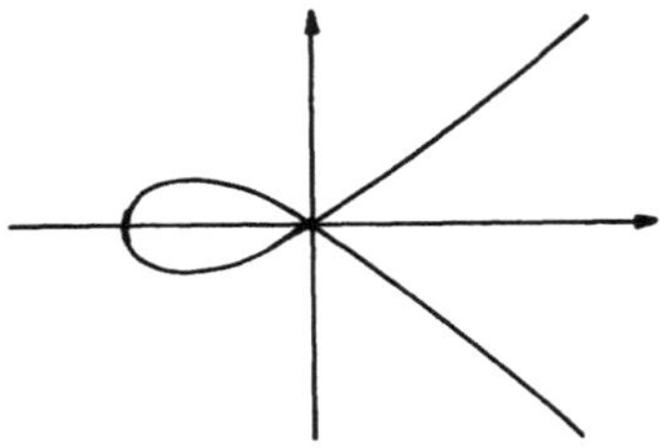

Auch hier ist $\tilde{D} = \mathbb{C}$, und die Normalisierung $\eta : \mathbb{C} \to D$ ist gegeben durch die reguläre Abbildung $t \mapsto (t^2-1,t(t^2-1))$.

3) Operiert eine algebraische Gruppe G transitiv auf einer affinen Varietät Z , so ist Z normal. Insbesondere ist G selbst eine normale Varietät. (Dies folgt aus dem Satz und Bemerkung 3.)

4.4 Normalisierung von Gruppenoperationen

Satz: Operiert die algebraische Gruppe G auf der affinen Varietät Z , so läßt sich diese Operation in eindeutiger Weise auf die Normalisierung $\tilde{Z}$ hochheben mit dem kommutativen Diagramm

$$\begin{array}{ccc} G\times\tilde{Z} & \xrightarrow{\tilde{\rho}} & \tilde{Z} \\ {\scriptstyle Id\times\eta}\downarrow & & \downarrow{\scriptstyle \eta} \\ G\times Z & \xrightarrow{\rho} & Z \end{array} \quad .$$

(Dies folgt mit dem nachstehenden Lemma aus der universellen Eigenschaft der Normalisierung; vgl. 4.3 Bemerkung 1.)

Lemma: Das Produkt zweier normaler affiner Varietäten ist normal. (Für einen Beweis siehe [BAC] V, § 1, n° 7, Corollaire.)

4.5 Going-down Theorem

In 4.1 haben wir gesehen, daß endliche Morphismen abgeschlossen sind. Das folgende Lemma ist die geometrische Formulierung einer weiteren wichtigen Eigenschaft von endlichen Ringerweiterungen, der sogenannten Going-down Eigenschaft von Cohen-Seidenberg (vgl. [ZS] IV, § 3, Theorem 6, oder [BAC] V, § 2, n° 4, Théorème 3).

Lemma: Sei $\phi : Z \to Y$ endlich und surjektiv, Z irreduzibel und Y normal. Sei weiter $Y' \subset Y$ eine irreduzible abgeschlossene Teilmenge und $z \in Z$ ein Punkt mit $\phi(z) \in Y'$. Dann gibt es eine irreduzible abgeschlossene Teilmenge $Z' \subset Z$ mit $z \in Z'$ und $\phi(Z') = Y'$.

Man beachte, daß mit den Bezeichnungen des Lemmas die induzierte Abbildung $\phi' : Z' \to Y'$ wieder endlich und surjektiv ist und insbesondere $\dim Z' = \dim Y'$ gilt.

Als Anwendung beweisen wir den folgenden einfachen Spezialfall eines allgemeinen Satzes, welcher besagt, daß man zwei Punkte einer irreduziblen Varietät immer durch eine irreduzible Kurve verbinden kann.

Satz: Sei Z eine irreduzible Varietät, $z \in Z$ und $U \subset Z$ eine offene dichte Teilmenge. Dann gibt es eine irreduzible Kurve $C \subset Z$, welche z enthält und U trifft.

Beweis: Nach 4.2 gibt es einen endlichen surjektiven Morphismus $\phi : Z \to \mathbb{C}^n$, $n := \dim Z$. Sei $y \in \mathbb{C}^n - \phi(Z-U)$ und $Y' \subset \mathbb{C}^n$ die Gerade durch y und $\phi(z)$. Nach dem obigen Lemma gibt es dann eine irreduzible Kurve $C \subset Z$ mit $z \in C$ und $\phi(C) = Y'$, und nach Konstruktion folgt $C \cap U \neq \emptyset$. ††

Folgerung: Ist $\phi : Z \to Y$ ein dominanter Morphismus zwischen irreduziblen Varietäten und $y \in Y$, so gibt es eine irreduzible Kurve C in Z mit $\overline{\phi(C)} \ni y$.

Beweis: Ist $U \subset \phi(Z)$ offen und dicht in Y (4.2), so gibt es zunächst eine irreduzible Kurve $C' \subset Y$ mit $y \in C'$ und $C' \cap U \neq \emptyset$. Nochmalige Anwendung des obigen Satzes liefert die Existenz einer irreduziblen Kurve C in $\phi^{-1}(C')$, welche nicht in einer Faser von ϕ liegt. Es folgt $\overline{\phi(C)} = \overline{C'}$. ††

5. TANGENTIALRAUM UND REGULÄRE PUNKTE

5.1 Definition: Sei Z eine affine Varietät und $z \in Z$ ein Punkt. Dann heißt

$$T_z(Z) := Der_z(\mathcal{O}(Z))$$
$$:= \{\delta : \mathcal{O}(Z) \to \mathbb{C} \mid \delta\ \mathbb{C}\text{-linear und } \delta(f\cdot g) = f(z)\delta(g) + g(z)\delta(f) \text{ für alle } f,g \in \mathcal{O}(Z)\}$$

der (Zariski-) Tangentialraum von Z im Punkt z . Die Abbildungen $\delta \in Der_z\mathcal{O}(Z)$ heißen Derivationen von $\mathcal{O}(Z)$ im Punkte z .

Ist $\underline{m}_z$ das zu $z \in Z$ gehörende maximale Ideal von $\mathcal{O}(Z)$, so ist $T_z(Z)$ kanonisch isomorph zum Dualraum von $\underline{m}_z/\underline{m}_z^2$,

$$T_z(Z) \xrightarrow{\sim} (\underline{m}_z/\underline{m}_z^2)^* = Hom_{\mathbb{C}}(\underline{m}_z/\underline{m}_z^2,\mathbb{C}) ,$$

wobei der Isomorphismus durch $\delta \mapsto \delta|_{\underline{m}_z}$ gegeben ist. (Man beachte, daß δ nach Definition auf $\underline{m}_z^2$ verschwindet.) Die Umkehrabbildung ist gegeben durch

$$(\underline{m}_z/\underline{m}_z^2)^* \ni \phi \mapsto \delta_\phi \quad \text{mit} \quad \delta_\phi(f) := \phi(\overline{f-f(z)}) \quad \text{für } f \in \mathcal{O}(Z) .$$

($\overline{f-f(z)}$ bezeichnet die Restklasse von $f-f(z)$ modulo $\underline{m}_z^2$.) Hieraus ergibt sich, daß $T_z(Z)$ ein endlichdimensionaler $\mathbb{C}$-Vektorraum ist. Dies folgt auch direkt aus der Definition, denn eine Derivation von $\mathcal{O}(Z)$ ist durch ihre Werte auf einem Erzeugendensystem bestimmt. Es gilt

$$\dim T_z(Z) = \dim \underline{m}_z/\underline{m}_z^2 < \infty .$$

(Für eine Abschätzung nach unten siehe 5.6.)

Wir geben noch eine dritte Interpretation des Tangentialraumes $T_z(Z)$. Sei hierzu $\mathbb{C}[\varepsilon] = \mathbb{C} \oplus \varepsilon\mathbb{C}$ mit $\varepsilon^2 = 0$ die Algebra der dualen Zahlen. Ist dann $\tau : \mathcal{O}(Z) \to \mathbb{C}[\varepsilon]$ ein $\mathbb{C}$-Algebrenhomomorphismus mit $\tau^{-1}(\varepsilon\mathbb{C}) = \underline{m}_z$, so ist τ von der Gestalt $\tau(f) = f(z) + \varepsilon\delta(f)$ mit $\delta \in Der_z(\mathcal{O}(Z))$. Es folgt hieraus leicht, daß wir $T_z(Z)$ identifizieren können mit dem $\mathbb{C}$-Vektorraum

$$\{\tau \in Alg_{\mathbb{C}}(\mathcal{O}(Z),\mathbb{C}[\varepsilon]) \mid \tau(\underline{m}_z) \subset \varepsilon\mathbb{C}\} .$$

5.2 Tangentialvektoren

Sei V ein endlichdimensionaler $\mathbb{C}$-Vektorraum. Dann ist der Tangentialraum $T_z(V)$ kanonisch isomorph zu V : $V \xrightarrow{\sim} T_z(v)$, $v \mapsto D_{v,z}$, wobei die Richtungsableitung $D_{v,z}$ in z in Richtung v definiert ist durch

$$D_{v,z}f \;:=\; D_v f(z) \;:=\; \lim_{t\to 0} \frac{f(z+tv)-f(z)}{t} \quad .$$

Wir werden im folgenden meistens V mit $T_z(V)$ identifizieren. Wählen wir eine Basis $e_1,\dots,e_n$ von V und bezeichnen wir mit $X_1,\dots,X_n \in \mathcal{O}(Z)$ die Koordinatenfunktionen, so gilt für $v = \sum_{i=1}^{n} a_i e_i$ bekanntlich

$$D_v f(z) \;=\; \sum_i a_i \frac{\partial f}{\partial X_i}(z) \quad \text{d. h.} \quad D_{v,z} \;=\; \sum_i a_i \left(\frac{\partial}{\partial X_i}\right)_z \quad .$$

Der Zusammenhang mit der dritten Interpretation des Tangentialraumes läßt sich auch leicht herstellen. Wir betrachten die Taylorentwicklung des Polynoms $f \in \mathcal{O}(V)$ im Punkte $z \in V$:

$$f(z+tv) \;=\; f(z) + t\cdot D_v f(z) + t^2\cdot \dots , \quad v \in V \quad \text{und} \quad t \in \mathbb{C} ,$$

und sehen daraus, daß die Abbildung

$$\theta_{v,z} \;:\; \mathcal{O}(V) \to \mathbb{C}[\varepsilon] \quad , \quad f \mapsto f(z) + \varepsilon D_v f(z) \quad ,$$

für jedes $v \in V$ ein $\mathbb{C}$-Algebrenhomomorphismus ist. Es gilt sogar ganz formal

$$f(z+\varepsilon v) \;=\; f(z) + \varepsilon D_v f(z) \quad .$$

(Man beachte, daß $f(a)$ für jedes $a \in V \otimes_{\mathbb{C}} \mathbb{C}[\varepsilon] = V \oplus \varepsilon V$ ein wohldefiniertes Element aus $\mathbb{C}[\varepsilon]$ ist.)

Sei nun $Z \subset V$ eine abgeschlossene Teilmenge. Dann ist ein $v \in V$ im Sinne der Differentialgeometrie ein Tangentialvektor an Z im Punkte $z \in Z$, falls $D_v f(z) = 0$ ist für alle $f \in \underline{i}(Z)$. Insbesondere induziert dann $D_{v,z}$ eine Derivation von $\mathcal{O}(Z) = \mathcal{O}(V)/\underline{i}(Z)$ nach $\mathbb{C}$, und wir erhalten eine Bijektion zwischen der Menge der Tangentialvektoren an Z in z und den Derivationen von $\mathcal{O}(Z)$ in z . Unsere Definition des Tangentialraumes stimmt also mit der geometrischen Anschauung überein:

$$T_z(Z) = \{v \in V \mid D_v f(z) = 0 \text{ für alle } f \in \underline{i}(Z)\}$$

$$= \{v \in V \mid f(z+\varepsilon v) = 0 \text{ in } \mathbb{C}[\varepsilon] \text{ für alle } f \in \underline{i}(Z)\} \subset V .$$

Beispiel: Ist $f \in \mathbb{C}[X_1,\ldots,X_n]$ irreduzibel und $z \in \mathbb{V}(f) = W$, so gilt:

$$T_z(W) = \{(a_1,\ldots,a_n) \in V \mid \sum_{i=1}^{n} a_i \frac{\partial f}{\partial X_i}(z) = 0\}$$

und somit

$$\dim T_z(W) = \begin{cases} n, \text{ falls } \frac{\partial f}{\partial X_i}(z) = 0 \text{ für alle } i , \\ n-1 \text{ sonst.} \end{cases}$$

Bemerkung: Ist $W \subset V = \mathbb{C}^n$ abgeschlossen und $\underline{i}(W) = (f_1,f_2,\ldots,f_k)$, so findet man für $z \in W$

$$T_z(W) = \{(a_1,\ldots,a_n) \mid \sum_{i=1}^{n} a_i \frac{\partial f_j}{\partial X_i}(z) = 0 \text{ für } j = 1,\ldots,k\} ,$$

also

$$\dim T_z(W) = n - \operatorname{rg}\left(\frac{\partial f_j}{\partial X_i}(z)\right) .$$

5.3 Tangentialräume von Untervarietäten

Sei wieder Z eine beliebige affine Varietät und W eine abgeschlossene Untervarietät von Z mit Koordinatenring $\mathcal{O}(W) = \mathcal{O}(Z)/\underline{i}(W)$. Offensichtlich induziert die kanonische Projektion $\pi : \mathcal{O}(Z) \to \mathcal{O}(W)$ für alle $z \in W$ eine Injektion

$$T_z(W) = \operatorname{Der}_z(\mathcal{O}(W)) \hookrightarrow \operatorname{Der}_z(\mathcal{O}(Z)) = T_z(Z) , \quad \delta \mapsto \delta\circ\pi .$$

Mit der Identifikation $T_z(Z) = (\underline{m}_z/\underline{m}_z^2)^*$ erhält man diese Einbettung $T_z(W) \to T_z(Z)$ folgendermaßen: Ist $\underline{n}_z$ das zu $z \in W$ gehörige maximale Ideal von $\mathcal{O}(W)$, so induziert die Projektion $\pi : \mathcal{O}(Z) \to \mathcal{O}(W)$ eine surjektive Abbildung $\pi' : \underline{m}_z \to \underline{n}_z$. Diese liefert eine Surjektion $\underline{m}_z/\underline{m}_z^2 \to \underline{n}_z/\underline{n}_z^2$ und somit eine Injektion der zugehörigen Dualräume.

Die konkrete Bestimmung von Tangentialräumen geschieht im allgemeinen am leichtesten mit Hilfe der dritten Interpretation von $T_z(Z)$ als

$\{\tau \in \mathrm{Alg}_{\mathbb{C}}(\mathcal{O}(Z),\mathbb{C}[\varepsilon]) \mid \tau(\underline{m}_z) \subset \varepsilon\mathbb{C}\}$. Für eine abgeschlossene Untervarietät $Z \subset V = \mathbb{C}^n$ erhält man damit die Beschreibung (vgl. 5.2):

$$T_z(Z) = \{v \in V \mid f(z+\varepsilon v) = f(z) \quad \text{für alle} \quad f \in \underline{i}(Z)\} \subset V \quad .$$

Beispiele: 1) $SL_n = \{M \in M_n(\mathbb{C}) \mid \det M = 1\}$ mit dem Koordinatenring $\mathcal{O}(SL_n) = \mathbb{C}[X_{ij}]/(\det-1)$. Mit $E = \begin{pmatrix}1 & 0\\ 0 & 1\end{pmatrix} \in SL_n(\mathbb{C})$ folgt $T_E(SL_n) = \{X \in M_n \mid \det(E+\varepsilon X) = 1\}$. Eine einfache Rechnung zeigt $\det(E+\varepsilon X) =$ $= 1 + \varepsilon \cdot \mathrm{spur}\, X$. Wir erhalten somit

$$T_E(SL_n) = \{X \in M_n(\mathbb{C}) \mid \mathrm{spur}\, X = 0\} \quad .$$

2) Sei $O_n = \{A \in M_n(\mathbb{C}) \mid A \cdot A^t = E\}$ die orthogonale Gruppe. Wie oben finden wir $T_E(O_n) = \{X \in M_n(\mathbb{C}) \mid (E+\varepsilon X)(E+\varepsilon X)^t = E\}$. Nun gilt $(E+\varepsilon X)(E+\varepsilon X)^t =$ $= E + \varepsilon(X+X^t)$ und man erhält

$$T_E(O_n) = \{X \in M_n(\mathbb{C}) \mid X \ \text{ist schiefsymmetrisch}\} \quad .$$

(Wir haben stillschweigend benutzt, daß das Ideal $\underline{i}(O_n)$ von den Gleichungen $(X_{ij})\cdot(X_{ij})^t = E$ erzeugt wird.)

Bemerkung: $\mathrm{Der}_z(\mathcal{O}(Z))$ hängt nur vom lokalen Ring $\mathcal{O}(Z)_z$ ab: $\mathrm{Der}_z(\mathcal{O}(Z)) = \mathrm{Der}_z(\mathcal{O}(Z)_z)$. Ist Z_f eine spezielle offene Teilmenge von Z und $z \in Z_f$, so gilt daher $\mathrm{Der}_z(\mathcal{O}(Z)) = \mathrm{Der}_z(\mathcal{O}(Z)_f)$, d. h.

$$T_z(Z_f) = T_z(Z) \quad .$$

Zum Beispiel erhalten wir $T_E(GL_n) = M_n$ bzw. $T_E(GL(V)) = \mathrm{End}(V)$ für einen endlichdimensionalen Vektorraum V .

5.4 Differential einer regulären Abbildung

Sei $\phi : Z \to W$ eine reguläre Abbildung zwischen zwei affinen Varietäten mit dem zugehörigen Algebrenhomomorphismus $\phi^* : \mathcal{O}(W) \to \mathcal{O}(Z)$. Für $z \in Z$ und $w := \phi(z) \in W$ induziert ϕ eine lineare Abbildung

$$d\phi_z : T_z(Z) \to T_w(W) \quad , \quad \delta \mapsto \delta\circ\phi^* \quad \text{für} \quad \delta \in \mathrm{Der}_z(\mathcal{O}(Z)) \quad .$$

$d\phi_z$ heißt das Differential von ϕ im Punkt z .

Für eine Komposition $\psi\circ\phi : Z \to W \to U$ von regulären Abbildungen gilt

$$d(\psi\circ\phi)_z = d\psi_w \circ d\phi_z \qquad \text{für} \quad z \in Z \quad \text{und} \quad w := \phi(z) \in W.$$

Man erhält $d\phi_z$ als lineare Abbildung von $(\underline{m}_z/\underline{m}_z^2)^* \to (\underline{m}_w/\underline{m}_w^2)^*$ folgendermaßen: Es ist $\phi^*(\underline{m}_w) \subset \underline{m}_z$, also induziert ϕ^* eine Abbildung $\rho : \underline{m}_w/\underline{m}_w^2 \to \underline{m}_z/\underline{m}_z^2$, und es gilt dann $d\phi_z = \rho^* :=$ duale Abbildung zu ρ.

<u>Beispiel</u>: Es seien Z und W abgeschlossene Untervarietäten von $\mathbb{C}^n$ bzw. $\mathbb{C}^m$ und $\phi : Z \to W$ gegeben durch die Polynome $f_1,\dots,f_m \in \mathbb{C}[X_1,\dots,X_n]$ (2.2 Bemerkung 2). Dann definiert die Matrix

$$A := \left(\frac{\partial f_j}{\partial X_i}(z)\right)_{\substack{i=1,\dots,n\\ j=1,\dots,m}}$$

eine lineare Abbildung von $\mathbb{C}^n$ nach $\mathbb{C}^m$, und $d\phi_z$ ist die von A induzierte lineare Abbildung von $T_z(Z) \subset \mathbb{C}^n$ nach $T_{\phi(z)}(W) \subset \mathbb{C}^m$:

$$X = (x_1,\dots,x_n) \mapsto d\phi_z(X) = (\dots, \sum_{i=1}^n x_i \frac{\partial f_j}{\partial X_i}(z), \dots) .$$

Sei nun $\delta \in T_z(Z)$ $(= \mathrm{Der}_z(\mathcal{O}(Z))$ und $\tau \in \mathrm{Alg}_{\mathbb{C}}(\mathcal{O}(Z), \mathbb{C}[\varepsilon])$ definiert durch $\tau(f) := f(z) + \varepsilon\delta(f)$. Dann ist $\tau \circ \phi^* \in \mathrm{Alg}_{\mathbb{C}}(\mathcal{O}(W), \mathbb{C}[\varepsilon])$ gegeben durch $\tau \circ \phi^*(g) = g(\phi(z)) + \varepsilon(\delta \circ \phi^*) = g(\phi(z)) + \varepsilon \cdot d\phi_z\delta$. <u>Wir erhalten damit die wichtige Formel</u>:

$$\phi(z+\varepsilon v) = \phi(z) + \varepsilon \cdot d\phi_z(v) \quad \text{für} \quad z \in Z \quad \text{und} \quad v \in T_z(Z) .$$

Damit läßt sich das Differential im allgemeinen sehr leicht berechnen.

<u>Beispiele</u>: 1) Sei $\phi : M_n(\mathbb{C}) \to M_n(\mathbb{C})$ gegeben durch $A \mapsto A^3$. Es gilt $T_E(M_n) = M_n$ und $\phi(E+\varepsilon X) = (E+\varepsilon X)^3 = E + \varepsilon \cdot 3X = \phi(E) + \varepsilon \cdot d\phi_E(X)$. Damit folgt

$$d\phi_E : T_E(M_n) \to T_E(M_n) \quad , \quad d\phi_E(X) = 3X .$$

2) Sei $\phi : GL_n \to GL_n$ der Gruppenhomomorphismus $A \mapsto (A^{-1})^t$. Dann gilt $[(E+\varepsilon X)^{-1}]^t = E - \varepsilon X^t$ und somit $d\Phi_E(X) = -X^t$.

3) Sei $\rho : GL_n \to GL(V)$ ein Gruppenhomomorphismus und

$$d\rho_E : M_n \to T_E(GL(V)) = \mathrm{End}\, V$$

das Differential. Ein Tangentialvektor $X \in M_n$ definiert daher einen linearen Endomorphismus von V (ebenfalls mit X bezeichnet):

$$Xv := d\rho_E(X)(v) \quad \text{für} \quad v \in V .$$

Für $A \in GL_n$ findet man

$$d\rho_E(AXA^{-1}) = \rho(A)d\rho_E(X)\rho(A)^{-1}$$

und damit $\rho(A)Xv = (AXA^{-1})(\rho(A)v)$.

5.5 Tangentialräume von Produkten und Fasern

Satz 1: Sind Z und W zwei affine Varietäten und $(z,w) \in Z \times W$, so gilt

$$T_{(z,w)}(Z \times W) = T_zZ \oplus T_wW$$

in kanonischer Weise.

Beweis: Der Isomorphismus wird geliefert durch die Abbildung

$$\Delta : Der_z(\mathcal{O}(Z)) \oplus Der_w(\mathcal{O}(W)) \to Der_{(z,w)}(\mathcal{O}(Z) \otimes_{\mathbb{C}} \mathcal{O}(W)) ,$$

$\Delta(\delta,\delta')(f \otimes g) := \delta(f) \cdot g(w) + f(z) \cdot \delta'(g)$. ††

Bemerkung: Man sieht aus obigem Beweis, daß für einen Tangentialvektor $(X,Y) \in T_{(z,w)}(Z \times W)$ und für eine Funktion $f = \sum_i g_i \otimes h_i \in \mathcal{O}(Z \times W)$ gilt:

$$(X,Y)f = \sum_i (g_i(z) \cdot Yh_i + h_i(w) \cdot Xg_i) .$$

Ist z. B. $A \subset Z \times W$ eine abgeschlossene Teilmenge und $a = (z,w) \in A$, so folgt

$$T_aA = \{(X,Y) \in T_a(Z \times W) \mid \sum_i (g_i(z) \cdot Yh_i + h_i(w) \cdot Xg_i) = 0$$
$$\text{für alle } f = \sum_i g_i \otimes h_i \in \underline{i}(A)\} .$$

Beispiel 1: Im Beispiel 3 von 5.4 entspricht ρ einer regulären Abbildung

$$\mu : GL_n \times V \to V , \quad (g,v) \mapsto \rho(g)(v) =: gv \text{ für } g \in GL_n \text{ und } v \in V$$

(vgl. 2.8 Beispiel 7). Wir wollen das Differential von μ berechnen. Es ist $T_{(g,v)}(GL_n \times V) = M_n \oplus V$ nach obigem Satz 1. Für $X \in T_g(GL_n)$ und $Y \in T_v(V)$ folgt nach Definition

$$\mu((g+\varepsilon X),(v+\varepsilon Y)) = (\rho(g+\varepsilon X)(v+\varepsilon Y)) = (\rho(g)+\varepsilon d\rho_g X)(v+\varepsilon Y) =$$

$$= \rho(g)(v) + \varepsilon[d\rho_g X(v) + \rho(g)Y]$$

$$= \rho(g)(v) + \varepsilon[X_g v + gY]$$

mit $X_g v := d\rho_g X(v)$, analog zum Beispiel 3 in 5.4. Wir erhalten damit

$$(d\mu)_{(g,v)}(X,Y) = X_g v + gY$$

und speziell

$$(d\mu)_{(e,v)}(X,Y) = Xv + Y \quad .$$

Sei $\phi : Z \to W$ wiederum ein Morphismus zwischen affinen Varietäten. Für ein $z \in Z$ mit Bild $w = \phi(z) \in W$ betrachten wir die Faser $F := \phi^{-1}(w)$ von w . Da der Tangentialraum eines Punktes nulldimensional ist, erhalten wir das folgende kommutative Diagramm

$$\begin{array}{ccc} T_z(Z) & \xrightarrow{\ d\phi_z\ } & T_w(W) \\ \cup & & \cup \\ T_z(F) & \xrightarrow[\ d(\phi|_F)_z\ ]{} & \{0\} \end{array}$$

Hieraus ergibt sich die Aussage a) des folgenden Satzes.

Satz 2: a) $T_z(F) \subset \operatorname{Ker} d\phi_z$.

b) Ist die Faser F im Punkt z reduziert (2.5), so gilt

$$T_z(F) = \operatorname{Ker} d\phi_z \; .$$

Beweis b) : Es ist $\mathcal{O}(F)_z = \mathcal{O}(Z)_z/\phi^*(\underline{m}_w)\cdot\mathcal{O}(Z)_z$ nach Voraussetzung. Aus der Produktregel folgt, daß jede Derivation $\delta \in \operatorname{Der}_z(\mathcal{O}(Z))$ mit $\delta \circ \phi^* = 0$ auf $\phi^*(\underline{m}_w)\cdot\mathcal{O}(Z)_z$ verschwindet, also eine Derivation $\overline{\delta} \in \operatorname{Der}_z(\mathcal{O}(F))$ induziert. ††

Weitere Beispiele: 2) $C := \mathcal{V}_{\mathbb{C}^2}(Y^2-X^3)$, $\phi : \mathbb{C} \to C$, $t \mapsto (t^2,t^3)$ (siehe 4.3 Beispiel 1)

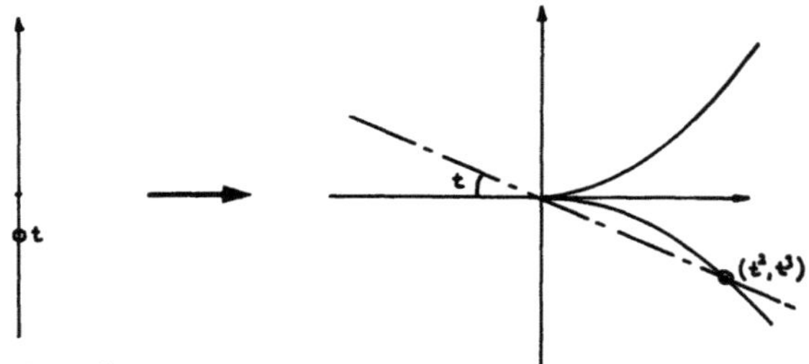

Sei $c = (t^2,t^3) \in C$; dann ist

$$T_c(C) = \{(x,y) \in \mathbb{C}^2 \mid -3X^2(c)\cdot x + 2Y(c)\cdot y = 0\} =$$

$$= \{(x,y) \in \mathbb{C}^2 \mid -3t^4\cdot x + 2t^3 y = 0\} ,$$

also

$$T_c(C) \cong \begin{cases} \mathbb{C}^2 & \text{für} \quad c = (0,0) \; , \\ \mathbb{C} & \text{sonst} \; . \end{cases}$$

Weiter gilt $T_t(\mathbb{C}) = \mathbb{C}$ und $\phi(t+\varepsilon X) = (t^2+\varepsilon\cdot 2tX, t^3+\varepsilon\cdot 3t^2X)$. Damit ist $d\phi_t : T_t(\mathbb{C}) \to T_{(t^2,t^3)}(C)$ gegeben durch

$$X \mapsto (2tX, 3t^2X) \; .$$

<u>Insbesondere ist</u> $d\phi_t$ <u>bijektiv für</u> $t \neq 0$ <u>und</u> $d\phi_0 \equiv 0$.

3) $D := V_{\mathbb{C}^2}(Y^2-X^3-X^2)$, $\phi : \mathbb{C} \to D$, $t \mapsto (t^2-1, t(t^2-1))$ (siehe 4.3 Beispiel 2).

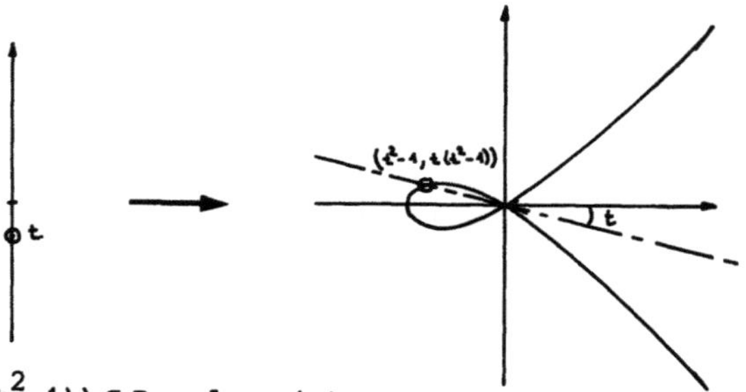

Sei $d = (t^2-1, t(t^2-1)) \in D$; dann ist

$$T_d(D) = \{(x,y) \in \mathbb{C}^2 \mid [-3(t^2-1)^2 - 2(t^2-1)]x + 2t(t^2-1)y = 0\}$$

$$= \{(x,y) \in \mathbb{C}^2 \mid (-3t^2+1)(t^2-1)x + 2t(t^2-1)y = 0\} , \text{ also}$$

$$T_d(D) \cong \begin{cases} \mathbb{C} & \text{für} \quad t \neq \pm 1 \text{ , d. h. } d \neq (0,0) \; , \\ \mathbb{C}^2 & \text{für} \quad d = (0,0) \; . \end{cases}$$

Weiter gilt $\phi(t+\varepsilon X) = (t^2-1+\varepsilon 2tX, t(t^2-1)+\varepsilon(3t^2X-X))$, und somit ist $d\phi_t : T_t(\mathbb{C}) \to T_{\phi(t)}(D)$ gegeben durch

$$X \mapsto (2tX, 3t^2X-X) \quad .$$

<u>Insbesondere ist</u> $d\phi_t$ <u>für alle</u> t <u>injektiv und für</u> $t \neq \pm 1$ <u>bijektiv</u>.

5.6 Reguläre Punkte

<u>Lemma</u>: <u>Sei</u> z <u>ein Punkt der affinen Varietät</u> Z . <u>Dann gilt</u>:

$$\dim_{\mathbb{C}} T_z(Z) \geq \dim_z Z \quad .$$

<u>Beweis</u>: Wir können ohne Einschränkung Z irreduzibel voraussetzen. Sei $\underline{m}_z \subset \mathcal{O}(Z)$ das zu z gehörende Maximalideal. Ist $d = \dim T_z(Z)$, so gibt es d Funktionen $f_1,\ldots,f_d \in \underline{m}_z$ mit $\underline{m}_z \cap \mathcal{O}(Z)_z = (f_1,\ldots,f_d) \cdot \mathcal{O}(Z)_z$ (Lemma von Nakayama). Wir finden dann ein $t \in \mathcal{O}(Z) - \underline{m}_z$ mit $(f_1,\ldots,f_d) \cdot \mathcal{O}(Z)_t = \underline{m}_z \cdot \mathcal{O}(Z)_t$ ($\underline{m}_z$ ist endlich erzeugbar). Es ist daher $\{z\} = \mathcal{V}_{Z_t}(f_1,\ldots,f_d)$ und folglich $\dim Z = \dim Z_t \leq d$ nach dem Hauptidealsatz von Krull (3.4). ††

<u>Definition</u>: Ein Punkt $z \in Z$ heißt <u>regulär</u> oder <u>glatt</u> , falls $\dim_{\mathbb{C}} T_z(Z) = \dim_z Z$ gilt. Andernfalls heißt z <u>singulär</u>.

<u>Jacobi-Kriterium</u>: <u>Seien</u> $f_1,\ldots,f_d \in \mathbb{C}[X_1,\ldots,X_n]$ <u>und</u> $z \in Z := \mathcal{V}_{\mathbb{C}^n}(f_1,\ldots,f_d)$. <u>Gilt</u>

$$\mathrm{rg}\left(\frac{\partial f_j}{\partial X_i}(z)\right) \geq n - \dim_z Z \quad ,$$

<u>so ist</u> z <u>ein regulärer Punkt von</u> Z .

<u>Beweis</u>: Aus Bemerkung 5.2 folgt $\dim T_z(Z) \leq n - \mathrm{rg}\left(\frac{\partial f_j}{\partial X_i}(z)\right)$; zusammen mit obigem Lemma liefert das die Behauptung. ††

<u>Bemerkungen</u>: (a) Die regulären Punkte von Z bilden eine <u>offene Teilmenge</u> Z_{reg} von Z (benutze obiges Lemma und 5.2). Zudem ist Z_{reg} <u>dicht</u> in Z (vgl. [M2] § 1A, 1.12: Ist Z irreduzibel, $\underline{i}(Z) = (f_1,\ldots,f_d)$, so hat die Matrix $\left(\frac{\partial f_j}{\partial X_i}\right)$ über $\mathbb{C}(Z)$ den Rang $n - \mathrm{trdeg}\,\mathbb{C}(Z) = n - \dim Z$;

hieraus folgt leicht, daß $\left(\frac{\partial f_j}{\partial x_i}(z)\right)$ für fast alle $z \in Z$ ebenfalls diesen Rang hat.)

(b) Unter den Voraussetzungen des Jacobi-Kriteriums kann man zeigen, daß die f_i das Ideal $\underline{i}(Z)$ in einer Umgebung von z erzeugen, d. h. es gibt ein $s \in \mathcal{O}(Z)$ mit $s(z) \neq 0$ und $\underline{i}(Z) \cdot \mathcal{O}(Z)_s = (f_1,\ldots,f_d) \cdot \mathcal{O}(Z)_s$ (vgl. [M2] § 1A, 1.16).

Satz: Ist z ein regulärer Punkt der affinen Varietät Z, so ist der lokale Ring $\mathcal{O}(Z)_z$ faktoriell; die Komplettierung $\widehat{\mathcal{O}(Z)}_z$ ist isomorph zu einem Potenzreihenring über $\mathbb{C}$ in $d = \dim_z Z$ Variablen. (vgl. [M2] § 1C, 1.27, 1.28.)

5.7 Reguläre Abbildungen von maximalem Rang

Ist $\phi : Z \to W$ eine reguläre Abbildung, so ist das Differential $(d\phi)_z$ nicht notwendig surjektiv, auch dann nicht, wenn ϕ dominant ist (siehe Beispiele 5.5). Der nachstehende Satz zeigt jedoch, daß dies für "fast alle" $z \in Z$ richtig ist.

Satz: Sei $\phi : Z \to W$ ein dominanter Morphismus zwischen irreduziblen affinen Varietäten. Dann gibt es eine offene und dichte Teilmenge $U \subset Z$ mit $d\phi_z$ surjektiv für alle $z \in U$.

Beweis: Wir können durch Übergang zu einer speziellen offenen Teilmenge von W annehmen, daß sich ϕ faktorisieren lässt in der Form

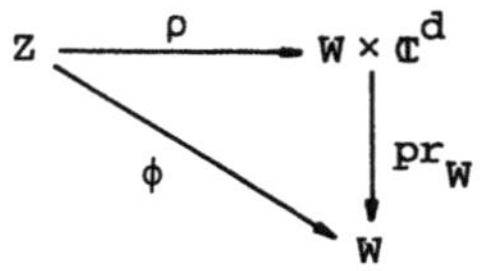

mit ρ endlich und surjektiv (vgl. Beweis von Satz 3.3). Da $d(pr_W)_x$ surjektiv ist für alle $x \in W \times \mathbb{C}^d$ (5.5 Satz 1), genügt es, einen endlichen surjektiven Morphismus ϕ zu betrachten. Sei also $S := \mathcal{O}(Z)$ endlich über $R := \mathcal{O}(W)$ und sei L/K die zugehörige Körpererweiterung. Dann ist $L = K[y]$ mit einem über R ganzen Element y mit Minimalpolynom $F = Y^n + \sum_{i=0}^{n-1} g_i Y^i$, $g_i \in R$. Wir setzen $S' := R[Y]/(F)$. Dann gibt es ein

$h \in R$ mit $S'_h \cong S_h$: Betrachte den Homomorphismus $\mu : S' \to L$, $\overline{Y} \mapsto y$. Da das Bild den Quotientenkörper L hat und da S endlich erzeugt ist, gibt es ein $h' \in R$ mit $\mu(S'_{h'}) \supset S$, also mit $\mu(S'_{h'}) = S_{h'}$. Da der Kern ein endlich erzeugtes Ideal ist, existiert ein $h'' \in R$ mit $h'' \cdot \operatorname{Ker} \mu = 0$. Mit $h := h'h''$ folgt nun $S'_h \cong S_h$.

Es ist also ohne Einschränkung $Z = \mathbb{V}(F) \subset W \times \mathbb{C}$ das Nullstellengebilde von $F \in \mathcal{O}(W \times \mathbb{C})$ mit $\underline{i}(Z) = F \cdot \mathcal{O}(W \times \mathbb{C})$ und $\phi = pr_W|_Z$:

$$\begin{array}{ccc} Z = \mathbb{V}(F) & \subset & W \times \mathbb{C} \\ & \overset{\phi}{\searrow} & \downarrow pr_W \\ & & W \end{array}$$

Ist $z = (w,t) \in Z$, so ist daher

$$T_z(Z) = \left\{ (X,\lambda) \in T_w(W) \oplus \mathbb{C} \;\middle|\; \lambda \cdot \frac{\partial F}{\partial Y}(z) + \sum_{i=0}^{n-1} Xg_i \cdot t^i = 0 \right\}$$

(siehe Bemerkung 5.5). Hieraus folgt, daß $d\phi_z$ surjektiv ist, falls $\frac{\partial F}{\partial Y}(z) \neq 0$ gilt. Dies ist aber auf einer offenen nicht leeren Teilmenge von Z der Fall. (Andernfalls wäre $\frac{\partial F}{\partial Y} \in \underline{i}(Z) = F \cdot \mathcal{O}(W \times \mathbb{C})$, was aus Gradgründen nicht möglich ist.) ††

<u>Folgerung 1</u>: <u>Ist</u> $\phi : Z \to W$ <u>eine reguläre Abbildung, so gibt es eine offene dichte Teilmenge</u> $U \subset Z$ <u>mit der Eigenschaft, daß für alle</u> $z \in U$ <u>die Faser</u> $\phi^{-1}(\phi(z))$ <u>im Punkt</u> z <u>reduziert und glatt ist.</u>

Beweis: Man sieht leicht, daß es genügt, einen dominanten Morphismus zwischen irreduziblen Varietäten zu betrachten. Ist dann z ein regulärer Punkt von Z mit $d\phi_z$ surjektiv, so folgt für die Faser $F := \phi^{-1}(\phi(z))$:

$$\dim_z F \leq \dim T_z(F) \leq \dim \operatorname{Ker} d\phi_z =$$

$$= \dim T_z(Z) - \dim T_{\phi(z)}(W) \leq \dim Z - \dim W \leq \dim_z F$$

(nach Lemma 5.6, 5.5 Satz 2a, sowie Satz 3.3). Es gilt daher $\dim_z F = \dim T_z(F)$ und $T_z(F) = \operatorname{Ker} d\phi_z$, also ist F glatt in z ; unter Verwendung von 5.6 Bemerkung (b) folgert man zudem, daß F in z reduziert ist. Die Menge der betrachteten Punkte ist nun nach obigem Satz und 5.6 Bemerkung (a) offen und dicht in Z. ††

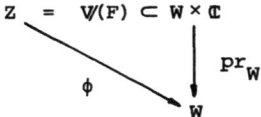

Bemerkung: Man kann zeigen, daß es immer eine offene und dichte Teilmenge $W' \subset \phi(Z)$ gibt mit der Eigenschaft, daß die Fasern $\phi^{-1}(w)$ für $w \in W'$ in allen Punkten reduziert sind.

Folgerung 2: Sei L ein Vektorraum, $V \subset L$ ein Unterraum und $Z \subset L$ eine irreduzible abgeschlossene Teilmenge. Dann gilt für jeden Punkt $z_o \in Z$:

$$Z \subset z_o + V \iff T_z(Z) \subset V \quad \text{für alle} \quad z \in Z .$$

Beweis: Wir betrachten die Projektion $\pi : L \to L/V$ und ihre Einschränkung $\phi := \pi|_Z : Z \to L/V$. Nach Voraussetzung gilt $d\phi_z = 0$ für alle $z \in Z$. Nach Folgerung 1 ist das Bild von Z daher nulldimensional, also Z enthalten in einer Faser von π , womit die eine Richtung der Behauptung gezeigt ist. Die andere Richtung ist klar. ††

6. HYPERFLÄCHEN UND DIVISOREN

6.1 Divisorengruppe

Sei Z eine irreduzible affine Varietät.

Definition: Eine Teilmenge D von Z heißt **Hyperfläche** von Z, wenn D Vereinigung von endlich vielen irreduziblen abgeschlossenen Untervarietäten der Kodimension 1 ist.

Beispiel 1: Für jede Nichteinheit $f \in \mathcal{O}(Z)$ ist $V_Z(f)$ eine Hyperfläche. (Hauptidealsatz von Krull 3.4)

Bemerkung 1: Die irreduziblen Hyperflächen entsprechen eineindeutig den minimalen Primidealen $\underline{p} \neq (0)$ von $\mathcal{O}(Z)$.

Definition: Die **Divisorengruppe** $\mathrm{Div}\, Z$ von Z ist die freie abelsche Gruppe auf den irreduziblen Hyperflächen D von Z:

$$\mathrm{Div}\, Z := \{\sum_D n_D D \mid D \text{ irreduzible Hyperfläche, } n_D \in \mathbb{Z},$$
$$\text{fast alle } n_D = 0\}.$$

Satz: <u>Sei Z eine normale Varietät. Dann ist Z glatt in der Kodimension 1, d. h. die abgeschlossene Teilmenge S der singulären Punkte von Z hat eine Kodimension ≥ 2.</u> (Äquivalent: <u>Jede Hyperfläche enthält glatte Punkte von</u> Z.) ([M1] III, § 8, proposition 1)

Beispiel 2: Eine normale Kurve C ist singularitätenfrei.

Die Aussage des Satzes läßt sich folgendermaßen präzisieren: Ist D eine irreduzible Hyperfläche von Z und $\underline{p} \subset \mathcal{O}(Z)$ das dazugehörige Primideal, so ist $\mathcal{O}(Z)_{\underline{p}}$ ein **diskreter Bewertungsring**, d. h. $\mathcal{O}(Z)_{\underline{p}}$ ist ein nullteilerfreier lokaler Ring, und das maximale Ideal $\underline{p} \cdot \mathcal{O}(Z)_{\underline{p}}$ ist ein Hauptideal ([M1] III, § 8). Wir schreiben $\mathcal{O}(Z)_D$ für diesen Ring und bezeichnen mit π_D ein Erzeugendes des Maximalideales ($\pi_D \in \mathcal{O}(Z)$).

Folgerung: <u>Jede irreduzible Hyperfläche D von Z definiert eine Bewertung ν_D des Körpers</u> $\mathbb{C}(Z): \nu_D(f) = i \in \mathbb{Z}$, <u>falls</u> $f = \pi_D^i \cdot g$ <u>mit</u> $i \in \mathbb{Z}$ <u>und</u> $g \in \mathcal{O}(Z)_D - \pi_D \mathcal{O}(Z)_D$ (bzw. $\nu_D(0) = \infty$).

Damit können wir jedem $f \in \mathbb{C}(Z)$ seinen Hauptdivisor (f) zuordnen:

$$(f) := \sum_D \nu_D(f) \cdot D \in \text{Div}(Z) .$$

Bemerkung 2: Ist $F = \sum_D n_D D$ ein beliebiger Divisor, so heißt die Hyperfläche

$$\text{Supp } F := \bigcup_{n_D \neq 0} D$$

der Träger von F. Für $f \in \mathcal{O}(Z)$ gilt $\nu_D(f) \geq 0$ für alle irreduziblen Hyperflächen D und $\nu_D(f) > 0$ genau dann wenn $D \subset V(f)$; d. h. es folgt $\text{Supp}(f) = V(f)$. Weiter ist f durch seinen Hauptdivisor (f) bis auf Einheiten bestimmt.

Ist $r \in \mathbb{C}(Z)$ eine rationale Funktion und $(r) = \sum_i n_i D_i$ ihr Divisor, so heißt $(r)^+ := \sum_{n_i > 0} n_i D_i$ ihr Nullstellendivisor und $(r)^- = - \sum_{n_i < 0} n_i D_i$ ihr Poldivisor. Als abstrakte Funktion ist r wohldefiniert in $Z - \text{Supp}(r)^-$, hat Nullstellen in $\text{Supp}(r)^+ - \text{Supp}(r)^-$, Pole in $\text{Supp}(r)^- - \text{Supp}(r)^+$ und ist unbestimmt in $\text{Supp}(r)^+ \cap \text{Supp}(r)^-$. Damit erhält man das folgende Resultat:

Lemma 1: Ist Z eine normale Varietät und $f \in \mathbb{C}(Z)$ eine rationale Funktion, deren Polstellen in einer abgeschlossenen Teilmenge der Kodimension 2 liegen, so ist f regulär auf ganz Z.

Im allgemeinen ist nicht jede Hyperfläche das Nullstellengebilde einer Funktion $f \in \mathcal{O}(Z)$, d. h. nicht jeder Divisor ist ein Hauptdivisor. Jedoch bilden die Hauptdivisoren eine Untergruppe von Div Z ; der Quotient von Div Z nach dieser Untergruppe heißt Picard-Gruppe oder Divisorenklassengruppe von Z , geschrieben Pic Z . Man hat offensichtlich folgende exakte Sequenz von Gruppen:

$$1 \to \mathcal{O}(Z)^* \to \mathbb{C}(Z)^* \to \text{Div } Z \to \text{Pic } Z \to 1 .$$

Lemma 2: Es gilt: $\text{Pic } Z = \{1\}$ <==> $\mathcal{O}(Z)$ ist faktoriell.
<==> Jedes minimale Primideal $\neq (0)$ von $\mathcal{O}(Z)$ ist ein Hauptideal.

([Ma] S. 141, vgl. [BAC] I, Cn. 7, § 3)

6.2 Normalitätskriterium von Serre

Definition: Eine abgeschlossene Untervarietät X von $\mathbb{C}^n$ mit $\dim X = n-r$ heißt vollständiger Durchschnitt, wenn $\underline{i}(X)$ von r Polynomen $f_1,\dots,f_r \in \mathbb{C}[X_1,\dots,X_n]$ erzeugt werden kann.

Ein vollständiger Durchschnitt ist äquidimensional, d. h. alle irreduziblen Komponenten haben die gleiche Dimension (siehe 3.4).

Beispiele: Hyperflächen und lineare Unterräume im $\mathbb{C}^n$ sind vollständige Durchschnitte.

Normalitätskriterium von Serre: Seien $f_1,\dots,f_r \in \mathbb{C}[X_1,\dots,X_n]$, und $Z := V(f_1,\dots,f_r) \subset V = \mathbb{C}^n$ erfülle folgende Bedingung:

(S) Es gibt eine offene Teilmenge $U \subset Z$, deren Komplement in Z die Kodimension ≥ 2 hat, mit $\operatorname{rg}\left(\frac{\partial f_j}{\partial X_i}(u)\right) = r$ für alle $u \in U$. (Insbesondere gilt $U \subset Z_{reg}$.) Dann ist Z normal und $\underline{i}(Z) = (f_1,\dots,f_r)$, d. h. Z ist ein normaler vollständiger Durchschnitt der Dimension $n-r$.

(Für Hyperflächen siehe [M1] III, § 8, Proposition 2; ein allgemeiner Beweis steht in [EGA] IV, § 5, Théorème 5.8.6.)

Bemerkung: Gilt im Normalitätskriterium nur $\operatorname{codim}_Z Z-U \geq 1$, so kann man noch folgern, daß Z ein vollständiger Durchschnitt ist, d. h. $\underline{i}(Z) = (f_1,\dots,f_r)$.

Beispiel: $f = \sum_{i=1}^{n} x_i^2$ und $Z = V_{\mathbb{C}^n}(f)$. Der einzige singuläre Punkt von Z ist 0. Damit ist Z für $n \geq 3$ normal, für $n = 1$ oder 2 jedoch nicht, wie man leicht sieht.

Satz: Sei $\phi : V \to W$ eine reguläre Abbildung zwischen zwei Vektorräumen und F eine beliebige Faser von ϕ. Wir setzen $F' := \{v \in F \mid d\phi_v : T_v(V) \to T_{\phi(v)}(W) \text{ surjektiv}\}$.

a) F' besteht aus regulären Punkten von F, und für alle $v \in F'$ gilt: $\dim_v F = \dim V - \dim W$; insbesondere haben alle irreduziblen Komponenten von F, die F' treffen, diese Dimension. Es ist $T_v(F) = \operatorname{Ker} d\phi_v$ für alle $v \in F'$.

b) Ist $\operatorname{codim}_F F - F' \geq 2$, so ist F ein normaler vollständiger Durchschnitt und in jedem Punkt reduziert.

Beweis: a) Offensichtlich gilt für alle $v \in F'$ (vgl. 5.2):

$$\dim_v F \leq \dim T_v(F) \leq \dim \operatorname{Ker} d\phi_v = \dim V - \dim W . \qquad (*)$$

Sei nun F_o eine irreduzible Komponente von F mit $v \in F_o$; dann folgt aus der Dimensionsformel für Fasern (3.3)

$$\dim F_o \geq \dim V - \dim \overline{\phi(V)} \geq \dim V - \dim W .$$

Damit steht in (*) überall das Gleichheitszeichen. Insbesondere gilt $\dim_v F = \dim T_v(F)$ und somit ist $v \in V'$ ein regulärer Punkt von F.

b) Sei $V = \mathbb{C}^n$, $W = \mathbb{C}^m$, $y = (y_1,\ldots,y_m) \in W$ und $F = \phi^{-1}(y)$. Weiter sei ϕ durch die Polynome $\phi_1,\ldots,\phi_m \in \mathbb{C}[X_1,\ldots,X_n]$ gegeben. Setzen wir $f_i := \phi_i - y_i$ für $i = 1,\ldots,m$, so erhalten wir $F = \mathcal{V}_V(f_1,\ldots,f_m)$. Nun ist $d\phi_v : T_v(V) \to T_{\phi(v)}(W)$ bezüglich der natürlichen Basen durch die Matrix $\left(\frac{\partial f_j}{\partial X_i}(v)\right)$ gegeben, also $F' = \{u \in F \mid \operatorname{rg}\left(\frac{\partial f_j}{\partial X_i}(u)\right) = m\}$. Aus dem Serre-Kriterium folgt nun mit Teil a) und $\operatorname{codim}_F \overline{F-F'} \geq 2$, daß F ein normaler vollständiger Durchschnitt ist mit $\underline{i}(F) = (f_1,\ldots,f_m) = \phi^*(\underline{m}_y)\cdot\mathcal{O}(V)$; also ist F auch in jedem Punkt reduziert. ††

7. $\mathbb{C}$-TOPOLOGIE AUF AFFINEN VARIETÄTEN

7.1 Definition und Eigenschaften

Eine abgeschlossene Untervarietät $Z \subset \mathbb{C}^n$ können wir auch mit der von der natürlichen Topologie auf $\mathbb{C}^n$ induzierten Topologie versehen; wir nennen diese die $\mathbb{C}$-Topologie und sprechen auch von $\mathbb{C}$-offenen, $\mathbb{C}$-abgeschlossenen Teilmengen. Es folgt aus 2.2 Bemerkung 2, daß reguläre Abbildungen stetig bezüglich der $\mathbb{C}$-Topologie sind (wir sagen $\mathbb{C}$-stetig). Folglich trägt jede affine Varietät Y eine $\mathbb{C}$-Topologie (man wähle irgend eine abgeschlossene Einbettung $Y \subset \mathbb{C}^n$).

Eigenschaften: 1) Die $\mathbb{C}$-Topologie ist feiner als die Zariski-Topologie (d. h. (Zariski)-offene Teilmengen sind $\mathbb{C}$-offen).

2) Die $\mathbb{C}$-Topologie auf einem Produkt ist die Produkt-Topologie.

3) Ist $z \in Z$ ein glatter Punkt, so gibt es eine $\mathbb{C}$-offene Umgebung von z, welche $\mathbb{C}$-homöomorph ist zu einer offenen Teilmenge des $\mathbb{C}^d$, $d = \dim_z Z$. (Satz über implizite Funktionen; vgl. auch [M2] § 1B.)

7.2 $\mathbb{C}$-Abschlüsse

Im allgemeinen sind der $\mathbb{C}$-Abschluß $\overline{M}^{\mathbb{C}}$ einer Teilmenge $M \subset \mathbb{C}^n$ und der Zariski-Abschluß $\overline{M}$ verschieden. Für die wichtige Klasse der konstruierbaren Teilmengen (3.3) fallen die beiden Abschlüsse jedoch zusammen. Dies erlaubt uns, bei der Untersuchung von (Zariski-) Abschlüssen auch Grenzwertbetrachtungen im üblichen Sinne zu benutzen.

Satz: Sei $U \subset \mathbb{C}^n$ eine Teilmenge. Wir setzen voraus, daß U eine Teilmenge V enthält, welche Zariski-offen und dicht im Zariski-Abschluß $\overline{U}$ ist. Dann ist $\overline{U}^{\mathbb{C}} = \overline{U}$.

Beweis: Wir können annehmen, daß $\overline{U}$ irreduzibel ist.

a) Sei zunächst $\overline{U} = C$ eine irreduzible Kurve d. h. $\dim \overline{U} = 1$. Dann ist $\overline{U} - U$ endlich. Ist U singularitätenfrei, so folgt die Behauptung mit 7.1 Eigenschaft 3). Im allgemeinen Fall betrachte man die Normalisierung $\eta : \tilde{C} \to C$ (4.3) und benutze, daß $\tilde{C}$ singularitätenfrei (6.1 Beispiel 2) und η abgeschlossen ist (4.3 und Satz 4.1).

b) Sei $\overline{U}$ beliebig und $z \in \overline{U}$. Nach Satz 4.5 gibt es dann eine irreduzible Kurve $C \subset \overline{U}$ mit $z \in C$ und $C \cap V \neq \emptyset$. Es ist dann $C \cap V$ (Zariski-) offen und dicht in C, also folgt mit a), daß $z \in \overline{C \cap V}^{\mathbb{C}} \subset \overline{U}^{\mathbb{C}}$ gilt. ††

Folgerung: Für eine konstruierbare Teilmenge M einer affinen Varietät Z gilt $\overline{M} = \overline{M}^{\mathbb{C}}$.

(siehe 3.3 Folgerung 2)

Bemerkung: Das obige Ergebnis läßt sich insbesondere auf Bilder von Morphismen anwenden (3.3): Ist $\phi : Z \to Y$ eine reguläre Abbildung, so ist $\overline{\phi(Z)}^{\mathbb{C}} = \overline{\phi(Z)}$.

ANHANG II

LINEARE REDUKTIVITAET DER KLASSISCHEN GRUPPEN

Wir beweisen hier die volle Reduzibilität der Darstellungen der klassischen Gruppen GL_n, SL_n, O_n, SO_n, Sp_n unter Verwendung des Weylschen "unitären Tricks" (vgl. [W] Chap. VIII B): Die klassischen Gruppen G enthalten Untergruppen K bestehend aus unitären Matrizen, welche Zariski-dicht und bezüglich der $\mathbb{C}$-Topologie kompakt sind. Mit Hilfe des Haarschen Masses ergibt sich die volle Reduzibilität der Darstellungen der kompakten Gruppe K (Satz von Hurwitz-Schur [Hw], [Sch2]); wegen der Zariski-Dichtheit von K in G folgt hieraus leicht die lineare Reduktivität von G. Zum Schluss beschreiben wir noch kurz Cartan- und Iwasawa-Zerlegung in reduktiven Gruppen.

LITERATUR

[FV] Freudenthal, H.; de Vries, H.: Linear Lie Groups. Academic Press, New York (1969)

[Hg] Helgason, S.: Differential Geometry, Lie Groups and Symmetric Spaces. Academic Press, New York (1978)

[Hl] Halmos, P.R.: Measure Theory Chap. XI,XII. Van Nostrand, Princeton (1964)

[Ho1] Hochschild, G.: The Structure of Lie Groups. Holden-Day, San Francisco (1965)

[Hw] Hurwitz, A.: Ueber die Erzeugung der Invarianten durch Integration. Nachr. Akad. Wiss. Göttingen (1897); Ges. Werke II, Basel (1933) 546-564

[Kl] Klein, F.: Vorlesung über das Ikosaeder und die Auflösung der Gleichungen von fünftem Grade. Teubner, Leipzig (1884)

[MZ] Montgomery, D.; Zippin, L.: Topological Transformation Groups. Wiley (Interscience), New York (1965)

[Na] Narasimhan, R.: Analysis on Real and Complex Manifolds. Advanced Studies in Pure Mathematics 1. Masson, Paris, North-Holland, Amsterdam (1968)

[Po] Pontrjagin, L.: Topological Groups. Princeton Univ. Press (1939)

[Sch2] Schur, I.: Anwendung der Integralrechnung auf Probleme der Invariantentheorie. Sitzungsber. Preuss. Akad. (1924) 189, 297

[Sp1] Springer, T.A.: Invariant Theory. LN **585**, Springer Verlag (1977)

[We] Weil, A.: L'integration dans les groupes topologiques et ses applications. Hermann, Paris (1951)

[W] Weyl, H.: Classical Groups. Princeton Univ. Press (1946)

1. Topologische Gruppen, Liegruppen

Eine Gruppe H versehen mit einer Topologie derart, daß die Multiplikation $H \times H \to H$ und das Invertieren $H \to H$ stetige Abbildungen sind, heißt eine topologische Gruppe. Ist der unterliegende topologische Raum kompakt, so reden wir kurz von kompakten Gruppen. Ist der unterliegende Raum sogar eine reell-analytische bzw. komplex-analytische Mannigfaltigkeit und sind die Multiplikation und das Invertieren analytisch, so nennt man H eine relle bzw. komplexe Liegruppe.

Für eine ausführliche Darstellung sei auf die Literatur verwiesen (etwa [Po], [MZ], [Ho1], [FV], [Hg]).

Beispiele: a) Algebraische Gruppen sind mit der $\mathbb{C}$-Topologie topologische Gruppen und sogar komplexe Liegruppen (AI. 7.1). (Man beachte, daß die nicht-endlichen algebraischen Gruppen bezüglich der Zariski-Topologie keine topologische Gruppen sind.)

b) Untergruppen von topologischen Gruppen sind mit der induzierten Topologie topologische Gruppen.

c) Die Gruppe der unitären Matrizen

$$U_n(\mathbb{C}) \quad := \quad \{A \in GL_n(\mathbb{C}) \mid A \cdot \bar{A}^t = E\} \qquad (\bar{?} \text{ bedeutet konjugiert komplex})$$

ist eine kompakte Gruppe; ebenso alle $\mathbb{C}$-abgeschlossenen Untergruppen, etwa

$$SU_n(\mathbb{C}) \quad := \quad U_n(\mathbb{C}) \cap SL_n(\mathbb{C}) \ ,$$

$$SO_n(\mathbb{R}) \quad = \quad U_n(\mathbb{C}) \cap SO_n(\mathbb{C}) \ ,$$

$$SpU_n(\mathbb{C}) \quad := \quad U_n(\mathbb{C}) \cap Sp_n(\mathbb{C}) \qquad (n \text{ gerade}).$$

Wie der folgende Satz 1 zeigt, sind dies sogar reelle Liegruppen.

2. Klassische Gruppen

Satz 1: Die Gruppen $U_n(\mathbb{C})$, $SU_n(\mathbb{C})$, $O_n(\mathbb{R})$, $SO_n(\mathbb{R})$ und $SpU_{2m}(\mathbb{C})$ sind reelle Liegruppen mit den Liealgebren (= Tangentialräume im Einselement)

$$\text{Lie } U_n(\mathbb{C}) = \{X \in M_n(\mathbb{C}) \mid X + \bar{X}^t = 0\} ,$$

$$\text{Lie } SU_n(\mathbb{C}) = \{X \in M_n(\mathbb{C}) \mid \text{Spur } X = 0 , X + \bar{X}^t = 0\} ,$$

$$\text{Lie } O_n(\mathbb{R}) = \text{Lie } SO_n(\mathbb{R}) = \{X \in M_n(\mathbb{R}) \mid X + X^t = 0\} ,$$

$$\text{Lie } SpU_{2m}(\mathbb{C}) = \{\begin{pmatrix} X & Y \\ -\bar{Y} & \bar{X} \end{pmatrix} \in M_{2m}(\mathbb{C}) \mid X + \bar{X}^t = 0 , Y - Y^t = 0\} ,$$

<u>und den (reellen) Dimensionen</u>

$$\dim_{\mathbb{R}} U_n(\mathbb{C}) = \dim_{\mathbb{R}} \text{Lie } U_n(\mathbb{C}) = n^2 = \dim GL_n(\mathbb{C}) ,$$

$$\dim_{\mathbb{R}} SU_n(\mathbb{C}) = \dim_{\mathbb{R}} \text{Lie } SU_n(\mathbb{C}) = n^2-1 = \dim SL_n(\mathbb{C}) ,$$

$$\dim_{\mathbb{R}} SO_n(\mathbb{R}) = \dim_{\mathbb{R}} \text{Lie } SO_n(R) = \frac{n(n-1)}{2} = \dim SO_n(\mathbb{C}) ,$$

$$\dim_{\mathbb{R}} SpU_{2m}(\mathbb{C}) = \dim_{\mathbb{R}} \text{Lie } SpU_{2m}(\mathbb{C}) = 2m^2-m = \dim Sp_{2m}(\mathbb{C}) .$$

Für den Beweis benötigen wir das folgende wohlbekannte Lemma, welches sich leicht aus dem Satz über implizite Funktionen ergibt (siehe etwa [Na] 1.3.14). Man vergleiche auch mit dem algebraischen Analogon im Anhang I, Satz 6.2 a).

<u>Lemma</u>: <u>Sei</u> $\phi : \mathbb{R}^s \to \mathbb{R}^t$ <u>eine reell analytische Abbildung</u>, <u>deren Differential</u> $d\phi_e$ <u>in einem Punkt</u> $e \in \mathbb{R}^s$ <u>surjektiv ist</u>. <u>Dann ist die Faser</u> $F := \phi^{-1}(\phi(e))$ <u>in einer Umgebung von</u> e <u>eine reell analytische Untermannigfaltigkeit von</u> $\mathbb{R}^s$ <u>mit dem Tangentialraum</u> $T_e(F) = \text{Ker } d\phi_e$.

<u>Beweis Satz 1</u>: Es genügt zu zeigen, daß die gegebenen Untergruppen von $GL_n(\mathbb{C})$ in einer Umgebung des neutralen Elementes $E := \begin{pmatrix} 1 & 0 \\ 0 & 1 \end{pmatrix}$ reell analytische Untermannigfaltigkeiten von $M_n(\mathbb{C})$ sind mit den angegebenen Tangentialräumen. Sei hierzu $H_n := \{A \in M_n(\mathbb{C}) \mid A = \bar{A}^t\}$ der $\mathbb{R}$-Vektorraum der hermiteschen Matrizen, und sei $\phi : M_n(\mathbb{C}) \to H_n$ gegeben durch $\phi(A) := A \cdot \bar{A}^t$. Dann ist $\phi^{-1}(\phi(E)) = U_n(\mathbb{C})$ und $d\phi_E(X) = X + \bar{X}^t$ für $X \in M_n(\mathbb{C})$. Es ist also $d\phi_E$ surjektiv und die Behauptungen für $U_n(\mathbb{C})$ folgen mit dem Lemma. Für $SU_n(\mathbb{C})$ und $SO_n(\mathbb{R})$ ergeben sich die Behauptungen ganz analog mit Hilfe der Abbildungen $\phi : M_n(\mathbb{C}) \to H_n \oplus \mathbb{R}$, $\phi(A) := (A \cdot \bar{A}^t, \text{Re}(\det A))$ (Re = Realteil) bzw. $\phi : M_n(\mathbb{R}) \to S_n$, $\phi(A) := A \cdot A^t$ mit dem $\mathbb{R}$-Vektorraum $S_n := \{B \in M_n(\mathbb{R}) \mid B = B^t\}$ der symmetrischen Matrizen. Für $SpU_n(\mathbb{C})$ benützen wir folgende Beschreibung:

$$SpU_{2m}(\mathbb{C}) = \left\{ \begin{pmatrix} A & B \\ -\bar{B} & \bar{A} \end{pmatrix} \in M_{2m}(\mathbb{C}) \;\middle|\; A\,\bar{A}^t + B\,\bar{B}^t = E\,,\, A\,B^t = B\,A^t \right\} .$$

(Für eine Matrix $R = \begin{pmatrix} A & B \\ -\bar{B} & \bar{A} \end{pmatrix}$ besagen die beiden Beziehungen gerade, daß $R\,\bar{R}^t = E$ gilt. Hieraus folgt $\bar{R}^t R = E$ und damit die Beziehungen $\bar{A}^t A + B^t\bar{B} = E$ und $\bar{A}^t B = B^t\bar{A}$, mit deren Hilfe man sofort die Relation $R^t JR = J$ nachweist, $J = \begin{pmatrix} 0 & E \\ -E & 0 \end{pmatrix}$. Es liegt also $SpU_{2m}(\mathbb{C})$ in der angegebenen Menge. Für die umgekehrte Inklusion brauchen wir nur noch zu zeigen, daß eine Matrix $R \in SpU_{2m}(\mathbb{C})$ die Gestalt $\begin{pmatrix} A & B \\ -\bar{B} & \bar{A} \end{pmatrix}$ hat, was man leicht aus der Beziehung $JR = \bar{R}J$ herleitet.)

Es ist also $SpU_{2m}(\mathbb{C}) \subset V := \left\{ \begin{pmatrix} A & B \\ -\bar{B} & \bar{A} \end{pmatrix} \in M_{2m}(\mathbb{C}) \right\}$ gerade die Faser $\phi^{-1}((E,0))$ der Abbildung $\phi : V \to H_m \oplus A_m$ gegeben durch $\phi\left(\begin{pmatrix} A & B \\ -\bar{B} & \bar{A} \end{pmatrix}\right) := (A\bar{A}^t + B\bar{B}^t, AB^t - BA^t)$, wobei $A_m := \{X \in M_m(\mathbb{C}) \mid X + \bar{X}^t = 0\}$ der Raum der schiefhermiteschen Matrizen ist. Es ist $d\phi_E\begin{pmatrix} X & Y \\ -\bar{Y} & \bar{X} \end{pmatrix} = (X + \bar{X}^t, Y - Y^t)$, also surjektiv, und die Behauptungen folgen mit dem Lemma. ††

3. Haarsches Maß auf kompakten Gruppen

Auf kompakten Gruppen K gibt es ein sogenanntes Haarsches Maß, welches gestattet, stetige Funktionen $f : K \to \mathbb{C}$ "über die Gruppe K zu integrieren". Damit ist folgendes gemeint: Es existiert ein lineares Funktional

$$f \mapsto \int_K f(g)dg \in \mathbb{C}$$

auf den stetigen Funktionen mit folgenden beiden Eigenschaften:

(N) Normierung: $\int_K dg = 1$;

(I) Rechts- und Linksinvarianz: Für alle $h \in K$ gilt

$$\int_K f(gh)dg = \int_K f(g)dg = \int_K f(hg)dg .$$

Man vergleiche hierzu etwa [Hl], [We], [Po].

Beispiele: a) K sei endliche Gruppe der Ordnung $|K| = n$, versehen mit der diskreten Topologie; dann erfüllt

$$\int_K f(g)dg := \frac{1}{n} \sum_{g \in K} f(g)$$

die Bedingungen (N) und (I)

b) $$K = S^1 = U_1(\mathbb{C}) = \{z \in \mathbb{C} \mid |z| = 1\} ;$$

hier nehmen wir

$$\int_K f(g)\,dg \ := \ \frac{1}{2\pi} \int_0^{2\pi} f(e^{i\phi})\,d\phi .$$

Bemerkung: Man kann zeigen, daß das Haarsche Maß durch die Eigenschaften (N) und (I) eindeutig bestimmt ist.

4. Volle Reduzibilität der Darstellungen kompakter Gruppen

Im folgenden verstehen wir unter einer Darstellung einer topologischen Gruppe H immer einen stetigen Gruppenhomomorphismus

$$\rho \ : \ H \to GL(V) \ ,$$

wobei V ein endlichdimensionaler $\mathbb{C}$-Vektorraum ist und $GL(V)$ mit der $\mathbb{C}$-Topologie versehen wird. Wir nennen dann V auch kurz einen H-Modul. Man beachte, daß eine reguläre Darstellung einer algebraischen Gruppe immer eine Darstellung der unterliegenden topologischen Gruppe in obigem Sinne ist.

Wie üblich heißt ρ irreduzibel (oder V ein einfacher H-Modul), wenn V keine Untermoduln außer $\{0\}$ und V enthält; man nennt ρ (oder V) vollständig reduzibel, wenn V direkte Summe von einfachen Untermoduln ist. Dies ist äquivalent zu der Bedingung, daß jeder Untermodul von V ein H-stabiles Komplement besitzt (vgl. II. 2.3 Satz).

Satz 2 (Hurwitz-Schur): Jede Darstellung einer kompakten Gruppe K ist vollständig reduzibel.

Beweis: Sei V ein K-Modul und $W \subset V$ ein Untermodul. Wir wählen eine lineare Abbildung $\phi : V \to W$ mit $\phi|_W = Id_W$, und definieren $\phi_o : V \to W$ durch

$$\phi_o(v) \ = \ \int_K g\phi(g^{-1}v)\,dg .$$

$(g \mapsto g\phi(g^{-1}v)$ ist eine stetige Abbildung von K nach V und kann daher integriert werden.) Eine einfache Rechnung zeigt, daß ϕ_o linear und K-äquivariant ist und daß $\phi_o|_W = Id_W$ gilt. Es ist daher $V = W \oplus \text{Ker}\ \phi_o$ eine K-äquivariante Zerlegung. ††

Beispiele: a) Ist K kompakt und kommutativ, so ist jede irreduzible Darstellung eindimensional. Für $U_1(\mathbb{C})$ sind diese gegeben durch

$$\rho_n : U_1(\mathbb{C}) \to \mathbb{C}^* \quad , \quad e^{i\phi} \mapsto e^{in\phi} \qquad (n \in \mathbb{Z}) \ .$$

b) Satz von Maschke: Jede endlichdimensionale Darstellung einer endlichen Gruppe G ist vollständig reduzibel.

Satz 3: Jede Darstellung einer kompakten Gruppe K auf dem Vektorraum V läßt ein Hermitesches Skalarprodukt invariant.

Beweis: Ist (,) ein beliebiges hermitesches Skalarprodukt auf V, so ist

$$(v,w)_o := \int_K (gv,gw)\,dg$$

ein invariantes hermitesches Skalarprodukt, wie man leicht nachrechnet. ††

Bemerkung: Mit Hilfe von Satz 3 ergibt sich ebenfalls die volle Reduzibilität der Darstellungen von K : Ist $W \subset V$ ein Untermodul, so ist das orthogonale Komplement W bezüglich eines invarianten Skalarprodukts K-stabil. ††

Aus der Existenz einer Orthonormalbasis ergibt sich aus Satz 3 noch das folgende Resultat.

Folgerung: Jede kompakte Untergruppe von $GL_n(\mathbb{C})$ ist konjugiert zu einer Untergruppe von $U_n(\mathbb{C})$.

Ein entsprechendes Resultat gilt natürlich auch für $SL_n(\mathbb{C})$.

5. Lineare Reduktivität der klassischen Gruppen

Für den Nachweis der linearen Reduktivität verwenden wir den folgenden einfachen Hilfssatz.

Lemma: Sei G eine algebraische Gruppe und $K \subset G$ eine Untergruppe, welche $\mathbb{C}$-kompakt und Zariski-dicht ist. Dann ist G linear reduktiv.

Beweis: Ist V ein G-Modul und $W \subset V$ ein G-Untermodul, so ist W K-stabil und besitzt daher ein K-stabiles Komplement W' (Satz 2). Nun ist der Normalisator $N := \{g \in G \mid gW' = W'\}$ eine (Zariski-)abgeschlossene Untergruppe von G, welche K umfaßt. Aus der Voraussetzung folgt $N = G$, und folglich ist W' ein G-stabiles Komplement von W. ††

Satz 4: Die klassischen Gruppen GL_n, SL_n, O_n, SO_n, und Sp_n sind linear reduktiv.

Beweis: Sei $G \subset GL_n(\mathbb{C})$ eine dieser Gruppen und $K := G \cap U_n(\mathbb{C})$. Wir können o. E. G zusammenhängend voraussetzen. Nach Satz 1 ist K eine kompakte reelle Liegruppe, und aus der Beschreibung der Liealgebra von K folgt, daß $\mathrm{Lie}\, K$ die Liealgebra $\mathrm{Lie}\, G$ als komplexen Vektorraum erzeugt: $\mathrm{Lie}\, G = \mathbb{C} \cdot \mathrm{Lie}\, K$. (Es gilt $\mathrm{Lie}\, U_n(\mathbb{C}) \cap \overline{\mathrm{Lie}\, U_n(\mathbb{C})} = \{0\}$ und $\dim_{\mathbb{R}} \mathrm{Lie}\, K = \frac{1}{2} \dim_{\mathbb{R}} \mathrm{Lie}\, G$.) Man sieht leicht, daß der Zariski-Abschluß $H := \overline{K} \subset G$ von K in G eine (abgeschlossene) Untergruppe ist. Wegen $K \subset H$ folgt $\mathrm{Lie}\, K \subset \mathrm{Lie}\, H$ und hieraus $\mathrm{Lie}\, H \supset \mathbb{C} \cdot \mathrm{Lie}\, K = \mathrm{Lie}\, G$. Da die Gruppen G zusammenhängend sind, folgt $H = G$. Die Voraussetzungen des obigen Lemmas sind damit erfüllt und die Behauptung folgt. ††

Beispiel: Ist T ein Torus, $\mu_\infty := \{t \in T \mid t^s = e \text{ für ein } s \in \mathbb{N}\}$, so ist $\overline{\mu_\infty}^{\mathbb{C}}$ eine kompakte und Zariski-dichte Untergruppe von T, und jede kompakte Untergruppe von T ist in $\overline{\mu_\infty}^{\mathbb{C}}$ enthalten. (Beweis als Übung)

6. Maximal kompakte Untergruppen

Im Falle der klassischen Gruppen $G = GL_n(\mathbb{C})$, $SL_n(\mathbb{C})$, $SO_n(\mathbb{C})$ und $Sp_n(\mathbb{C})$ haben wir gesehen (Satz 1 und Beweis Satz 4), daß die kompakten Untergruppen $K := G \cap U_n(\mathbb{C})$ jeweils folgende Eigenschaften haben: (a) K ist eine reelle Liegruppe der Dimension $\dim_{\mathbb{R}} K = \dim G$, (b) die reelle Liealgebra $\mathrm{Lie}\, K$ erzeugt $\mathrm{Lie}\, G$ als $\mathbb{C}$-Vektorraum.

Damit sind für klassische Gruppen die ersten beiden Aussagen des folgenden Theorems bewiesen. Die letzte Behauptung haben wir nur für GL_n und SL_n nachgewiesen (Folgerung zu Satz 3). Für einen allgemeinen Beweis für beliebige reduktive Gruppen müssen wir auf die Literatur verweisen (vgl. [Hg] Chap. IV, § 2).

Theorem 1: Zu einer zusammenhängenden, reduktiven Gruppe G gibt es eine $\mathbb{C}$-kompakte Untergruppe K mit folgenden Eigenschaften:

(a) K ist eine zusammenhängende reelle Liegruppe der Dimension $\dim_{\mathbb{R}} K = \dim G$.

(b) Lie K erzeugt Lie G als $\mathbb{C}$-Vektorraum: Lie $G = \langle \text{Lie } K\rangle_{\mathbb{C}}$.

(c) Jede $\mathbb{C}$-kompakte Untergruppe von G ist konjugiert zu einer Untergruppe von K.

Man nennt K eine maximal kompakte Untergruppe von G; nach (c) sind alle solchen untereinander konjugiert.

Beispiel: Jede endliche Untergruppe von $SL_2(\mathbb{C})$ ist konjugiert zu einer Untergruppe von $SU_2(\mathbb{C})$. Die zweifache Überlagerung $SL_2(\mathbb{C}) \to SO_3(\mathbb{C})$ gegeben durch die adjungierte Darstellung von $SL_2(\mathbb{C})$ induziert eine zweifache Überlagerung $SU_2(\mathbb{C}) \to SO_3(\mathbb{R})$, also entspricht jeder endlichen Untergruppe von $SU_2(\mathbb{C})$ eine endliche Untergruppe von $SO_3(\mathbb{R})$ und umgekehrt. Man erhält damit die Kleinsche Klassifikation der endlichen Untergruppen von $SL_2(\mathbb{C})$ als binäre Analoga der Symmetriegruppen der regulären Körper (vgl. [Kl], [Sp] Chap. 4).

7. Cartan- und Iwasawa-Zerlegung

Zum Schluß erinnern wir kurz an zwei klassische Zerlegungen von komplexen invertierbaren Matrizen. Sei hierzu $B \subset GL_n(\mathbb{C})$ die Untergruppe der oberen Dreiecksmatrizen, $T \subset B$ die Untergruppe der Diagonalmatrizen,

$$N := \left\{\begin{pmatrix} 1 & * \\ & \ddots & \\ 0 & & 1\end{pmatrix}\right\} \subset B \quad \text{und} \quad A := \left\{\begin{pmatrix} \lambda_1 & & 0 \\ & \ddots & \\ 0 & & \lambda_n\end{pmatrix} \in T \,\middle|\, \lambda_i \in \mathbb{R},\ \lambda_i > 0\right\}.$$

Satz 4: a) $GL_n(\mathbb{C}) = U_n(\mathbb{C})\cdot B = U_n(\mathbb{C})\cdot A\cdot N$, und die zweite Zerlegung ist eindeutig.

b) $GL_n(\mathbb{C}) = U_n(\mathbb{C}) \cdot A \cdot U_n(\mathbb{C})$.

Beweis: a) Das Schmidtsche Orthonormalisierungsverfahren liefert die Zerlegung $GL_n(\mathbb{C}) = U_n(\mathbb{C})\cdot B$. Nun ist $B = T \cdot N$ und $T = \mu \cdot A$ mit

$$\mu := \left\{\begin{pmatrix} \mu_1 & & 0 \\ & \ddots & \\ 0 & & \mu_n\end{pmatrix} \in T \,\middle|\, |\mu_i| = 1\right\} = U_n(\mathbb{C}) \cap T, \text{ also } U_n(\mathbb{C})\cdot B = U_n(\mathbb{C}) \cdot A \cdot N.$$

Den Nachweis der Eindeutigkeit dieser Zerlegung überlassen wir dem Leser.

b) Sei $g \in GL_n(\mathbb{C})$. Dann ist $h := g \cdot \bar{g}^t$ hermitesch, also existiert ein $s \in U_n(\mathbb{C})$ mit $s^{-1}hs = \begin{pmatrix} \mu_1 & & 0 \\ & \ddots & \\ 0 & & \mu_n \end{pmatrix}$. Nun gilt $s^{-1}hs = s^{-1}g\,\bar{g}^t s = (s^{-1}gs)(s^{-1}\bar{g}^t s) = p \cdot \bar{p}^t$ mit $p := s^{-1}gs$. Ist $p = (p_{ij})$, so folgt daher $\mu_i = \sum_j |p_{ij}|^2 > 0$. Wir setzen $q := \begin{pmatrix} \lambda_1 & & 0 \\ & \ddots & \\ 0 & & \lambda_n \end{pmatrix} \in A$ mit $\lambda_i = \sqrt[+]{\mu_i}$. Dann gilt $g = sqq^{-1}s^{-1}g = s \cdot q \cdot (q^{-1}s^{-1}g)$ mit $q^{-1}s^{-1}g \in U_n(\mathbb{C})$, denn $(q^{-1}s^{-1}g)\overline{(q^{-1}s^{-1}g)}^t = q^{-1}s^{-1}g\bar{g}^t sq^{-1} = q^{-1}s^{-1}hsq^{-1} = q^{-1}q^2q^{-1} = e$. ††

Beide Zerlegungen lassen sich auf beliebige reduktive Gruppen übertragen. Zum Beweis verweisen wir auf die Literatur ([Hg] Chap. IX, § 1).

Satz 5 (Cartan-Zerlegung): Ist G eine zusammenhängende reduktive Gruppe und $T \subset G$ ein maximaler Torus, so gibt es eine maximal kompakte Untergruppe K mit $G = K \cdot T \cdot K$.

Satz 6 (Iwasawa-Zerlegung): Ist G eine zusammenhängende reduktive Gruppe, $B \subset G$ eine Boreluntergruppe und K eine maximal kompakte Untergruppe, so gilt $G = K \cdot B$.

Bemerkung: Wie im Falle von $GL_n(\mathbb{C})$ gibt es eine Untergruppe $A \subset B$ von der Form $A \cong (\mathbb{R}^{>0})^n$, so daß $G = K \cdot A \cdot N$ gilt, $N := B_u$ das unipotente Radikal, und diese Zerlegung ist eindeutig.

Folgerung: Ist G reduktiv und $B \subset G$ eine Boreluntergruppe, so ist G/B $\mathbb{C}$-kompakt.

LITERATURVERZEICHNIS

[AVE] Andreev, E.M.; Vinberg, E.B.; Elashvili, A.G.: Orbits of greatest dimension in semisimple linear Lie groups. Functional Anal. Appl. 1 (1967) 257-261

[AM] Atiyah, M.F.; Macdonald, I.G.: Introduction to Commutative Algebra. Addison-Wesley, Reading Mass. (1969)

[Bi] Birkes, D.: Orbits of linear algebraic groups. Ann. Math. 93 (1971) 459-475

[B] Borel, A.: Linear Algebraic Groups. Benjamin, New York (1969)

[BK] Borho, W.; Kraft, H.: Ueber Bahnen und deren Deformationen bei linearen Aktionen reduktiver Gruppen. Comment. Math. Helv. **54** (1979) 61-104

[BA] Bourbaki, N.: Algèbre I-IX. Hermann, Paris (1958ff)

[BAC] Bourbaki, N.: Algèbre Commutative I-VIII. Hermann, Paris (1961ff)

[Bo] Boutot, J.-F.: Singularités rationelles et quotients par les groups réductifs. Preprint, Strasbourg (1982)

[Bl] Brackly , G.: Ueber die Geometrie der ternären 4-Formen. Diplomarbeit, Bonn (1979)

[Br] Brion, M.: Sur la théorie des invariants . Publ. Math. Univ. Pierre et Marie Curie **45** (1981)

[C] Cayley, A.: A second memoir upon quantics. In: Coll. Math. Papers II, Cambridge Univ. Press (1889) 250-275

[DP1] DeConcini, C.; Procesi, C.: A characteristic free approach to invariant theory. Advances in Math. **21** (1976) 330-354

[DP2] DeConcini, C.; Procesi, C.: Complete symmetric varieties. In: Invariant Theory. LN **996**, Springer Verlag (1983), 1-44

[DP3] DeConcini, C.; Procesi, C.: Complete symmetric varieties II. Preprint, Rome (1983)

[D] Dieudonné, J.: Cours de Géométrie Algébrique I, II. Presses Univ. France, Collection Sup (1974)

[DC] Dieudonné, J.; Carrell, J.B.: Invariant theory, old and new. Advances in Math. **4** (1970) 1-80; als Buch bei Academic Press, New York (1971)

[E] Elkik, R.: Singularités rationelles et déformations. Invent. Math. 47 (1978) 139-147

[Fi] Fisher, Ch.S.: The death of a mathematical theory: a study in the sociology of knowledge. Arch. History Exact Sci. 3 (1966) 137-159

[Fo] Fogarty, J.: Invariant Theory. Benjamin, New York (1969)

[FV] Freudenthal, H.; de Vries, H.: Linear Lie Groups. Academic Press, New York (1969)

[Ga] Gauss, C.F.: Disquisitiones arithmeticae. Werke Band 1, Göttingen (1863)

[G] Gordan, P.: Beweis, dass jede Covariante und Invariante einer binären Form eine ganze Funktion mit numerischen Koeffizienten einer endlichen Anzahl solcher Formen ist. J. Reine Angew. Math. 69 (1868) 323-354

[GH] Griffiths, P.; Harris, J.: Principles of Algebraic Geometry. Wiley (Interscience), New York (1978)

[Gr] Grosshans, F.: Observable groups and Hilbert's fourteenth prolem. Amer. J. Math. 95 (1973) 229-253

[EGA] Grothendieck, A.; Dieudonné, J.: Eléments de Géométrie Algébrique I-IV. Inst. Hautes Etudes Sci. Publ. Math. 4, 8, 11, 17, 20, 24, 28, 32 (1960-1967)

[Hd] Hadziev, D.: Some questions in the theory of vector invariants. Math. USSR-Sb. 1 (1967) 383-396

[Hl] Halmos, P.R.: Measure Theory Chap. XI,XII. Van Nostrand, Princeton (1964)

[Hp] Happel, D.: Relative invariants and subgeneric orbits of quivers of finite and tame type. J. Algebra 78 (1982) 445-453

[Ha] Hartshorne, R.: Algebraic Geometry. GTM 52, Springer Verlag (1977)

[Hg] Helgason, S.: Differential Geometry, Lie Groups and Symmetric Spaces. Academic Press, New York (1978)

[He1] Hesselink, W.: Singularities in the nilpotent scheme of a classical group. Trans. Amer. Math. Soc. 222 (1976) 1-32

[He2] Hesselink, W.: Desingularization of varieties of nullforms. Invent. math. 55 (1979) 141-163

[H1] Hilbert, D.: Ueber die Theorie der algebraischen Formen. Math. Ann. 36 (1890) 473-534

[H2] Hilbert, D.: Ueber die vollen Invariantensysteme. Math. Ann. **42** (1893) 313-373

[Ho1] Hochschild, G.: The Structure of Lie Groups. Holden-Day, San Francisco (1965)

[Ho2] Hochschild, G.: Basic Theory of Algebraic Groups and Lie Algebras. GTM **75**, Springer Verlag (1981)

[HR] Hochster, M.; Roberts, J.: Rings of invariants of reductive groups acting on regular rings are Cohen-Macaulay. Advances in Math. **13** (1974) 115-175

[Hu1] Humphreys, J.E.: Introduction to Lie Algebras and Representation Theory. GTM **9**, Springer Verlag (1972)

[Hu2] Humphreys, J.E.: Linear Algebraic Groups. GTM **21**, Springer Verlag (1975)

[Hw] Hurwitz, A.: Ueber die Erzeugung der Invarianten durch Integration. Nachr. Akad. Wiss. Göttingen (1897); Ges. Werke II, Basel (1933) 546-564

[Kc] Kac, V.: Some remarks on nilpotent orbits. J. Algebra **64**, (1980) 190-213

[KPV] Kac, V.; Popov, V.L.; Vinberg, E.B.: Sur les groupes linéaires algébriques dont l'algèbre des invariants est libre. C.R. Acad. Sci. Paris **283** (1976) 865-878

[Ka] Kapalansky, I.: Commutative Rings. Univ. of Chicago Press, Chicago and London (1974)

[Ke1] Kempf, G.: Instability in invariant theory. Ann. of Math. **108** (1978) 299-316

[Ke2] Kempf, G.: Some quotient surfaces are smooth. Michigan Math. J. **27** (1980) 295-299

[KK] Kempf, G.; Knudson, F.; Mumford, D.; Saint-Donat, B.: Toroidal Embeddings I. LN **339**, Springer Verlag (1973)

[Kl] Klein, F.: Vorlesung über das Ikosaeder und die Auflösung der Gleichungen von fünftem Grade. Teubner, Leipzig (1884)

[Ko] Kostant, B.: Lie group representations on polynomial rings. Amer. J. Math. **85** (1963) 327-404

[K1] Kraft, H.: Parametrisierung von Konjugationsklassen in sl_n. Math. Ann. **234** (1978) 209-220

[K2] Kraft, H.: Geometric Methods in Representation Theory. In: Representations of Algebras. Workshop Proceedings, Puebla, Mexico (1980). LN **944**, Springer Verlag (1982)

[L] Lang, S.: Algebra. Addison-Wesley, Reading Mass. (1965)

[Lu] Luna, D.: Slices étales. Bull. Soc. Math. France, Mémoire **33** (1973) 81-105

[LV] Luna, D.; Vust, Th.: Plongements d'espaces homogènes. Comment. Math. Helv. **58** (1983) 186-245

[Ma] Matsumura, H.: Commutative Algebra. Benjamin, New York (1970)

[Me1] Meyer, F.: Bericht über die Fortschritte der projektiven Invariantentheorie. Jahresber. Deutsch. Math.-Verein. **1** (1892)

[Me2] Meyer, F.: Invariantentheorie. In: Encyklopädie der Mathematischen Wissenschaften, Band I, Teil IB2 (1899) 320-403

[MZ] Montgomery, D.; Zippin, L.: Topological Transformation Groups. Wiley (Interscience), New York (1965)

[M1] Mumford, D.: Introduction to Algebraic Geometry. (Havard-Notes)

[M2] Mumford, D.: Algebraic Geometry I. Grundlehren **221**, Springer Verlag (1976)

[MF] Mumford, D.; Fogarty, J.: Geometric Invariant Theory. Second enlarged edition. Ergebnisse **34**, Springer Verlag (1982)

[N1] Nagata, M.: On the 14th problem of Hilbert. Amer. J. Math. **81** (1959) 766-772

[N2] Nagata, M.: Invariants of a group in an affine ring. J. Math. Kyoto Univ. **3** (1964) 369-377

[Na] Narasimhan, R.: Analysis on Real and Complex Manifolds. Advanced Studies in Pure Mathematics 1. Masson, Paris, North-Holland, Amsterdam (1968)

[No] Noether, E.: Der Endlichkeitssatz der Invarianten endlicher Gruppen. Math. Ann. **77** (1916) 89-92

[Pa1] Pauer, F.: Normale Einbettungen von G/U. Math. Ann. **257** (1981) 371-396

[Pa2] Pauer, F.: Glatte Einbettungen von G/U. Math. Ann. **262** (1983) 421-429

[Pe] Peterson, D.: Geometry of the Adjoint Representation of a Complex Semisimple Liealgebra. Thesis, Havard Univ. (1978)

[Po] Pontrjagin, L.: Topological Groups. Princeton Univ. Press (1939)

[P'] Popov, A.M.: Irreduzible semisimple linear Lie groups with finite stationary subgroup of general position. Functional Anal. Appl. **12** (1978) 154-155

[P1] Popov, V.L.: Quasihomogeneous affine algebraic varieties of the group SL(2). Math USSR-Izv. 7 (1973) 793-831

[P2] Popov, V.L.: The classification of representations which are exceptional in the sense of Igusa. Functional Anal. Appl. 9 (1975) 348-350

[P3] Popov, V.L.: Representations with a free module of covariants. Functional Anal. Appl. 10 (1976) 242-245

[Ri] Ringel, C.M.: The rational invariants of tame quivers. Invent. Math. 58 (1980) 217-239

[Ro] Rosenlicht, M.: A remark on quotient spaces. An. Acad. Brasil. Ci. 35 (1963) 487-489

[SK] Sato, M.; Kimura, T.: A classification of irreduzible prehomogeneous vector spaces and their relative invariants. Nagoya Math. J. 65 (1977) 1-155

[Sch1] Schur, I.: Vorlesung über Invariantentheorie. Grundlehren 143, Springer Verlag (1968)

[Sch2] Schur, I.: Anwendung der Integralrechnung auf Probleme der Invariantentheorie. Sitzungsber. Preuss. Akad. (1924) 189, 297 346

[S1] Schwarz, G.: Representations of simple Lie groups with regular rings of invariants. Invent. Math. 49 (1978) 167-191

[S2] Schwarz, G.: Representations of simple Lie groups with a free module of covariants. Invent. Math. 50 (1978) 1-12

[S3] Schwarz, G.: Lifting smooth homotopics of orbit spaces. Inst. Hautes Etudes Sci. Publ. Math. 51 (1980) 37-135

[Se] Seshardi, C.S.: On a theorem of Weitzenböck in invariant theory. J. Math. Kyoto Univ 1 (1962) 403-409

[Sh] Shafarevich, I.R.: Basic Algebraic Geometry. Grundlehren 213, Springer Verlag (1977)

[Sp1] Springer, T.A.: Invariant Theory. LN 585, Springer Verlag (1977)

[Sp2] Springer, T.A.: Linear Algebraic Groups. PM 9, Birkhäuser Verlag (1981)

[St] Steinberg, R.: Conjugacy Classes in Algebraic Groups. LN 366, Springer Verlag (1974)

[VP] Vinberg, E.B.; Popov, V.L.: On a class of quasihomogeneous affine varieties. Math. USSR-Izv. 6 (1972) 743-758

[V1] Vust, Th.: Sur la théorie des invariants des groupes classiques. Ann. Inst. Fourier **26** (1976) 1-31

[V2] Vust, Th.: Opérations de groupes réductifs dans un type de cônes presque homogènes. Bull. Soc. Math. France **102** (1974) 317-334

[We] Weil, A.: L'integration dans les groupes topologiques et ses applications. Hermann, Paris (1951)

[Wz] Weitzenböck, R.: Ueber die Invarianten von linearen Gruppen. Acta Math. **58** (1932) 230-250

[W] Weyl, H.: Classical Groups. Princeton Univ. Press (1946)

[ZS] Zariski, O.; Samuel, P.: Commutative Algebra I, II. Van Nostrand, Princeton (1958, 1960)

SYMBOLE UND NOTATIONEN

REGISTER

MIX
Papier aus verantwortungsvollen Quellen
Paper from responsible sources
FSC® C105338

If you have any concerns about our products,
you can contact us on
ProductSafety@springernature.com

In case Publisher is established outside the EU,
the EU authorized representative is:
Springer Nature Customer Service Center GmbH
Europaplatz 3, 69115 Heidelberg, Germany

Printed by Libri Plureos GmbH
in Hamburg, Germany